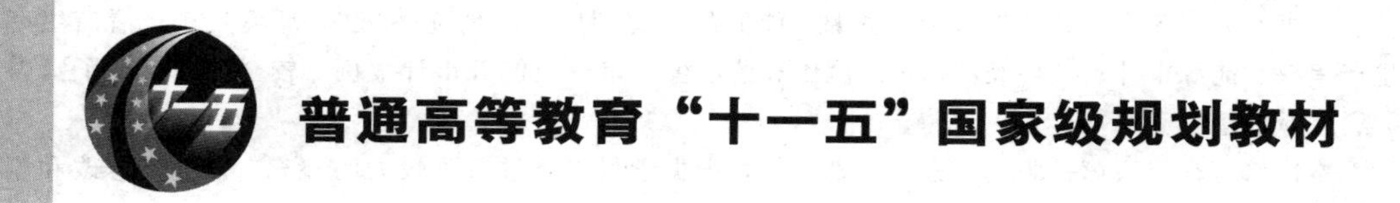

清洁生产与循环经济

第二版

奚旦立　徐淑红　高春梅　主编
奚旦立　徐淑红　高春梅　马春燕　冀世峰　编

化学工业出版社
·北　京·

全书共分为8章，分别为绪论；资源、能源的合理利用；碳足迹-水足迹-环境足迹；清洁生产；清洁生产审核和能源审计；循环经济；生态园区和清洁生产审核及能源审计案例。较全面地反映了国内外在本学科领域的情况和水平。

本次修订在保留第一版基本框架的基础上，根据学科发展进行了较大的补充、调整、修改和删减，主要增加了碳足迹-水足迹-环境足迹、化学品使用和人类健康的关系以及能源审计等内容。

本书主要作为高等学校环境类专业教学用书，也可供环保和有关专业技术人员使用。

图书在版编目（CIP）数据

清洁生产与循环经济/奚旦立，徐淑红，高春梅主编．—2版．—北京：化学工业出版社，2013.12（2025.1重印）
普通高等教育“十一五”国家级规划教材
ISBN 978-7-122-18584-6

Ⅰ.①清… Ⅱ.①奚…②徐…③高… Ⅲ.①无污染工艺-高等学校-教材②自然资源-资源利用-高等学校-教材 Ⅳ.①X383②F062.1

中国版本图书馆CIP数据核字（2013）第237568号

责任编辑：满悦芝　姚晓敏　　文字编辑：荣世芳
责任校对：蒋　宇　　装帧设计：尹琳琳

出版发行：化学工业出版社（北京市东城区青年湖南街13号　邮政编码100011）
印　　刷：北京云浩印刷有限责任公司
装　　订：三河市振勇印装有限公司
787mm×1092mm　1/16　印张17　字数419千字　　2025年1月北京第2版第12次印刷

购书咨询：010-64518888　　售后服务：010-64518899
网　　址：http://www.cip.com.cn
凡购买本书，如有缺损质量问题，本社销售中心负责调换。

定　　价：39.00元

版权所有　违者必究

序

近30余年来，我国的环境保护工作取得了很大的成绩，不论在生态建设、环境治理、立法管理、科学研究、教育宣传、公众意识等方面均取得较好的进步。但不可否认，在经济高速发展的同时，资源过度消耗，生态急剧破坏，部分流域、地区、行业污染严重。面对严峻的环境保护现实，人们不得不反思：如何从深层次考虑并从根本上解决经济发展与生态环境之间的矛盾。

可持续发展已成为人类社会新的发展战略。但如何实现可持续发展？单纯依靠以末端治理为主的方式显然是行不通的。必须从源头和全过程考察人类的生产活动。清洁生产和循环经济无疑是两个重要手段。奚旦立、陈季华教授编写的《清洁生产与循环经济》一书较全面地介绍了国内外清洁生产，清洁生产审核，循环经济，生态园区建设的理论、实践、方法，并收集了大量实例、资料。全书内容翔实，论理清楚，实用性、可读性强。本书的出版对高等学校的教学、科学研究和社会实践均有很好的参考价值。

顾夏声

2004年11月23日

前　言

《清洁生产和循环经济》（第一版）自2005年出版以来得到许多读者垂青，并被不少学校选作教材，十分欣慰。

近7年来国内节能减排工作发展非常迅速，节能减排也是中国可持续发展所遇到的关键问题。而国际上低碳经济、减少碳排放的理念和行动也强烈促使我国在这方面做出承诺。由于中国是第一人口大国，又是世界产品的生产大国，二氧化碳排放总量位居世界第一，尽管中国的人均排碳量还远低于发达国家，但是几年来频繁的世界气候会议对中国的压力极大。节能减排从根本上是科学技术是否先进的问题，强大的压力也一定程度上促使中国科学技术的加快发展。另外，媒体和民间组织频频曝光痕量化学品事件，例如白酒的“塑化剂”、印染行业的“壬基酚”、$PM_{2.5}$问题等，引起群众的高度重视，这从另一方面促进化学品合理使用和清洁生产的发展。针对这些技术的发展，本书第二版中增加了碳足迹-水足迹-环境足迹、低碳经济、化学品使用和人类发展的关系以及能源审计等内容。

此次修订，徐淑红高级工程师负责第4章和第5章；高春梅老师负责第2章；马春燕老师负责第6章和第7章；冀世峰老师负责第8章；奚旦立老师负责第1章和第3章并负责全书统稿。

由于作者编写时间和水平有限，疏漏之处在所难免，期望读者斧正。

奚旦立

2013年12月

第一版前言

我国自然资源条件较为优越，就资源总量来说，仅次于俄罗斯、美国，居世界第三位。长期以来，我们一直以“地大物博、人口众多”引以为豪。其实，这只是一种表象。必须看到，我国的国土面积仅占全世界国土面积（有定居人口的各大洲）的7.15%，而近100年来，我国的人口一直占全球总人口的20%以上，现已超过13亿。人均耕地面积仅$0.104hm^2$/人，为世界平均值的一半，人均资源占有量远远低于世界平均水平，石油、天然气、铜和铝等重要矿物资源的人均储量分别只占世界人均水平的8.3%、4.1%、25.5%、9.7%。人口众多但资源相对不足日益成为制约我国社会进步和经济发展的突出矛盾。

近20多年来，我国经济高速度发展，经济总量已居世界第六位。然而，这主要是依靠高投入、高消耗、高污染的粗放型经济增长方式来获取的。目前，我国万元GDP能耗是世界平均水平的3.4倍，是日本的9.7倍；33种主要产品的单位能耗比国际平均水平高出46%。单位GDP排放污染物水平，可以反映生产和发展的水平、能力和质量。据报道现在我国二氧化硫、氮氧化物的排放强度是经济合作与发展组织（OECD）平均值的8倍，是德国、日本的几十倍。从另一方面分析，我国与OECD国家相比，GDP增加一个百分点，但资源消耗比OECD国家高8倍！这种资源消耗增长过快、资源利用效率过低、生态环境破坏严重等问题日益凸现，人和自然的矛盾从来没有像今天这样突出。我国已经没有足够的资源来支撑落后的、高能耗的生产方式，也没有充足的环境容量来承载高污染的生产方式和过度浪费的消费方式。因此，我们必须走可持续发展的道路。

如何保证我国社会和经济的持续发展？从技术层面上分析，推行清洁生产、发展循环经济是相互关联的两大手段。推行清洁生产以降低生产过程中资源、能源的消耗，减少污染的产生，发展绿色消费以减少对环境的污染和生态破坏；而发展循环经济则是促使物质循环利用以提高资源和能源的利用效率以及太阳能、潮汐能、地热能等清洁、可再生能源的充分利用和新能源的开发，这样才能达到人和自然和谐相处、较为理想的生态文明。

为了使人们进一步了解可持续发展的重要意义，认识进行清洁生产的重要性，我们编写了这本《清洁生产与循环经济》。本书较全面地介绍了国内外清洁生产、清洁生产审核、循环经济、生态园建设的理论、实践和方法，并配有大量的应用实例。

全书共分为七章，陈季华教授提供许多实例并与马春燕共同编写第七章；第三章由李燕编写；第二章由高春梅编写；第四章由李茵编写；奚旦立负责第一章、第五章、第六章以及全书的组织、编写、统稿。杨波、高阳俊、毛艳梅、沈佳璐等协助整理资料、图、表等工作。

稿成之后，承清华大学顾夏声院士指导并写序，张月娥老师对书稿提出了许多宝贵建议，在此深表谢意！

本书是作者近10年在东华大学对硕士、博士生讲课内容的基础上整理而成的，从讲课到成书需跨越很高的坎。由于知识有限，且这些内容是新的、发展中的，所以动笔二年以来从未满意过，但总得收笔，做个交代。不当之处祈请读者教正！

奚旦立于上海

2004年11月26日

目　录

第1章 绪　论

1.1 环境问题的发生及发展

人类的产生和人类社会的发展历史，是人类适应、利用、改造自然的过程。从采摘野果、徒手狩猎到刀耕火种，是一大进步，说明人类开始利用自然物质，加工成工具，改造自然以提高生活质量。当砍伐森林、捕杀动物、开垦土地与草原达到一定规模，自然环境的生态平衡受到破坏，但这时的环境问题是局部的、影响较小。食物、居住、卫生、医疗条件的改善使死亡率下降，人口的增长加剧了对环境的破坏，但人类也在实践中逐渐学会如何保护环境。如连年耕作会使土地肥力下降而使产量降低，采用休耕和轮作来保护耕地。中国古代大禹治水也是保护环境的典型例子。在19世纪以前，环境问题整体上尚未达到影响人类生存的严重程度，环境科学尚未作为一门学科来进行研究。

21世纪以来，由于科学技术、文化、人口等多方面的迅速发展，地球上发生了巨大的变化：①第二次世界大战以后，社会生产力迅速提高，经济规模空前膨胀，物质财富极大丰富，虽然两极分化严重，但人类文明到达新的高度。②医疗卫生水平的提高使人口爆炸性地增长。公元1000年时世界人口总数为2.8亿，经过了800年增长到10.0亿，再经过130年增长到20.0亿，再过57年即1987年7月11日世界人口达到50.0亿，1999年10月12日达60亿，2000年已达61.2亿！每年以7800万以上的速度增长，如此庞大的人口消耗地球上有限的资源。以中国为例，目前人口已超过13亿，每年净增人口1500万，使新增国民收入的1/4被新增人口所消费，给提高全体人民的生活水平造成极大困难。③自然资源的过度开发与消耗，生产和生活中所产生的污染物未经有效处理而大量排放，造成全球性资源短缺、环境严重污染、生态毁灭性破坏。全球性的环境问题有温室效应、臭氧层空洞、酸雨、森林减少（又称热带雨林减少）、水土流失和沙漠化、生物多样性锐减、人口膨胀以及城市化所造成的一系列问题。随着化学学科的发展，人类合成了600万种新化学品，在农药、化肥、塑料制品、合成化学纤维、工业材料等广大领域为提高生活水平起着不可磨灭的作用，但是新化学品往往影响人体健康，导致急性和慢性疾病，因此不断研究替换毒性较大的化学品成为长期任务，其实这是发展过程的必然，是文明的代价！人和自然间矛盾尖锐，不仅严重阻碍了人类社会的发展，而且对人类的生存构成了威胁。人类不得不冷静思考人与自然的关系，从原始时代人们对太阳、月亮顶礼膜拜，到产业革命后提出征服自然，但严酷的现实使人们认识到人和自然必须和睦相处，需要考虑每前进一步可能给环境留下的“足迹”，只有保护环境社会才能持久发展，因为地球只有一个、污染没有国界！

严重的环境问题引起世界性的关注始于20世纪50年代，环境科学也作为一门学科迅速发展。1972年6月联合国在瑞典首都斯德哥尔摩召开人类环境会议，是人类关注和保护环境的历史性会议，所通过的“人类环境宣言”对环境问题的本质、产生原因、改善方法、人类的职责以及国际合作等方面作了原则阐述，并由此签订了一系列保护生态、保护环境的国际条约：1980年由国际自然和自然资源保护联盟（IUCN）、联合国环境规划署（UNEP）、世界野生生物基金会（WWF）共同起草的《世界自然资源保护大纲》；1987 年 UNEP 通过了关于臭氧层的《蒙特利尔议定书》；1989 年 69 个国家环境部长关于大气污染和气候变化的《诺德威克宣言》；1991 年在北京召开了发展中国家环境与发展部长级会议，并通过《北京宣言》；1992 年生效的由 UNEP 通过的关于控制危险废物越境转移及其处置的《巴赛尔公约》。

当然，人们对世界性的生态破坏和环境问题也是有不同的看法。从 20 世纪 60 年代到 80 年代科研人员进行了热烈的讨论，例如 60 年代末美国学者鲍尔丁提出了“宇宙飞船经济理论”，认为人类生活的地球在宇宙中只是一艘小小的宇宙飞船，人口和经济的不断增长，总会耗竭飞船内有限的资源，同时对生产和消费过程中排放的废物不予处理、不断积累终将严重污染飞船而危害人类生存。要避免这种结果的产生，必须按生态学原理来组织人类生产和生活活动。由美国、德国、挪威等国科学家组成，以 D. L. 米都斯（Meadows）为代表的罗马俱乐部在 1972 年提出了研究报告《增长的极限》，指出当前人类社会的发展受到工业化、人口增长、粮食短缺、不可再生资源的枯竭、生态环境破坏五种因素相互影响、制约，如果以目前的人口和资本的快速增长模式继续下去，在 100 年内将可能达到“增长的极限”，世界就会面临一场“灾难性的崩溃”。避免这种崩溃的最好方法是限制增长，即“零增长”。建立稳定的生态和经济条件，达到全球的平衡，这种努力开始越早，成功的可能性就越大。其后又发表了《人类处在转折点》，强调当前的危机“不是一种暂时现象，而是反映了历史格局内在的长期趋势”，指出人对自然必须持有和睦相处而不是征服自然的态度；应该鼓励多样化，以有利于系统的稳定。另一些“技术至上”的乐观主义者持相反的观点。以 J. L. 西蒙（Simon）为代表的持有“没有极限的增长”（1981）、“资源丰富的地球”观点的人（1984）则认为“人类能力的发展是无限的，目前所遇到的问题不是不能解决的，世界的发展趋势是在不断改善而不是在逐渐变坏”。这是两种典型相反的观点，但多数人持既要充分重视生态和环境问题，又要以不懈的努力解决这些问题的态度。世界未来协会主席 E. 科尼什（E. Collins）认为：乐观主义者和悲观主义者都以不同的形式暗示我们放弃努力，我们不能上当。世界的好坏要靠人类自己的努力。

1980 年联合国发出呼吁：“必须研究自然的、社会的、生态的、经济的以及利用自然资源过程中的基本关系，确保全球持续发展”。1981 年美国世界观察研究所所长布朗（Brown）发表了《建设一个可持续发展的社会》。1983 年 11 月联合国成立了世界环境与发展委员会（WECD），以挪威前首相 G. H. 布伦特兰夫人（G. H. Brundland）为主席。联合国要求 WECD 以“持续发展”为基本纲领，制订《全球的变革日程》，经过 4 年，WECD 于 1987 年发表了著名的报告《我们共同的未来》（Our Common Future），正式提出了“可持续发展”（Sustainable development）的模式。从“持续发展”到“可持续发展”体现了思维的发展。该报告指出“过去我们关心的是发展对环境带来的影响，而现在我们则迫切地感到生态的压力……。在不久前我们感到国家之间在经济方面相互联系的重要性，而现在我们则感到在国家之间生态学方面相互依赖的情景，生态与经济从来没有像现在这样互相紧密地联系在一个互为因果的网络之中。”

“可持续发展”包含三层含义：“发展”、“持续”和“可”。传统的发展是指经济领域，物质财富的增长，它是以消耗资源为代价，未将环境的价值考虑在内。而社会的发展不仅要考虑经济，还必须包括文化、艺术、科学、道德以至政治体制的进步，即人类社会的进步。持续一词狭义理解是维持、保持、继续，针对资源与环境，则应理解为保持或延长资源的使用性和资源整体的完整性，以保证自然资源永久为人类所利用，不能因现代人耗竭资源而影响后代人的生存。而“可”与“不可”是孪生的，是可以相互转换的，必须改变以耗竭资源为代价、不顾环境承载力的发展，走以自然资源为基础、同环境承载力相协调、同社会进步相适应的道路，人类社会才有“可”能持续进步。

这种既满足当代人的需求，又不危及后代人满足其需求的发展在1992年巴西的里约热内卢召开的联合国环境与发展大会（UNCED）上得到了共识，并在随后的一系列国际文件、条约中予以肯定。巴西会议通过了《里约热内卢宣言》、《21世纪议程》，并签署了《森林问题原则声明》、《气候变化公约》。1995年签署《荒漠化公约》，其后联合国成立了可持续发展委员会（CSD），1997年召开环境与发展的特别联大会议，这一系列活动表明人类对自己生存环境的认识观念发生的根本转变：从与自然对立斗争转变为尊重自然并与之和睦相处；从单纯向自然索取转变为珍惜资源，保护环境；从只顾自身利益转变为关心地球、关心人类；从只考虑眼前利益转变为考虑长远的持续的发展。经济发展的模式也发生转变：从资源消耗型转向资源节约型；从破坏环境转向与环境协调；从技术落后转变为技术先进；从经营粗放型转为科学管理型。

诚然，上述仅是从科学、技术层面上分析，真正要解决的问题还复杂得多。民族、国家、地区之间文化、意识、技术和宗教信仰不同，在环境问题上看法和行动完全一致还相当困难，近年来历次世界气候会议就发生许多将技术和经济以至政治利益混在一起的矛盾。发达国家是温室效应的主要责任国，人均排碳量远高于发展中国家，而且是消费型的排碳，而发展中国家还需为发达国家生产工业及日用品，这部分排碳量原应该计算在发达国家消费中，但是实际上发达国家却逼迫发展中国家承担更多的义务，碳关税往往是针对发展中国家的“技术壁垒”。同时，世界上局部战争不断，不仅资源消耗惊人，死伤大量无辜人民，并且破坏生态环境，越南战争生化武器的后遗症至今未能完全消除。

1.1.1　产业与环境

在人类活动中生产无疑是与环境发生作用最频繁的部分。为了生存，从单纯向自然索取食物到制造工具种植植物、圈养动物供食用，物质的丰富促使人类数量的增加，而人类数量的增加和欲望的膨胀又促使生产力进一步提高，人们在衣、食、住、行等方面的生产活动的分工越来越细，向自然索取更多的资源加工产品，并在此过程中排放大量废气、废水、废渣，破坏生态平衡，造成环境污染，这样，人口增长、生产力提高相互交替，形成一个难以逆转的“棘轮效应”。可以说，环境问题始于农业的产生，但从20世纪50年代开始的现代环境问题，是从工业污染开始的。工业污染的排污特点是排污点位集中、排污途径明确，因此容易收集、处理相对方便。对于工业集中地区，城市可以建造规模大的处理设施，从而具有规模效应，通常将这一类称为点污染；与此相对应的是面污染，是指由分散的污染源所造成的污染，它的特点是发生区域具有随机性、排放途径和排放污染物的不确定性、污染负荷空间具有差异性。由于面污染的特点，其治理难度远大于点污染，农业污染属于典型的面污染。

产业分为第一产业、第二产业和第三产业。根据中国国家统计局2003年划分规定：第一产业指农、林、牧、渔业；第二产业是指采矿业、制造业、电力、燃气及水的生产和供应业、建筑业；第三产业是指除第一、第二产业以外的其他行业。第三产业包括交通运输、仓储和邮政业，信息传输、计算机服务和软件业，批发和零售业，住宿和餐饮业，金融业，房地产业，租赁和商业服务业，科学研究，技术服务和地质勘察业，水利、环境和公共设施管理业，居民服务和其他服务业，教育、卫生、社会保障和社会福利业，文化、体育和娱乐业，公共管理和社会组织，国际组织。

1.1.1.1 第一产业与环境

在一个国家或地区，第一产业所占地域面积是最大的，也是比较分散的，面污染的治理难度远高于点污染，生态平衡的破坏是主要问题。对中国而言，局部环境污染也已达到相当严重的程度，如农药、化肥使用不当和过量使用造成污染、畜禽饲养场污染等，水土流失、土壤肥力下降、沙漠化、森林面积减少、生物多样性减少等是主要的表现形式。

（1）水土流失和土壤肥力下降　土壤是农业生产的基础，所谓土壤是指陆地地表具有肥力并能生长植物的疏松表层。它是由矿物质、动植物残体腐解产生的有机质、水分和空气所组成，其中有机质是作为耕地肥力的关键部分，通常集中在表层 0～20cm，占土壤干重的 0.5%～3%。水土流失是指由于各种原因，使土壤有机质流失、肥力降低直至丧失的过程。水土流失的原因有森林减少、过度耕种和放牧。树木发达的根系是保持水土的重要因素，而繁茂的林冠则是截留降水、防止暴雨冲刷土壤的屏障。过度耕种和放牧不仅降低土壤肥力，而且植被减少，使土地暴露在阳光和风力侵蚀之中。水土流失不仅使宝贵的有机质减少，从而降低农业产量，并且这些有机质和泥沙混合在一起，作为污染物流入河道和海洋，污染水质、堵塞河道，酿成水灾。据 2002 年《中国环境状况公报》资料中国水土流失面积 $356\times10^4km^2$，约占国土总面积的 37.1%，其中水蚀面积 $165\times10^4km^2$，约占国土总面积的 17.2%，风蚀 $191\times10^4km^2$，约占国土总面积的 19.9%。按流失强度分类：轻度水土流失 $162\times10^4km^2$；中度流失 $80\times10^4km^2$；强度流失 $43\times10^4km^2$；极强度流失 $33\times10^4km^2$；剧烈流失为 $38\times10^4km^2$。每年损失土壤达 50×10^8t，被水冲走的氮、磷、钾等宝贵肥料达 4000×10^4t，损失巨大！中华民族的发源地黄河流域，在 5000 年前，原本是暖温带-亚热带，森林覆盖率大于 60%，土地肥沃疏松。夏、商时人口仅 1355 万，人均耕地 $1hm^2$ 以上，此时尚需采取休耕（轮耕）以保持土地肥力。随着人口的增长，需要大量耕地，同时也需要大量树木造房，从秦朝开始大规模毁林，修长城动用了全国约 1/3 劳力，建造绵延百里的“阿房宫”，吃、住、烧砖、建筑等消耗了关中地区所有的树林，并从西蜀调运木材。关中地区变成几乎没有森林的平原，植被破坏，水土大量流失，黄河也真正变成了“黄”河。加上历代缺乏植树固沙的知识，使黄河成为全世界含沙量最高的河流。每年流失泥沙 16×10^8t，占全国流失量的 1/3，把这些泥沙垒成高度和宽度各 1m 的土堤，可绕地球赤道 23.5 圈，水土流失的泥沙使黄河河床不断升高，以致决口，造成巨大水灾，并因此几次改道。从已有历史记载可以看出，这种灾害的频率不断增加，见表 1-1。

表 1-1 黄河历代决口情况

朝代	起止年代	间隔年数	决口次数	决口频率/(次/年)
西汉-王莽	公元前 206～公元前 20	186	10	18.6
北宋-南宋	960～1279	319	50 多次	约 6.3
明朝	1368～1644	276	127	2.17
清朝	1644～1911	267	180	1.48

新中国成立以来决口次数减少，这主要是由于技术进步、河堤升高所致，但一些城市地面标高在河床以下，隐患极大。

长江也有步黄河后尘的危险，由于上游地区过度砍伐树木，使水中泥沙量大增，水的颜色由清变浑、变黄，只是因为长江的水量较大，才不十分明显。过度耕种和放牧不仅降低土壤肥力，而且使植被减少，使土地暴露在阳光和风力侵蚀之中，一刮大风就形成沙尘暴（沙暴、尘暴），所到之处昏天黑地，美国1934年一次尘暴刮走尘土3×10^8t，相当于1.33×10^9 m^2 耕地的耕层土壤。中国西安、北京也多次发生尘暴，尤以2000年4月发生在中国北方地区（北京、天津等地）的沙尘暴影响严重，造成空气污染，交通堵塞，飞机停航，2004年3月的沙尘暴影响11个省市，2010年3月的沙尘侵袭16省，影响2.7亿人。

(2) 沙漠化　沙漠是指以沙土为主、含盐量高、几乎不含土壤有机质、雨水稀少而多风的荒漠，是人类几乎不能利用的土地。在沙漠和耕地的交汇处，由于耕地的植被被破坏、水资源被过度开采，引起流沙入侵，使耕地变为沙漠的过程称为沙漠化。全世界每年约有600×10^4 hm^2 土地沙漠化，其中非洲北部的撒哈拉沙漠，印度的塔尔沙漠流沙扩展迅速。中国沙漠化也相当严重，受其影响，中国干旱、半干旱地区40%的耕地在不同程度地退化。北方沙化面积每年以6.67×10^9 m^2 的速度扩展。

(3) 森林的减少　森林是指由乔木或灌木为主体组成的绿色植物群体。因所处区域不同，森林可分为亚寒带针叶林、温带针阔叶混交林、亚热带落叶阔叶林和热带森林（又称热带雨林）。在史前，全球森林覆盖率达60%以上，19世纪初为43%，20世纪中叶为30%，近年来减为22%。森林在整个地球生态平衡中起着极重要的作用。首先，它是地球上重要的自然资源库，绿色植物通过光合作用生成的有机物量称为净初级产量，而地球上48.65%净初级产量来自森林。森林是调节气候的重要因素，通过光合作用吸收CO_2、释放O_2以平衡动物、人呼吸和人类活动燃烧过程所排放的大量CO_2和需要的O_2。森林截留和蒸腾水分与海洋、河流、湖泊、冰川等共同形成地球的“水循环”，如果破坏这一水循环，无疑将影响全球气候；森林具有保持水土、防风固沙以及净化空气的作用。据1997年《中国环境状况公报》报道，中国森林面积为1.3亿公顷，覆盖率为13.92%，仅占世界森林面积的3%～4%。以人均计只有世界水平的11.3%，居世界第121位。由于人口增长迅速，在长江上游等地大量砍伐森林，加上其他原因，中国遭受连年水灾，特别是1998年特大洪水，教训是惨重的。

(4) 生物多样性减少　每个生态系统，多是由许多生物物种所组成，而每一物种的数量与其他物种保持相对平衡，生物物种的多样性是生态系统成熟和平衡的标志。每一物种的存在，均有其必然性和合理性，它在生物链中起一定的作用，当某一链节受损或断裂，必将影响整个生物链。形成一个成熟的生态系统，需经千年以上，而破坏只需极短时间。由于自然和人类原因阻碍生态系统中能量流通和物质循环，破坏生态平衡，导致生物物种减少已成为世界性的严重问题，特别是热带雨林的滥伐使许多物种灭绝或面临灭绝。我国同样面临严重问题，据1997年统计，被子植物中有4000种受到威胁，其中珍稀濒危1000种，极危的28种，已灭绝或可能灭绝的7种。

(5) 过度捕捞、环境污染造成渔业减产　中国沿海多年来，由于人口激增而对水产品需求增大，促使捕鱼能力和规模膨胀，使许多品种几乎灭绝。在一些海域、河、湖，政府不得不采取“休渔”措施，即在鱼类繁殖期间禁止捕鱼以保证全年有一定的产量。而江、湖、河、海的污染，使一些适应能力较弱的珍贵品种纷纷消失，例如安徽省巢湖由于水质污染，其鱼类品种已从20世纪50年代的93种下降到1978年的61种，局部污染严重地区已无鱼可捕。我国沿海富营养化的面积和程度不断扩展，鱼类大量死亡，同时也使鱼类品种愈来愈少。

（6）农药、化肥污染　农药、化肥是现代农业提高产量的重要因素，但过量使用和不恰当使用也会造成污染。中国是农业大国，也是人口大国，因此农药、化肥的使用量也极大。

世界上注册的农药有1500多种，常用的300多种，按主要用途分为杀虫剂、杀螨剂、杀鼠剂、杀软体动物剂、杀菌剂、杀线虫剂、除草剂和植物生长调节剂等，主要是杀虫剂、杀菌剂和除草剂三大类。20世纪初发达国家这三类农药的用量比例约为2∶1∶2，而我国目前约为2∶1∶0.8，农药用量过高，在杀灭害虫的同时，会杀死种类繁多的其他昆虫，直接或通过蔬菜等食物链使人中毒。如某县曾因滥施农药，非但没有控制虫害，反而形成一系列生态恶果：河里鱼虾急减、天上鸟雀罕见、所产稻谷因极毒农药污染而不能食用的达7.5×10^5kg！中国主要的农药问题是施用方法不当、施药器械质量差，导致利用率低，2003年农药平均使用量为7.5kg/hm^2，高毒高残留的有机磷杀虫剂所占比例过大，约占21.5%以上，但利用率很低，据估计约70%的农药流入环境，全国约有1.4亿亩耕地受到不同程度污染。

肥料是作物生长的养料，是现代农业增产的重要物质保证。肥料分为有机肥料和化学肥料。大规模生产的农业，主要依靠化肥。中国是农业大国，化肥生产量已居世界第二位，但仍需大量进口。这是因为我国人均耕地太少，粮食生产的压力太大，表1-2是部分国家、地区人均耕地数量。从表中可见中国人均耕地数不足世界平均水平的一半，甚至还低于印度，虽然比日本、英国、荷兰高，但它们是发达国家，且人口数量不多，粮食问题比较容易解决。

表1-2　部分国家、地区人均耕地

国家和地区	人均耕地/(hm^2/人)	国家和地区	人均耕地/(hm^2/人)
全世界	0.239	荷兰	0.059
北美和中美洲	0.589	德国	0.144
亚洲	0.129	法国	0.316
欧洲	0.242	印度	0.181
美国	0.713	日本	0.032
前苏联	0.879	中国	0.104
英国	0.104		

由于人口众多，粮食压力大，化肥需求量将进一步增加，表1-3是中国粮食用化肥增加量的一个预测（按每公斤化肥增产粮食6～8kg计算）。

表1-3　中国粮食用化肥增加量预测

年份	播种面积/$10^4$$hm^2$	粮食总产量/10^4t	粮食单产/(kg/hm^2)	化肥增加量/10^4t	化肥总用量/10^4t	化肥用量/(kg/hm^2)
2015	14196	57600	4057	950～1267	3401～3718	240～262
2030	14196	64000	4508	1750～2333	4201～4784	296～337

注：粮食作物使用化肥数量为总量的60%左右，所以我国化肥使用总量还需乘上1.67。

2003年中国化肥使用总量已达4124×10^4t，平均施用量（折纯量）达375kg/hm^2，远超过发达国家所规定的225kg/hm^2的使用上限，一些蔬菜基地的化肥使用量高达1000kg/hm^2。另外化肥中主要成分是氮、磷、钾，我国氮肥偏高，造成土壤酸化，肥力下降。过量的氮、磷流入地面水域污染水体，使许多水域富营养化，由于农业污染基本上属于面污染，治理难度远大于点污染。

（7）畜禽饲养场污染　人类饲养畜禽既作为生活资料，如肉、蛋、奶等作食用，皮、骨、毛等用作衣物、用品；也作为生产资料，牛、马用来耕地，马还用于战争。由于生活水平的提高，生产水平的发展，畜禽饲养的数量快速增长，生产的规模和集约化程度提高，在局部地区饲养的密度高、总量大，特别是城市附近，这种饲养方式效率高，但也有负面影响，首先是一旦发生疫病，如禽流感、口蹄疫、疯牛病等将造成损失，其次，畜禽粪尿污染相当严重。畜禽粪尿排污量见表1-4。

表1-4　畜禽粪尿排污量

动物种类	排污量/[g/(头·天)]				
	粪	尿	BOD	COD	NH_3—N
奶牛	30000	18000	805	1100	12
肉猪	2200	2900	203	266	37.5
肉鸡	100		8.5	18.0	1.2
鸭	135		11.5	24.3	1.6
羊	1490		20.4	180	
马	20000	12500	563	780	

畜禽粪尿的主要成分是有机质，在人口密度较低的农村和牧区传统上作为肥料，北方牧区利用牛、马粪中的纤维素作为燃料。有资料表明，在1300～2000m^2草地上饲养一头牛可以消纳粪尿，但集约化的饲养场是不可能的，特别是在城市市区周围的畜禽饲养场，粪、尿液以及冲棚水难以就地消纳，造成很大污染。以南方某市为例：牛奶和肉类仅为部分自给，2002年共有各类饲养场1000多个，饲养奶牛5万头，肉猪510万多头，肉鸡1400万羽，每天产生BOD1194t，COD1664t。该市常住人口1300万，每天粪、尿所产生的BOD1300t，COD1820t，与之相比很接近！如不经处理，直接排入地面水，将是很大的污染源。

另一方面粪、尿可以作为肥料、生物质能源利用，家畜粪的肥分含量和有机物组成见表1-5和表1-6。

家畜粪制肥料的大致方法是：饲养场将粪、尿及冲洗水分别收集，粪便集中后运往有机肥制造厂，通常添加秸秆粉、木屑粉和菌种混合发酵，每5天翻堆、冲氧/翻动混合，经20～40d便制成优质有机肥料，尿液及冲洗水另行处理。目前关键问题是与化肥相比成本偏高，影响推广使用；尿液和冲洗水处理及应用困难。

表1-5　家畜粪的肥分含量　　单位：%

畜粪	水分	有机质	氮(N)	磷酸(P_2O_5)	氧化钾(K_2O)
猪粪	81.5	15.0	0.6	0.40	0.44
牛粪	83.3	14.5	0.32	0.25	0.16
鸡粪	50.5	25.5	1.63	1.54	0.85

表 1-6 家畜粪便有机物组成 单位：%

类别	脂肪	总腐殖质	富里酸	胡敏酸	半纤维	碳氧比
猪	11.42	25.98	15.78	10.22	5.32	7.14∶1
牛	6.05	23.80	14.74	9.05	9.94	13.40∶1

家畜粪便作为生物质能也是一条有效途径，将粪、尿液、冲洗水混合厌氧发酵制沼气，供作能源，同时可以获得大量液体肥料供给附近农田。据国家统计局2010年统计年鉴显示我国2000年和2010年家畜饲养量见表1-7。

表 1-7 中国家畜饲养量（万头或万吨）

年份		2000年	2010年
畜类	牛	12353	10626
	肉猪	93496	113146
	蛋禽	2243	2763

成功的实例有上海市某农场，共有4000多户居民，场内有三个奶牛场，饲养2900头奶牛，该场建立一个沼气站，建有6座450m^{3}沼气罐，年产沼气147万立方米，相当于3140t标准煤，供应3000多户居民和14家饭店、招待所等企业。所产生沼渣、沼液作为肥料，沼液通过管道输送到奶牛饲养场的饲料田。本法是一种较理想的方法，但实施过程中需有如下条件：使用沼气的居民需相对集中并距离较近；大量沼液必须就近消纳，它依靠种植生长期仅20天的黑麦草、狼尾草作为奶牛饲料，但在雨季时很难消纳。

(8) 农业废弃物污染 农业废弃物包括农业产品加工过程中的废弃物，包括稻、麦、玉米、棉花等的秸秆；蔬菜产区加工废弃的茎、根、叶等。其中农作物秸秆数量最大，据调查，2009年，全国农作物秸秆理论资源量为8.20亿吨（风干，含水量为15%），其中可收集资源量约为6.88亿吨，占理论资源量的83.8%，未利用资源量为2.15亿吨。大致有四类用途：饲料、造纸、造肥料和作为能源，各类用量见表1-8。

表 1-8 中国秸秆产生量和主要用途

项目	燃料(含秸秆新型能源化利用)	饲料	肥料(不含还田)	造纸	食用菌基料	废弃及焚烧
使用量/$\times 10^9$t	1.29	2.11	1.02	0.16	0.15	2.15
所占比例/%	18.75	30.67	14.83	2.33	2.18	31.25

在牧区和农村，秸秆是牛、马春、冬季的饲料，一头牛每天总饲料量约为7.5kg，其中秸秆为3.45kg左右，部分秸秆翻耕于农田，或与粪便混合发酵作为肥料。在农村原来大部分秸秆作为燃料，现在特别是城市近郊，家用燃料改成煤气、煤等，更为清洁、方便，因此大量秸秆无法消纳，一些地方农村改为就地焚烧，造成重大烟雾事件，甚至影响飞机航班，所以秸秆的处置成为重要的研究课题。利用秸秆造纸历史很久，但秸秆（草浆）造纸污染严重，远大于木浆造纸。国际上纸浆中木浆占90%以上，而中国草浆占很大比例，据中国造纸协会调查资料，2010年全国纸浆消耗总量8461万吨，其中木浆1859万吨，较上年增长2.82%，占22%；非木浆1297万吨，较上年增长10.38%，占15%；废纸浆5305万吨，较上年增长6.16%，占63%。非木浆中，稻麦草浆比例比上年下降3个百分点；竹浆比例比

上年增长1个百分点；苇（荻）浆比例与上年持平；蔗渣浆比例比上年增加1个百分点。2010年中国纸浆原料用料表见表1-9。

表1-9　2010年中国纸浆原料用料表

纸浆种类	用量/$\times10^4$t	所占比例/%	纸浆种类	用量/$\times10^4$t	所占比例/%
木浆	1859	22	废纸浆	5305	63
其中：进口木浆	1151	14	其中：进口废纸浆	2092	25
非木浆	1297	15	合计	8461	

注：废纸浆＝废纸量×0.8。

（9）林业废弃物　中国国土面积为960万平方千米，其中70%为山区，16%为沙漠。林业用地26329.47hm^2，森林面积15894hm^2，森林覆盖率2000年约为15.5%，2010年达到17.5%。人均森林面积0.13hm^2，仅为世界平均水平的1/5左右。森林能调节气候、保持水土、涵养水源、防风固沙和维护生态平衡。从我国目前情况来看，发展林业，将部分耕地“退耕还林”，建立防护林，对防止沙尘暴和调整农业结构、促使农业可持续发展有重要意义，木材又是国民经济发展所紧缺的材料。

中国主要林区分布在黑龙江、吉林、福建、内蒙古、四川、云南、广西等地。从林种分析，经济林占38%，用材林占35%，防护林占24%，其他为3%。在保障生态平衡的条件下，木材是生产和生活的重要材料。我国木材消耗主要包括三部分：商品材约占44.2%，直接燃烧约占28.8%，自用材约占23.5%，其他为3.5%。木材采伐和加工过程产生大量剩余物，一般分三个过程：林区采伐原木时产生30%剩余物；原木加工成锯材，剩余物20%～40%，平均为30%；锯材加工成木制品，剩余物占35%～50%，平均为40%。以2011年为例：全国原木产量为7449.64万立方米，最终木制品为3122.17万立方米，三个过程所产生的剩余物总量高达6562.36万立方米，具体见表1-10。

表1-10　中国原木采伐和木材加工量（2011年）　　单位：万立方米

林区采伐		原木加工成锯材		锯材加工成木制品	
原木产量	剩余物	锯木产量	剩余物	木制品产量	剩余物
7449.64	2234.89	4460.25	2989.39	3122.17	1338.08
总剩余物量：6562.36					

剩余物总量非常大，如何合理利用这部分资源十分重要。目前，大部分作为燃料被初级利用，只有少量加工为刨花板、纤维板。以林区采伐为例，每开采100m^3原木，约有15m^3林杈、梢头，8m^3木截头，其中包括直径5cm以上、长度1m以上可供利用的木材，完全可提高它们利用效率，以接近世界先进水平。

1.1.1.2　第二产业与环境

人类赖以生存的物质资料，很大部分来自工业生产，相对于比较分散的农、林、牧、渔，现代化、集约化的工业生产集中于很小的地域，因此生产过程中排放的废气、废水、废渣往往集中在局部，造成严重污染。世界上一些著名的污染事件，大多由工业污染所引起。例如：1948年美国多诺拉烟雾事件；1952年伦敦烟雾事件；分别发生于1955年、1956年日本的骨痛病、水俣病事件；1984年印度的博帕尔事件。中国工业、生活及其他污染物排放情况见表1-11～表1-13（摘自2010年《全国环境统计公报》）。

表1-11 中国工业废水及生活污水排放情况（2010） 单位：万吨

分类	工业废水			生活污水		
	水量	COD排放总量	氨氮排放总量	水量	COD排放总量	氨氮排放总量
排放总量	2375000	434.8	27.3	3798000	803.3	93.0

表1-12 中国废气排放情况（2010） 单位：万吨

分类	工业废气				生活废气		
	二氧化硫	氮氧化物	烟尘	粉尘	二氧化硫	氮氧化物	烟尘
排放总量	1864.4	1465.6	603.2	448.7	320.7	386.8	225.9

表1-13 中国固体废物排放情况（2010） 单位：万吨

分类	工业固体废物				
	产生总量	排放总量	综合利用量	贮存量	处理量
总量合计	240944	498	161772	23918	57364
危险废物	1587	—	977	166	513

注：1. “综合利用量”和“处置量”指标中含有综合利用和处置往年贮存量。

2. “—”表示数字小于规定单位。

中国工业污染主要的问题是资源开采不合理和浪费，生产工艺落后。我国三大支柱产业能源、材料、信息中能源和材料对环境影响最大。以能源为例，发达国家在开采、加工转化、储运分配、终端利用等各环节能源系统总利用效率为20%，即80%在过程中浪费掉，对环境造成污染。而我国能源系统总利用效率只有8.7%（1989年），可见对环境危害的程度，同时也说明我国提高能源利用效率的重要性和巨大潜力。

材料产业也是利用和排放资源的重要部门。材料产业包括钢铁、有色金属、化工、建材等主要行业，中国主要材料的产量已居世界前列（表1-14），但从技术水平、产品品种、质量及经济效益分析，与先进水平还有很大差距。

表1-14 中国主要材料的产量（2010）

材料种类	材料产量/万吨	材料种类	材料产量/万吨
生铁	4664.9	塑料	5830
钢	62665.4	合成橡胶	310
有色金属(十种)	3152.77	化纤	3089.7
水泥	186800	平板玻璃	6.6(亿箱)

生产资料和生活资料的生产过程实质上是一个将矿产和其他自然资源在能源的帮助下，进行提取、制备、生产的过程，提取部分所需的材料，抛弃与产品无关的物质。对产品使用以至废弃都要将大量物质（气、液、固态）抛弃到环境，造成环境污染。若工艺落后，必然能源单耗高、有用物质提取率低，环境污染也大。中国部分工业部门的能源消耗和三废排放情况见表1-15和表1-16。

表 1-15　中国部分工业的能耗（2009）

工业部门	能耗/万吨标准煤	占工业能耗比重/%	工业部门	能耗/万吨标准煤	占工业能耗比重/%
黑色金属矿采选业	1250.90	0.57	塑料制造业	1894.96	0.86
有色金属矿采选业	832.89	0.38	石油加工、炼焦及核燃料加工业	15328.29	6.99
非金属矿采选业	1095.77	0.50	交通运输设备制造业	3031.90	1.38
化学纤维工业	1436.85	0.66	电力、煤气及水生产和供应业	21016.02	9.59
金属制品业	3037.78	1.39	…	…	…
橡胶制造业	1344.72	0.61	合计	219197.16	100

表 1-16　中国部分工业污染物排放情况（2010）　单位：万吨

工业部门	工业废水	工业废气（二氧化硫、烟尘、粉尘）	固体废物产生量
黑色金属冶炼	15353	44.44	31968.9
有色金属矿采选业	38852	91.15	29338.4
非金属矿物制品	7683	42.16	1780.2
化学纤维工业	42371	104.65	460.6
有色金属冶炼	31118	2035.82	8791.1
橡胶制品	7042	42.21	140.8
金属制品业	30152	22.03	364.1
塑料制品	4962	13.13	74.6
…	…	…	…
合计	2118585	54410.73	225093.6

中国产业的问题是：由于工艺落后所以单耗高，原料转化率低。单位产品用水量和单位产值能耗均比先进国家高出5～10倍（表1-17），能源的平均利用率只有30%左右，而发达国家在40%以上，发达国家发1kW·h电耗煤比中国少100多克，仅此一项全国每年多耗煤7000多万吨。有色金属工业是以品位很低的矿产资源为原料进行生产的，年生产有色金属约400万吨，但以尾矿、废渣为主的固体废物为6000万吨！化工部在20世纪80年代曾对部分企业进行调查，原料中只有2/3转化为产品。

表 1-17　部分国家单位产值的能耗（按1988年当时的汇率换算）

国　家	单位产值能耗/(t标准煤/10^3美元)	国　家	单位产值能耗/(t标准煤/10^3美元)
日本	0.16	加拿大	0.51
法国	0.21	新加坡	0.80
英国	0.31	印度	0.94
韩国	0.44	中国	2.26
美国	0.49		

以纺织工业为例，中国纱、布、呢绒、丝织品、化纤和服装等产品的生产量均居世界第一位。据2011年统计，中国纤维加工量已占世界总量的53%，占量居世界第一，尽管节能减排取得显著成果，但是由于总量太大，密度过高（重污染的印染主要集中于沿海5省），因此环境污染问题已成为制约印染行业发展的重要因素。

1.1.1.3 第三产业与环境

第三产业在中国统计资料中与环境有关的数据较少，其中为生产服务的交通运输业排放污染物占有较大比重，例如飞机、火车的噪声，火车、客车、运输车辆排放的废气、废物等，火车上丢弃的一次性饭盒、城市中的汽车尾气等经常是社会关注的环境问题。为生活服务的商业，特别是饭店、宾馆、加工业一般集中在城市，饭店、宾馆的含油污水往往统计在城市工作及生活污染中。银行、文化、艺术、体育、机关、学校等从污染物排放角度看相对较少，但人口密度高，生活污染物排放集中，也是值得注意的。

人类在生存、繁衍过程中以消费自然资源、产品等活动而向环境排放污染物，所造成的环境污染称为生活污染。城市是人类密集聚居地，当然也是消费活动的集中地，是主要的生活污染源。生活污染主要包括以下几方面。

① 消耗能源以取暖、做饭、空气调节以及使用交通工具（如小汽车）。特别是使用煤为能源的城市，由于能源的利用率低，向大气排放大量二氧化硫和烟尘，同时产生固体废物煤渣。家用小汽车的推广，在城市中排放氮氧化物、碳氢化物造成大气污染，噪声也是城市的重要污染。

② 由于饮食消费、卫生洗涤、排泄粪尿而排放的生活污水是城市一大污染源，生活污水含有机污染物、合成洗涤剂、致病菌、病毒和寄生虫等。生活污水的质和量，随各地生活习惯、生活水平而异。20世纪60年代以前，我国城市居民用水量为每人每天150L，随着生活水平和卫生要求提高，目前已达250L，南方每天需洗澡地区，约350L。一般排水量为用水量的90%，COD（化学需氧量）450～500mg/L，B/C约0.45（包括卫生设备和粪尿污水），即每人每天排放BOD（五日生化需氧量）45g左右，COD约100g。以一个100万人口的城市计，每天排放BOD达45t！设受纳污水的河流本底BOD为2mg/L，对污水不作处理，又不允许超过5mg/L，则至少需$1500\times10^4m^3$河水来进行稀释（估算时忽略生活污水量），相当于一条流量为$174m^3/s$的大河。各地城市由于近20年来对工业废水处理进行了不懈努力，处理率、达标率提高迅速，生活污水处理的问题就相对突出。1997年后许多城市生活污水排放总量超过了工业废水排放量，生活污水的处理已成为各城市的重要市政工程。

③ 生活垃圾，主要是城市生活垃圾，是指以家庭为主以及办公室、餐馆、饭店等场所排出的各种废物。其主要成分有厨余垃圾、织物、塑料、纸张、金属、玻璃、废木料、建筑垃圾、渣土以及废弃的办公用品。城市生活垃圾产生量，每人每天约1kg（年人均产生量为440kg），并随季节、生活水平不同而波动。由于城市数量和规模不断扩大，自1979年以来，城市垃圾以年平均约9%的速度增长，1980年为3132万吨，1995年为10748万吨，2002年为13638万吨，无害化处理量为7404万吨，占总量的54.3%。全国未经处理堆积的垃圾约70多亿吨，垃圾的处置方式主要有焚烧、卫生填埋和堆肥。堆肥需对垃圾中的成分进行分析，防止有害物质进入，一般所产生的肥效较低，作为产品销量较小，焚烧法运行成

本高，所以国内外仍以卫生填埋为主，表1-18是国外三种垃圾处理方法的统计（1998年数据）。不管哪种处置方法，垃圾分类是非常重要的预处理方法，对金属、塑料、玻璃、木材等分门别类加以利用，最终的有机垃圾再予以处置。垃圾的焚烧、卫生填埋（包括垃圾渗滤液）从技术上都能解决，但在投资和运行费用上尚需进一步优化解决。

表1-18 部分国家垃圾处理方法统计

国家	填埋/%	堆肥/%	焚烧/%
美国	75	5	20
德国	65	3	32
英国	88	1	11
法国	40	22	38
荷兰	45	4	51
比利时	62	9	29
奥地利	59.8	24	16.2
澳大利亚	62	11	24

相对于工业污染，生活污染比较分散，但在城市中可以采取适当的管理方法予以分类收集、回用、处理处置。

1.1.2 生态环境与城市生态环境

1.1.2.1 生态环境

自然环境是由生物有机体和无机体（包括空气、水、土壤、岩石等）所组成。生态系统是指在一定的空间内，生物与非生物成分通过物质循环、能量流动及信息交换而构成的生态学功能单位。每一个生态系统在空间边界上是模糊的，即大小是不确定的。其空间范围基本上是依据人们所研究对象、研究内容、研究目的以及地理条件等因素而决定的。

生态环境是指除人类以外的生态系统，包括不同层次的生物所组成的生命系统和非生物成分。环境是人类赖以生存的必要条件，人类为了生存及发展与环境之间不断进行物质及能量交换。由于人类对环境开发的广度、深度越来越大，使环境质量发生变化。所谓环境质量是指在一个具体的环境内，环境的整体或某些要素对人类的生存和繁衍及社会经济发展的适宜程度，是反映人类的具体要求而形成对环境的性质和数量进行评价的一种概念。环境质量的特性是具有时空概念，受人类活动的影响和调控，并对人类的生存、健康产生直接作用。当今世界环境质量的变化不利于人类生存和持续发展，引起人类反思，对生态和环境问题进行研究，并提出为了人类的生存和发展，必须走可持续发展的道路。

1.1.2.2 城市生态环境

城市一词是由“城”和“市”二字所组成。古文中“城”是用土、石、砖、木等材料围成的空间，是防御野兽、敌人的人群聚居点；“市”是人们进行物质（商品）交换的场所。由“城”和“市”发展为城市是社会政治、经济、文化发展的必然结果。

现代关于“城市”的定义有多种，一种定义是城市（City）是指以非农、林、牧、渔的人群为居民主体，以空间与环境利用为基础，以聚集经济效益为特点，以促进人类社会进步为目的的一个集约人口、经济、科学技术和文化艺术的空间地域综合体；另一种定义是拥有

10万以上人口，住房、工商业、行政、文化、体育娱乐等建筑物占50%以上面积，具有发达的交通、通信的人类聚居区域。无疑城市是自然、政治、经济、科学技术、文化艺术发展中的节点和中心，是人类各种力量聚集的焦点。因此，近100年以来城市的数量、规模以及城市人口占总人口的比例发展迅速（表1-19）。

表1-19 世界城市人口占总人口的比例 单位：%

年份	城市人口所占比例	发达国家比例	发展中国家比例	中国
1820	3			
1920	14			
1949				10.6
1950	28.7	＞50	17	
1970		66.6	25.4	
1980	42.2			
1990		72.6	33.6	26.23
1995				28.85
2000				32
2025		80	57	＞50

城市的数量、人数增加的同时，城市规模也在不断增加，人口超过1×10^6人的大城市和人口超过5×10^6人的特大城市的数量不断增加（表1-20）。这种城市化的发展，在政治、经济、文化、交通等方面发挥越来越大的聚集效应和中心作用，推动着经济的发展和社会的进步。但同时，由于城市化过程中人口、工业、建筑、交通等高度集中，带来了一系列社会问题——住房紧张、交通拥挤、基础设施滞后、生态恶化、环境污染，并导致犯罪率上升、社会问题增加等一系列现代城市社会弊病。

表1-20 城市数量和规模发展情况

年份	世界城市数	中国城市数	
		大、特大城市	中小城市
1949		16	53
1950	特大城市10		
1960	114(发达国家62,发展中国家52)		
1980	222(发达国家103,发展中国家119)		
1986		54	299
1994		73	549
2000	408(特大城市44)	100	700
2025	639(发达国家153,发展中国家486)		

城市生态系统是由城市空间范围内的生命系统与环境系统所组成，由于城市是以居民为主体，所以城市生态学是研究城市居民与城市环境之间相互关系的科学，是一种特殊的人工生态系统。

城市生态系统是人工的、不完整的、不太稳定的生态系统。与自然生态系统相比，具有以下特点：①高密度的人是主要消费者，其消费量远远超过系统内的生产量，绝大部分消费品需从系统外供应。②城市生态系统内部、系统与外系统之间物质、能量的交流量极大，交流速度极快。③由于生物品种和数量少（生物多样性少），所以自我调节功能很小。④城市生态系统是多层次的复杂系统，它可分为人-自然环境、工业-经济系统、文化-社会系统等支系统。

城市生态学主要研究：①城市居民变动及其空间分布特征，即城市人口的生物特征、行为特征、社会特征。②城市物质和能量代谢功能及其与城市环境质量间的关系，即城市物质流动、能量流动和经济特征。③城市自然生态变化对城市环境的影响，即生物和非生物环境的变化影响。④城市生态的管理方法，物质、能量的利用，社会与自然的调控，交通、通信、供水、供电以及废物的处理处置等。⑤城市自然生态的指标及其合理容量等。

城市是人类社会的产物，所以在研究城市生态学时，仅应用自然科学原理是不够的，它必然要涉及社会科学的各个方面。

1.2　经济发展和环境污染

人类社会的发展，是在客观环境中改善生活质量（包括物质和精神的质量）的过程。其生存和发展的基础是物质生产，物质生产的本质是将可利用的自然资源经过加工、提取、转化等手段最终转化为人类的生活资料。在这一过程中需付出一定的劳力和智力，创造劳动工具以提高效率。人类社会的初级阶段主要靠简陋工具、双手和体力捕获动物和采集植物，完全靠大自然赐予过着游牧生活，其生活方式与高等动物的觅食无根本区别，时时受到自然界的威胁（季节、猛兽、自然灾害等），因而在思想上敬畏和依赖自然。

进入以种植和养殖为主的农业社会后，从游牧到定居，开垦土地，制造简单的金属工具，利用畜力，掌握部分动物、植物的繁殖规律。社会分工较细，商业开始繁荣，城镇也发展到一定规模，生产力大大提高，虽然还要“靠天吃饭”，但已不完全依靠自然界，而且已经能够利用自身力量影响、局部改变自然环境。在思想和宗教上崇拜理想中的圣人和拟人化的神仙。

18 世纪的产业革命，由于科学技术的发展，生产力大大提高。人类不单生产生活资料而且生产生产资料，从利用分散的可再生能源转向利用集中的不可再生的化石燃料能源；从种植、养殖生物（动物、植物）到开发和加工矿产原料；从自然经济转向商品经济。产生了“驾驭自然、征服自然”的思想，做自然的主人。

当人类陶醉于自己胜利的同时，自然界给予了报复，由于生态被破坏，发生了一系列重大环境污染事件，严重威胁了人类的生存，迫使人类反思，并认识到不应征服自然，而应与自然友好相处，人类社会发展与自然环境的关系具体见表 1-21。

在人类活动和经济发展中，环境问题的实质是：①人类向环境索取资源的速度超过了资源本身及其再生品的再生速度。②生产活动过程中，从大量的矿产原料、生物原料中提取人类需要的产品，同时排放大量不需要的“废物”；生活活动中同样用了就扔，抛弃大量“废物”，这些“废物”超过了环境的自净能力，因而造成生态平衡破坏、环境污染。

表 1-21 人类社会发展与自然环境的关系

社会类型	狩猎时期	农业社会	工业社会	后工业社会
时间间隔	公元前 2×10^6 年到公元前 1×10^4 年	公元前 1×10^4 年到1800年左右	18世纪产业革命至今	从现在开始
对自然的态度	依赖自然	改造自然	征服自然	与自然友好相处
环境问题	几乎不存在	由于森林砍伐而水土流失，过度耕作而地力下降等局部污染	从地区性污染到全球污染和生态破坏	将进行全球性合作对生态和环境进行修复
人类对策	听天由命	意识朦胧	逐步注意和保护环境	全人类合作走可持续发展道路

第2章　资源、能源的合理利用

资源是人类赖以生存和发展的基础，不同时期的资源有着不同的内涵。能源作为资源的一部分，是国民经济发展的基础，对于社会、经济发展和提高人民生活质量都极为重要。在当今世界快速发展和我国经济高速增长的环境下，我国资源、能源面临着经济增长与环境保护的双重压力。

在地球上，资源、能源的储存量和产生量是有限的，一个能够持续发展的社会，对资源、能源的使用应该是既能满足当今社会发展的需要，又不危及后代人需求的社会。因此，合理又节约地使用资源、能源，提高资源、能源利用效率，尽可能多地用洁净能源替代高含碳量的矿物燃料，开发新能源是人类发展应该遵循的原则，也是人类社会文明和科技发展的必然趋势。

2.1　资源、能源的定义及分类

2.1.1　资源、能源的定义

2.1.1.1　资源的定义

“资源”对人类而言意味着任何形式的能量或物质，这种能量或物质对于满足人类生存、社会经济和文化娱乐的需要都是必不可少的。

然而，客观世界与主观世界之间紧密联系，并不断发生着变化。人类对客观事物的定义都是在一定条件下的相对定义，不可能包括动态发展中事物的全部与未来。这一定义只是概括地揭示出“资源物质性”的内涵，并没有指出它的外延及与其他事物的联系，更不可能预示出它的未来，例如，人类的思维、文化、信息、艺术等非物质性的成就，这些也是宝贵的财富和资源。在本书中，主要叙述的是物质性的资源以及由其产生的能量。

资源是人类赖以生存的物质基础。在人类社会漫长的历史长河中推动人类进步的动力无疑是科学技术和人类文明的进步，科技是人类社会进步的重要推动力。资源与科技是密不可分的，它们各自成体系却彼此相互制约、密切相关，在社会发展的某种水平上随时维系着平衡。当科学技术发展变化时，都会影响着资源系统内的变化，最显著的变化就是首先改变资源的定义域。资源这一定义随着科学技术的发展其定义域在不断拓宽、拓深。

从古代奴隶社会到现代的信息文明社会，随着科技的发展，资源的定义也发生着变化。古代的资源限制在自然中能够被人类直接利用的物质和能量，并没有包含那些存在的还没有被发现的资源；进化到农业时代后，资源的定义逐渐拓宽了，除了上述资源外，纳入了人类自己开发利用的资源，比古代的资源定义的内容多了；到了近代，资源中又增加了一些不为先人所知的无形资源，使得资源的定义更加全面；现代资源的定义将人类现在所能够利用的有形资源和无形资源全部囊括，甚至将还没有开发利用的空间资源及知识资源也包括在内。

综上所述，资源定义不断延展，从古代的自然资源到现代的社会资源、知识资源、信息资源。不难看出，资源定义的延展实质上是人类社会不断发展的必然结果。人类的农业社会强调自然资源的单项开发；工业社会注重的是自然资源与社会资源的综合开发；知识经济时代追求的是自然资源、社会资源、知识资源三者的共同开发，而且对人类的发展作用愈来愈大。由于自古至今人类对资源的研究太少、太晚并且不够深入，因此，目前所面临的资源危机是必然的。人类应该从另一个侧面——资源的开发与利用来了解自身走过的道路，回顾过去是为了展望未来，为了探寻缓解资源短缺的出路。

2.1.1.2 能源的定义

能源是资源中的一部分，它是为人类的生产和生活提供各种能力和动力的物质资源，是国民经济的重要物质基础。能源的开发和有效利用程度以及人均消费量是生产技术和生活水平的重要标志。

现代生活方式使人类对能源的依赖程度愈来愈大，衣、食、住、行都以大量使用能源为基础，几次石油危机使能源成为人们议论的热点和国家发展的重要基础。究竟什么是“能源”？关于能源的定义，目前约有20种。例如：《科学技术百科全书》中“能源是可从其获得热、光和动力之类能量的资源”；《大英百科全书》中“能源是一个包括所有燃料、流水、阳光和风的术语，人类用适当的转换手段便可让它为自己提供所需的能量”；《日本大百科全书》中“在各种生产活动中，我们利用热能、机械能、光能、电能等来做功，可利用作为这些能量源泉的自然界中的各种载体，称为能源”；我国的《能源百科全书》中“能源是可以直接或经转换提供人类所需的光、热、动力等任一形式能量的载能体资源”。因此，能源是一种呈多种形式而且可以相互转换的能量的源泉。简而言之，能源是自然界中能为人类提供某种形式能量的物质资源。

能源资源是指为人类提供能量的天然物质，它包括柴草、煤、石油、天然气、水能等，也包括太阳能、风能、生物质能、地热能、海洋能、核能等新能源。能源资源是一种综合的自然资源。从社会发展历史看，人类经历了柴草能源时期、煤炭能源时期和石油、天然气能源时期，目前正向新能源（核能、太阳能、生物质能、地热能、风能等）时期过渡，由于煤和石油引发的能源危机，人们正在不懈地为寻找、开发更新、更安全的能源以替代储量有限的煤和石油。

人类对含能物质和能量过程的认知和利用是随着科学技术的进步逐渐扩大、逐渐深化的，因此能源是一个发展的概念，并带有某种历史阶段的印记。

2.1.2 资源、能源的分类

2.1.2.1 资源的分类

资源的种类很多，可从不同的角度进行分类，一般的分类方法有以下几种。

（1）按形态可分为硬资源和软资源　硬资源指客观存在的，在一定的技术、经济和社会条件下能被人类用来维持生态平衡，从事生产和社会活动并能形成产品和服务的有形物质，还包括可以直接利用的客观物质（如空气），自然资源是构成硬资源的主体。

软资源指包括科技资源、信息资源、社会资源、时间资源等以智能为基础或无形的，但对人类的精神和心理需求至关重要的资源。

软资源对硬资源的开发和利用具有重要的决定性作用，这个作用的结果又反馈于整个资源系统。硬资源是被动的，软资源是主动的，人往往通过软资源来开发和利用硬资源。

（2）按资源利用的重复性可分为可再生资源和不可再生资源　可再生资源也称可更新资源，指能够通过自然力量，使资源增长率保持或增加蕴藏量的自然资源。只要使用得当，会不断得到补充、再生，可反复利用，不会耗竭。部分自然资源，如太阳能、大气、农作物、鱼类、野生动、植物、森林等是可再生资源，推广而言，也可包括社会资源、信息资源等。这类资源中的部分资源用量不受人类活动的影响，例如太阳能，当代人的消费不论多少，都不会影响后代人的消费数量。但是多数可再生资源的持续利用受人类利用方式、利用力度等影响，只有在合理开发利用的情况下，资源才可以恢复、更新甚至增加，不合理开发、过度开发，会使更新过程受到破坏，使蕴藏量减少甚至耗竭。例如鱼类、水产资源只要合理捕捞，资源总量可以维持平衡，过度捕捞，破坏鱼类繁殖周期，降低自然增长率，会使之逐步枯竭。

根据资源的财产权是否明确，可再生资源又可分为可再生公共物品资源和可再生商品性资源两类。可再生公共物品资源是指不为任何特定个人所拥有，但却为任何人所享用的资源，例如空气、公海中的鱼类、外层空间资源等。这类资源具有以下两个特性中的一个或两个。①消费不可分性或无竞争性。当某人或某些人消费这一资源时，不会减少或干扰其他人对这一资源的消费。例如对空气的呼吸。②消费无排他性。指任何人在利用某一资源时，不能阻止其他人免费利用同一资源，例如对公海中鱼类及其他资源的利用，对外层空间、南极和北极的开发。需要指出，这种非专有性不具有财产私有权，它的利用效率将比较低，因为在使用者之间，价格不能对分配和资源利用起调节作用，也不能为生产或保护资源以提高收入提供刺激，这样容易形成各国、各集团之间无序开发而造成破坏。当然，可以通过国际公约来调节各方利益，以提高其利用效率。可再生商品性资源是指能被私人所占有和享用、其财产权可以确定并在市场上进行交易的可再生资源，例如私人土地（农场、牧场、林场、水域）上的农产品、畜产品、木材、水产品等。这类可再生资源有以下特点：①由于财产权明确，其各项权利及权利限制受到法律保护；②这种专有性，使得所有者可以通过交易获得由资源所带来的效益；③因为是私有的，可以交易进行转让，使资源重新配置。

不可再生资源也称可耗竭资源，指在对人类有意义的时间范围内，资源的质量保持不变，资源储藏量不再增加的资源。这类资源利用一点就消耗一点，因此最终会导致耗竭。但按其能否重复利用，又可分为可回收和不可回收两类。不可回收的资源，是指使用过程不可逆，使用后不能恢复原状，例如石油、煤、天然气等，经燃烧后产生热能，其组分分解为二氧化碳和水，无法恢复到原有组分。所谓可回收的资源，是指资源经人类加工成产品，当使用丧失价值后，可以回收原产品再使用或经加工后作为其他功能使用。不过资源可回收利用的程度受技术水平和经济条件所制约，只有当资源回收利用的成本低于新资源开发成本时，回收才可能实现，这与市场需求有关。但是可回收的不可再生资源，由于回收率不可能达到100%，最终还是会耗竭的，不过耗竭的速率是可变的，它取决于市场的需求，一般情况下，资源产品使用寿命越长、价格越高（市场需求减少）、资源回收程度越高，则资源耗竭速度越慢。

(3) 按来源可分为自然资源、经济资源、文化资源、人力资源、信息资源等　自然资源指自然物质经过人类的发现，被用于生产过程或直接进入消耗过程，变成有用途的、有价值的东西。

经济资源指在经济活动中能够产生效益的物质或非物质要素，包括自然资源、社会资源。

文化资源是人们从事文化生活和生产所必需的前提准备。文化资源从对人们的贡献力量来看，有广义和狭义之分：广义上的文化资源泛指人们从事一切与文化活动有关的生产和生活内容的总称，它以精神状态为主要存在形式；狭义上的文化资源是指对人们能够产生直接和间接经济利益的精神文化内容。文化资源的丰富程度和质量高低直接对当地文化经济的发展产生多重作用。

人力资源指在一个国家或地区中，处于劳动年龄、未到劳动年龄和超过劳动年龄但具有劳动能力的人口之和，或者表述为一个国家或地区的总人口中减去丧失劳动能力的人口之后的人口。人力资源也指一定时期内组织中的人所拥有的能够被企业所用且对价值创造起贡献作用的教育、能力、技能、经验、体力等的总称。

信息资源是企业生产及管理过程中所涉及的一切文件、资料、图表和数据等信息的总称。

（4）按资源与环境的关系可分为清洁资源和非清洁资源。

2.1.2.2 能源的分类

能源的分类比资源的分类要复杂，而且分类方法也很多，主要有以下几种。

① 按能源的来源可分为：第一类能源，来自地球以外，主要来自太阳辐射能；第二类能源，来自地球内部，如地热能、核能；第三类能源，来自地球和其他天体的作用，如潮汐能。

② 按能源的本身性质可分为含能体能源（燃料能源）、过程性能源（非燃料能源）。

③ 按能源利用的重复性可分为可再生能源和不可再生能源。

a. 可再生能源：又称连续性能源，这类能源只要利用恰当，其使用速度等于或小于补充速度，会不断得到补充、再生，可反复利用，如风能、水能、海洋能、潮汐能、太阳能和生物质能等。

b. 不可再生能源：又称储存性能源，在利用过程中不断消耗，不会得到补充，最后导致耗竭，如煤、石油和天然气等。

④ 按能源的形成方式可分为一次能源和二次能源。

a. 一次能源：从自然界取得的未经任何改变或转换的能源，如原油、原煤、天然气、生物质能、水能、核燃料，以及太阳能、地热能、潮汐能等。

b. 二次能源：一次能源经过加工或转换得到的能源，如煤气、焦炭、汽油、煤油、电力、热水、氢能等。

⑤ 按能源的利用历史状况可分为常规能源和新能源。

a. 常规能源：在现有经济和技术条件下，已经大规模生产和广泛使用的能源，如煤炭、石油、天然气、水能和核裂变能等。

b. 新能源是相对于常规能源而言的，指利用新技术开发利用的能源，如太阳能、海洋能、地热能、生物质能等。新能源大部分是天然和可再生的，是未来世界持久能源系统的基础。

⑥ 按能源的市场性质可分为商品能源和非商品能源

a. 商品能源，指作为商品流通环节大量消耗的能源，目前主要有煤炭、石油、天然气、水电和核电 5 种。

b. 非商品能源，指就地利用的薪柴、农业废弃物等能源，通常是可再生的。

⑦ 按能源与环境的关系可分为清洁能源和非清洁能源。清洁能源如太阳能、氢能等；非清洁能源如煤、汽油等。

对于能源的基本分类见表 2-1 和表 2-2。

表 2-1　能源的分类

类　　别		一次能源	二次能源
常规能源	燃料能源	煤炭 油页岩 油砂 石油 天然气 生物质能	煤气 焦炭 汽油 煤油 柴油 液化石油气 甲醇、酒精、甲烷 电力、蒸汽、热水
	非燃料能源	水能	
新能源	燃料能源	核燃料	电力 氢能
	非燃料能源	太阳能 风能 地热能 海洋能 潮汐能	

表 2-2　一次能源的分类

类　　别	可 再 生 能 源	非 再 生 能 源
第一类能源	太阳能 水能 风能 海洋能 生物质能	煤炭 石油 天然气 油页岩 油砂
第二类能源	地热能	核燃料
第三类能源	潮汐能	

2.1.3　能源资源的储量和消耗

2.1.3.1　自然资源蕴藏量

有关自然资源蕴藏量，应区分三个相关但含义不同的概念：已探明储量、未探明储量和蕴藏量。

已探明储量是指根据人类现有的技术水平对某一资源已掌握其储存的位置、数量和品质的储量。它又可分为可开采储量和待开采储量两类。可开采储量是指在目前的经济、技术条件下，人类有开采价值的储量；而待开采储量是指资源的储量虽已探明，但由于技术水平、经济条件的制约，尚不具备开采价值的资源。

未探明储量是指虽然目前尚未探明，但根据现有理论推测其存在的资源，或今后由于技术的发展可能推测应该存在的资源。

蕴藏量是指已探明储量和未探明储量之和，即地球上所有资源之总量。对不可再生能源而言，其蕴藏量不断在减少，对可再生能源来讲，其蕴藏量是一个变量。需要强调的是蕴藏量是一个物质概念，而非经济概念，它与价格是无关的。

另外，将全部资源蕴藏量认为都是可利用的，也是错误的。有些资源品位很低，资源储存地（如在极地或地理位置很难开采）使开采成本极高，而实际难以利用，虽然随着技术进步和人类需求增加，对低品位、很难开采资源可能部分开采，但资源的最大可利用量总是小于资源的蕴藏量，或者资源最大可利用量是一个变量，很难以一固定的具体数字加以表示。

自然资源的可持续利用包含几方面内容。对于不可再生自然资源，其持续利用实际上是如何延长其使用时期，达到最优耗竭；而对于可再生自然资源，主要研究其使用量和再生量之间的平衡问题。

2.1.3.2 储量状况

（1）石油 目前俄罗斯是世界第一大原油生产国，已探明储量为 882 亿桶（2011 年公布的数字为 866 亿桶），占世界储量的 5.3%。

根据 BP2011 世界能源统计报告，沙特阿拉伯 2010 年底的石油探明储量为 363 亿吨，位居世界第一；其次是委内瑞拉，石油探明储量为 304 亿吨；排在第三的是伊朗，石油探明储量为 188 亿吨。而中国 2010 年底石油探明储量为 20 亿吨，占世界石油探明总储量的 1.1%，排名世界第 14 位。此外，印度石油探明储量为 12 亿吨，排名世界第 19 位。

（2）天然气 世界能源统计报告显示，2010 年底世界天然气探明储量最丰富的国家是俄罗斯，探明储量为 $44.8\times10^{12}m^3$，占世界探明储量的 23.9%；其次是伊朗，天然气探明储量为 $29.6\times10^{12}m^3$；排名第三的是卡塔尔，探明储量为 $25.3\times10^{12}m^3$。而根据 BP2011 世界能源统计报告，中国 2010 年底的天然气探明储量是 $2.8\times10^{12}m^3$，排名世界第 14 位；印度则为 $1.5\times10^{12}m^3$，排名世界第 23 位。

此外，2010 年全球天然气探明储量充足，储产比为 58.6 年。由于产量增长，各地区的储产比均有所下降。中东再次位于区域储产比的榜首，中东和前苏联地区共同拥有 72% 的世界天然气储量。2010 年世界天然气探明储量排名见表 2-3。

表 2-3 2010 年世界天然气探明储量排名

天然气储量排序	国家名称	天然气储量/万亿立方米	占全世界的比例/%
1	俄罗斯	44.8	23.9
2	伊朗	29.6	15.8
3	卡塔尔	25.3	13.5
4	沙特阿拉伯	8.0	4.3
5	土库曼斯坦	8.0	4.3
6	美国	7.7	4.1
7	阿联酋	6.0	3.2
8	委内瑞拉	5.5	2.9
9	尼日利亚	5.3	2.8
10	阿尔及利亚	4.5	2.4
11	伊拉克	3.2	1.7
12	印度尼西亚	3.1	1.6
13	澳大利亚	2.9	1.6
14	中国	2.8	1.5
15	马来西亚	2.4	1.3
16	埃及	2.2	1.2
17	挪威	2.0	1.1
18	哈萨克斯坦	1.8	1.0
19	科威特	1.8	1.0
20	加拿大	1.7	0.9
21	乌兹别克斯坦	1.6	0.8
22	利比亚	1.5	0.8
23	印度	1.5	0.8
24	阿塞拜疆	1.3	0.7
25	荷兰	1.2	0.6
总计		175.7	100

(3) 煤炭　根据 BP 公司《Statistical Review of World Energy 2011》统计，世界原煤最多的地区是在欧洲和欧亚大陆地区，其次为亚太地区和北美洲。这三个地区可采储量约占世界总量的 94.8%，中南美洲地区最少，仅占世界的 1.5%，中东和非洲地区也仅占世界的 3.8%。世界煤炭储量排名第一的是美国，占世界总量的 27.08%，其次是俄罗斯 18.2%，中国煤可采储量居世界第三位，次于美国和俄罗斯。2011 年世界石油、天然气和煤炭储量地区分布见表 2-4，2011 年世界石油、天然气和煤炭储量前 10 名国家见表 2-5。

表 2-4　2011 年世界石油、天然气和煤炭储量地区分布

地区	石油		天然气		煤炭	
	储量/10^9 t	所占比例/%	储量/10^{12} m^3	所占比例/%	储量/10^6 t	所占比例/%
北美洲	33.5	14.3	10.8	5.2	245088	28.5
中南美洲	50.5	21.6	7.6	3.6	12508	1.5
欧洲及欧亚大陆	19.0	8.1	78.7	37.8	304604	35.4
非洲	17.6	7.5	14.5	7.0	—	—
中东	108.2	46.2	80.0	38.4	32895	3.8
亚太地区	5.5	2.3	16.8	8.0	265843	30.9
全球	234.3	100	208.4	100	860938	100

表 2-5　2011 年世界石油、天然气和煤炭储量前 10 名国家

石油		天然气		煤炭	
国家	储量/10^9 t	国家	储量/10^{12} m^3	国家	储量/10^6 t
委内瑞拉	46.3	俄罗斯	44.6	美国	237295
沙特阿拉伯	36.4	伊朗	33.1	俄罗斯	157010
加拿大	28.2	卡塔尔	25.0	中国	114500
伊朗	20.8	土库曼斯坦	24.3	澳大利亚	76400
伊拉克	19.3	美国	8.5	印度	60600
科威特	14.0	沙特阿拉伯	8.2	德国	40699
阿联酋	13.0	阿联酋	6.1	乌克兰	33873
俄罗斯	12.1	委内瑞拉	5.5	哈萨克斯坦	33600
利比亚	6.1	尼日利亚	5.1	南非	30156
尼日利亚	5.0	阿尔及利亚	4.5	哥伦比亚	6746
总计	201.2	总计	164.9	总计	790879

2.1.3.3　能源消费

(1) 一次能源　2010 年，世界一次能源消费总量 12002.4×10^6 t_{oe}（吨油当量），其中北美、亚太和欧洲是主要的消费地区，它们的消费量占世界总量的 85%以上。世界排名前 10 位国家消费量为 10875.7×10^6 t_{oe}，占世界的 90.6%。中国是世界消耗一次能源最多的国家，其消费量超过世界总量的 1/5。美国一次能源消费量为 2285.7×10^6 t_{oe}，占世界的 19%，排在世界第 2 位。

(2) 石油　据 BP2011 年 6 月发布的《世界能源统计回顾 2011》报告数据显示：2010 年，世界石油消费总量为 40.28 亿吨，比上年增长 3.1%。美国仍然是世界上最大的石油消费国，中国是世界第二大石油消费国，但仅相当于美国消费量的一半。分区域来看，亚太地区是世界石油消费量最高的地区，年消费石油 12.68 亿吨，比上年增长 5.3%，占世界消费总量的31.5%。北美地区是世界第二大石油消费区，年消费石油10.40亿吨，占世界总量的25.8%。欧洲和欧亚地区是世界第三大石油消费区，年消费石油9.23亿吨，占世界总量的22.9%。接下来依次是中东地区和中南美地区，分别消费石油3.60亿吨和2.82亿吨，同比分别增长4.6%和5.0%，占世界消费总量的8.9%和7.0%。非洲是石油消费量最少的地区，2010年仅消费石油1.56亿吨，比上年增长3.0%，占世界消费总量的3.9%。

(3) 天然气　据BP《世界能源统计回顾2011》报告统计，2010年世界天然气消费量总计31690.31亿立方米，同比增长7.4%。美国依然是世界上最大的天然气消费国，俄罗斯为第二大天然气消费国，伊朗为第三大天然气消费国，中国上升至第四大天然气消费国。2010年世界能源消费地区分布见表2-6。

表2-6　2010年世界能源消费地区分布

地区	石油		天然气		煤炭		核能		水电		一次能源	
	消耗量/10^6 t	占世界/%	消耗量/10^9 m^3	占世界/%	消耗量/10^6 t_{oe}	占世界/%	消耗量/10^6 t_{oe}	占世界/%	消耗量/10^6 t_{oe}	占世界/%	消耗量/10^6 t_{oe}	占世界/%
北美洲	1041.1	25.8	836.2	26.5	559.5	15.8	213.8	34.1	147.2	18.9	2763.9	23.1
中南美洲	281.0	7	150.2	4.8	28.2	0.8	4.9	0.8	158.6	20.4	619.0	5.2
欧洲及欧亚大陆	903.1	22.4	1124.6	35.7	483.3	13.7	272.9	43.6	196.4	25.2	2938.7	24.5
中东	364.3	9.0	377.3	12.0	8.5	0.2	—	—	4.1	0.5	716.5	6.0
非洲	160.6	4	106.9	3.4	98.1	2.8	3.1	0.5	23.0	3.0	382.2	3.2
亚太	1281.7	31.8	557.9	17.7	2354.4	66.7	131.7	21.0	249.7	32.0	4557.6	38.1
世界	4031.8	100	3153.1	100	3532.0	100	626.4	100	779	100	11977.9	100

(4) 煤炭　据《世界能源统计回顾2011》报告数据显示：2010年，全世界煤炭消费量折合35.32亿吨油当量，较上年增长7.6%。中国是世界上煤炭消费量最大的国家，2010年消费的煤炭相当于1713.5百万吨油当量，占世界总消费量的48.2%；其次是美国，占世界消费量的14.8%；排名第三的是印度，2010年消费的煤炭占世界消费量的7.8%。

BP报告还显示，2010年全球煤炭消费量增加7.6%，其中亚太各国在总增长量中占据79.7%。除中东和非洲之外，所有地区的消费量增长均高于平均水平。世界能源消费量前10名的国家见表2-7。

表2-7　世界能源消费量大国

石油			天然气			煤炭		
国家	消费量/10^6 t	占世界/%	国家	消费量/10^9 m^3	占世界/%	国家	消费量/10^6 t_{oe}	占世界/%
美国	895.6	25.5	美国	616.2	25.6	美国	555.7	24.6
日本	247.2	7	俄罗斯	372.7	15.5	中国	520.6	23.1
中国	231.9	6.6	英国	95.4	4	印度	173.5	7.7
德国	122.3	3.7	德国	82.9	3.4	俄罗斯	114.6	5.1
俄罗斯	103.1	3.5	日本	79	3.3	日本	103.0	4.6
韩国	97.1	2.9	加拿大	72.6	3	德国	84.4	3.7
印度	95.8	2.8	乌克兰	65.8	2.7	南非	80.6	3.6
法国	85.1	2.7	伊朗	65	2.7	波兰	57.5	2.5
意大利	92.8	2.6	意大利	64.5	2.7	澳大利亚	47.6	2.1
巴西	85.1	2.4	沙特	53.7	2.2	韩国	45.7	2
总计	2102.5	59.9	总计	1567.8	65.2	总计	1783.2	79

续表

核能			水电			一次能源		
国家	消费量/10^6 t_{oe}	占世界/%	国家	消费量/10^6 t_{oe}	占世界/%	国家	消费量/10^6 t_{oe}	占世界/%
美国	183.2	30.5	加拿大	75	12.6	美国	2237.3	24.5
法国	94.9	15.8	巴西	61.4	10.3	中国	839.7	9.2
日本	72.7	12.1	中国	58.3	9.8	俄罗斯	643	7
德国	38.7	6.4	美国	48.3	8.1	日本	514.5	5.6
俄罗斯	30.9	5.1	俄罗斯	39.8	6.7	德国	335.3	3.7
韩国	25.4	4.2	挪威	27.4	4.6	印度	314.7	3.4
英国	20.4	3.4	日本	20.4	3.4	加拿大	274.6	3
加拿大	17.4	2.9	法国	18.1	3	法国	256.4	2.8
乌克兰	17.2	2.9	瑞典	17.9	3	英国	224	2.5
瑞典	16.4	2.7	印度	16.1	2.7	韩国	195.9	2.1
总计	517.2	86	总计	382.7	64.4	总计	5835.4	63.9

(5) 核能　BP2011 世界能源统计报告显示，核能消费最多的地区是在欧洲（43.6%）和北美洲（34.2%）。美国是世界上核能消费量最大的国家，2010 年消耗核能相当于 192.2 百万吨油当量，占世界的 30.5%；其次是法国，占世界核能消费量的 15.8%；日本则排名第三；而中国 2010 年核能消费量相当于 16.7 百万吨油当量，占世界消费量的 2.7%，排名世界第 10；此外，印度排名第 17，占世界消费量的 0.8%。

(6) 水电　表 2-7 显示，加拿大是世界上水电消费量最大的国家，占世界总消费量的 12.6%；其次是巴西，占世界的 10.3%；排名第 3、第 4、第 5 名的分别是中国、美国和俄罗斯；而印度则排名第 10，占世界消费量的 2.7%。

综上所述，世界各种能源的储量、产量和消费量分布极不平衡，主要集中在某些地区和少数国家。从剩余可采储量看，石油主要分布中东地区，天然气主要分布在俄罗斯和中东地区，煤炭大多分布在欧亚、亚太和北美洲地区。从产量看，石油产量中东占有优势，天然气主要产自北美洲和前苏联地区，煤炭主要产自欧亚和亚太地区。从消费量看，石油消费以北美洲、亚太和欧洲为主，天然气消费量主要集中在北美洲和欧洲及欧亚大陆，煤炭消费以亚太和北美洲为主。核电消费主要在欧洲及欧亚大陆和北美洲地区，水电消费主要在亚太地区、中南美洲和欧洲及欧亚大陆。位于世界前 10 位国家的储量和消费量在世界总量中占有较大份额，其中有些国家占有明显优势，如沙特阿拉伯的石油储量、俄罗斯的天然气储量、美国的能源消费量等。中国煤炭储量和消费量均居世界前三名，中国的天然气无论储量、产量还是消费量都处在相对落后位置。中国是能源消费大国，一次能源消费总量位于世界第一。

2.1.4　能源结构

在漫长的原始社会和农业社会阶段，能源主体是可再生的草柴和木柴，主要用于日常生活中的煮食和取暖。在生产活动中，烧制砖瓦、陶瓷、冶炼金属需要消耗柴薪，此外依靠人力、畜力以及一些简单的水力、风力装置作为动力。

人类进入工业社会伴随着能源主体从地表的柴薪转为地下的化石燃料。前期是煤炭的开采和利用，煤炭不但直接用作燃料，还加工成蒸汽和煤气，蒸汽机成为工业和交通的主要动力设备，煤气用于城市的民用燃料和街道照明。电力技术问世后，煤-蒸汽又进一步加工成电力，电气化成了工业化的代名词。19 世纪中叶，石油开始只用于生产灯用煤油和机器的润滑油。随着内燃机的发明，对石油油品的需求剧增。由于石油易于开采输送、燃值高、燃烧方便、用途广泛，石油油品不但成为各种交通工具的主要燃料，而且也用于电力生产，以10年翻一番的速度增长，到20世纪50年代，石油的消费量超过了煤炭，成为世界能源的主体。但是20世纪70年代的石油危机，促进石油消费量缩减，标志着世界告别了廉价的石油时代。1991年与1979年相比，人口虽然增加了40%，石油消费量却稍有下降。在此期间天然气异军突起，占化石燃料消费量的1/4左右，成为发达国家的主体能源。

第二次世界大战末期原子弹的爆炸，曾被人作为人类进入原子能时代的信号，不少学者认为核能的利用将为人类提供用之不尽的能源，从此能源问题将一劳永逸地得到解决。在20世纪70年代石油危机后，曾出现过核电大发展时期。虽然当时的科学技术未能合理地开发和利用核能，但随着社会的发展，科学的进步，相信21世纪核能会成为世界能源消费的主体。表2-8列举了2010年世界能源的消费结构。

表2-8 2010年世界能源消费结构 单位：%

一次能源	全世界	美国	欧洲	日本	中国
石油	33.56	37.19	35.89	40.25	17.62
天然气	23.81	27.17	39.81	16.99	4.03
煤炭	29.63	22.95	18.93	24.70	70.45
核能	5.22	8.41	10.61	13.22	0.007
水电	6.46	2.57	7.62	3.85	6.71

人均综合能源消费量，反映一个国家或一个地区的能源消费水平。据统计，中国人均能耗和发电量与其他国家有很大的差别，同时也反映了人均GDP的不同。如果经济活动中能源强度和电力强度的发展趋势不发生改变，那么会使发展中国家在能源和电力增长方面产生资金紧张，促使能源价格升高，进而大大加重与今天世界能源供应有关的环境和政治方面的困境。中国占世界1/5的人口消费世界能源的1/9，人均耗能大，约为世界平均水平的1/3；其次可以看到发电效率较高的日本和美国的能源结构中石油占的比例相对较大，而中国的能源消费结构中，煤炭占有近2/3，发电效率远低于世界平均水平。总的看来，我国能源系统的特点如下。

① 能源资源总量多，人均少，人均耗能及人均电力都大大低于世界平均水平。

② 能源资源、能源生产与经济布局不协调，北煤南运、西电东送、西气东输将是长期的格局。

③ 消费结构不合理，能源结构仍以煤为主，煤炭消耗占能源总消耗的60%以上；而且第二产业仍然是能源消费的主要部分，这导致了能耗高、能源利用率低（只有大约32%，美国50%以上）、能源浪费和严重的环境污染；电力峰谷差日益增加，能源供应系统抗风险能力不足。

④ 能源消耗中几乎全部依靠常规能源，石油的消费与发达国家相比相差很大。

作为以煤炭为主要消费能源的中国，应该合理调整能源结构，控制煤炭消费总量，控制发电用煤，减少炼焦用煤，减低煤炭直接燃烧比例；扩大天然气利用，用燃气锅炉替代燃煤、燃油锅炉；在煤的高效洁净利用方面加强新技术的开发应用，应采用煤炭安全、高效开采技术，煤层气开发技术，煤洗选、加工、处理技术，洁净煤燃烧技术，煤炭汽化技术；积极发展燃气联合循环发电，超临界、超超临界蒸汽参数发电技术，热电联产及多联供技术；另外还要探索新的安全堆型发电关键技术，提高核废料处理的安全性及再利用性；推广风力发电技术、燃料电池发电技术，低价、高效、长寿新型光伏发电技术，生物质气化、液体燃料、发电技术，太阳能、沼气技术；光热利用新技术（发电、制冷等），中低温余热利用系统和中低温能源利用、热泵等节能技术。

按照以往的能源发展惯性推测：2025 年世界能源总消耗量将是 1990 年的 2 倍，2050 年将是 1990 年的 3 倍，而 2100 年将是 1990 年的 4 倍或 5 倍。目前认为发展中国家将是这种增长的主体。这些国家的总能源使用量将在 2050 年左右超过工业化国家，且到 2100 年时会达到占全球能源的 2/3 或更多（目前约为 1/3）。图 2-1 是世界能源结构的变化趋势图。

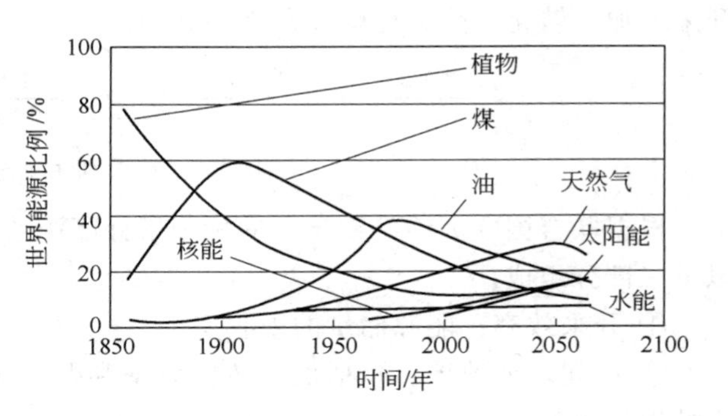

图 2-1　各种形式能源在总能源结构中所占份额的变化趋势

从图 2-1 看出，在过去的 150 年中，出现过 3 个能源发展波峰：首先是生物质能（木材），其次是煤炭，最后是石油为主要能源。未来则将是天然气与核能在整个能源中占有更多的比例，而能源中煤炭比例将逐渐下降，再就是世界能源中化石燃料所占份额在下一个 50 年内下降很慢，到 2050 年大约还占总量的 20%，这意味着 CO_2 排放量还会不断增加。

从能源结构的历史发展趋向看到：①从 19 世纪后半叶到 20 世纪末，生物质燃料的相对比例逐步下降，而 21 世纪其比例又开始回升。②1910 年左右的 50 年内，煤应用比例大幅度上升，每 10 年增加约 8%；其后一直处于下降趋势，每 10 年下降 3%～4%。③20 世纪初到 1980 年左右，油的相对应用比例不断提高；自 1980 年以后，其应用比例开始呈下降趋势。④自 20 世纪初到 21 世纪中叶，天然气的相对应用比例会不断提高。⑤整个 20 世纪直到 21 世纪，水能的应用比例相对稳定不变。⑥自 20 世纪中期以后，核能与太阳能的应用比例却在不断升高，而太阳能的比例增长呈现出比核能提高更快的趋势。

从上述图形中可以看出，当今世界能源结构开始向多元化方向发展，并以可再生能源和新能源为主体。不过，即使到 21 世纪的后半叶，预计化石燃料仍占能源总量的大半。

2.1.5　能源效率

目前，国际上普遍用“能源效率”（Energy efficiency）来替代 20 世纪 70 年代能源危机后提出的“节能”（Energy conservation）一词。

实际上，从国际权威机构对“节能”和“能源效率”给出的定义来看，两者的涵义基本上是一致的。按照世界能源委员会 1979 年提出的定义，节能是“采取技术上可行、经济上合理、环境和社会可接受的一切措施，来提高能源资源的利用效率。”这就是说，节能是旨在降低能源强度（单位产值能耗）的努力，应在能源系统的所有环节，包括开采、加工、转换、输送、分配到终端利用，从经济、技术、法律、行政、宣传、教育等方面采取有效措施，来消除能源的浪费。

世界能源委员会在 1995 年出版的《应用高技术提高能效》中，把“能源效率”定义为：减少提供同等能源服务的能源投入。一个国家的综合能源效率指标是增加单位 GDP 的能源需求，即单位产值能耗；部门能源效率指标分为经济指标和物理指标，前者为单位产值能耗，物理指标工业部门为单位产品能耗，服务业和建筑物为单位面积能耗和人均能耗。

之所以用“能源效率”替代“节能”，是由于观念的转变。早期节能的目的，是为了通过节约和缩减来应付能源危机，现在则强调通过技术进步提高能源效率，以增加效益，保护环境。

能源利用全过程所构成的能源系统可分为 4 个主要环节，即 4 个子系统（图 2-2）——开采、加工转化、贮运分配以及终端利用。

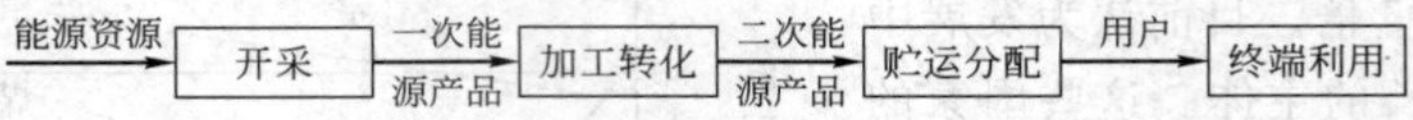

能源资源 → 开采 →（一次能源产品）→ 加工转化 →（二次能源产品）→ 贮运分配 →（用户）→ 终端利用

图 2-2 能源利用全过程示意图

根据联合国欧洲经济委员会的物理指标能源效率评价和计算方法，能源系统的总效率由以下三部分组成。

① 开采效率：能源储量的采收率。

② 中间环节效率：包括加工转换效率和贮运效率，后者用能源输送、分配和贮存过程中的损失来衡量。

③ 终端利用效率：即终端用户得到的有用能与过程开始时输入的能源量之比。

中间环节效率与终端利用效率的乘积称为“能源效率”，把终端利用效率混同于“能源效率”是错误的。例如，有人说：“我国的能源利用效率约为 30%左右，日本和美国在 50%以上”。实际上，前者是“能源效率”，后者是“终端利用效率。”

按照上述定义计算能源效率（热效率）相当复杂，需要大量的动态数据，而且终端利用效率难以精确计算，特别是没有考虑价格和环境因素的影响。

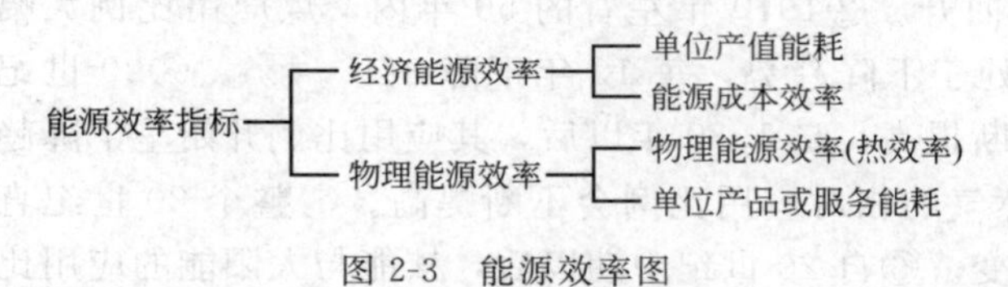

图 2-3 能源效率图

根据上述定义，衡量能源效率的指标可分为经济能源效率和物理能源效率两类。经济能源效率指标又可分为单位产值能耗和能源成本效率（效益）；物理能源效率指标可分为物理能源效率（热效率）和单位产品或服务能耗，见图 2-3。

提高能源效率的潜力受许多因素的影响，主要有以下因素。

① 自然因素：资源状况，地理与气候条件。

② 体制因素：经济体制，企业行为。

③ 经济因素：增长速度，结构，价格，收入水平，分配制度。

④ 技术因素：技术创新能力，装备水平，信息。

⑤ 社会因素：人口数量及素质，消费行为。

⑥ 政策因素：节能、环保政策和法规。

据世界银行对发展中国家节能潜力的分析，技术节能量占预测节能量的一半左右，市场力量对实现节能潜力的贡献率约为 20%。表 2-9 是不同年代的世界经济能源效率统计值。

表 2-9 世界经济能源效率

年份	1950	1960	1970	1975	1980	1985	1990	1991	1995	2000	2001
能源效率	1.94	1.85	1.89	1.99	2.10	2.23	2.34	2.31	2.39	2.53	4.5

注：能源效率＝世界经济产值（美元）/1 公斤油当量一次能源消耗

由表 2-9 可看出，世界上能源效率是逐年提高的。近几十年来，世界经济的增长不是靠增加能源消耗，而是越来越依靠科技进步。18 世纪末，英国的科学技术所形成的生产率相比手工式劳动的生产率的比值是4∶1，到29世纪中期，这个比值达到108∶1，即在70年间此比值提高27倍。在发达国家中，科技进步对国民收入增长的贡献在20世纪初为5%～10%，从20世纪50年代到70年达到50%～70%。今后，这种科技因素的作用将更大。

由于多种因素，我国的能源利用率很低。与发达国家比较，差距很大（表2-10）。我国的能源利用率比其他3个国家及世界平均水平分别低24、18、9和10个百分点。能源利用率的高低直接反映在能源效率上。能源经济效率也称能源强度，是指产出单位经济量（或实物量、服务量）所消耗的能源量。能源经济效率指标通常采用宏观经济领域的单位GDP能耗、电耗和微观经济领域的单位产品能耗来衡量。从单位GDP能耗指标看，2010年中国为1.03吨标准煤，比上年降低4.63%，但仍与发达国家存在较大差距。据世界银行数据，目前，中国单位GDP能耗约是美国的4倍、日本的7倍、韩国的2倍、印度的1.8倍。单位GDP电耗也与世界水平和一些国家存在差距，见表2-11。

表2-10 4个国家的能源利用率

单位：%

国家	日本	美国	德国	中国	全世界平均数
能源利用率	57	51	42	33	43

表2-11 中国国内生产总值电耗的国际比较（2000年价格）

单位：千瓦小时/美元

国家和地区	2005年	2009年	国家和地区	2005年	2009年
世界水平	0.46	0.47	巴西	0.51	0.50
OECD合计	0.34	0.33	印度	0.81	0.79
OECD北美洲区	0.39	0.37	泰国	0.80	0.81
OECD欧洲区	0.33	0.32	中国大陆	1.23	1.19

注：资料来源：2011年中国能源统计年鉴。

我国的能源效率低的原因是多方面的，如管理水平落后、技术水平及装备水平不高、生产工艺水平陈旧、能源价格体系不合理、节能技改资金不足、重产量轻效益等。

如果能源消费降低则与能源生产和消费相关联的环境问题无疑将减小。不言而喻，能源效率是今后能源与环境的关键因素。例如IEA国家部长会议的能源政策基于如下考虑：

① 全世界化石燃料资源已近枯竭。

② 为防止重演能源市场紧张的局面再度发生，节约能源是主要战略之一。

③ 与能源供应投资相比，改善能源效率的投资经常是可以承受的，因此在能源供应不稳定的情况下更具有灵活性。

④ 在改善能源效率上的投资回收较能源供应的投资要快。

综上所述，与国际先进水平相比，我国的能源效率很低，产品的能耗却很高，节能的任务相当艰巨。到21世纪中叶，我国的国民生产总值要翻两番，而能源生产只能翻一番，还有一番的任务要靠节能来解决。这样的全局性的重大节能任务，必须让全国各行业都参与，从提高各级管理水平、提高各种用能设备的技术装备水平及各类产品的生产工艺水平等多方面综合治理，把整个国家的经济效率提上去，把产品能耗大幅度降下来，真正做到增产少增能或不增能。

2.1.6 能源与环境

能源是人类赖以生存的物质基础，它与社会经济的发展和人类的生活息息相关，开发和利用能源资源始终贯穿于社会文明发展的整个过程。能源的人均占有量、能源构成、能源使用效率和对环境的影响等，是衡量一个国家现代化程度的重要标准之一，因此世界各国都把能源的开发和利用作为发展经济的前提。从能源构成情况来看，包括我国在内的世界绝大多数国家都把石油和煤炭等矿物性燃料作为基本能源，把发展石油和煤炭工业作为能源开发和利用的基础。我国是以煤为主要能源的少数国家之一，煤炭生产和消耗量均占70%以上，在今后相当长的时间内，这种情况不会有大的改变。

由于化石燃料的大规模开发和广泛应用，已经严重影响了人类生存环境的质量，破坏了生态平衡。这种生态环境破坏日益加剧的趋势，引起了国际社会的普遍关注。联合国环境署的报告表明，整个地球的环境正在全面恶化，环境问题是一个全球性问题。社会发展至今，人类已经强烈地意识和感受到生存环境所受的威胁，也热切期盼着生活空间质量的改善。

2.1.6.1 国际能源形式与环境状况

从长远观点来看，能源供给有紧张的一面，根据国际能源报告的资料表明，到2020年左右，石油和天然气将在世界范围趋于枯竭，而与此同时又要求每年提供140亿吨石油当量的能源（最低也要84亿吨石油当量，这个数字相当于世界上每周要投运一个100万千瓦的电站，每1～2个月要增加一个日产200万桶原油的油田）。从全世界能源储量来看，能源供应也不十分乐观，下面是几种一次能源的储采比及可供开采的时间资料。

储采比可表示油田的资源开发程度。《BP世界能源统计2012》里面介绍了世界各国一次能源的储量、消费量等信息。石油储采比排在前面的是委内瑞拉、伊拉克、利比亚、加拿大，这几个国家的开采年限均超过100年。天然气储采比排在前面的是委内瑞拉、土库曼斯坦、伊朗、卡塔尔等，开采年限也均超过100年。但据统计分析，世界石油和天然气将在未来的多半个世纪采完，而煤炭则可开采近1个世纪。当然，世界上还有大量的稠油、油页岩、油砂可供开采，但其成本高，为一般石油开采费用的3～4倍。

以上能源资源，在全世界的分布很不均匀，例如石油储量最多的国家为委内瑞拉、沙特阿拉伯、伊朗、伊拉克、科威特、阿联酋、俄罗斯、加拿大、利比亚等，几乎60%的石油储量集中在中东地区。

天然气的情况和石油相仿，几乎40%集中在俄罗斯，天然气目前世界开采量44.4万亿立方米，可采74年，美国仅能开采13年，中国可以开采29.8年。

煤炭的情况较石油、天然气为好，就储量而言，美国煤炭储量居世界首位，其次是俄罗斯，中国居第三位。

人口的增加和能源供应不足，使绿色植物能源迅速下降，之前森林、薪炭、植物秸秆砍伐量增加很快，到了20世纪砍伐量有所降低，但仍不能很好地抑制森林面积的锐减。此后各个国家相继推出退耕还林、建造人工森林等措施来增加森林面积，但自2000年以来仍缩减4000多万公顷森林面积。

资源能源的开发必须导致严重的环境污染，据统计，大气中76%的SO_2、88%的NO_x、66%的CO及各种飘尘均为燃料燃烧所产生，此外，全球排放CO_2每年50亿吨，并以30亿吨/年的速度增加，空气中的CO_2含量已由300×10^{-6}上升为345×10^{-6}，CH_4含量由1×10^{-6}上升为1.6×10^{-6}，由于CO_2和CH_4造成的温室效应，已使全球气温上升1.5～4.5℃。核动力的发展，在核安全性以及核废料处理方面还存在隐患，因此，能源的进一步开发急需注意保护全球环境。

由于环境的制约，全世界未来能源的发展趋势大致如下：一次能源仍将占据主要地位，但能源利用率会得到提高，同时核能和水电能的产量会增加，其他可再生能源将得到有效的发展和利用。

2.1.6.2　能源对环境的影响

能源作为人类赖以生存的基础，在其开采、输送、加工、转换、利用和消费过程中，都直接或间接地改变着地球上的物质平衡和能量平衡，必然对生态系统产生各种影响，成为环境污染的主要根源。能源对环境的污染主要表现在如下几个方面。

(1) 温室效应　这一概念最早由瑞典化学家斯万特·阿勒尼斯提出。假如阳光下有一幢玻璃房子，阳光中可见光的能量透过到达房子内部，并被里面的物体所吸收使其温度升高，这些物体同时也以辐射的形式放出热量，但由于其温度比太阳低得多，不能像太阳那样释放出能量较高的可见光，只产生能量低的红外辐射，而且红外线不像可见光那样容易透过玻璃天棚，大部分被反射回来，所以能量就在房子里积聚，使室内温度升高，这种现象就是“温室效应”。

所谓温室效应，就是太阳短波辐射可以透过大气射入地面，而地面增暖后放出的长短辐射却被大气中的二氧化碳等物质所吸收，从而产生大气变暖的效应。大气中的二氧化碳就像一层厚厚的玻璃，使地球变成一个大暖房。据估计，如果没有大气，地表平均温度就会下降到－23℃，而实际地表平均温度为 15℃，这就是说温室效应使地表温度提高 38℃。

除二氧化碳以外，对产生温室效应有重要作用的气体还有甲烷、臭氧、氯氟烃以及水蒸气等。随着人口的急剧增加，工业的迅速发展，排入大气中的二氧化碳相应增多；又由于森林被大量砍伐，大气中应被森林吸收的二氧化碳没有被吸收，由于二氧化碳逐渐增加，温室效应也不断增强。据分析，在过去二百年中，二氧化碳浓度增加 25%，地球平均气温上升 0.5℃。估计到 21 世纪中叶，地球表面平均温度将上升 1.5～4.5℃，而在中高纬度地区温度上升更多。气温升高，将导致某些地区雨量增加，某些地区出现干旱，飓风力量增强，出现频率也将提高，自然灾害加剧。更令人担忧的是，由于气温升高，将使两极地区冰川融化，海平面升高，许多沿海城市、岛屿或低洼地区将面临海水上涨的威胁，甚至被海水吞没。20 世纪 60 年代末，非洲撒哈拉牧区曾发生持续 6 年的干旱，由于缺少粮食和牧草，牲畜被宰杀，饥饿致死者超过 150 万人。

地球变暖已引起全世界人们的关注。1988 年 11 月，联合国大会已作出一项决议，指出二氧化碳等气体在大气中继续增加，可能造成全球气候变暖和海平面上升，从而给人类带来灾难，号召国际社会“为当代和后代人类保护气候”而努力。因此，我们在发展工业生产时，要积极治理大气污染，研究把二氧化碳转化为其他物质的技术，防止甲烷、氯氟烃等气体的外溢。其次，要保护好现有森林，大力植树造林，使大气中的二氧化碳通过植物光合作用转化为营养物质。最后，还要用各种途径减少矿物能源的总消耗，尽量采用核能、太阳能、水能、风能，以减少二氧化碳的排放。

这是“温室效应”给人类带来灾害的典型事例。因此，必须有效地控制二氧化碳含量增加，控制人口增长，科学使用燃料，加强植树造林，绿化大地，防止温室效应给全球带来的巨大灾难。

(2) 酸雨　酸雨是指引空气污染而造成的酸性降水，通常认为大气降水与二氧化碳气体平衡时的酸度（pH＝5.6）为降水天然酸度，并将其作为判断是否酸化的标准，当降水的 pH 低于 5.6 时，降水即为酸雨。

化石燃料燃烧，如煤炭燃烧所产生的 SO_2 和 NO_2 是产生酸雨的主要原因。近一个多世纪以来，全球的SO_2排放量一直在上升，我国的能源消耗以煤为主，因此SO_2的排放更加严重。由于酸雨会以不同的方式危害水生生态系统、陆生生态系统、腐蚀材料和影响人体健康，其危害性极大，所以目前酸雨已成为全球面临的主要环境问题之一。针对上述情况，世界各国都在采取切实有效的措施控制SO_2和NO_2的排放，其中最重要的是洁净煤技术。

(3) 破坏臭氧层　大气平流层中距地面20～40km的范围内有一圈特殊的大气层，这一层大气中臭氧含量特别高。大气平均臭氧含量大约是0.3×10^{-6}，而这里的臭氧含量接近10×10^{-6}，高空大气层中90%的臭氧集中在这里，所以叫它臭氧层。

臭氧层在保护地球方面具有特别的功能：将太阳光中对生物无害的可见光和A段紫外线大部分吸收，小部分放行，让它们到达地面杀菌消毒，又不至于对人体健康造成危害，所以说臭氧层是保护地球的无缝天衣。

空调、电冰箱用的制冷剂氯氟烃其商品名叫氟利昂。氯氟烃在低层大气中稳定，游荡10年左右的时间进入同温层，直至穿出臭氧层。穿出臭氧层后，在强烈紫外线的作用下，氯氟烃迅速分解，产生氯原子，氯原子极为活泼，专门拆散臭氧分子，使臭氧层逐渐变薄，出现空洞。

燃料燃烧产生的NO_x是造成臭氧层破坏的主要原因之一。研究结果表明，臭氧浓度降低1.0%，地面紫外辐射强度将提高2.0%，皮肤癌患者的数量必将增加。目前大气中的NO_x浓度每年正以0.2%～0.3%的速度增长，这必将导致臭氧层变薄。根据大气中NO_x产生的原因可见，发展低NO_x燃烧技术及烟气和尾气脱硝是减少NO_x排放的关键。

(4) 热污染　热污染是指工农业生产和人类生活中排放出的废热所造成的环境污染。

热污染会破坏自然水域的生态平衡。发电厂、钢铁厂的循环冷却系统排出的热水以及石油、化工、铸造、造纸等工业排出的主要废水中含有大量废热，排入地表面水体后，导致水温急剧升高，水中溶解氧气减少，可引起鱼类等水生动植物死亡。对于河湖港汊，因热污染使水体处于缺氧状态，厌氧菌大量繁殖，有机物腐败严重，影响了周边环境和生态平衡。

大气中的含热量增加，还可影响到地球气候变化。按照大气热力学原理，现代社会生活中的其他能量都可转化为热能，使地表面对太阳热能的反射率增高，吸收的太阳辐射热减少，促使地表面上升的气流相应减弱，阻碍水汽的凝结和云雨的形成，导致局部地区干旱少雨，影响农作物生长歉收。气候变化将引起海水热膨胀和极地冰川融化，海平面上升，加快生物物种灭绝。

热污染还对人体健康产生许多危害。它全面降低人体机理的正常免疫功能，包括致病病毒或细菌对抗生素越来越强的耐热性以及生态系统的变化降低了肌体对疾病的抵抗力，从而加剧各种新、老传染病并发大流行。温度上升，为蚊子、苍蝇、蟑螂、跳蚤和其他传病昆虫以及病原体微生物等提供了最佳的滋生繁衍条件和传播机制，形成一种新的“互感连锁效应”，导致疟疾、登革热、血吸虫病、恙虫病、流行性脑膜炎等病毒病原体疾病的扩大流行和反复流行。特别是以蚊子为媒介的传染病，目前已呈急剧增长趋势。

火电厂和核电站是热污染的主要来源。提高电厂和一切用热设备的热效率，不仅能量有效利用率提高，而且由于排热量减少，对环境的热污染也可随之减轻。

能源对环境的影响是一种综合影响。我国是发展中国家，环境污染也日趋严重。目前全国72%的城市总悬浮颗粒物平均浓度超过国家二级标准，有80%以上的城市SO_2平均浓度超过国家二级排放标准，36%的城市氮氧化物均值超过国家二级标准，2010年50%以上的城市出现过酸雨，据世界银行研究报告表明，我国一些主要城市大气污染物浓度远远超过国际标准，在世界主要城市中名列前茅，位于世界污染最为严重的城市之列。因此，在提高能源利用率的同时，大力治理能源所造成的环境污染已是当务之急，使能源与环境协调发展是摆在全人类面前的共同任务。

2.2　能源的清洁利用

能源节约与资源综合利用是我国经济和社会发展的一项长远战略方针。能源的合理利用关系到国民经济的发展和人类生活水平的提高，

目前，中国能源节约与资源综合利用存在的主要问题，一是从总体上看，人们对能源节约与资源综合利用的重要性和迫切性还缺乏足够的认识，重外延，轻内涵，“资源意识”、“节约意识”有待加强；二是法规政策不完善，缺乏促进企业节能的激励政策，资源综合利用的优惠政策；三是部分能源产品价格扭曲，企业缺乏竞争压力，能源节约与资源综合利用的内在动力不足；四是技术装备落后；五是投入不足。

2.2.1　煤的清洁利用

煤炭是中国的第一能源，在一次能源生产和消费结构中占 75%左右。中国的煤炭储量丰富，占中国常规能源探明储量的 90%，是中国最可靠的能源。因此，煤炭在中国国民经济中的地位是举足轻重的。但是，从环境的角度，煤炭是不洁净的能源，其污染贯穿于开采、储存、流通和利用的全过程。当全球正寻求经济发展与环境资源相互协调发展的时刻，研究解决煤炭清洁利用的环境问题不能不认为是个急迫的任务。

2.2.1.1　煤的形成及基本情况

(1) 煤的形成　在地质历史上，沼泽森林覆盖了大片土地，包括菌类、蕨类、灌木、乔木等植物，但在不同时代海平面常有变化。当水面升高时，植物因被淹而死亡，如果这些死亡的植物被沉积物覆盖而不透氧气，植物就不会完全分解，而是在地下形成有机地层。随着海平面的升降，会产生多层有机地层。经过漫长的地质作用，在温度增高、压力变大的还原环境中，这一有机地层最后会转变为煤层（图 2-4）。

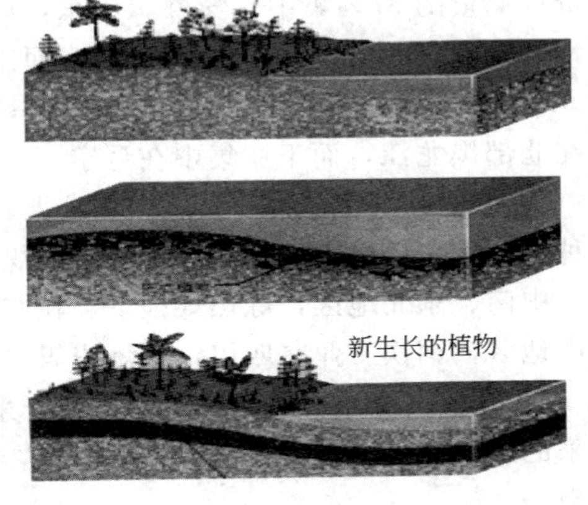

图 2-4　煤形成示意图

(2) 煤的分类及煤质特征　在漫长的地质演变过程中，煤田受到多种地质因素的作用，由于成煤年代、成煤原始物质、还原程度及成因类型的差异，再加上各种变质作用并存，致使中国煤炭品种多样化，从低变质程度的褐煤到高变质程度的无烟煤都有储存。按中国的煤种分类炼焦煤类占 27.65%，非炼焦煤类占 72.35%，前者包括气煤（占 13.75%）、肥煤（占 3.53%）、主焦煤（占 5.81%）、瘦煤（占 4.01%）、其他为未分牌号的煤（占 0.55%）；后者包括无烟煤（占 10.93%）、贫煤（占 5.55%）、弱碱煤（占 1.74%）、不缴煤（占 13.8%）、长焰煤（占 12.52%）、褐煤（占 12.76%）、天然焦（占 0.19%）、未分牌号的煤（占 13.80%）和牌号不清的煤（占 1.06%）。

判别煤炭质量优劣的指标很多，其中最主要的指标为煤的灰分含量和硫分含量。一般陆

相沉积，煤的灰分、硫分普遍较低；海陆相交替沉积，煤的灰分、硫分普遍较高。

中国褐煤多属老年褐煤。褐煤灰分一般为20%～30%。东北地区褐煤硫分多在1%以下，广东、广西、云南褐煤硫分相对较高，有的甚至高达8%以上。褐煤全水分一般可达20%～50%，分析其水分为10%～20%，低位发热量一般只有11.71～16.73MJ/kg。

中国烟煤的最大特点是低灰、低硫；原煤灰分大都低于15%，硫分小于1%。部分煤田，如神府、东胜煤田，原煤灰分仅为3%～5%，被誉为天然精煤。烟煤的第二个特点是煤岩组分中丝质组含量高，一般在40%以上，因此中国烟煤大多为优质动力煤。中国贫煤的灰分和硫分都较高，其灰分大多为15%～30%，硫分在1.5%～5%之间。贫煤经洗选后，可作为很好的动力煤和气化用煤。

中国典型的无烟煤和老年无烟煤较少，大多为三号年轻无烟煤，其主要特点是灰分和硫分均较高，大多为中灰、中硫、中等发热量、高灰熔点，主要用作动力煤，部分可作气化原料煤。

(3) 中国煤炭的概况　中国煤炭资源在储量、勘探程度、地理分布、煤种及煤质等方面具有以下特点。

① 煤炭资源丰富，但人均占有量低。中国煤炭资源虽丰富，但勘探程度较低，经济可采储量较少。所谓经济开采储量是指经过勘探可供建井，并且扣除了回采损失及经济上无利和难以开采出来的储量后，实际上能开采并加以利用的储量。在目前经勘探证实的储量中，精查储量仅占30%，而且大部分已经开发利用，煤炭后备储量相当紧张。中国人口众多，煤炭资源的人均占有量约为234.4t，而世界人均煤炭资源占有量为312.7t，美国人均占有量更高达1045t，远高于中国的人均水平。

② 煤炭资源的地理分布极不平衡。中国煤炭资源北多南少，西多东少，煤炭资源的分布与消费区分布极不协调。从各大行政区内部看，煤炭资源分布也不平衡，如华东地区的煤炭资源储量的87%集中在安徽、山东，而工业主要在以上海为中心的长江三角洲地区；中南地区煤炭资源的72%集中在河南，而工业主要在武汉和珠江三角洲地区；西南煤炭资源的67%集中在贵州，而工业主要在四川；东北地区相对好一些，但也有52%的煤炭资源集中在北部黑龙江，而工业集中在辽宁。

③ 各地区煤炭品种和质量变化较大，分布也不理想。中国炼焦煤在地区上分布不平衡，四种主要炼焦煤种中，瘦煤、焦煤、肥煤有一半左右集中在山西，而拥有大型钢铁企业的华东、中南、东北地区，炼焦煤很少。在东北地区，钢铁工业在辽宁，炼焦煤大多在黑龙江；西南地区，钢铁工业在四川，而炼焦煤主要集中在贵州。

④ 适于露天开采的储量少。露天开采效率高，投资省，建设周期短，但中国适于露天开采的煤炭储量少，仅占总储量的7%左右，其中70%是褐煤，主要分布在内蒙古、新疆和云南。

2.2.1.2 煤的清洁利用

煤既是动力燃料，又是化工和制焦炼铁的原料，素有“工业粮食”之称。众所周知，工业界和民间常用煤做燃料以获取热量或提供动力，世界历史上揭开工业文明篇章的瓦特蒸汽机就是由煤驱动的。但由于利用煤的途径很狭隘，限制在燃烧煤阶段，就给人类生存的环境造成了巨大的破坏，因此，开发和利用洁净煤技术是当前解决煤环境污染的重要途径。

正如前面所言，我国以煤为主的能源结构，存在着利用率低、污染严重等问题，尤其是直接用于燃烧的煤，不但占的比例大，而且燃烧技术较落后，所以必须抓住这一关键环节，才能有效地解决我国能源及其环境污染的问题。下面着重就洁净煤技术和节煤技术两方面加以讨论。

（1）洁净煤技术（clean coal technology，CCT）　是指从煤炭开发到利用的全过程中旨在减少污染排放与提高利用效率的加工、燃烧、转化及污染控制等新技术。洁净煤技术一词源于美国，旨在减少污染和提高效益的煤炭加工、燃烧、转换和污染控制等新技术的总称。传统意义上的洁净煤技术主要是指煤炭的净化技术及一些加工转换技术，即煤炭的洗选、配煤、型煤以及粉煤灰的综合利用技术，国外煤炭的洗选及配煤技术相当成熟，已被广泛采用；目前意义上洁净煤技术是指高技术含量的洁净煤技术，发展的主要方向是煤炭的气化、液化、煤炭高效燃烧与发电技术等。它是旨在减少污染和提高效率的煤炭加工、燃烧、转换和污染控制新技术的总称，是当前世界各国解决环境问题的主导技术之一，也是高新技术国际竞争的一个重要领域。根据我国国情，洁净煤技术包括选煤、型煤、水煤浆、超临界火力发电、先进的燃烧器、流化床燃烧、煤气化联合循环发电、烟道气净化、煤炭气化、煤炭液化和燃料电池。

① 洗煤。选煤可以除去60%不符合工艺要求的煤，可提高热效率15%～29%，并可减少颗粒物和SO_2的排放。我国煤炭洗选率较低，只有25%，而发达国家达到了99%。洗煤既节约了能源，又改善了环境，因此有必要扩大原煤洗选比例，研究、开发高硫煤的洗选脱硫技术，降低煤的灰分和硫分。

目前一般采用的常规物理洗选法是基于煤粒与矸石重度的差别实现分离的，工艺比较简单，成本较低，但只能除去无机硫分，脱硫率通常不超过50%，也不能满意地回收小于200目的精煤泥。而为了使嵌在煤粒中的黄铁矿彻底分离，需要将煤磨得更细。

针对这些问题，开发了非常规的物理洗选法，主要有以下几种。

a. 泡沫浮选法。利用浮选原理使煤粉附着在浆液中的气泡上，浮至液面而收集。对于洗选小于200目的煤泥，这是当前应用较广的工业方法。

b. 油团聚法。是用与水不互溶的油，依靠选择性润湿和团聚从煤浆中实现分选，它主要利用固体颗粒表面化学性质的差别而不是密度的差别。煤粒是憎水的，在不断搅拌下容易被许多种油团聚起来，而亲水性的矿物颗粒则留在水中。这种方法特别适用于处理小于200目的煤泥或黏土含量高的煤泥。

c. 磁力分离法。利用高梯度磁力分离可提高黄铁矿的去除效果，无机硫的去除率预计可达90%，煤的回收率也较高，但脱灰效果比不上浮选法。

物理洗选法不能脱除煤中的有机硫分，洗选过程中煤也有相当的损失。而化学洗选法可以实现煤的深度净化，几乎能除去全部无机硫和有机硫，同时煤可接近全部回收。目前已开发了数十种化学洗选工艺，但大多需要有强酸、强碱或强氧化剂存在时在高温高压下操作，工艺复杂，成本昂贵，还有化学废物的处理问题，难以在工业上大规模应用。因此正在寻求高效、廉价、条件温和的新一代化学洗选法，其中煤的电化学处理的研究令人颇为注目，其是通过在电解槽阳极区发生的电化学氧化反应使煤中的黄铁矿硫和有机硫化物氧化为可溶于水的形式，从而达到脱硫的目的，同时在阴极区可制得高纯氢气。

煤的生物净化是一种极富应用前景的方法，是利用一些嗜硫的微生物菌种，使煤中的低价硫氧化成可溶的高价硫而被浸出。目前这种方法还处于实验室研究阶段，关键问题在于提高生化反应的速度。

② 型煤。发展型煤是一种既能提高煤炭利用率，减少能源浪费，又能减少环境污染，

改变单一煤种的性能缺陷的有效途径。世界工业发达国家对型煤的发展都比较重视，现在日、德、英、俄、法、美等国都有型煤研究机构，主要从事型煤黏结剂、引火剂、消烟技术及成套设备等方面的研究，不少国家明文规定城市必须燃用无烟燃料。

型煤可分为民用型煤和工业型煤。民用型煤配以先进的炉具，热效率比烧散煤高一倍，一般可以节煤20%，减少烟尘和SO_2 80%，减少CO_2 80%。工业型煤比燃烧散煤节煤15%以上，减少烟尘50%～60%，减少CO_2 40%～50%。我国民用型煤技术已经达到国际先进水平，工业型煤生产已有一定规模，继续扩大民用和工业型煤生产必将对节能和环境保护起更大的作用。国外民用型煤的开发方向是清洁、无烟、速燃，并配以体积小、重量轻的新颖炉具。国外工业型煤主要是代替块煤和焦煤用于冶金、化工，还可用于铁路机车和工业锅炉。但由于发达国家煤炭能源只占全部能源的20%～35%，且绝大部分用于发电燃料，而工业锅炉中燃油炉比重又大，因此工业型煤领域相对较小。

我国是以煤为主要能源的国家，目前有工业锅炉40多万台，工业窑炉16万多台，年耗煤约4亿吨，按设计要求均需供应块煤或型煤，但实际上块煤供应不足，型煤（工业燃料型煤）还在起步阶段，年产量不超过1000万吨。同时，我国化肥、冶金、建材、机械、玻璃、陶瓷等行业大量使用的煤气发生炉年需块煤4000多万吨，实际年供应量仅2200多万吨，其余均使用散煤，不仅浪费煤炭，也造成了极为严重的大气污染。因此发展型煤工业，大力推广已成熟的型煤技术是当务之急，也是节约煤炭、减少大气污染的有效途径。国家科技部、国家环保总局联合下发通知，要求各省市大力推广应用清洁能源技术，加强洁净煤技术的研究开发及应用示范。把“工业型煤开发”列为国家科技攻关项目，目前完成了工业型煤成套工艺技术的研究（包括褐煤工业型煤成套技术的研究）：a. 工艺路线有集中成型分散使用、集中配料分散成型燃用、炉前成型三种；b. 开发了多项型煤黏结剂，分为有机型、无机型、有机无机复合型、防水防潮型等；c. 开发了型煤固硫技术；d. 研究开发了造气用型煤技术，如水煤气两段炉气化用型煤和化肥厂造气用型煤等。

近来在工业型煤方面又研究开发出多粒级型煤。与块煤及单级煤相比其表面积大、反应活性高，更利于燃尽。多粒级型煤可以达到比较接近各种炉型要求的燃料粒度组成特征，达到了通风调整容易、燃烧稳定和完全的目的，燃烧效果良好。现已制造出生产能力为3t/h的多粒级型煤对辊成型机，一次成型可得四种粒度的型煤。

尽管工业型煤技术比较成熟，目前亦有一定规模，但主要是用于化肥造气，用于工业锅炉、窑炉的比重很小。多年来工业锅炉型煤发展缓慢，主要因素有：一是黏结剂问题；二是型煤价格问题；三是现有工业锅炉均非型煤锅炉，需要相应改造问题；四是干燥设备落后问题。因此寻找价廉、来源广、防潮防水、无毒的黏结剂；降低型煤生产成本；改造现有工业锅炉，以适应燃用型煤；研制过得硬的干燥机械等是今后继续深入研究的课题。

③ 水煤浆技术。水煤浆，国际上称CWM（coal water mixture）或者CWF（coal water fuel），是用一定级配粒度的煤粉和一定量的水及极少量的添加剂混合而成。典型的水煤浆是由70%左右的煤粉、30%左右的水和1%的添加剂组成，它具有石油一样的流动性和稳定性，可以采用泵送、雾化与稳定着火燃烧，也可以长距离输送和长时间保存。

水煤浆作为煤炭深加工的新品种，与燃烧重油或柴油相比，具有明显的等热值燃料差价；与原煤散烧相比，具有明显的环境效益；就矿区而言，可将低价位的煤粉加工成高价位的水煤浆，具有明显的产品升值效益；水煤浆便于贮运和燃烧。因此，产煤矿区建浆厂，各类工业炉窑以水煤浆替代重油、柴油或天然气燃烧，备受社会关注。

近 20 年来，中国的水煤浆技术，在制浆、贮运、燃烧应用等许多方面都取得了十分可喜的长足发展，并已开始步入商业化，不同生产规模的水煤浆厂应运而生，建材、冶金、化工企业的燃油、燃气、燃煤工业炉窑、工业锅炉以及生活用采暖锅炉等，已有不少成功地改烧水煤浆，并且收到了良好的节能效益、经济效益和环境效益。

根据水煤浆性质和用途划分，主要有精煤水煤浆、精细水煤浆、经济型水煤浆、气化水煤浆、环保型水煤浆等，各品种水煤浆的特性及用途见表 2-12。

表 2-12　各品种水煤浆的特性及用途

品　种	选用原料煤	水煤浆特性	用　途	应　用
精煤水煤浆	洗精煤灰分小于 10%	浓度:大于 65% 黏度:1Pa·s 稳定性:大于 3 个月 发热量:18.8～20.9MJ/kg	作为锅炉代油燃料	国内各煤厂
精细水煤浆	超低灰精煤灰分 1%～2%	浓度:50%～55% 黏度:小于 0.3Pa·s 细度:小于 10μm	作为内燃、燃气透平燃料	实验室阶段
经济型水煤浆	原生煤泥灰分为 15%～25%	浓度:65%～68% 稳定性:大于 15d	作链条锅炉燃料	矿区已应用
	浮选尾煤灰分大于 25%	浓度:50%～65% 稳定性:3～5d	作沸腾炉或链条炉燃料	
气化水煤浆	普通原煤灰分小于 25%	浓度:58%～65% 稳定性:1～2d 黏度:1Pa·s 流动性较好 粒度相小于 74μm 占 60%左右	作德士古炉气化造气用原料	已用于德士古气化炉
环保型水煤浆	制浆过程中加入脱硫剂	浓度:大于 65% 黏度:1±0.2Pa·s	可提高脱硫率 10%～20%	实验室及工业实验
	加入碱性有机废液	浓度:50%～55% 黏度:小于 1.2Pa·s 稳定性:30d	适合高硫煤地区锅炉燃用,脱硫效果好	
原料水煤浆	原煤灰分大于 20%炉前制浆	浓度:60%左右 稳定性:1d	作工业窑炉燃料	已应用

在上述品种的水煤浆中，以精细水煤浆和环保型水煤浆更具有发展潜力，精细水煤浆在实验室研究中已有了突破性进展；环保型水煤浆，实验室试验脱硫效果可达到 84%，工业性试验通过在白杨河电厂和燕山石化 220t/h 锅炉上试验脱硫率已超过 41%。

水煤浆是洁净煤技术的一种产品，其可以作为气化燃料，代油发电，也可应用于工业窑炉，代替煤粉进行燃烧，同时可以开发新的水煤浆燃烧设备，但其应用均有一定的优缺点，现分述如下。

a. 水煤浆作为气化燃料。煤气化作为洁净煤技术的重要组成部分，具有龙头地位。德士古（Texaco）气化炉是采用水煤浆进料的加压气流床粉煤气化技术，水煤浆中水分作为汽化剂，该技术具有工艺流程简单、不污染环境、煤种适应性广、单炉生产能力大、进料连续易控等优点，成为当前世界上发展较快的第 2 代煤气化技术。该工艺已在合成氨、甲醇、含氧化合物、洁净煤气化联合循环发电等方面得到较为成功的应用。水煤浆的质量对气化工艺影响很大。

b. 水煤浆代油发电。如果应用得当，水煤浆可成为一种替代燃料油的较为经济的液体燃料，我国已建了示范项目，在水煤浆制备及燃烧技术上取得突破性成功。如广东茂名热电厂1#炉改烧水煤浆于2000年底成功点火并网发电。对现有燃油电站锅炉改用水煤浆作为燃料，必须对现有锅炉的炉膛水冷壁、燃烧器、省煤器、空气预热器及配套系统的烟风系统、除渣和除灰系统等进行改造，此外还应增加储浆、供浆系统等。如果改造时不改变炉膛容积，则改造后的锅炉出力要降低约30%，锅炉的热效率也要降低3%～5%。

c. 水煤浆代替煤粉燃烧。水煤浆代替煤粉燃烧，燃料成本要增加50%左右，在水煤浆与煤粉的含灰量和含硫量相同的情况下，污染物的排放量和环境效果是相近的。将现有燃煤锅炉改为燃用水煤浆的锅炉是不值得的，燃煤炉型结构往往复杂，改造费用高，况且燃煤锅炉不存在节油问题。如果为了清洁生产或环保要求，可在原有的基础上改烧精煤，或加装脱硫、除尘装置，没有必要改燃水煤浆。

d. 新建水煤浆燃烧设备。如果是完全新建的电站锅炉，则没有必要采用水煤浆作燃料，可以根据当地环保要求来选择低硫、低灰煤种并加装脱硫、除尘设备；对于新建的加热设备，原考虑用油或气作燃料的，可以根据加热物品的要求来选择是否采用水煤浆，水煤浆除含硫量较高外，尚有灰渣需要处理，处理不好会影响到加热物品的质量。

从上述可以看出，水煤浆虽然有许多优点但也不能盲目地利用，在应用时要考虑到水煤浆本身的缺点，因地制宜地利用水煤浆，做到经济与环境的协调发展。但从长远利益看，水煤浆仍不失为一种洁净的能源，只要合理开发利用，对于那些发展中国家来说，仍是可利用的。

④ 流化床燃烧。流化床是洁净、高效的新一代燃烧技术，它的环境特性较好，如和装有烟气净化装置的电站相比，SO_2 和 NO_x 可减少50%以上，所以用流化床燃烧就不需要安装烟气脱硫装置。由于流化床的优越性能和较好的环境特性，世界各国都竞相开发应用，已形成年产值数十亿美元的新兴制造业。我国在20世纪60年代初就开始研究循环流化床燃烧技术，目前运行的绝大部分在10t/h以下。

流化床燃烧技术是高效、低污染的新一代燃煤技术，它经历了从鼓泡流化床到循环流化床的发展过程，循环流化床燃烧技术是以处于快速流化状态下的气固流化床为基础的技术，具有易于大型化的特点，容量几乎可以像煤粉炉那样不受限制。基于循环流化床燃烧技术的循环流化床燃煤锅炉目前已能投入商业化燃煤发电运营，由于其煤种适应性广、燃烧效率高以及炉内脱硫脱硝等特点，近二十年来，大容量的循环流化床燃煤锅炉取得了迅速的发展，目前，世界上单机最大容量循环流化床锅炉发电机组已达600MW。

下面介绍目前比较成熟的循环流化床燃烧技术及相应的联合技术。

布雷特循环与朗肯循环结合起来的联合循环：该方法中的布雷特循环利用空气作为工质，空气首先被加热到朗肯循环所不可能达到的高温，通过在空气轮机内膨胀做功，然后再用作煤燃烧所需要的空气，为此，应采用陶瓷管来防止煤灰在960℃（2000℉）以上的高温下对受热面的腐蚀。燃烧煤粉的布雷特-朗肯联合循环系统见图2-5。

应用常规的朗肯循环方式，与常规的煤粉锅炉燃烧相比，其发电效率会略高一些。通过采用冷凝式空气热交换器及采用有机物作工质优化朗肯循环（corganic bottoming cycles）等措施，将使该系统的效率进一步提高，但最多只能使系统的发电效率提高到42%。

流化床燃烧技术的优点之一在于它能燃用低品位、低热值的燃料。在美国已经成功地利用循环流化床锅炉燃用热值低至6900kJ/kg的无烟煤屑。常压流化床燃烧锅炉还可以燃烧预燃和预气化洁净煤装置后的残渣。

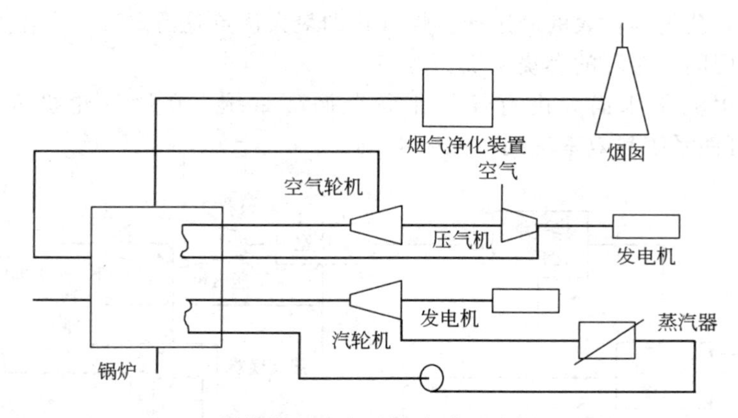

图 2-5　燃烧煤粉的布雷特-朗肯联合循环系统

增压流化床燃烧（PM）系统具有低 SO_2、NO_x 排放，以及结构更加紧凑、发电效率更高等优点，第二代增压流化床锅炉燃烧系统这种优点更加明显（图 2-6）。煤在进入流化床锅炉之前，在煤气化炉内气化产生的低热值燃气使进入燃气轮机的燃气温度升高，然后这一低热值燃气在燃气轮机前的燃烧室内燃烧，以提高来自流化床的燃烧空气温度。这一系统与上面所示的系统相似，但是它不需要陶瓷管热交换器。

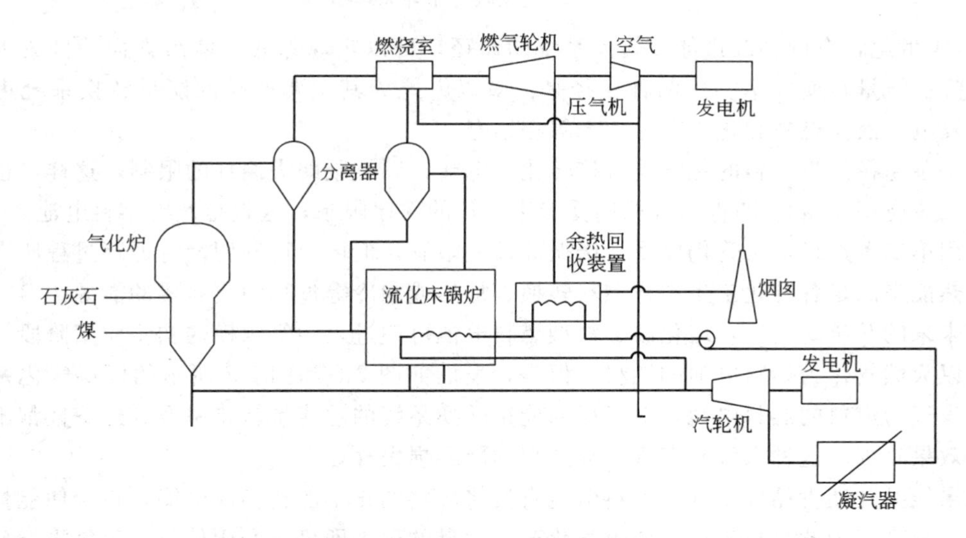

图 2-6　采用布雷特-朗肯联合循环的第二代增压流化床锅炉燃烧系统

目前，有关方面正在努力使第二代增压流化床锅炉燃烧技术付诸商业化实施。增压流化床锅炉的一个优点是因其烟气侧工作压力增高而使结构紧凑，并且所需的受热面减少，因此可整体供货，从而大大减小在施工现场进行的设备组装工作量。与煤粉锅炉相比，其发电成本可明显降低。

目前实现布雷特-朗肯联合循环过程中最普遍采用的方法是：将煤气化成为洁净的燃气，并使之燃烧后驱动燃气轮机。燃气轮机的排气再在余热锅炉内生产过热蒸汽来驱动汽轮机。这种系统即为煤气化联合循环系统（IGCC）。

上述系统中的煤气化装置目前有多种形式，其气化技术大致可分为三种类型：a. 以 Texaco 和 shell 公司为代表的夹带流动；b. 以 IGT-Tamplla 和 KRW 公司为代表的流化床；

c. 以G-E和Lurd公司为代表的固定床。煤气化的最大优点是需要进行净化处理的烟气量比同容量的直接采用朗肯循环的燃烧系统少得多。

图2-7为利用流化床锅炉进行煤气化联合循环系统。在燃气轮机入口温度1260℃（2300℉）时，可使系统热效率达到40%～42%。

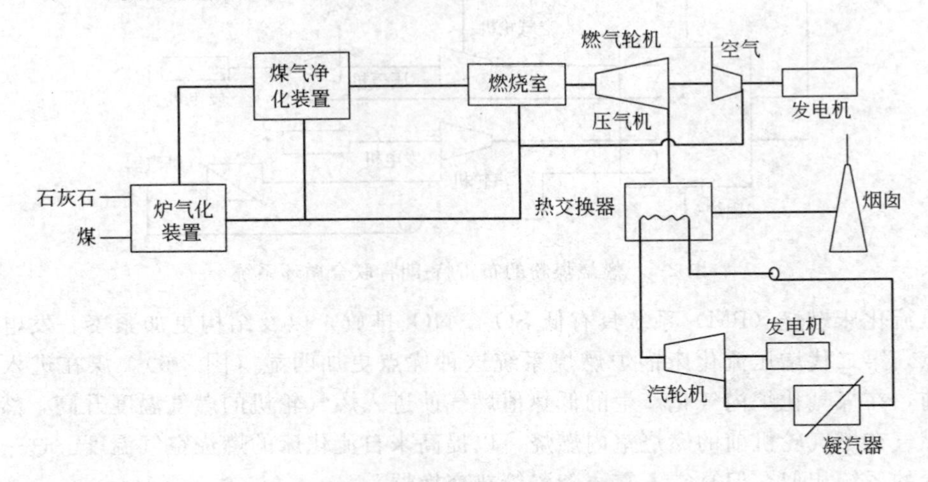

图2-7 煤气化联合循环原理图

在21世纪，有两种改进能量转换系统的途径，可以实现降低环境污染物的排放量并尽可能地降低能量转换成本。这两种途径是：对以电能为其主要产品的能量转换系统进行改进；将发电与液体燃料和化工产品生产等相结合。

第一条途径是将燃料的化学能直接转化成电能，以克服朗肯循环的限制，这样，也可从根本上摆脱应用布雷特-朗肯联合循环受卡诺循环的次序限制，这就是发展燃料电池。

采用第二条途径，尽管仍要受卡诺循环效率限制，但可通过利用朗肯循环过程所产生的低品位热能来满足各种化工生产、燃料转换、加热或制冷等过程中所需要的能源。

在未来的几年时间里，熔化碳酸盐型燃料电池可望进入中等规模的初步应用阶段，这一阶段将以天然气作为燃料电池的燃料。但是，发展如图2-6和图2-7所示的以煤气化系统所产生的煤气为燃料的燃料电池，对于提高能量转换系统的总能量转化率及其经济性都不会有明显的效果，因为这种系统有朗肯循环过程的冷凝损失存在。

如果能抛开朗肯循环，利用燃料电池直接将燃料的化学能转换成电能，将会使能量转换效率大大提高。为此，只需设法使煤气化产生大量的甲烷即可。利用催化与氢气再循环结合进行煤气化，可产生大量甲烷，这种煤气化方法已在小型试验装置上进行过研究。将煤的这种气化方法与熔化碳酸盐型燃料电池结合能够使阳极中未转化的燃料通过重整送入气化装置被转化成氢气。而且，对气化产生的甲烷含量高的煤气进行净化，再进入燃料电池，这样的能量转换过程彻底抛开了蒸汽循环系统，因此可使能量转换效率提高到60%。图2-8给出了这种系统的原理图。

实现煤的充分利用的另一条途径是通过对煤的精炼达到煤的综合利用，对这项技术应给予足够的重视，因为它可以通过生产成本低得多的电力、燃料以及化工产品来实现煤的最有效利用，同时又可将对环境的污染控制在最低限度。

⑤ 先进的燃烧器。采用先进的燃烧器，可以提高燃烧效率和减少污染物的排放。国外主要采用的是低NO_x燃烧器，其燃烧过程主要是燃料与空气逐渐混合，降低火焰温度，从

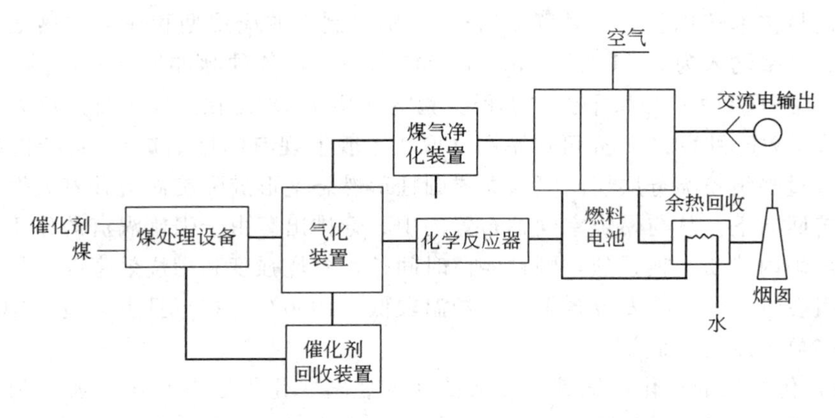

图 2-8　Molten carbonate 煤气化成甲烷的燃料电池能量转换

而减少 NO_x 的生成。我国已开发出新型小容量煤粉燃烧器，其效率可达 95%以上，正在进一步开发其脱硫装置。正在开发的先进燃烧器还有低 SO_2 和 NO_x 排放、高效层燃式型煤燃烧器，以及电站锅炉炉内脱硫技术，其脱硫效率为 50%～70%，可大大减少燃煤电站的 SO_2 排放量。

为了将现有的燃油或天然气的工业锅炉和住宅供热采暖装置改为燃煤，美国能源部（DOE）正积极组织开发新的燃煤技术和先进的燃烧室，如脉冲燃烧室、旋涡燃烧室和燃用超细干煤粉（DUC）的先进燃烧系统等。

在工业应用和改造方面，B&W 公司开发出一种工业燃煤旋风炉改造系统。该系统燃用水煤浆（CWF），必要时可用助熔剂以获得较好的排放效果。中试情况良好。CE 公司和麻省理工学院能量实验室共同研制出一种可用于工业锅炉改造的高效先进煤燃烧室（HE-ACC），燃用 CWF 或 DUC，已安装在 CE 公司 K reisinger 开发实验的一台 50×10^6 Btu/h 的炉子上。燃烧 CWF 时的碳转换效率为 97.3%～99.8%（过量变气系数 $\alpha=1.3\sim1.35$），NO_x 排放在 450×10^{-6} 以下，燃用 DUC 时碳转换效率为 98.8%～99.8%（$\alpha=1.15\sim1.30$），NO_x 排放低于 350×10^{-6}。田纳西大学空间研究所（UTSI）开发一种可在原设计为烧油、丙烷或天然气的工业火管锅炉上燃用 DUC 的先进煤燃烧装置。系统包括煤粉密相气力输送装置（固气比 50∶1）、自清洁式（Self-Cleaning）密相煤粉气流流量控制孔板、煤粉喷射器及自控装置等。在一台热输入为 6×10^8 Btu/h 的火管锅炉上进行的全尺寸试验表明，碳转换效率为 96.9%（$\alpha=1.22$），负荷调节比可达 3∶1，燃烧空气无需预热。Vortec 公司开发出一种先进的燃煤玻璃熔化工艺加热器，主要用于熔化粉状废玻璃或碎玻璃，与常规燃气炉相比，商用规模的 Vortec 燃煤加热器系统的热效率要高 25%，而投资节省 25%，并能满足环保要求。

先进燃烧技术研究的另一个重要方面，是为轻工业用户以及商业和住宅供热装置提供燃烧效率高、启动时间短、负荷调节比大（3∶1 以上）的新型燃烧室。能源与环境研究公司（EERC）研究一种可广泛用于各种住宅供热装置的、可烧 CWF 和 DUC 的燃烧室-热交换器集成系统，要求燃烧效率在 99%以上，热炉全负荷响应时间不超过 5min。通过优化试验，系统已基本达到要求。Avco 公司研究实验室利用脉冲燃烧原理设计出一种结构小巧的燃烧系统，燃用低灰分的干褐煤粉。该系统启动时间短（在 2～3min 内达满负荷），NO_x 排放低[$(230\sim300)\times10^{-6}$]，煤烧时无噪声，该系统可在美国褐煤产区进行最终开发并实现商用化。国际制造与技术转化公司（MTCI）正在分别研制工业应用型和住宅供热型燃煤脉冲燃烧室，最大热功率输入为 5×10^9 Btu/h。由于技术保密，各种脉冲燃烧室的结构均未公开。美洲天主教大学（CUA）和海军土木工程实验室（NCEL）正在开发不排渣旋涡燃烧室，这种燃烧室可烧 CWF 和 DUC，亦可作军用（取代军舰上现有的燃油炉），其结构特点是燃料和燃烧空气通过多组喷嘴分层切向喷入立式圆柱形燃烧室形成强旋涡流并着火燃烧，烟气上升到炉顶再挤回向下，从与燃烧室同轴布置的中心管排出。由于强旋涡流的作用，气固相对滑移速度大，炉内热质交换强烈，颗粒停留时间长，燃烧强度和燃烧效率高。另外，因在炉内可实现分组燃烧，燃料挥发分含量高，炉温较低（1000℃左右）且不结渣，NO_x、SO_2 和颗粒的原始排放浓度均很低。

⑥ 煤炭转化。煤的转化可把脏煤变成洁净的燃料、化工原料及化学加工制品，它是以煤为原料经化学加工转化为气体、液体、固体燃料及化学产品的过程。

煤炭气化主要产生 CO 和 H_2。它的优点是在燃烧前脱出气态硫和氮组分，正在开发的在高温下用金属氧化物吸附净化工艺可脱出 99%的硫，另外还可以在氧化器中加入石灰固硫，脱硫率也可达 90%。煤炭气化不仅可脱除杂质，还可以提高能源利用率，是值得开发的一项技术。另外，煤气化联合循环发电也是一种洁净煤技术，据资料称，燃烧硫分为 3.5%的高硫煤的煤气化联合循环电站，SO_2 的排放量比煤粉炉中的烟气脱硫装置少 70%，比常压流化床少 50%，NO_x分别减少 60%和 20%，颗粒物分别减少 60%和 75%，所以煤气化联合循环发电技术有可能成为 21 世纪燃煤电厂的主导技术，而我国煤气化联合循环发电尚处于研究和开发阶段。

煤的直接液化正在开发的技术有溶剂萃取法、直接添加氢法和溶剂分解法，包括“新能源产出技术开发总公司”的 NEDOL 工艺等。

煤的分子量比石油大一个位数，富氧少氢。为了把固态煤直接液化转化成汽油，则需在高温（350～460℃）、高压（100～300kgf/cm^2，1kgf＝9.80665N）条件下，使煤直接与氢或者间接与提供氢的溶剂反应，对复杂的高分子结构进行分解，使煤低分子化和氢化，从而达到液化的目的。用氢的场合，必须是用固体催化剂；而提供氢的场合，溶剂必须部分氢化。

美国使用催化剂直接加包的 H-coal 工艺，已采用 CoO-MoO_3-Al_2O_3 催化剂（圆柱状），与不添加催化剂相比，其优点在于适用煤种范围广，并且可减少精制油中硫和氮的含量。一般添加的氢除用于液化油的氢化作用外，与原煤中多存在的结构氧结合生成水，与结构硫结合生成 H_2S，与结构氮结合生成 NH_3，而且是在液态碳氢化物生成过程中消耗氢。优点在于由于生成 H_2S、NH_3 等，使 S、H 在液化油中的残存率变小。今后的目标是开发那些添加的氢不与煤中的结构氧反应，并且具有多种功能的耐用催化剂。

煤经一次气化生产合成气，由用铁系催化剂生产汽油、轻油的费希尔-特罗普歇合成法（FT 法）合成气，首先合成甲醇之后，再用沸石催化剂（ZSM-5）转变成汽油的方法（MTG）法等，这些方法均称之为间接液化法。

目前 FT 法商业化投产的仅有南非共和国的 SASOL 公司。该公司自 1970 年下半年以来，采用鲁奇气化炉制备合成气，用 Rectizo 法（加压下，以低温 0～70℃吸收甲醇）进行脱硫，并用两种形式的反应器进行 FT 合成。其一是采用德国研制的 ARGE 反应器，另一种是用 SACOL 公司研制的 Synthol 反应器。生成物因催化剂的材料、温度、压力及原料比等不同而异。该公司的产品有碳化合物气体、半汽油成分、柴油成分、重质油、石蜡及其含氧化合物、酸类等。汽油和柴油成分的选择率，用 ARGE 工艺约为 40%，用 Synthol 工艺为 45%以下。采用铁系催化剂的生成物（烃类碳数），可以说是遵循 Schulz-Flory 分布规律，即目的生成物的选择率关键是指能否带来最大碳素链生成。但是，目的生成物最大收率是有限的，所以问题是开发不遵循 Schulz-Flory 分布规律、可提高目的生成物的收率并且耐用的催化剂。

最近有关 MTG 合成正在推行新型催化剂，有金属-沸石二元机能催化剂；过渡金属（Ga、Fe）置换 ZSM-5 型中的 Al；具有脱水性能的金属（Zn、Ga）置换 ZSM-5 型中的 Al 等。

煤的流体化指把煤粉碎成 0.05～0.1mm 的粉末，与重油按 50∶50 混合成高黏度的浆状流体，称为 COM（Coal oil mixture）。COM 发热量高，用于现有的燃重油锅炉的燃料转化，以及用于高炉吹入的重油转化。用湿式球磨机把煤粉碎成直径 0.1mm 以下，去除灰分和硫分之后，通过调整水分，使煤的浓度提高到 70%以上，同时也开发了添加微量表面活性剂稳定后的高浓度的 CWM。这种 CWM 发热量低，但由于不需要像 COM 的加热、保温设备，以及制水煤浆时，可混用污水、污泥，在高压气化条件下，可消除污染物，有机质转化成合成气，兼有变害为利地治理污染物的功能，故使其技术评价提高。

煤作为洁净能源的目标是使煤一次性转化成气体或液体，然而这种转化工艺条件是相当严格的，受煤的组成、结构、性质以及采用的工艺条件制约。为此要充分研究和熟练掌握这些性质与煤的转化以及制备性能之间的内在联系，开发那些能够充分发挥煤的自身特性的转化方法和催化剂。在煤转化之前提取有用的化学物质，提高转化率，降低综合成本，达到有效利用煤，变成将来石油资源的化学原料源，是煤科学领域急待开发研究的课题。

⑦ 烟气净化技术。探求技术上先进、经济上合理的脱硫脱氮技术一直是环保领域的焦点。这方面的研究工作之所以在许多工业化国家及中国受到重视，部分原因是各国的立法对烟气排放提出了更为苛刻的要求。另外，针对目前的烟气脱硫脱氮技术发展水平，人们希望能研究出在性能、投资成本、运行费用、可操作性、废弃物和副产品的性能等方面优于现有成果的技术。

目前的烟气脱硫脱氮技术研究着重于技术选择多样化，即在单一系统中，同时采用几种综合性的工艺流程，使硫和氮的氧化物一次性同步脱除。这类综合性工艺通常可以减少系统的复杂程度，降低成本，增强可操作性，充分利用净化过程中各污染物之间的互益作用。

a. 金属螯合物湿式净化。当今占主导地位的烟气脱硫技术是以碱性化合物为吸收剂的湿式净化技术，这种方法可除掉 90%以上的 SO_2，但很难除掉 NO_x，因为 NO_x 中的主要成分 NO 的可溶性很低。由于已有大量的湿式净化系统投入运行，因此，采用一种在现有系统中使用化学添加剂强化 NO_x 净化的工艺法（图 2-9），可以达到很好的效果。

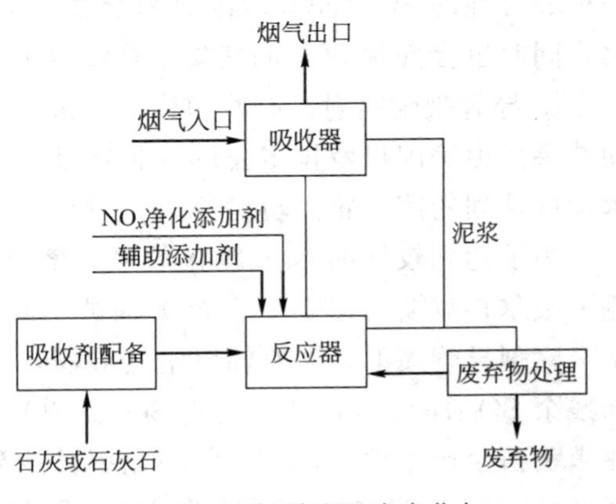

图 2-9　烟气脱硫湿式净化与金属螯合物添加剂处理工艺

某些金属螯合物添加剂［如 Fe(Ⅰ)，ED-

TA］由于能从溶液中快速提取已吸收的 NO，所以可以促进 NO_x 的净化。等量的 NO 能与一个亚硫酸根离子发生反应，释放出的亚铁螯合物又与 NO 进一步发生作用，这种协同作用使得不必另外进行金属螯合剂的再生过程。美国阿尔贡国家试验室所做的研究表明，在 SO_2 的净化率达到 90％的同时，NO_x 的净化率亦达到 60％。废弃物中通常含有烟气脱硫产品，如 $CaSO_3/CaSO_4$，以及氮硫化合物和其他物质。

添加剂中所含的铁被氧化成不活泼的三价铁，是这一工艺存在的一个问题。目前正在研究具有抗氧化作用或具有还原作用的辅助添加剂，通过在净化液中加入特殊化合物和使用一种电化学电池，将三价铁还原成二价铁。

该项技术特别适用于现有烟气脱硫系统改造，使之具有“氧化物净化功能”。

b. 改良喷雾干燥净化。喷雾干燥烟气脱硫技术是将碱性吸附剂（通常是石灰浆）喷雾干燥，然后捕集微细颗粒。这种方法简单，能耗和水耗低，而且废弃物处于干燥状态，无论用于低硫煤还是高硫煤，SO_2 的净化率均可达 90％以上。

在通常的运行条件下，NO_x 的净化极为有限，但在美国匹兹堡能源技术中心的研究表明，提高喷雾干燥出口温度，并在石灰中添加 NaOH，可以明显地提高 NO_x 的净化率。美国阿尔贡国家试验室将这项技术用于工业规模（20MW）高硫煤（3.5％）烟气，图 2-10 为该工艺流程图。

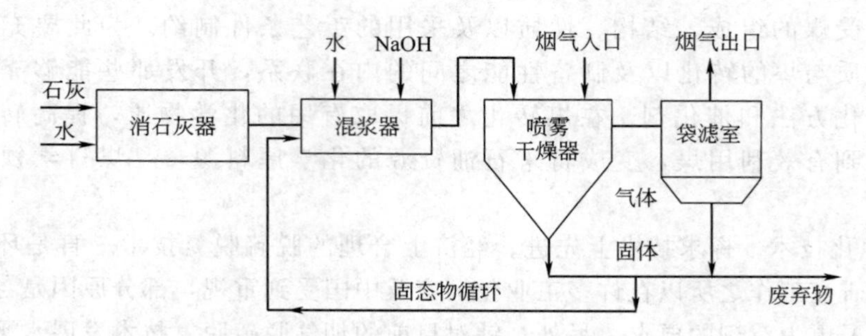

图 2-10 改良喷雾干燥净化工艺

将喷雾干燥器出口温度从通常的 65℃提高到 82℃以上，这时，NO_x 净化过程开始。NaOH 的添加量占石灰量的 2.5％～10％时，可以提高 NO_x 的净化率，并可以减少用于 SO_2 净化的石灰石用量。大部分 NO_x 在袋滤室内被脱除，其净化率可达 50％。该项工艺代表了一种综合性的 SO_2/NO_x 微细颗粒全面净化技术。但应注意到，提高温度可以促进 NO_x 净化，同时也会抑制 SO_2 的捕集，这使得很难达到 NO_x 和 SO_2 的同时优化净化。

c. 导管吸附喷射。有些净化工艺采用导管吸附喷射技术，以取得同时净化 SO_2 和 NO_x 的效果。由美国科罗拉多公用事业公司研究的一项工艺方法已被美国能源部选定为煤净化技术发展计划的第三轮试验对象。

为了达到较好的 NO_x 净化效果，该公司对一台 100MW 的机组进行改造，采用巴卜科克·威尔科克斯公司生产的 NO_x 锅炉，通过将尿素喷射入燃烧室过烧空气。并将钙基或钠基吸附剂导管喷射，同时辅以空气湿润，主要用于 SO_2 净化。袋式除尘装置用于微粒捕集和残余 SO_2 净化，其目标是使 SO_2、NO_x 净化率均达 70％。对燃烧系统的测试结果表明，在满负荷生产条件下，NO_x 的净化率已达到 68％，若增加尿素喷射工艺，NO_x 的净化率可达到 78％。为使该技术更具吸引力，目前还正在研究硫酸钠的回收工艺。硫酸钠是一种极具商业价值的副产品。

d. NOXSO 净化技术。NOXSO 是一套干式、可再生烟气净化系统（图 2-11），其用于同时脱除烟气中 90%以上的 SO_2 和 70%～90%以上的 NO_x，烟气在通过温度为 120℃的钠饱和铝吸着剂流化床时被净化。微细颗粒的脱除在烟气净化前或净化后进行。复合反应过程使吸附中生成大量的含硫、含氮化合物。

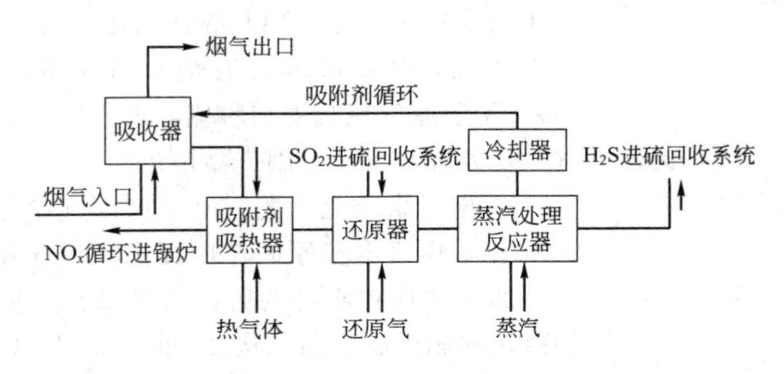

图 2-11　NOXSO 净化工艺

含有 NO_x 和 SO_2 的吸附剂的再生是分别进行的。当在第二级流化床中吸附剂加热至大约 620℃时，吸附的 NO_x 被释放，废气则循环进入燃烧室。由于燃烧室化学平衡的结果，使 NO_x 的形成受到抑制，烟气中的 NO_x 浓度保持一种新的平衡状态。NO_x 净化的唯一副产品是 N_2。加热后的吸附剂经某一种还原气体（如甲烷）和蒸汽处理，产生浓缩的 SO_2 和 H_2S 蒸汽，并分别进行硫回收处理。

e. SNOX 和 DESONOX 净化工艺。由 Haldor Topsoe 公司研究的 SNOX 净化工艺用于催化净化烟气中 95%以上的 SO_2 和 NO_x（图 2-12），用这种方法可生产出浓度为 93%的商品浓硫酸。尽管该工艺的能耗很大，但其大量的能源回收据称已使整个电厂的净能耗减低 1%～4%，这主要是由于在硫酸的形成过程中所释放的热量所致。

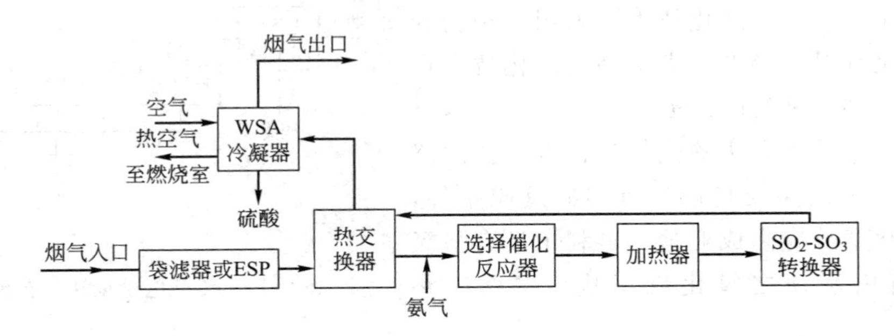

图 2-12　SNOX 净化工艺

从选择催化反应器逸出的氨在 SO_2 反应器中被氧化，从而避免外逸。选择催化反应器前面的袋式除尘装置或 ESP 可以脱除大多数微细颗粒，其他遗漏的微粒则被 SO_2 反应器催化层所捕捉，并由一个半自动化系统将其与催化剂筛分分离，定期清理。目前正以过去的试验结果为基础，研究寿命 7～10 年的 SO_2 催化剂和寿命为 3～6 年的 NO_x 催化剂。

ABB 环境系统公司所进行的一项为期两年的试验表明，SO_2 和 NO_x 的净化率一般在 95%左右。硫酸产品的浓度稳定在 94%～95%，并出售给当地的企业。

德国的德古沙公司研究出一种类似于 SNOX 技术的 DESONOX 方法。这种方法使用含有还原与氧化催化剂的单一反应塔，硫酸副产品的浓度极高，用于生产肥料。这套系统一直在蒙斯特公司的一台98MW机组上进行试验。低硫煤运行时的NO_x和SO_2净化率分别为80%和94%。

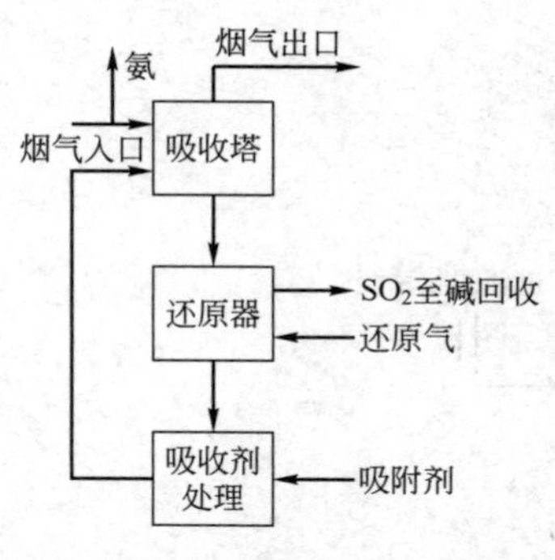

图 2-13 流化床氧化铜净化工艺

f. 氧化铜净化工艺。氧化铜工艺是将SO_2捕集与NO_x催化还原同时进行。NO_x的催化还原通过吸收塔内的NH_3得以实现，吸收塔内含有饱和氧化铜、铝吸附剂（图2-13）。用还原气使吸附剂脱硫，可产生浓缩SO_2气流，其经进一步处理，可作为副产品销售。

g. 电子束净化工艺。电子束烟气净化技术的研究始于1970年，由日本茬原制作所提出，烟气在受到电子束照射并添加氨时具有明显的脱硫脱硝效果，同时生成性能稳定的硫铵和硝铵副产品。从20世纪80年代至90年代，先后在日本、美国、德国、波兰等国家建立中试及工业示范项目。

目前所进行的电子束烟气净化技术的研究和装置的原理基本相同，均为干法路线，称传统电子束法烟气净化工艺路线，其原理是烟气中的SO_2、NO_x被电子束轰击产生的自由基氧化生成硫酸和硝酸，再与NH_3发生中和反应生成氨的硫酸及硝酸盐类。其主反应路径为：

$$H_2O,N_2,O_2 \xrightarrow{e^-} OH,O,HO_2,O_3 \cdots\cdots (O_x)$$

$$SO_2 \xrightarrow{O_x} H_2SO_4 \xrightarrow{NH_3} (NH_4)_2SO_4$$

$$NO_x \xrightarrow{O_x} HNO_3 \xrightarrow{NH_3} NH_4NO_3$$

传统工艺流程见图2-14。

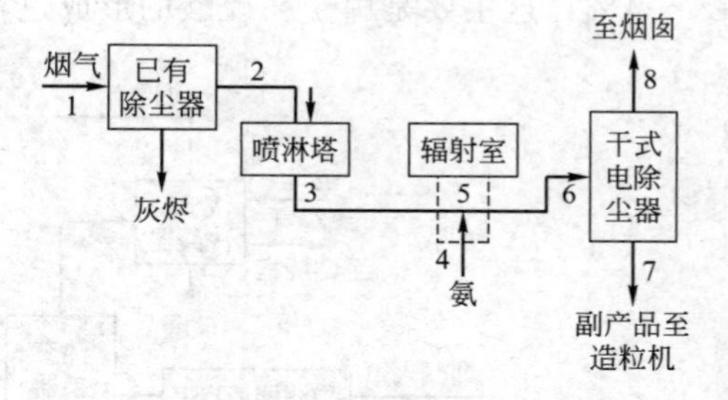

图 2-14 传统电子束法工艺流程图

电子束半干法烟气净化技术则采用一种新的技术路线，是针对传统电子束法烟气净化技术存在的问题提出的一种改进方法。

原理上，与传统方法的先氧化、再成盐的路径不同，新工艺的路线是创造有利的反应条件，充分利用热化学反应生成亚盐，再利用具有强氧化特性的自由基使之氧化成正盐。主反应路径为：

$$H_2O,N_2,O_2 \xrightarrow{e^-} OH,O,HO_2,O_3 \cdots\cdots (O_x)$$

$$SO_2 \xrightarrow{NH_3} (NH_4)_2SO_3 \xrightarrow{O_x} (NH_4)_2SO_4$$

根据新的化学反应路径，设计出如图2-15所示的电子束半干法烟气净化技术工艺流程。在该工艺中，烟气受电子束辐照后在后续流程中进一步被洗涤，因而称之为电子束半干法烟气净化工艺。实验表明，该工艺有效地解决了工艺与设备之间的矛盾，使主反应可以按照规定的路径进行，降低了能耗，达到了很高的脱硫率。同时该方法解决了副产品收集难及逸氨的问题，提高了系统运行的可靠性。

h. 活性炭净化工艺。活性炭可以吸收SO_2，并在用氨还原NO_x过程中起催化作用，双

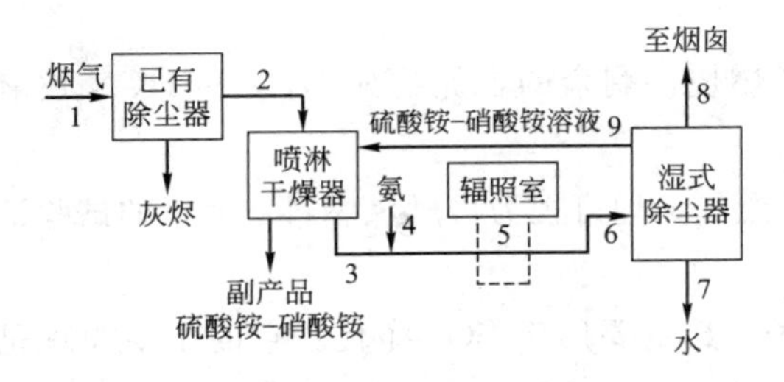

图 2-15 电子束半干法烟气净化技术工艺流程图

重吸附床的使用使得脱硫脱氮均能达到最佳水平（图 2-16）。消耗的吸附剂在高温下得以再生，产生的 SO_2 经处理可得到硫酸副产品，德国、日本的一些企业如伯格堡公司已将这种方法投入商用。据报道，SO_2 的净化率为90%～99.9%，NO_x为 50%～80%。然而，这种方法大多用于低硫、中硫煤情况。如果含硫量较高，则由于活性炭消耗太高而不适用这一方法。活性炭净化工艺的一个潜在优点是可选择脱除有毒气体。

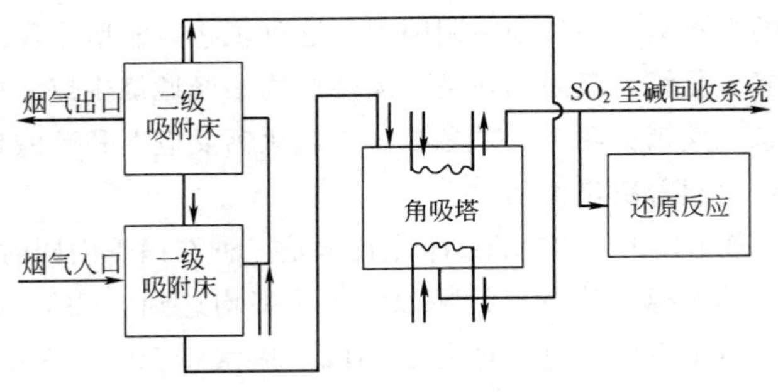

图 2-16 双重吸附活性炭净化工艺

最近，日本电力发展公司在流化床燃烧系统基础上研究出单一移动床活性炭工艺，用于 NO_x 和 SO_2 净化，中间试验所得到的净化率分别为 80% 和 90%，其进一步发展存在的问题在于高 SO_2 净化率对 NO_x 净化的负面影响。

i. GR-SI 净化技术。燃气再烧与吸附喷射（GR，SI）技术是美国能源部煤洁净技术计划的一个组成部分。该技术将燃气再燃烧技术与吸附喷射技术结合起来用于同时控制 SO_2 和 NO_x。燃烧火焰减少 NO_x 的概念已形成二十多年。人们发现，将甲烷喷入燃烧物中可以降低 NO_x 的含量，NO_x 炉内再燃烧控制已在日本运用多年。

如图 2-17、图 2-18 所示，整个燃烧过程分为以下三个阶段。

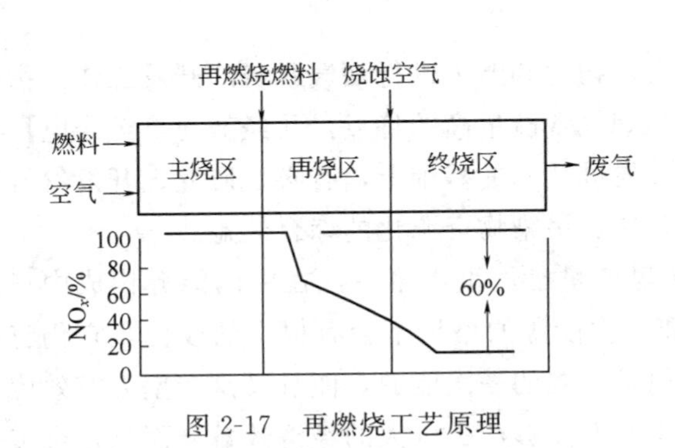

图 2-17 再燃烧工艺原理

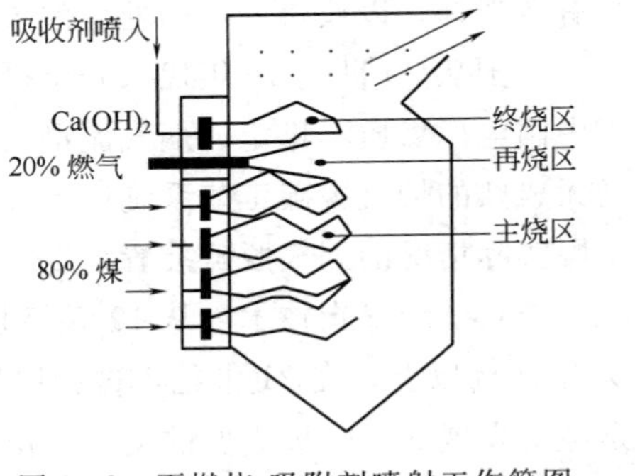

图 2-18 再燃烧-吸附剂喷射工作简图

(a) 主烧区。80%～85% 的热量在该区释放，产生的 NO 与燃烧产物一起输送到再烧区。

(b) 再烧区。再燃烧燃料（通常占输入至锅炉内的总热量的 15%～20%）喷入，形成一个燃料富集的 NO_x 脱除区，在主烧区形成的 NO_x 与碳水自由基反应，生成中间物 HCN

和 NH_3 以及无污染的 N_2。

(c) 终烧区，输入额外的空气使剩余的燃料燃烧，剩余的含氮物如 NH_3 和 HCN 被氧化成 NO 或还原成 N_2。

任何能产生碳水自由基的燃料，如煤、油、燃气，均可视为再燃烧燃料，大量的试验证明，燃气的脱氮效率最高。

GR-SI 净化技术的另一组成部分是吸附喷射，其主要用于 SO_2 净化。它的主要原理是将钙基吸附剂喷入燃烧产物中，并与 SO_2 反应，生成一种固态粉末，其成分是硫化钙或硫酸钙，然后由静电除尘器或袋式除尘器捕集。如果可以用已有的飞灰捕集装置来收集这些固态粉末则较为理想。目前正在研究几种不同的吸附喷射技术，它们的主要区别在于喷射器所处的位置不同，研究的重点集中在炉顶吸附喷射。这种工艺方法所采用的吸附喷射剂是钙基吸附剂——碳酸钙或氢氧化钙。吸附剂在高温燃烧产物中经煅烧生成活性氧化钙，氧化钙与 SO_2 和氧反应生成固态硫酸钙。两个主要参数——氧化钙反应性和硫酸化条件下燃烧滞留时间对吸附剂中钙的利用率起着决定作用。

j. 其他 NO_x/SO_2 净化技术。SOXAL 净化技术是一种在锅炉内同时进行尿素/甲烷喷射的钠基循环净化系统，其目标是使 SO_2、NO_x 的净化率均达到 90%，该项技术使用亚硫酸钠净化液吸收 SO_2，然后用双极膜进行电化学回收。尿素将 50%～70%的 NO 转变为 N_2，甲烷将剩余的 NO 氧化成 NO_2，然后在亚硫酸钠净化液中脱除。

吸附剂技术研究公司开发的镁吸附方法使用氧化镁涂膜膨胀蛭石颗粒作滤料，获得的 SO_2、NO_x 净化率分别为 90%和 40%，其主要原理是将烟气在 30℃接近绝热饱和温度条件下湿润，然后送入含有干燥剂氧化镁的离心过滤床进行净化，吸附剂在 600℃温度下用还原性气体回收。

日本 HEPCO 电力公司与三菱重工研究的一种净化方法使用飞灰、石灰、石膏作吸附剂，在 95℃温度下，将其与水混合 12h。当进行 SO_2/NO_x 净化时，将吸附剂干燥成粉末状，然后喷入烟气导管，用袋式除尘器捕集固体颗粒。

上述各种烟气净化技术都有各自的优缺点，在利用过程中要结合煤质情况及实际情况进行有效选择，以获得最优的处理效果。

中国从 20 世纪 90 年代末开始投入大量人力、物力和财力进行烟气脱硫的开发工作，由于中国电厂煤质不稳定、烟气流量大、烟温高和烟气含硫量高的特点，几经努力，至今电厂尚无成熟的烟气脱硫工艺系统运行。在引进国外先进技术的基础上，有必要研究、开发符合中国实际情况的烟气脱硫装置，以实现环境、节能、污染物资源化的综合效益。

(2) 节约煤炭技术　从 1995 年起中国的原煤产量已居世界第一，在中国能源构成中煤炭占 70%以上。在 21 世纪，这种以煤炭为主要一次能源的格局不会有根本的改变，它仍将是经济发展的一个极重要的支柱。由于煤炭不但是主要的一次能源，而且又是产生温室效应和环境污染的一个主要污染源。因此，节约煤炭不但能够产生巨大的经济效益，而且还会带来重大的环境效益和社会效益。

据统计，中国发电能源中 76%为煤，工业燃烧和动力中 76%也为煤，民用商品能源中 60%也是煤。燃烧设备和装置多种多样，提高其燃烧效率的方法也不尽相同，根据不同用途的燃烧设备和装置可提出相应的措施。

① 节约工业供热用煤技术。由于中国工业锅炉的平均热效率低，而且煤的灰分和硫分普遍偏高，因此其环境污染严重；发达国家工业锅炉不仅热效率高，而且自动化程度高，均有水质处理及除尘装置，因此环境污染较轻。鉴于此种情况，采用集中供汽或分供热，使工业锅炉大型化以取代目前分散的小锅炉群是节约煤炭的重要措施，既有利于提高热效率，也能够大大减少大气污染，改善空气质量。

② 节约发电用煤技术。我国电力工业以火力发电为主，而火力发电又是耗煤大户。目前我国火电机组还相当落后，突出的表现是发电的煤耗很高，比发达国家高出50～80 g/(kW·h)，造成此情况的主要原因是小型机组多且自动化水平低。因此，从节煤的角度看，迫切需要使火电机组大型化、现代化，以提高其热效率，减少大气污染。

③ 节约工业炉窑用煤技术。我国工业炉窑类型繁多、数量巨大。普遍存在的问题是设备落后，热效率低。我国工业炉窑的平均热效率仅及国外先进水平的一半，而且国内先进炉窑和落后炉窑间的差别甚大。好的炉窑，燃烧效率可达 50%，而差的炉窑仅 5%～10%。因此，对工业炉窑进行技术改造、提高其效率、降低能耗是十分必要的。

由于工业炉窑种类很多，功能不一，在对它们进行改造时必须针对不同炉窑的特点采用不同的方法。但从总体上讲，为使工业炉窑高效化，可以采取如工业炉窑大型化、现代化等措施。对小炉窑、自动化水平低的必须采取坚定措施予以淘汰。

为了进一步提高工业和发电用煤燃烧效率，减少燃烧过程的热损失也非常重要，如减少锅炉及工业炉窑的散热、不完全燃烧、灰渣及排烟热损失等，其具体措施是加强炉体隔热保温、低空气过剩系数燃烧、余热利用等。为了减少污染，还可采用先进的粉煤燃烧技术，如低 NO_x 燃烧技术、高浓度煤粉燃烧技术、流化床燃烧技术等。

④ 节约民用煤技术。城市民用炉灶很落后，热效率更低，在短期内不可能全面普及城市煤气化的情况下，改革炉灶设计就成了当前一项十分迫切的任务。目前应积极推广使用具有二次风和设有聚热板的新型煤炉。

此外，在经济不发达地区尽可能使煤的利用率提高，拓宽煤的利用范围。如燃烧煤后的煤矸石和煤渣可以用作建筑材料；煤还是重要的化工材料，炼焦、高温干馏制煤气是煤最为重要的化工应用，可用于民间和制造合成氨原料；低灰、低硫和可磨性好的品种还可以制造多种碳素材料。

综上所述，由于中国能源构成以煤为主，而且人口众多，给环境造成的污染已十分严重。煤炭在相当长一段时间内仍是我国最主要的一次能源，因此加速实施和加快推广洁净煤技术和节约用煤技术是解决我国能源与环境问题的重要举措。

2.2.2　石油的清洁利用

石油在今天是人类生活中必不可少的能源，它有着丰富的产品，从天上飞的到地上跑的、从日常用的到身上穿的，都离不开石油。

在很久以前的白垩纪之前，地球上生活着恐龙、菊石、双壳类、六射珊瑚、海绵类、海百合、有孔虫、苔藓虫等许多动物、植物和微生物，它们处在演化史上的关键时期，属种更替显得极其频繁，至白垩纪末它们全部绝灭。地壳不停地运动，这些生物被逐步埋藏在地下，在缺氧的还原环境中动物、微生物、植物的遗体承受着温度、压力，经过几亿年时间，植物变成了煤炭，动物、微生物变成了石油。它们储藏在岩石里，由于地壳的运动，一部分石油裸露于地表，古人发现它可以用来烧火。后来裸露在地表的石油用完了，人类就开始挖井取油。

2.2.2.1 世界石油能源的发展状况

石油、天然气是重要的能源矿产和战略性资源，是一个国家经济和社会发展的重要因素之一。现代世界石油工业（含天然气）从1858年建立以来，已有150余年的历史，油气资源随着世界的发展和科学技术的进步而不断增长，今后还会继续有新的发现。

石油是一种高热值的燃料和化工原料。近代石油工业于19世纪50年代在东欧和美国相继发端，到20世纪初，随着内燃机的推广应用，世界石油产量逐步提高。20世纪30年代以后，石油的大力开发和利用深刻地改变了人类社会的生产与生活，并一直是对现代政治和经济构成有影响的战略资源。

根据英国BP公司《世界能源统计》（2011年版）报道，随着人类对石油的不断勘探开发，石油探明储量也在不断增加。截止到2011年底，世界石油剩余探明储量2343亿吨，其中72.4%集中在欧佩克产油国，排名前10名国家集中了90%的世界总探明储量。从地区分布看，世界上48.1%的石油储存在中东地区，排名前5名的国家除了委内瑞拉在南美洲外，其他都集中在中东地区，依次为沙特阿拉伯、伊拉克、科威特和伊朗，占世界石油储量将近50%。中国的石油剩余探明储量为20亿吨，排名第11位。世界石油探明储量及分布详见表2-13。

表2-13 2011年世界石油探明储量 单位：10亿吨

排名	国家或地区	2010年底
		储量/亿吨
	北美	33.5
3	加拿大	28.2
10	美国	3.7
	中南美	50.5
1	委内瑞拉	46.3
	欧洲及欧亚	19.0
8	俄罗斯	12.1
9	哈萨克斯坦	3.9
	中东	108.2
2	沙特阿拉伯	36.5
5	伊拉克	19.3
6	科威特	14.0
7	阿联酋	13.0
4	伊朗	20.8
	非洲	17.6
9	利比亚	6.1
	尼日利亚	5.0
	亚太地区	5.5
11	中国	2.0
	世界	234.3
	经合组织	35.7
	欧佩克	167.8
	非欧佩克	48.7

从历年来对可采资源量的评价中可以看出，世界石油可采资源量不是最终数据，也不可

能是最终数据。因为随着世界科技的发展和石油地质理论的创新、发展，世界石油可采资源量还会有新发现和新增长。

美国地质调查局（USGS）在 2011 年公布的《2010 年世界油气资源评估的报告》中指出，除美国之外，全球尚未勘探的常规石油技术可采储量约为 5650 亿桶。评估结果表明，美国以外全球约 75%的未勘探技术可采常规石油资源分布在四个地区：南美和加勒比地区（1260 亿桶）、撒哈拉以南非洲地区（1150 亿桶）、中东北非地区（1110 亿桶）以及北美北极部分区域（610 亿桶）。世界待发现石油资源及分布见表 2-14。

表 2-14　世界待发现石油资源及分布　单位：亿吨

地区	资源量	比例/%	地区	资源量	比例/%
中东、北非	313.78	35.44	中南美	143.25	16.18
前苏联	158.25	17.87	非洲、南极洲	98.23	11.1
北美	95.5	10.78	欧洲	30	3.39
亚太	40.93	4.62	南亚	5.46	0.62

非常规石油资源有超重油、重（稠）油、沥青、油砂、油页岩、煤炼油、深层石油，全世界 28 个国家的重油沥青潜在资源量为 13000 亿吨。

世界主要富油国石油储量、产量及消费量见表 2-15。

表 2-15　2010 年世界主要富油国石油储量、产量及消费量表

国家	储量/亿桶	国家	产量/(千桶/日)	国家	消费量/(千桶/日)
委内瑞拉	296.5	俄罗斯	10150	美国	19180
沙特阿拉伯	264.5	沙特阿拉伯	9955	中国	9251
加拿大	175.2	美国	7555	日本	4413
伊朗	151.2	伊朗	4338	印度	3332
伊拉克	115.0	中国	4077	俄罗斯	2804
科威特	101.5	加拿大	3367	沙特阿拉伯	2748
阿联酋	97.8	墨西哥	2958	巴西	2629
俄罗斯	86.6	阿联酋	2867	德国	2445
利比亚	47.1	委内瑞拉	2775	韩国	2392
阿尔及利亚	37.2	科威特	2518	加拿大	2298

从表中可以看出，中国的石油储量并不丰富，但石油产量及消费量在世界各国中占有很大的比例，说明中国是石油的主要消费国，而且呈现上升的趋势。

2.2.2.2　中国石油资源的基本情况

石油在国民经济中的地位和作用是十分重要的，有人称它为“黑色的金子”、“工业的血液”，石油产品已遍及工业、农业、国防以及人民生活的各个领域。

(1) 中国石油工业发展现状　尽管石油的工业化生产只有一百多年的历史，但早在几千年以前，人类就已经发现和利用石油。中国是世界上最早发现和利用石油和天然气的国家之一，据已有的文字记载，已有三千多年的历史，但它成为中国现代能源的支柱产业还是新中国成立以后的事情。

新中国成立半个多世纪以来，经过几代石油地质工作者的艰苦努力，新中国的石油工业取得了巨大成就。新中国成立后，只用了短短十多年时间，就摘掉了“贫油国”的落后帽子，找到并陆续建成 10 多个大型、特大型油田，石油工业年平均增长速度比同期国民经济平均增长速度高出一倍多，其中有28年连续保持在18.1%以上的高速增长势头，这在全国其他工业行业中是罕见的。到2010年，中国已探明的石油地质储量为371亿吨，原油年产量保持在1.3亿吨，居世界第五位。2006年全国石油勘查新增探明地质储量9.49亿吨，新增探明技术可采储量1.95亿吨，新增探明经济可采储量1.72亿吨，剩余经济可采储量20.43亿吨。

中国石油远景资源量1086亿吨，地质资源量765亿吨，可采资源量212亿吨，勘探进入中期；油页岩折合成页岩油地质资源量476亿吨，可回收页岩油120亿吨；油砂油地质资源量60亿吨，可采资源量23亿吨。

除了陆上石油资源外，我国的海洋油气资源也十分丰富。中国近海海域发育了一系列沉积盆地，总面积达近百万平方公里，具有丰富的含油气远景。中国海上油气勘探主要集中于渤海、黄海、东海及南海北部大陆架。截至2008年，我国海洋石油资源量约246亿吨，占全国石油资源总量的23%。中国陆域和近海115个盆地石油地质及可采资源量评价结果见表2-16。

表2-16 中国陆域和近海115个盆地石油地质及可采资源量评价结果表

评价范围	地质资源量/亿吨				可采资源量/亿吨			
	95%	50%	5%	期望值	95%	50%	5%	期望值
115个盆地	567.9	762.4	1050.1	765.0	161.9	211.2	287.1	212.0
陆域	497.3	657.8	909.6	657.7	142.7	182.5	248.6	182.8
近海	70.6	104.7	140.5	107.4	19.2	28.6	38.5	29.3

注：1. 数据来源：第三次全国油气资源评价。
2. 表中的“%”表示可信度。

(2) 中国石油资源分布

① 常规石油资源。根据新一轮全国油气资源评价结果统计，石油地质资源量为765×10^8t、可采资源量为212×10^8t，石油资源的分布呈极不均衡态势。从地区上看，我国石油资源集中分布在东部、西部和近海三个大区（表2-17)，其可采资源量分别为100.25×10^8t、47.87×10^8t和29.27×10^8t，合计177.39×10^8t，占全国可采资源量的83.7%；从分布的盆地上看，我国石油资源集中分布在渤海湾、松辽、塔里木、鄂尔多斯、准噶尔、珠江口、柴达木和东海陆架八大盆地（表2-18)，其可采资源量182.31×10^8t，占全国可采资源量的86%，而其他100多个盆地可采资源量都不多，合计起来也只占全国的14%。

表2-17 常规石油资源量的区域分布 单位：×10^8t

地区	地质资源量	可采资源量
东部区	324.41	100.25
中部区	86.48	20.23
西部区	175.13	47.87
南方区	2.02	0.40
青藏区	69.61	14.00
近海	107.36	29.27
全国总计	765.01	212.03

表 2-18　常规石油资源量的主要盆地分布　单位：$\times 10^8$ t

盆地	地质资源量	可采资源量
渤海湾(含海域)	224.52	54.83
松辽	113.07	45.78
鄂尔多斯	73.53	17.16
塔里木	80.62	33.34
柴达木	12.91	7.58
准噶尔	53.19	13.09
东海	7.23	2.95
珠江口	21.95	7.58
合计	587.02	182.31

截至 2007 年底，全国拥有待发现的常规石油地质资源量约 490×10^8 t，待发现的常规石油地质可采资源量 136×10^8 t。在累计探明石油地质储量超过 1×10^8 t 的 15 个盆地中，待发现常规石油地质资源量 354×10^8 t，待发现可采资源量 104×10^8 t（表 2-19），分别占全国总量的 72.3%和 76.6%。在这 15 个盆地中，渤海湾、松辽、鄂尔多斯、准噶尔、塔里木和珠江口盆地待发现的常规石油地质资源量和可采资源量分别超过 15×10^8 t 和 5×10^8 t，其中渤海湾盆地待发现的常规石油地质资源量和可采资源量最多。

表 2-19　主要盆地石油资源量及探明程度

盆地	总量/$\times 10^8$ t	探明程度/%	待发现量/$\times 10^8$ t
渤海湾	224.52	53.8	103.70
松辽	113.07	64.9	39.69
鄂尔多斯	73.53	29.9	51.56
准噶尔	53.19	37.3	33.37
塔里木	80.62	14.4	69.03
珠江口	21.95	26.1	16.23
柴达木	12.91	25.9	9.56
吐-哈	7.39	42.7	4.23
苏北	4.27	59.8	1.72
南襄	3.65	69.7	1.11
二连	8.29	29.5	5.84
酒泉	5.32	31.4	3.65
北部湾	7.34	21.2	5.79
江汉	4.72	28.8	3.36
海拉尔	6.50	16.3	5.44
合计	627.27	43.5	354.28

注：1. 资源量数据引自全国新一轮油气资源评价（2003～2007）。
2. 探明程度和待发现资源量时间截至 2007 年底。
3. 地质资源探明程度为累计探明地质储量与地质资源总量之比的百分数，可采资源探明程度为累计探明技术可采储量与可采资源总量之比的百分数。

② 非常规石油资源

a. 油砂油。中国具有比较丰富的油砂资源。全国新一轮油气资源评价结果表明，我国油砂油地质资源量 59.70×10^8 t，可采资源量 22.58×10^8 t。其中西部地区油砂资源最多；其次是青藏地区；再次是中部地区；东部和南方地区较少（表2-20）。我国油砂资源主要分布在准噶尔、塔里木、羌塘、鄂尔多斯、柴达木、松辽和四川七大盆地中。七个盆地的油砂油地质资源量为52.92×10^8t，占全国油砂油地质资源量的88.6%，可采资源量19.87×10^8t，占全国油砂油可采资源量的88%。

表2-20 全国油砂油资源区域分布

大区	地质资源量/$\times10^8$t	比例/%	可采资源量/$\times10^8$t	比例/%
东部	5.31	8.9	1.97	8.7
中部	7.26	12.2	2.78	12.3
西部	32.89	55.1	13.61	60.3
南方	4.5	7.5	1.98	8.7
青藏	9.74	16.3	2.25	10
合计	59.7	100	22.58	100

b. 油页岩、页岩油。据全国新一轮油气资源评价，我国油页岩资源量为7199.37×10^8t，技术可采资源量为2432.36×10^8t；页岩油资源量为476.44×10^8t，可回收的资源量为159.72×10^8t。

从大区分布看，油页岩、页岩油资源主要分布在东部、中部和青藏等地区，其次是西部地区，南方地区油页岩、页岩油资源相对较少（表2-21）。从盆地分布看，油页岩、页岩油资源主要分布在东部的松辽、渤海湾、南襄等盆地，中部的鄂尔多斯、四川、六盘山、河套等盆地，以及西部的准噶尔、塔里木、羌塘、柴达木等盆地中。

表2-21 全国油页岩、页岩油资源区域分布 单位：$\times10^8$t

大区	油页岩资源量	油页岩可采资源量	页岩油资源量	页岩油可采资源量
东部	3442.48	1168.16	167.67	57.46
中部	1069.64	526.94	97.95	32.03
西部	749.43	267.29	72.78	25.94
南方	194.61	108.96	11.46	6.31
青藏	1203.2	361.01	126.58	37.98
合计	7199.37	2432.36	476.44	159.72

注：资源量数据引自全国新一轮油气资源评价（2003～2007）。

2.2.2.3 石油的清洁利用

石油作为人类不可缺少的能源，在人类生产、生活中占有十分重要的位置，但作为燃料，石油在使用过程中对环境的破坏受到了人类的重视。为了保护环境，为了后代的发展，人类开始对石油的使用进行研究，开发研制出清洁使用石油的方法和途径。

传统的利用石油的方法主要是利用石油作燃料燃烧，但这样对环境的污染非常严重，因此，世界各国正在开发新的方法利用石油，减少对环境的污染，提高石油的利用率及燃烧值。现在主要介绍两种新的清洁利用石油的方法。

(1) 燃料电池　燃料电池是一种不经过燃烧直接以电化学反应方式将富氢燃料的化学能转变为电能的连续发电装置，其基本原理与常规化学原电池类似，由阳极、阴极和电解质构成，两电极表面均涂覆有电催化剂，氢气（或富氢气体）进入阳极，氧气（或空气）进入阴极，分别在两个电极上进行电化学反应，当电极与负载相连接时，电极反应所生成的电子就能自阳极流向阴极，产生直流电，并放出热量。但是，燃料电池的工作方式与常规的化学电源不同，它的燃料和氧化剂由电池外的辅助系统提供，在运行过程中，要连续不断地向电池内输入燃料和氧化剂，排出反应产物，同时也要排除一定的余热，以维持电池工作温度的恒定。

燃料电池是一种新型发电技术，具有传统火力发电厂和常规化学电源无法达到的优点。

① 效率高。燃料电池将燃料和氧化剂在电化学反应时所产生的吉布斯自由能直接转换成电能，没有传统发电流程中热能、机械能的转换过程，不受卡诺循环的限制，故发电效率高，一般可达40%～60%，加上余热利用，能量利用综合效率可达80%以上。

② 无污染。燃料电池在发电过程中没有燃烧，反应产物为水和CO_2，CO_2的排放量比常规火电厂减少40%～60%，SO_2和NO_x的排放量更低，比火电厂减少90%以上。主要装置无运动部件，转动设备少，故噪声小。

③ 占地少、建设快。燃料电池发电厂一般没有常规火电厂那样复杂的锅炉、汽轮发电机等大型设备，用水量也很少，因而占地面积很小，如1.5kW级PEMFC的外形尺寸仅为长0.19m、宽0.19m、高0.275m。由于组件化设计，又没有大型设备，工程量大大减少，制造、安装十分方便，建设周期很短，扩建也容易，易于根据实际需要分期建设。

④ 适应负荷能力强，供电质量高。燃料电池能在数秒钟内从最低功率变换到额定功率以应付负荷的快速变动，适应负荷的峰谷变化。另外，由于占地面积小、无污染和噪声，因而选址不受限制，可建在用户处或用户附近，从而改善地区频率偏移和电压波动，减少输变线路损失。

⑤ 燃料广泛。甲醇、天然气、煤气、沼气、含氢废气、液化石油气、轻油、柴油、汽油等经过净化和重整后均可作为燃料电池的燃料。

目前已开发的多种民用燃料电池，按电解质分类，主要有磷酸燃料电池（PAFC）、熔融碳酸盐燃料电池（MCFC）、固体氧化物燃料电池（SOFC）和质子交换膜燃料电池（PEMFC）等基本类型。

① PAFC。它以浸有浓HNO_3的SiO_2微孔膜作电解质，Pt/C为电催化剂，天然气、重整气为燃料，空气为氧化剂，工作温度为100～200℃，发电效率为35%～41%，热电联供时总效率为71%～85%。50～200kW级PAFC可供现场应用，1MW以上PAFC可作为区域性热电站，实际应用表明PAFC是高度可靠的电源，可作为医院、计算机站等场所的不间断电源。

② MCFC。它以浸有（K，Li）CO_3的$LiAlO_2$隔膜为电解质，净化煤气或天然气的重整气为燃料，工作温度为650～700℃，不需贵金属铂作电催化剂，而以Ni系催化剂为主。发电效率可达55%～58%，高温排气可与燃气轮机、蒸汽轮机联合循环，热电总效率可达70%或更高，可实现燃料在电池内重整，设备比外重整系统更紧凑简单。MCFC适用于区域性电站和联合循环发电。

③ SOFC。它采用氧化性稳定的氧化锆为固体电解质，净化煤气或天然气为燃料，空气为氧化剂，工作温度高达900～1000℃。高温工作，不需使用贵金属催化剂，燃料可直接在电池内重整且可采用CO为燃料。发电效率为55%～65%，热电联供时，效率高达80%以上。SOFC宜与煤气化和燃气轮机、蒸汽轮机构成联合循环发电，进行区域性供电。

④ PEMFC。它采用全氟磺酸质子交换膜为电解质，氢气或重整氢为燃料，空气为氧化剂，工作温度为室温～100℃，发电效率为50%左右，热电联供时综合效率更高。由于它具有工作温度低、冷启动快、抗震性能好等特点，适用于电动汽车的动力源。

我国于20世纪50年代末开始燃料电池的研究，起步并不算晚，70年代初期水平与当时国际水平之间的差距并不大，此后近20年内由于种种原因，燃料电池的研究工作渐趋停滞。直到20世纪90年代初，在国外燃料电池迅速发展的形势下，我国燃料电池的研究掀起了第二次热潮。到目前，我国燃料电池研究已取得阶段性成果，特别是PEMFC已成功组装出千瓦级电池组。但与国际水平相比差距还相当大，在资金投入上也还相当欠缺。

燃料电池除了用于发电外，还有多方面的应用，如用于电动汽车、电动火车机车、潜水艇、氯碱工业等。与其他动力相比，汽车用燃料电池具有污染小、噪声低、添加燃料方便、持久性好、燃料消耗低等优点。

（2）石油的生物技术利用　近年来，随着现代生物技术的飞速发展，生物石油化工领域研究日益活跃，生物技术在石油化工中应用的优越性越来越大。生物技术在石油化工应用中有以下优点：①可减少传统石油化学工业中的污染和能耗；②生产传统生产中无法合成或经济不合算的产品；③利用废弃、零星和多余副产品资源；④为解决石油资源枯竭后的化工原料供应寻找新途径；⑤用生物催化代替化学催化、降低成本和提高产品质量。

石油生物技术利用范围广泛，产品众多，主要有以下几个方面。

① 单细胞蛋白（SCP）。随着世界人口不断增加，可耕地面积日益减少，动植物蛋白来源严重不足已成为十分突出的问题。目前生产SCP多以淀粉、糖、纤维素以及多种工业废液为原料。随着“石油发酵”热潮兴起，以石油生产SCP得到大力开发，产品主要包括石蜡酵母和甲醇蛋白两种。但由于经济效益不佳、成本不过关、原料紧张等原因，石蜡酵母技术未能投入生产。

以甲醇为原料生产SCP，在英、美、德、日本等国都通过了中试，我国台湾也正在开发之中，但开发较成功的还只有英国ICI公司。ICI自1968年开始，12年投资1亿英镑，于1979年建成50kt/a的甲醇蛋白工厂，产品已行销欧洲市场，饲料效果很好，但近年也由于甲醇价格影响，成本降不下来，效益不佳，我国开展的许多研究同样因原料供应及价格问题而中途夭折。甲醇蛋白在我国虽不乐观，但如果未来甲醇价格能稳定在500元/t以下，那么甲醇蛋白的成本能控制在3000元/t以下，还是可行的。

② 聚β-羟基丁酸酯（PHB）。塑料已成为现代工业及人民生活的必需品，目前基本上是化学合成生产的，近来人们发现微生物具有合成塑料的能力。以甲醇为原料，利用甲基氧嗜甲基杆菌可产生大量的PHB，产品具有可塑性，可生物降解，无毒性，耐紫外辐射，性能相当于聚丙烯均聚体。由于原料、价格和生产效率等原因，目前PHB成本比聚丙烯高一倍左右，ICI公司已开始小批量生产。该技术工业化的第一步，首先要解决市场问题，利用PHB的特殊性质可以制造特殊高价产品，如利用生物降解性PHB做手术缝合线、医药和农药缓施剂。很显然PHB在近期还不能与常用塑料相竞争，但随着改进工艺和降低原料成本，在不远的将来将能成为一种无环境污染的通用高聚物。这项技术在我国是大有潜力的，一般每4～6t甲醇可生产1t PHB，如果将来甲醇的价格能够降低到丙烯一半的水平，则其成本降到聚丙烯水平是有可能的。

③ 丙烯酰胺。丙烯酰胺的重要用途是生产聚丙烯酰胺，广泛用于采油、造纸、纺织、化工等领域，目前世界年产量约200kt以上，我国年产量约万吨。丙烯酰胺生产路线有硫酸水合和催化水合两种，近年来又掀起了采用微生物法生产丙烯酰胺的开发热潮。日本日东公司于1985年已建成了4kt/a装置。微生物方法生产丙烯酰胺反应选择性高，产品纯度高，几乎不含杂质，转化率达99%以上，常温常压下反应，成本低。

④ 环氧化合物。环氧化合物是重要的石油化工原料，尤其是环氧乙烷和环氧丙烷。人们已发现气态烯烃通过微生物酶催化可生成环氧化物。用微生物法生产，不需氯气或氮化物，也不需碱，可大幅度降低原料成本，减少污染。该工艺开发日益受到重视，只因菌种催化能力目前不高，细胞催化寿命和产物对细胞毒性等问题没有解决而使工业化存在一定困难。

⑤ 加氧酶。加氧酶是一种能高效、专一催化分子氧掺入各种有机化合物的酶。按加氧方式分为双加氧酶和单加氧酶两种，它能使非反应烃转化为可利用烃，把烷烃转化为醇或脂肪酸，把烯烃转化为环氧化物，使芳香烃开环等。世界石油平均成分烷烃占 30%，环烷烃占 46%，芳香烃占 28%，若能利用微生物加工烃，前景及影响将是不可估量的。己二烯二酸是高分子化工重要原料，可合成纤维，做轮胎帘子线。该产品国内空白，国外未见工业化报导，只有少量出售，所以我国要加紧开发，争创世界先进水平。

⑥ 微生物法生产乙烯、异丁烯。乙烯是石油化工业最重要的基础原料，其生产能力是衡量一个国家经济实力的重要标志，目前主要用化学合成法生产。由于世界性石油危机造成近年来发达国家乙烯生产能力下降，非常需要开辟新途径解决乙烯供应紧张问题。近年已发现某些微生物有合成乙烯的能力，使用再生资源生产乙醇，然后催化脱水制乙烯的路线也是可行的。

⑦ 利用烃类生产有机酸。微生物利用烃类可生产多种有机酸，大致分为三类：一类是作为微生物代谢中间产物存在的有机酸，可进一步断裂，生成 C_2、C_3 化合物，这些酸有月桂酸、十四碳酸、己二酸、癸二酸等；另一类是由微生物代谢生成 C_2、C_3 化合物合成的有机酸，多为三羧酸循环中的一元，如柠檬酸、苹果酸、琥珀酸、富马酸和谷氨酸等；第三类是由特定的烃类得到的有机酸，如萘生产水杨酸。近来，世界各国这方面的研究很多，利用微生物可由正烷烃生产二羧酸；由正烷烃生产脂肪酸；由石蜡烃生产柠檬酸；由正链烷烃生产琥珀酸。还有用合成法生产生物产品乳酸，由微生物法生产 Y・亚麻酸，用厌氧微生物合成醋酸。另外，利用微生物还可得到甲酸、富马酸、水杨酸、反丁烯二酸、α-酮戊二酸等。

⑧ 氨基酸。微生物分解利用石油原料生产氨基酸研究很活跃，主要有谷氨酸、赖氨酸两种。

正烷烃在野生细菌作用下可发酵生产谷氨酸，虽然目前原料质量和价格还达不到工业规模要求，但将来完全可期望代替糖类发酵。乙酸在黄色短杆菌作用下也可产生谷氨酸，世界每年作为谷氨酸原料而消耗的乙酸为 10 万吨以上，这对于原先以废糖蜜和淀粉为原料的谷氨酸工业来说，使原料供应更加稳定。

赖氨酸的生产方法有抽提法、合成法、发酵法和酶法。现在国内外主要采用发酵法生产，一般用糖蜜等可再生资源为原料，也可用醋酸、石蜡、乙烯、苯甲酸等原料微生物发酵直接生成 L-赖氨酸，值得重视的是酶法已成为近年研究的最有前途及生产潜力的方法。预计不久的将来，酶法将逐步取代发酵法。

⑨ 表面活性剂。微生物表面活性剂可作为提高石油回收率的一种潜在试剂，也可用于脱乳化学业。最普通的表面活性剂是糖脂，目前的研究大多停留在中试阶段，工业化还很少。研究表明，烃类化合物作为碳源对生物表面活性剂的生成起诱导作用，但有的烃对表面活性剂生成起抑制作用，可见不同碳源对生物表面活性剂活力产生不同影响。这方面成功的

研究不少，例如，乙酸钙不动杆菌产生的乳化聚糖，具有使油变性的能力，可用于燃料、环保等工业，由它生产的乳化聚酮醛醇可作为一种新的燃料使用。

⑩ 甲烷氧化菌。近来国际上一碳微生物学的研究很活跃。一碳微生物也叫甲基化合物营养菌，主要是利用甲醇和甲烷作为碳源和能源的微生物。一般认为甲醇或甲烷做碳源较便宜，可大大降低成本。同时甲烷氧化菌可将有毒物质生物降解，有利于环保，还在防止瓦斯爆炸方面有独特功能，因而具有很大的工业价值。

另外还有利用生物技术从石油、废渣中提取金属及微生物采油技术，可降低成本、节约能源。

生物技术应用于石油意义重大，其社会效益及经济效益十分显著。这是解决当今世界上粮食、环保、能源三大问题的有效途径之一，可最大限度地利用资源，大大改善目前石油化工业的生产状况，解决化学方法无法解决的问题。从长远观点看，生物技术应用于石油化工业势在必行，其发展前景巨大，发展应用领域还将日益扩大。

2.2.3 核能的利用、可再生能源的合理开发

2.2.3.1 核能的利用

（1）核能 国民经济要发展，能源是基础。我国生物化石资源和水利资源分布极不平均，60%的煤矿集中在华北，70%以上的水利资源在西南，而我国的工业和人口集中在华东、华南沿海和东北地区，能源的短缺成为这些地区及我国经济发展的巨大障碍。煤、石油、天然气是重要的化工原料，用作燃料烧掉非常可惜。同时，大量燃烧煤炭和石油严重地污染了环境，危及生态平衡，因此我国迫切需要一种新能源——核能。

意大利物理学家费米在1934年以中子撞击铀原子核后，发现会有新的元素产生，这是人类第一次发现核分裂反应。其后经过多位科学家的努力，发现天然的铀元素中含有铀238及铀235两种同位素，天然铀中铀238的含量为99.3%，铀235含量只有0.7%，而经中子撞击后只有铀235会发生分裂反应，其反应过程如图2-19所示：自左边开始，一个中子撞击铀235原子核后，暂时共同形成铀236原子核，同时因其内部吸收了该中子的能量，故开始做剧烈的哑铃状振荡，最后哑铃状结构终因振荡过剧而瓦解，并因而产生两个质量较小的原子核，且放出2～3个新的中子；这时如果旁边还有其他铀235原子核存在，则会被新的中子撞击，继续发生分裂反应，这就是所谓的“连锁反应”。

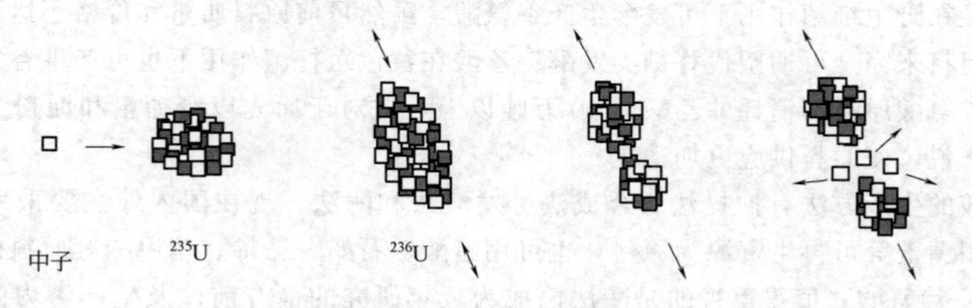

图2-19 核连锁反应示意图

核反应中释放的能量比化学反应释放的能量大，是因为其反应时发生的质量亏损要比化学反应大得多，这种由核子结合成原子核以质量亏损为代价形成的能量叫做原子核的结合能，即核能。表2-22列出了核子形成几种原子核的结合能，当原子核被打破形成新核后结合能的变化即为可获得的核能。

表 2-22　几种粒子和同位素质量、质量亏损和结合能

名称	符号	质量（相对原子质量）	质量亏损（相对原子质量）	结合能/MeV	平均结合能/MeV
质子	$^{1}_{1}H^{+}$；P	1.007227	—	—	—
中子	$^{1}_{0}n$；n	1.008665	—	—	—
氘	$^{2}_{1}H$；D	2.014102	0.001388	2.2	1.1
氚	$^{3}_{1}H$；T	3.01605	0.009105	8.5	2.8
^{3}氦	$^{3}_{2}He$	3.01603	0.008285	7.7	2.6
^{7}锂	$^{7}_{3}Li$	7.016004	0.042131	39.2	5.6
^{235}铀	$^{235}_{92}U$	235.043943	1.915052	1783.9	7.59
^{238}铀	$^{238}_{92}U$	238.050819	1.934171	1801.7	7.57

按 $E=mc^2$ 计算原子核内部每亏损 1 个原子质量单位约形成 930MeV 的结合能。表 2-23 列出了几种核反应的方式，可以看出 4 个^{1}H 原子聚变为一个^{4}He，有很大的质量亏损，因此能释放出 26.7MeV 的能量。而一个碳原子与氧原子进行燃烧化学反应，质量亏损微小，因此其释放出的能量仅有 4.1eV，约是同质量^{1}H 核聚变反应的 2000 万分之一。用中子轰击$^{235}_{92}U$ 原子核，它会裂变成几块。裂变前的铀核平均结合能为 7.59MeV，裂变后形成新核，平均每个核子形成的结合能差为 0.91MeV，而$^{235}_{92}U$ 核有 235 个核子，即可得到 213.8MeV（平均约为 200MeV）的结合能，其能量约是同质量碳原子燃烧化学反应的 260 万倍。^{2}H（氘）加^{3}H（氚）聚变为^{4}He 是现在人类正在掌握的一种核反应，根据表 2-22、表 2-23 中的数据可以算出，其反应后放出的能量约是同质量铀裂变反应的 4 倍，是同质量碳原子发生燃烧化学反应的 1000 万倍。

表 2-23　几种核反应释放出的能量

核　反　应	核反应方程	释放的能量/MeV
铀核裂变的方程之一	$^{235}_{92}U+^{1}_{0}n \longrightarrow ^{95}_{42}Mo+^{139}_{57}La+2^{1}_{0}n+7^{0}_{-1}e^{-}$	约 200
太阳中的氢聚合反应	$4^{1}_{1}H \longrightarrow ^{4}_{2}H+2^{0}_{1}e^{-}$	26.7
氢弹中的氘氚反应	$^{2}_{1}H+^{3}_{1}H \longrightarrow ^{4}_{2}H+^{1}_{0}n$	17.6
镭的衰变	$^{226}_{88}Ra \longrightarrow ^{222}_{86}Rn+^{4}_{2}He$	4.8
钴 60 的衰变	$^{60}_{27}Co \longrightarrow ^{60}_{28}Ni+^{0}_{-1}e^{-}$	2.8
碳的燃烧化学反应	$C+O_2 \longrightarrow CO_2$	4.1×10^{-6}

铀是自然界中原子序数最大的元素，天然铀由几种同位素构成：除了 0.71%的铀 235（235 是质量数）、微量铀 234 外，其余是铀 238。铀 235 原子核完全裂变放出的能量是同量煤完全燃烧放出能量的 270 万倍。也就是说 1g^{235}U 完全裂变释放的能量相当于 2t 多优质煤完全燃烧所释放的能量。

大量的核反应释放的能量让人触目惊心，担心核分裂反应是否会给人类带来的浩劫。如果能安全地控制核分裂发应，则其所释放出的巨大能量必能造福人类。这也是二次世界大战结束后科学家们研究的重点。

从图 2-20 可以看出，每次分裂后都会有 2～3 个新的中子产生，而这些中子也会引发后续分裂反应。如果它们引发了后续分裂反应，则分裂反应的次数就会一直增加，而且以等比级数的速度增加，因每次都放出巨大的能量，故总量十分惊人，这就是原子弹爆炸能产生巨大威力的原因。如果有办法在每次分裂后把 2～3 个新中子吸收掉 1～2 个，而只让其中一个中子继续引发下一次分裂反应，则就有办法控制每次反应的次数且使其保持固定，并把每次反应产生的能量用来发电，这种状况即称为“临界”核反应分裂，而前述分裂次数一代比一

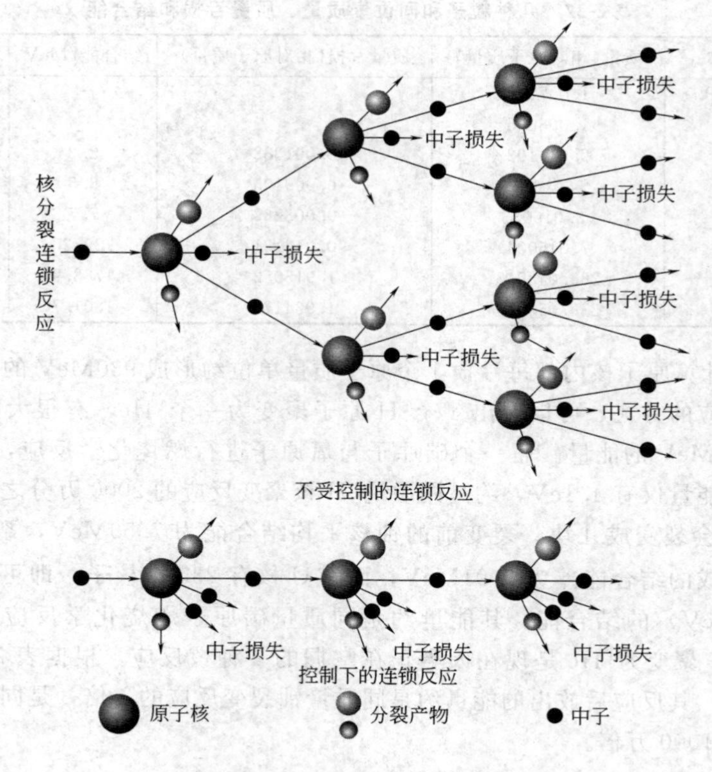

图 2-20 核分裂连锁反应示意图

代多的状况称为“超临界”反应，反之若分裂次数一代比一代少则称为“次临界”反应。核能电厂运转发电时是保持在临界反应状态，停机时则保持在次临界状态。

目前世界各国开发利用的核能大部分都是受控下的连锁反应产生的能量，只有这部分能量才能有效地得到控制和使用，不会对人类造成伤害。

发电用反应堆是核能最大的服务市场。目前多数专家认为应按用途对反应堆进行分类（表 2-24）。发电用的反应堆包括压水堆、沸水堆、重水堆、高温气冷堆和快中子堆，在这些用于发电的反应堆中，压水堆占 61.3%、沸水堆占 24.6%、重水堆占 4.5%、气冷堆占 4%、快中子堆占 0.7%。

表 2-24 反应堆分类

分类依据	分 类
按中子通量分	高通量堆、一般通量堆
按中子能量分	快中子堆、热中子堆、中速中子堆
按燃料类型分	天然铀堆、浓缩铀堆、钍堆
按燃料布置分	均匀堆(液体堆)、非均匀堆(固体堆)
按载热剂、慢化剂分	石墨堆、重水堆、压水堆、沸水堆、有机堆、熔盐堆、铍堆
按冷却剂材料分	水冷堆、气冷堆、有机液冷堆、液态金属冷堆
按容器结构分	高压水堆、低压水堆、游泳池堆
按热工状态分	沸腾堆、非沸腾堆、压水堆
按运行方式分	脉冲堆、稳态堆
按用途分	动力堆、生产堆、产钚发电两用堆、研究性堆

（2）裂变核能

① 原理。裂变核能是可裂变物质（^{235}U、^{233}U、^{239}Pu）在中子的作用下发生裂变，转化成带有放射性的裂变产物时释放出来的能量。在发生裂变的同时，一些核燃料如^{238}U、^{232}Th能俘获中子，转化为可裂变物质。因此，核裂变可分为如下几种情况。

慢中子裂变：

$$^{235}U + n \longrightarrow 裂变产物 + (2\sim3)n + 能量$$

目前绝大多数反应堆都是利用慢中子裂变原理的，此时所用的^{235}U是从天然铀中通过气体扩散法浓缩得到的。^{235}U在天然铀中仅含 0.7%，因此从资源上说是有限的。裂变反应中产生的中子需用慢化剂进行慢化，使其降低速度成为慢中子，以维持连锁反应。反应中释出的能量由载热剂导出产生蒸汽，推动汽轮机发电机组发电。

快中子裂变：

$$^{239}Pu + n \longrightarrow 裂变产物 + (2\sim3)n + 能量$$

此时可用人工生成的^{239}Pu作为可裂变物质，由于反应中放出的中子无需经过慢化即可引发新的裂变反应，从而避免了慢化过程中中子的损失，使更多的中子通过俘获作用产生新的可裂变物质。

中子的俘获：

$$^{238}U + n \longrightarrow {}^{239}Np \longrightarrow {}^{239}Pu$$

$$^{232}Th + n \longrightarrow {}^{233}Pa \longrightarrow {}^{233}U$$

中子的俘获是与核裂变同时发生的，前者导致生成天然原本不存在的可裂变物质，后者则消耗可裂变物质。快中子堆可获得多于消耗的可裂变物质达到增殖的目的。

② 核燃料循环。完整的核电体系可用核燃料循环表示（图 2-21）。核电站一般设在城市附近，反应堆运行时将生成强放射性的裂变产物，因此它的安全性要求最高。在核燃料循环中可以包含若干个核电站。

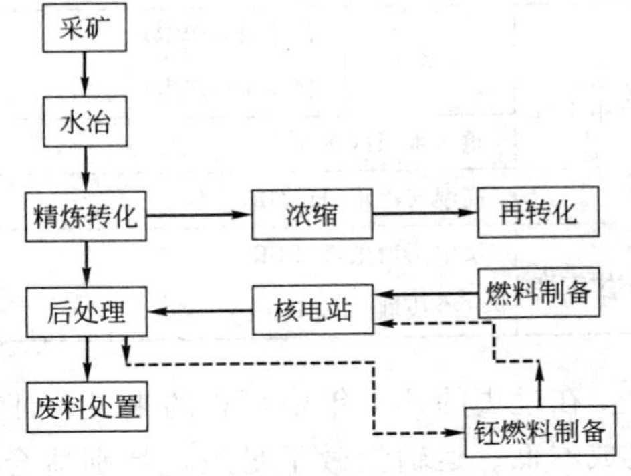

图 2-21　核燃料循环框图

③ 核能利用现状。从 20 世纪 50 年代以来，前苏联、美国、法国、德国、英国、日本、加拿大等国家建造了大量核电站，目前核电站的发电量已占全世界总发电量的 20%，核电的发电成本已经低于煤电。经验表明，核电是一种经济、安全、可靠、清洁的能源。图 2-22 给出了各国总发电量中核电所占的比例。

2011 年世界核发电量达到 2518TW·h，比 2010 年 2610TW·h 有所下降（由于全球金融危机和日本福岛核灾难），占总发电量的 11%。全球 31 个核电国家中，法国、德国、日本、俄罗斯、韩国和美国六个国家占总发电量的 70%。

目前全球正在建造的反应堆有 59 座，至少有 18 座正在经历“多年的”延迟。9 座反应堆被国际原子能机构列为“在建”已经超过 20 年。

表 2-25 列出了世界上动力堆的主要堆型，其中压水堆的数目占一半以上。

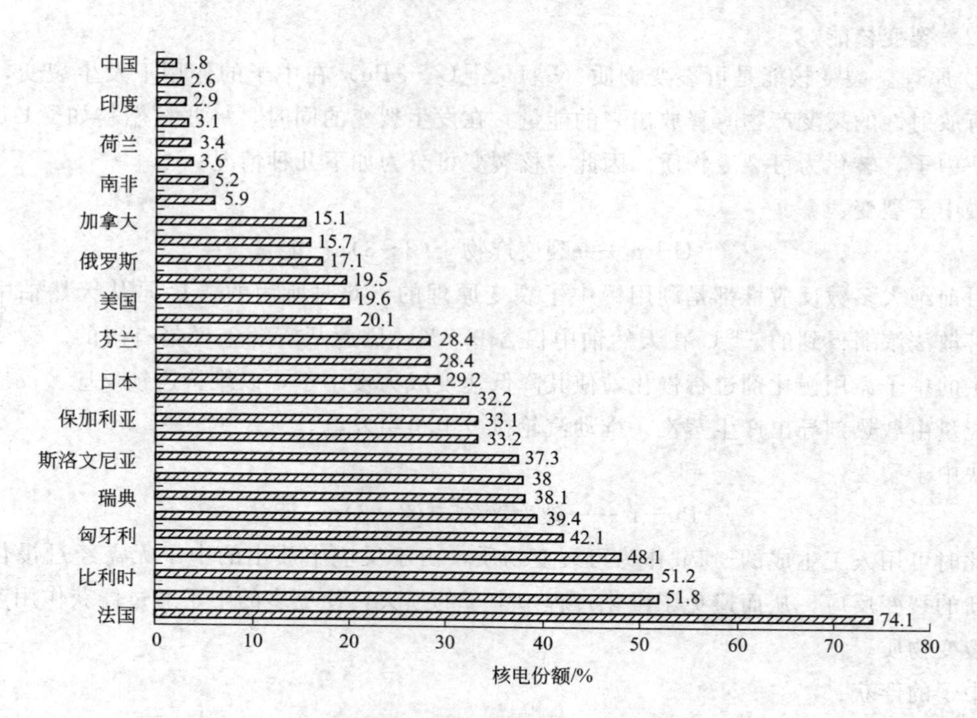

图 2-22 世界主要核电国家的核电比例

表 2-25 动力堆的主要堆型

堆型			核燃料	慢化剂	载热剂
慢中子堆	轻水堆	压水堆(PWR)	低浓缩^{235}U	水	水
		废水堆(BWR)	低浓缩^{235}U	水	水
	重水堆(HWR)		天然铀	重水	重水
	高温气冷堆(HTGR)		浓缩铀	石墨	氦气
快中子堆	快中子增殖堆(FBR)		钚	—	液态金属钠
	气冷快堆(GCFR)		钚	—	氦气

在过去的几十年中，总的来说，证明核电是安全可靠的，虽然造价高于火电，但发电成本低、运输量微不足道，特别适合于改善能源供应的布局。从环境角度看，核电造成的污染比火电小得多，而且不排CO_2，在控制温室气体的排放对策中，核电具有额外的竞争优势。

核电站是利用原子核内部蕴藏的能量产生电能的新型发电站。核电站大体可分为两部分：一部分是利用核能生产蒸汽的核岛，包括反应堆装置和一回路系统；另一部分是利用蒸汽发电的常规岛，包括汽轮发电机系统。

核电站用的燃料是铀。铀是一种很重的金属，用铀制成的核燃料在一种叫“反应堆”的设备内发生裂变而产生大量热能，再用处于高压力下的水把热能带出，在蒸汽发生器内产生蒸汽，蒸汽推动汽轮机带着发电机一起旋转，电就源源不断地产生出来，并通过电网送到四面八方。这就是最普通的压水反应堆核电站的工作原理（图 2-23）。

在发达国家，核电已成为一种成熟的能源。我国的核工业也已有 50 多年的发展历史，

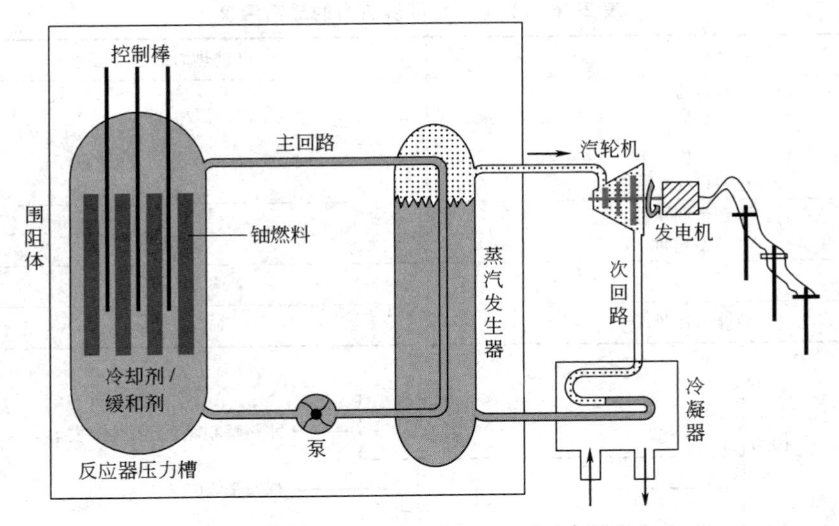

图 2-23　压水式反应堆工作原理示意图

建立了从地质勘察、采矿到元件加工、后处理等相当完整的核燃料循环体系，已建成多种类型的核反应堆并有多年的安全管理和运行经验。核电站的建设和运行是一项复杂的技术，秦山核电站就是由我国自己研究设计建造的。

目前世界上主要的核电国家核制造商正在开发新一代核电技术，除了进一步改善整个核燃料循环的效率外，其主要目标是提高安全水平以及与环境的相容性。在吸取现有经验、完成大量试验研究和理论分析的基础上，通过精心设计、部件制造、电厂建造的质量控制以及改进运行维护和管理来达到较高的水平。

对于先进反应堆来说，确保安全的基本手段依然是所谓的“纵深防御原则”。实施这个原则首先在于设置几道相互独立的、阻止向环境释放放射性的屏障。按层次来说，这些屏障共分 4 道，即核燃料基体、燃料包壳、一回路冷却系统和安全壳构筑物。设计人员正在设法改进每道屏障提供的防护能力，但按照“从源头抓起”的原则，优先加强前面的屏障，使放射性物质尽量停留在更靠近其产生之处，对于提高整体安全水平作用更大。

先进反应堆设计，一方面朝着大型化方向发展，目前世界上在建的最大的裂变核反应堆位于中国台山，电功率将达到 1750MW；另一方面也向小型化和模块化方向发展，这样可以缓解对选址的苛刻要求，缩短建设周期，容易适应容量不大的电网，如美国通用电气公司正在开发 150MW 的液态金属冷却堆（LMR）。

核能除了用于发电，还能用于供热。事实上，在全世界范围内，全部一次能源用于发电的只有 30%，其余 70%中的大部分用于交通运输或转换成热水、蒸汽或热力。热力的各种应用所要求的温度是不一样的，可选用不同的堆型与之匹配（图 2-24）。不同堆型可供热力的最高温度见表 2-26。热力市场是相当大的，利用核能供热可节省化石燃料，减少污染。

高温气冷堆引出的高温氦气可用于天然气化工、煤化工、石油冶炼和冶金，从而构成将各种能源组合起来的一体化方案。图 2-25 给出了未来一体化方案的一个典型例子，在这一工艺流程中通过高温气冷堆（HTGR）将铀裂变释放出来的核能转化为电能与热能，用以加工天然气，生成氢气和一氧化碳，再进一步合成甲醇。

表 2-26 不同堆型可供热力的最高温度

堆型	可供热力的最高温度/℃
水冷堆 PWR BWR PHWR	300
液态金属块 中子增殖堆	540
气冷堆	650
高温气冷堆	950

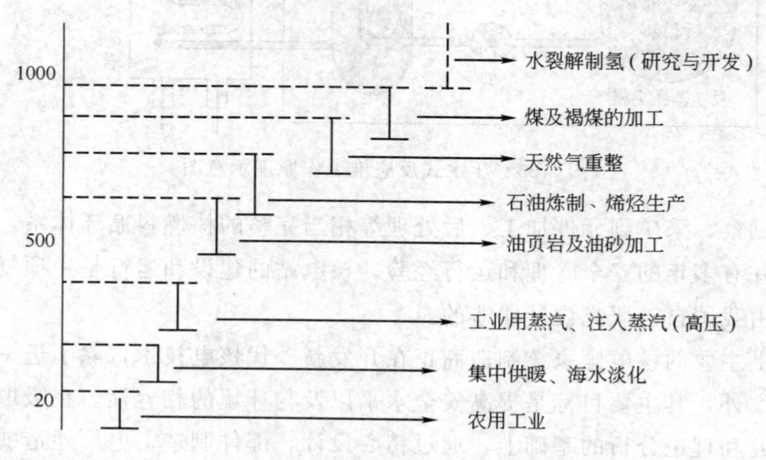

图 2-24 各种过程所需的热力温度

核能利用中目前面临的一个新问题是旧堆的退役，这涉及一系列防止放射性扩散的安全问题。

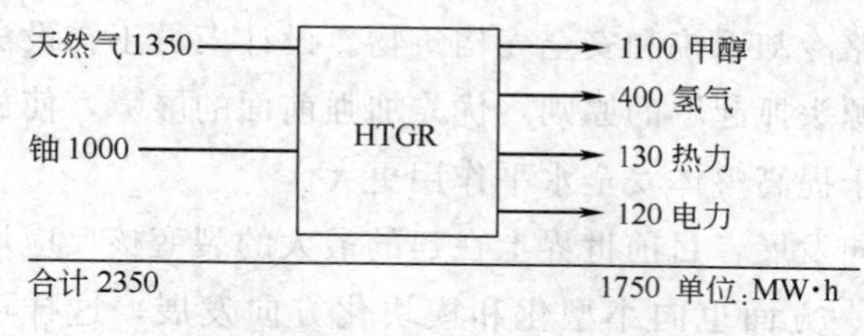

图 2-25 未来一体化方案示意图

(3) 聚变核能 核聚变分热和冷两种，现在大多数物理学家都认为在一定条件下只能在氢等比较轻的原子核之间采取热聚变，置换出比较重的原子核才能称之为真正的核聚变。从 20 世纪 30 年代发现热核聚变反应现象以来，便一直是人们研究的热点问题。通常情况下它是指两个或两个以上轻原子核结合成为一个较重的原子核并释放巨大能量的过程，这种反应在一定条件下能自发地发生，并且由不稳定的系统释放能量后转变成稳定的系统。

用作热核反应原料的主要是氢的同位素氘 (D)，氘存在于自然界中，在 7000 个水分子中就有一个 D_2O。考虑到地球上海水的巨大容量，D 的储量实际上是取之不尽的，因此核聚变能被看做是一种可供长期广泛使用的能源。在进行热核反应时：

$$D+D \longrightarrow He+n+能量$$

两个氘原子合成一个氦原子，伴随着大量能量的放出，同时还释放出一个中子，这个中子可用来从天然铀、钍中生产可裂变物质或处理高放射性核废料。与核裂变相比，核聚变不但释放能量要大得多，而且除了放出中子外，不产生含强放射性的物质，因此基本上不存在放射性废料的问题，是比较清洁的能源。

在和平利用核聚变能的初期，氘与另一种氢的同位素氚（T）的合成比较容易实现：

$$D+T \longrightarrow He+n+能量$$

从释放能量而言，1g 氘-氚混合物的聚变相当于 10000L 汽油的燃烧，但不产生有害的气体。

氚可用锂的同位素^{6}Li制备，^{6}Li是从天然锂中分离出来的。

$$^{6}Li+n \longrightarrow T+He$$

根据核结构研究可知，H 核由一个质子构成，D 核由一个质子和一个中子构成，T 核由一个质子和两个中子构成。就 D 核而言，质子和中子间的结合能为 223MeV（百万电子伏），核半径为 4.31×10^{-13}cm，核力作用半径为 2×10^{-13}cm。为使两个 D 核或一个 D 核与一个 T 核发生聚变反应，从物理学观点分析，起码要求他们能够相遇并相互靠近到核力作用半径范围内。但当两个作用核彼此靠近时，就会受到核子间正电荷库仑排斥力的强大抵抗（$V\propto1/R$）。因此，实现核聚变的最基本条件是：一要增大二核相遇的概率，办法是在 D、T 液态密度的基础上进一步压缩 3～4 个数量级：二要为两个作用核提供足够强大的动能去克服库仑排斥势的反抗，办法是使参与反应的核处在温度极高的燃烧环境中，以确保反应核拥有这样的动能，这就是热核聚变的基本思想，这个要点的严格定量表述就是劳逊判据。要实现聚变反应并取得有用功率，必须具备如下两个条件：①热核燃料的温度必须超过其临界值（对 D-D 反应为 2 亿度左右，对 D-T 反应为 5000 万度左右)；②等离子体密度和能量约束时间的乘积必须大于某一常数，对 D-D 反应为 $10^{18}s/cm^{3}$，对 D-T 反应为 $10^{14}s/cm^{3}$。

为了满足上述热核聚变的条件，科学家们已经试验了两条不同的路径。一条为磁约束聚变，一条为惯性约束聚变，并且都已取得了令人鼓舞的突破和进展。与此同时，核物理学家还在研究低温核聚变的理论，探索在常温下负（介）子存在条件下，“催化”发生聚变反应的可能性。

磁约束核聚变是一种利用磁场约束高温等离子体来实现热核聚变的方法。依靠适当位形的磁场，把等离子体中的电子和中子约束在一定的磁力线方向上自由运动，而不让其从含有等离子体的空间中逸散，这是当前全世界都在致力研究的一条主流途径，美国、日本、欧共体各国都有自己重大的研究发展计划。目前世界上最大的磁约束实验装置是在欧洲（图 2-26)。

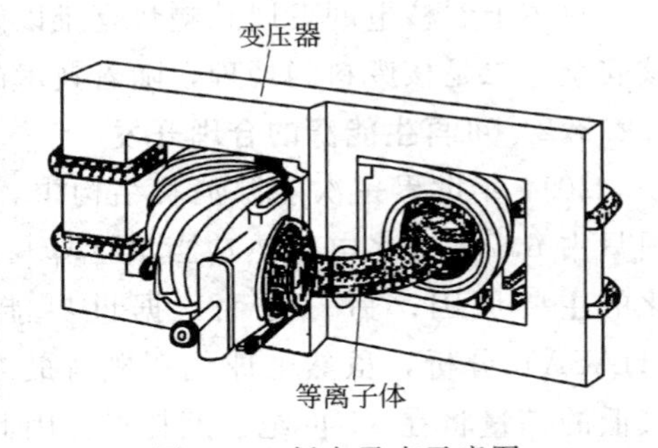

图 2-26　托卡马克示意图

惯性约束核聚变是利用高功率的激光束、相对论电子束或离子束均匀照射 D-T 靶球，使靶面物质熔化喷射发生向心爆炸，以其强大的反冲力约束住靶内聚变物质，并迅速使聚变物质压缩至 D-T 液态密度的 1000 倍以上，形成热核燃烧所必需的高温（$>1\times10^{8}$℃）以启动热核反应。这种用强激光束对称地轰击靶燃料小球，并将它压缩至超过密度的方法，是 1972 年在美国 KMS 聚变公司首先取得成功的。几十年的实验证明，激光惯性约束核聚变的确是一条十分可行的途径。一般地说，实现这种受控核聚变有四个关键，即高温高压、均匀照射（要求均匀度$>1\%$)、短波长和中心点火。目前已可用钕玻璃激光器、氟化氪激光器、轻离子束和重离子束等驱动装置按直接驱动和间接驱动两种方式进行实验，并已可用间接驱动方式压缩到 D-T 密度的 250 倍以上。在国际上，惯性约束核聚变已取得的重大进展或主要成果表现在如下三个方面：①粒子数密度和燃烧时间的乘积已达到了实现得失相当的劳逊判据值（10^{14} s/cm^3），突破了一直冲不破的 10^{13} s/cm^3 的界限，开始向点火条件靠近；②短波长已达到 0.25m，试验表明，它吸收率高，超热电子少，能够解决问题；③美国已用间接驱动法进行实验室微型聚变装置的受控核聚变反应，并取得基本成功。

与核裂变相比，热核聚变不但资源易于获得，其安全性也是核裂变反应堆无法与之相比的。热核反应堆在事故状态释能增加时，等离子体与放电室壁的相互作用强度则增大，由此进入等离子体的杂质随之增加，这样会导致等离子体的温度下降使释能速度放慢以致停止聚变反应。热核反应装置的能量密度低，结构材料活化剩余释热水平不高，这些特点均有助于提高热核反应堆的安全性。

在第一代以氘氚为燃料的热核反应堆中，电功率为 1GW 的商用堆，其氚的含量约为 10kg，大部分分散在再生材料、腔体材料和净化系统中，在热核堆最严重的事故状态下，10kg 带有放射性的氚全部泄漏在反应堆大厅内的水中。但在通风等各种措施的作用下，几小时就可以恢复到辐射的安全水平（氚的半衰期是 12.5a，发出能量小于 20MeV 的电子，其穿透能很低，对人类的危害是进入人体器官内部）。通过 100m 高的烟囱排放氚水气，对应邻近地区的放射性剂量相当于 2×10^{-5} Sv/a，这一水平远低于天然辐射本底（1mSv/a），与国际放射性防护委员会推荐的最大容许剂量（对工作人员是 50Sv/a，对居民是 5Sv/a）相比，可以说是相当安全的。

核能替代化石能源的前景及环保上的优越性是有目共睹的。但近年来由于发达国家经济的转型、常规能源利用率的提高和人们对核事故的恐惧，总体上发达国家核电发展在下滑。迫于民众的压力，一些国家已表示不再发展核电，如意大利、德国等。发展中国家出于从能源供应的可靠性和国家的安全考虑，正在稳步地发展核电。

总体上看核电的发展总趋势是难以阻挡的，目前迟滞核电发展的因素主要有两个，一是核安全，二是核废料的处理，随着技术的发展，这些问题都会得到圆满的解决。

2.2.3.2 可再生能源的合理开发

2011 年世界一次能源消费结构中，化石燃料占 63.3%，水电和核电仅占 11.4%，我国只占 6.7%（水电按热功当量计算）。化石燃料尤其是煤燃烧排放的 CO_2 是导致气候变化的主要原因；另一方面，据世界能源委员会（WEC）和国际应用系统分析研究所（HASA）分析，虽然全球化石燃料最终可采储量至少还可供人类使用 100a，但开采成本较低的储量将在 21 世纪后期耗尽。因此，无论是从环境还是资源角度看，必须加速发展可再生能源。

各种可再生能源有以下一些共同的特征：①可供人类永续利用；②分布广泛，可就地开发利用；③能源密度低，大都是周期性供应，开发利用通常需要较大的空间；④初投资较高，但运行成本较低，对常规能源价格的反应比较敏感；⑤小型设备经济可行，通常采用组合式结构，建设快；⑥环境影响小，大部分技术容易为公众所接受；⑦劳动密集程度较高，有利于提供就业机会，尤其是在农村地区。这些特性是决策和规划的重要依据。可再生能源可谓取之不尽、用之不竭，据权威机构和专家评估，世界和中国可再生能源资源见表 2-27。

表 2-27　世界和中国可再生能源资源

项　目	世　界	中　国
太阳能	达到地面的功率密度为 1000W/m^2	2/3 国土太阳能年总辐射量大于 0.6MJ/m^2
生物质能		
可开发资源(标准煤)/亿吨	65	7
水能/(10^4亿千瓦时)		
理论蕴藏量	39.78	5.93
技术可开发资源	13.94	2.22
经济可开发资源	6.96	1.27
风能		
技术可开发资源/亿千瓦	96	2.5
地热(标准煤)/亿吨		
总资源量	1400	
技术可开发资源	500	110
经济可开发资源	5	
潮汐能/亿千瓦		
理论资源量		
技术可开发资源	30	0.22
波浪能/亿千瓦		
理论资源量		
技术可开发资源	30	0.17
温差能/亿千瓦		
理论资源量		
技术可开发资源	400	1.5

目前，已大规模商业化、有全球和全国统计数据的可再生能源主要有 5 种：水电、光伏电池、风电、生物质能、地热发电。1990～2010 年世界各地区水力以外其他可再生能源发电所占份额见图 2-27。世界和中国可再生能源开发利用情况见表 2-28、表 2-29。

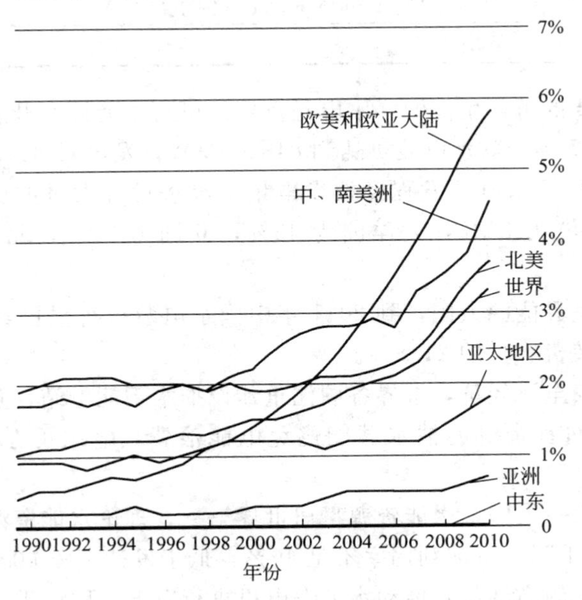

图 2-27　1990～2010 年世界各地区水力以外其他可再生能源发电所占份额

近年来，发达国家和一些发展中国家十分重视可再生能源对未来能源供应的重要作用，采取立法和各种政策措施支持可再生能源的技术开发、市场开拓和推广应用，使近年来可再生能源得到快速发展，产业化水平逐步提高，在能源构成中的比重越来越大。

表 2-28 2008 年各种可再生能源发电量及所占比例

能源	发电量/$\times 10^9$ 千瓦时	所占比例/%
水电	3247.30	86.31
生物质能	223.5	5.94
风能	215.7	5.73
地热能	63.4	1.69
太阳能(包括光伏发电)	12.10	0.32
海洋能	0.54	0.01
总计	3762.54	100.00

表 2-29 中国 2000 年可再生源开发利用

项目	开发利用量	折合百万吨标准煤
水电	2212 亿千瓦时	80.30
生物质燃料	217.3 百万吨标准煤	217.3
沼气	32.5 亿立方米	2.38
蔗渣发电	800MW,20 亿千瓦时	0.75
地热		
直接利用	0.4 百万吨标准煤	0.4
发电	25MW,1 亿千瓦时	0.04
太阳能		
热水器	2600 万平方米(集热面积)	3.12
太阳房	约 1800 万平方米	0.44
太阳灶	27.5 万台	0.05
光伏电池	18MW,3450 万千瓦时	0.01
风力发电	361MW,9.65 亿千瓦时	0.35
总计		305.14

(1) 水电——重要的可再生能源　水电是重要的可再生能源，开发水电能源可显著减少温室气体的排放。2007 年全球水电装机达到 848400MW，发电量 3045000GW·h/年，约占全球电力供应量的 20%，水电开发程度按发电量与经济可开发量的比值计算达到了 35%，其中非洲为 11%，亚洲为 25%，大洋洲为 45%，欧洲为 71%，北美洲为 65%，南美洲为 40%。

中国现在已成为世界能源大国，到 2011 年中国水电装机容量已经达到 2.3 亿千瓦，位居世界首位，占全国装机容量的 21.8%。

为保证电网运行安全、经济，世界各国注重建设抽水蓄能电站，解决调峰。在电力系统负荷低谷时，利用电网富余电能抽水蓄能避免电能浪费，电站可在系统负荷处于高峰时发电。

中国是世界水电第一大国，水能资源量居世界第一，理论水能资源蕴藏量 6.76 亿千瓦，技术可开发量 5.42 亿千瓦，目前利用率不足 40%，低于发达国家 60%～70%的平均水平。

水力发电是利用水的高度位差推动水力发电机进行发电，因此需要建设水坝拦截水，以保持一定的水位差用以发电，水坝的建设有利、害的双重性。其有利方面是：调控水位，防止洪涝和干旱；利用水位差发电以供应廉价的电能。其不利方面是：建设水坝将阻断河流内动物、植物的生物链，影响河流生态平衡；大水坝建设可能对地质产生影响，使地震发生率可能增加；大水电站对上游的流沙如何疏导也是一个较大的技术问题。我国三门峡水库的失败就是一个例子。欧洲各国建造水力发电站已有 200 多年历史，北美 100 多年来也建造了不少水电站，多数是小型的，但没有留下一条“自然生态的河流”。由于发现建造水坝影响生态平衡，法国河流生态学家罗伯特说：当时人们没有想到，建造水坝会影响鱼类生存环境，生物链的阻断使一些物种消失，也没有想到漫灌耕地会造成严重的土地盐碱化，水系统的自然规律与人们的设想并不相同。因此从 20 世纪 60 年代开始，瑞士开始拆除水坝，欧美各国也拆除水坝，并停止建造 15m 以上的水坝。1997 年在巴西的库里提巴召开了第一次世界反水坝大会，并将每年 3 月 14 日定为“世界反水坝日”。一些欧洲国家还以法律规定，每座水坝运行都要有执照，最长运行期为 50 年，到期要更换执照。这里的问题是：人类如何合理、有效地利用水力发电，而不破坏或少破坏生态平衡。这是一个普遍问题，人类在使用、利用自然资源时应仔细研究怎样保护自然生态平衡，特别是对一项大的开发项目，更应持慎重态度，因为破坏一个生态平衡只要很短时间，但重新建立生态平衡可能要近千年！人对自然的认识虽然在不断进步，但还是有限，人们可以精确计算一项工程所带来的利益，却难以计算由于生态破坏所带来的恶果。

(2) 生物质能——极有前途的可再生能源　生物质是指有机物中除化石燃料外的所有来源于动植物的能再生的物质。生物质能指在光合作用下形成的薪柴、秸秆、稻壳、人畜粪便、工厂产糟粕、下水污泥和可燃垃圾等可供燃用又可再生的有机体内的能量。由于其来源广泛，近年来颇受各国重视，充分开发利用生物质能可以缓解环境压力，解决化石能源枯竭问题，成为重要的替代能源之一。

在世界能耗中，生物质能约占 14%，在不发达地区占 6%以上。它的优点是易燃烧、污染少、灰分低；缺点是热值及热效率较电低、体积大而不易运输。直接燃烧生物质的热效率仅为 10%～30%。目前，世界各国正采用各种方法利用生物质能，生物质能占据着很重要的位置，目前生物质动力工业在美国是仅次于水电的第二大可再生能源工业。

生物质能源转换方式有生物质气化、生物质固化、生物质液化和生物质发电。

① 热化学转换（气、液化）法。它是利用固体生物质在气化炉内加热，产生品位较高的可燃性气体，气体再转变为液体燃料或通过合成技术生成液体燃料的热化学过程。我国生物质气化技术近几年来发展迅猛，辽宁省能源所和山东省能源所研制的生物质气化装置已处于推广阶段。前不久，国家科委联合各有关部委召开会议，要求各地进一步做好秸秆气化集中供气试点示范工作。

② 生物化学转化法。它是指生物质在微生物发酵作用下，生成沼气、酒精等能源产品。许多国家都把发展沼气看成是缓解农村生活用能、保持农业生态平衡、减少环境污染的重要措施。沼气是适于我国农村发展的、多效能的、无污染的生物质能源，目前全国农村建成的小型家用沼气池 600 多万个，每年可为国家节约 600 多万吨煤。

③ 利用植物油法。在植物世界存在着一类植物“石油”资源。有些植物经光合作用也可合成类似石油的物质，有的经过简单加工，便可炼制汽油、柴油等。巴西有一种香胶树，半年之内可分泌出 20～30kg 胶汁，它的化学成分同石油相似，不必经过任何提炼，可作柴油用。美国加州农场有一种人工培育杂交的“黄鼠革”，每公顷可提炼 6t 石油。另外，海洋中有一种巨型海藻，也可提炼燃料油。

④ 生物质致密成块（固化）法。通过制裁机将稻壳、碎木屑等原材料压缩成热值很高的木炭，在我国农村和林区，这种装置正在推广中。

目前，生物质能的开发利用已成为世界各国的共识。美国、日本、欧洲等发达国家和地区已采取措施，加大利用生物质燃料资源，获得了良好的社会效益和经济效益。我国少数地区及部门也开始意识到这一重要作用，并推出一些项目。但总的来说，我国有效利用生物质燃料资源还刚刚起步，技术上仍不完善。我们在借鉴国外先进经验、技术的同时，必须结合国内实际情况，分析我国生物质燃料的特点，论证其开发利用系统的经济可行性，使之既经济可行又具有良好的社会效益。

(3) 潮汐能　潮汐能是月亮和太阳对地球的引力以及地球自转所致。利用潮汐涨落时所形成的水头驱动水轮机转动发电，现代常用潮汐来发电。

大海每天似人的脉搏一样，不断地涨潮和落潮。涨潮时，它把海水推向岸边。落潮时，又让海水退回大海。潮汐就是这样，往复不停而又有规律地让海水运动。海水不停地拍打岸边，每一次涨潮落潮，潮汐中都蕴藏着巨大的能量。在世界各国，如英国的塞文河、法国的塞纳河、印度的恒河、巴西的亚马孙河等著名河流的河口，都有汹涌的潮汐。最为著名的潮汐是我国钱塘江的潮涌，位于海宁市盐官镇。

每年农历八月十八日，我国浙江省钱塘江都会出现一种奇特的潮涌现象。放眼望去，碧海茫茫，天水相连，瞬间汹涌的潮水前呼后拥，推波助澜，由远到近似从天边滚滚而来。潮声似万马奔腾，震天动地。平静的江面上，立即形成几十米高的潮浪和水花，一派“滔天浊浪排空来，翻江倒海山为摧”的壮丽景色。钱塘江潮涌每年只作为旅游景色吸引无数游客，对汹涌的江水，人们还没有开发和利用。

到 21 世纪，科学家会在瀑布下、潮涌旁安装一台台发电机，利用汹涌澎湃的瀑布和海浪，使发电机的水轮飞快地运转，把巨大的水力能变成电能。据估计，世界上约有 10 亿千瓦的潮汐能，我国占 2 亿千瓦。因此，开发利用潮汐能并不是异想天开。全球最大的潮汐能电站位于法国布列塔尼市海湾。

可再生能源的开发利用对于发展中国家来说十分重要，对于能源紧缺的国家来说更是紧迫。因此，世界各国都在紧张地进行合理的开发利用。

2.2.4 新能源的开发

为缓解世界能源供应紧张的矛盾，各国科学家都在努力研究，积极寻找新能源。

随着世界人口的增加和经济的发展，对能源的需求日益增加。如果这些能源全部使用化石燃料如煤、石油、天然气，那么，到 2020 年世界上就难以找到能满足 100 亿人口的煤矿和油田。因此，科学家从 20 世纪 80 年代开始，就在大力宣传“开源节流”，也就是在节约能源消耗的同时开发新能源。

根据科学家预测，21 世纪的能源主要为核能、太阳能、风能、地热能、氢能和潮汐能、海洋能，这一系列能源如能得到很好的开发、合理的利用，一定能解决长期困扰政府、科学家和居民的难题。

作为 21 世纪的新能源，需要具备哪些条件呢？普遍认为其基本条件可包括下面的四个方面：①应是可持续的永久性能源；②应是不给地球环境增加负荷的能源；③应是生产量能达到供应人均 1.5～2.5kL（按石油换算）/年程度的能源；④应是价格不大幅度超过现在化石燃料的价格。

2.2.4.1 太阳能

太阳能是太阳内部连续不断的核聚变反应过程产生的能量，是一种取不尽、用之不竭的能源。据估算，地球上每年接收的太阳能，相当于地球上每年燃烧其他燃料所获能量的 3000 倍，因此，大力开发利用太阳能是 21 世纪的重点。

图 2-28 是地球上的能流图。从图上可以看出，地球上的风能、水能、海洋温差能、波浪能和生物质能以及部分潮汐能都来源于太阳，即使是地球上的化石燃料（如煤、石油、天然气等）从根本上说也是远古以来贮存下来的太阳能，所以广义的太阳能所包括的范围非常大，狭义的太阳能则限于太阳辐射能的光热、光电和光化学的直接转换。

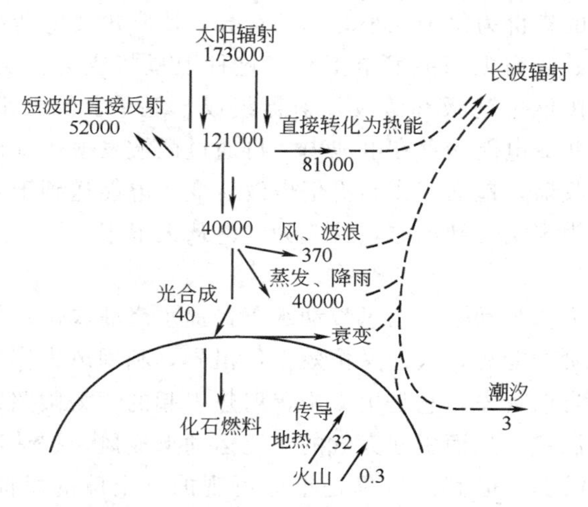

图 2-28　地球上的能流图（单位：10MW）

太阳能既是一次能源，又是可再生能源。它资源丰富，既可免费使用，又无需运输，对环境无任何污染。但太阳能也有两个主要缺点：一是能流密度低；二是其强度受各种因素（季节、地点、气候等）的影响不能维持常量。这两大缺点大大限制了太阳能的有效利用。

发展到现代，太阳能的利用已日益广泛，它包括太阳能的光热利用、太阳能的光电利用和太阳能的光化学利用等。

（1）太阳能热利用　太阳能热利用方面最简单的是热水器，但是普及率并不高，这与所在地区高度、纬度、日照时间、年下雨天数等有关。人们预测到 21 世纪，住宅院 2 栋楼中至少有 1 栋楼将安装太阳能热水器，这样，太阳热的利用前景将十分广阔。

随着人类生活水平的提高，住宅采暖和降温所用的能量逐年增长，因此，近年来用于住宅建筑的太阳能设施应运而生，出现了“太阳房”，不仅用太阳能采暖，还可用太阳能降温、太阳热发电，已在美国出现新的趋势，20 世纪 80 年代末，以色列和美国合作，采用抛物柱面聚光镜和真空管集热器等先进技术，并用微机自动控制，在美国加州建成总装机容量为 275MW 的太阳能发电站。与此同时，美国能源部还支持一批研究单位和厂商制造多种小型太阳能热发电装置，其基本形式为斯特林发动机，这是一种以聚光太阳能为热源的外燃机（即持续地从外面对一封闭系统的气体进行加热），其单机容量在 5～24kW 之间，不仅可用于发电，还可直接作为抽水机的动力。

最近，一种“行一聚焦集热器”备受青睐，这种集热器在抛物面上开出许多行聚焦槽，把太阳光聚焦管安放在槽中央，流体通过管子时被加热，变为蒸气或液流流出，以此驱动涡轮机或其他机械。这种集热器设计简单，易于制造，它可能会成为今后太阳能市场上的主要产品。此外，太阳能制冷、太阳能干燥及海水淡化等技术，也均已进入实用阶段。

（2）太阳能光利用　太阳电池能把太阳直接变成电力，其运行、贮存容易，而且没有噪声，所以在再生能源中受到一流的评价。全世界太阳电池的产量 1990 年已超过 50MW，随着成本的下降，应用领域逐步拓宽。

现在，世界上许多国家已建成众多规模不同的光伏电站。光伏电站尽管初始投资较大，但运行费用较低，目前在交通不便、电力紧缺地区很有竞争力。目前已运行的最大光伏电站是美国加州萨克拉门托市的12MW光伏电站，投资2.7亿美元。此外，美国Enron公司与Amoco公司原计划1996年底在内华达州沙漠上建设100MW的光伏电站，可满足一个10万人口的城市用电，其电的售价为每千瓦小时5.5美分，比常规发电费用还低。

现在，科学家已开始研究太阳能发电卫星，这种卫星将成为人类未来获得能源的新途径。这种卫星主要由太阳能电池板和微波发射器组成，卫星上的太阳能电池板始终对着太阳，把太阳的光和热转变成电能储存在电池内，再通过微波发射系统把电能转变为微波，从遥远的太空发回地面接收器，地面工作站再把微波转变成电能送到千家万户。这个技术随着航天技术的发展即将成为现实，到那时，就成为“电从天上来”了。

2.2.4.2 风能

古代人早就利用风力作为动力，用风带动水车，提水浇灌农田；带动磨盘，用来磨米磨面，现在为了寻找无污染的能源，人们又仿效古代祖先，利用风力作动力。

风是地球上的一种自然现象，它是由太阳辐射热引起的。太阳照射到地球表面，地球表面各处受热不同，产生温差，从而引起大气的对流运动形成风。据估计到达地球的太阳能中虽然只有约2%转化为风能，但其总量仍是十分可观的。全球的风能约为2.74×10^{9}MW，其中可利用的风能为2×10^{7}MW，比地球上可开发利用的水能总量还要大10倍。

风能与其他能源相比，既有其明显的优点，又有其突出的局限性。风能具有四大优点和三大弱点，四大优点是蕴藏量巨大、可以再生、分布广泛、没有污染；三大弱点是密度低、不稳定、地区差异大。

数千年来，风能技术发展缓慢，也没有引起人们足够的重视。但自1973年世界石油危机以来，在常规能源告急和全球生态环境恶化的双重压力下，风能作为新能源的一部分才重新有了长足的发展。风能作为一种无污染和可再生的新能源有着巨大的发展潜力，特别是对沿海岛屿、交通不便的边远山区、地广人稀的草原牧场以及远离电网和近期内电网还难以到达的农村、边疆，作为解决生产和生活能源的一种可靠途径，有着十分重要的意义。即使在发达国家，风能作为一种高效清洁的新能源也日益受到重视。美国早在1974年就开始实行联邦风能计划。其内容主要是：评估国家的风能资源；研究风能开发中的社会和环境问题；改进风力机的性能，降低造价；主要研究为农业和其他用户用的小于100kW的风力机、为电力公司及工业用户设计的兆瓦级的风力发电机组。丹麦、瑞典、德国、日本等国家已经相继开发利用风能，并逐年提高风能发电在全国发电量中的比例。

我国位于亚洲大陆东南部，濒临太平洋西岸，季风强盛。季风是我国气候的基本特征，如冬季季风在华北长达6个月，东北长达7个月。东南季风则遍及我国东半部。根据国家气象局估计，全国风力资源的总储量为每年16亿千瓦，近期可开发的约为1.6亿千瓦，内蒙古、青海、黑龙江、甘肃等省风能储量居我国前列，年平均风速大于3m/s的天数在200天以上。我国风力机的发展，在20世纪50年代末是各种木结构的布篷式风车，1959年仅江苏省就有木风车20多万台。到60年代中期主要是发展风力提水机。70年代中期以后风能开发利用列入“六五”国家重点项目，得到迅速发展。进入80年代中期以后，我国先后从丹麦、比利时、瑞典、美国、德国引进一批中、大型风力发电机组，在新疆、内蒙古的风口及山东、浙江、福建、广东的岛屿建立8座示范性风力发电场。截至2009年底，我国国内风能装机容量为2500万千瓦；2020年，国内风电装机容量将达到现在的10倍。

现在风力发电技术向大型化发展。美国研制M-5大型风力发电机，叶片直径为91.5m，额定功率为2.5MW，并在美国已试运转几年。我国风力发电起步较晚，原来只有几台小型风力发电机在内蒙古草原上运转，为牧民提供电能，现在，我国也开始对大型风力发电机组进行研制，并从国外引进一批大型风力发电机组，使草原牧区取得明显的经济效益和环境效益。

但是，风能不稳定，风能的储存也有问题，这是21世纪开发风能必须解决的难题。

2.2.4.3　地热能

地热能是来自地球深处的可再生热能。它来源于地球的熔融岩浆和放射性物质的衰变。地下水的深处循环和来自极深处的岩浆侵入到地壳后，把热量从地下深处带至近表层。

地球可分为地壳、地幔和地核三层。地壳就是地球表面的一层，一般厚度为几千米至70km不等。地壳下面是地幔，它大部分是熔融状的岩浆，厚度为2900km。火山爆发一般是这部分岩浆喷出。地球内部为地核，地核中心温度为2000℃，因此，整个地球就是一个大的热量储体，如果仅开采地下3km以内的地热资源，就可相当于29000亿吨煤，可见地热是一个不可小看的资源。

自古时候起人们就已将低温地热资源用于浴池和空间供热，近来还应用于温室、热力泵和某些热处理过程的供热。在商业应用方面，利用干燥的过热蒸汽和高温水发电已有几十年的历史。利用中等温度（100℃）水通过双流体循环发电设备发电，在过去已取得明显的进展，该技术现在已经成熟，地热热泵技术后来也取得明显进展。由于这些技术的进展，这些资源的开发利用得到较快的发展，也使许多国家在经济上可供利用的资源潜力明显增加。从长远观点来看，研究从干燥的岩石中和从地热资源及岩浆资源中提取有用能的有效方法，可进一步增加地热能的应用潜力。地热能的勘探和提取技术依赖于石油工业的经验，但为了适应地热资源的特殊性（例如资源的高温环境和高盐度）要求，这些经验和技术必须进行改进。地热资源的勘探和提取费用在总的能源费用中占有相当大的比例。这些成熟技术通过联合国有关部门（联合国培训研究所和联合国开发计划署）的艰苦努力，已成功地推广到发展中国家。

在我国，已探明的地热储量相当于4600多亿吨标准煤。而且，目前只开发利用了不到十万分之一。最典型的西藏拉萨附近的羊八井地热电站，现装机容量为2.5万千瓦，发电量已占拉萨电网的50%，地热发电保证了拉萨的生产和生活用电。

随着技术的发展，21世纪对地热资源的开发也会如开采石油一样方便。在地热资源丰富的地方，人们钻出一口口深达几千米的热气井。如美国已在圣路西岛上钻出一口1500m的热气井，热水汽温度达300℃，生产能力为10MW。

一个个地热电站在21世纪将屹立在世界各地。地热带出的硫化氢被浓缩、提炼成为制造硫酸和其他化工产品的原料。地热水经过利用后，又成为清洁水源供人们生产和生活使用，开拓了一条新水源。因此，一座座活火山将成为一个个热电厂，一块块地震频发区，反而成为一个个地热开采中心，地热资源是地球奉献给人类的又一个能量宝库，有其不可估量的前途。

2.2.4.4　海洋能

宽阔的海洋占了地球大部分面积，未来的能源只依靠火力发电、水力发电，要不了多久，地球上的能源就会所剩无几。因此，科学家对海洋能源的开发寄予极大期望。

海洋是一个巨大的能源宝库，仅大洋中的波浪、潮汐、海流等动能和海洋温度差能、盐度差能等的存储量就高达天文数字，这些海洋能源都是取之不尽、用之不竭的可再生能源。

海洋能具有以下一些特点：①它在海洋总水体中的蕴藏量巨大，而单位体积、单位面积、单位长度所拥有的能量较小。这就是说，要想得到大能量，就得从大量的海水中获得。②它具有可再生性。海洋能来源于太阳辐射能与天体间的万有引力，只要太阳、月球等天体与地球共存，这种能源就会再生，就会取之不尽、用之不竭。③海洋能有较稳定与不稳定能源之分。较稳定的为温度差能、盐度差能和海流能。不稳定能源分为变化有规律与变化无规律两种，属于不稳定但变化有规律的有潮汐能与潮流能。人们根据潮汐、潮流变化规律，编制出各地逐日逐时的潮汐与潮流预报，预测未来各个时间的潮汐大小与潮流强弱。潮汐电站与潮流电站可根据预报表安排发电运行，既不稳定又无规律的是波浪能。④海洋能属于清洁能源，也就是海洋能一旦开发后，其本身对环境污染的影响很小。

现在，科学家重点开发波浪能和海水热能。

波浪能是海上波浪所具有的能量。可以凭空想象一下暴风雨中海上航船的遭遇，就可看出波浪能的大小。波浪高1～2m，来回间隔6s，它作用于1m宽海岸的能量，相当于30kW的电力。但波浪有大有小，暴风雨来临时，则风急浪高，无风时则风平浪静，这也是波浪能的缺点。科学家认识到这个特殊情况，利用海洋宽广、无论何时何地都会有波浪，尽管小一点，也能发电，可以供浮标用的特点，开发它的能量。

波浪能有大有小，发电设备如浮标一样漂浮在海面上，随着波浪的大小变化和上下颠簸，下面沉在海底的链带就拉动拉管中的活塞，使管中的空气轮机旋转起来，就地发电。发出的电流储存在蓄电池中，供应浮标照明用。灯塔的发电设备安装在陆地岩石上，波浪上下也靠拉管中的空气变化推动空气轮机发电。目前，已生产出发电能力为100～300W的波力发电设备，正在计划开发1000W的波力发电设备。

如果波力发电机能发电40～50kW，那么海洋工作站、边防孤岛上就可以有电供应。

海水热能是海面上的海水被太阳晒热后，在真空泵中减压，使海水变为蒸汽，然后推动蒸汽轮机而发电。通常在平原，水沸腾温度为100℃，而在高原上，海拔高，气压低，水加热到70～80℃，就会沸腾，会蒸发。科学家就利用海面水温高、海底水温低的差别，发明了海水热能发电。

海水热能发电设备是1948年法国建造的。它把海面温度为30℃的海水引入汽化器内，又减压至0.04个大气压，此时海水沸腾，变成蒸汽，蒸汽推动低压涡轮机旋转发出电。同时，蒸汽又被从海底420m处引上来，然后，人们把温度为8℃的海水冷却，回收为淡水。这样，这种设备每天可发电7000kW，并回收淡水14000t。

各种海洋能的蕴藏量是巨大的，据估计有780多亿千瓦，其中波浪能700亿千瓦，潮汐能30亿千瓦，温度差能20亿千瓦，海流能10亿千瓦，盐度差能10亿千瓦。沿海各国，特别是美国、俄罗斯、日本、法国等都非常重视海洋能的开发。从各国的情况看，潮汐发电技术比较成熟。利用波浪能、盐度差能、温度差能等海洋能进行发电还不成熟，目前正处于研究试验阶段。这些海洋能至今没被利用的原因主要有两个方面：①经济效益差，成本高；②一些技术问题还没有过关。尽管如此，不少国家一面组织研究解决这些问题，一面在制定宏伟的海洋能利用规划。如法国计划到21世纪末利用潮汐能发电350亿千瓦时，英国准备修建一座100万千瓦的波浪能发电站，美国要在东海岸建造500座海洋热能发电站。从发展趋势来看，海洋能必将成为沿海国家特别是那些发达的沿海国家的重要能源之一。

2.2.4.5　氢能

在 20 世纪早期，科学家就设想用氢做能源，并开始研究、试验，但因为它的成本高、产量低而难以发展。

氢位于元素周期表之首，它的原子序数为 1，在常温常压下为气态，在超低温高压下又可成为液态。作为能源，氢有以下特点：

① 所有元素中，氢质量最轻。在标准状态下，它的密度为 0.0899g/L；在 −252.7℃ 时，可成为液体，若将压力增大到数百个大气压，液氢就可变为金属氢。

② 所有气体中，氢气的导热性最好，比大多数气体的热导率高出 10 倍，因此在能源工业中氢是极好的传热载体。

③ 氢是自然界存在最普遍的元素，据估计它构成了宇宙质量的 75%，除空气中含有氢气外，它主要以化合物的形态贮存于水中，而水是地球上最广泛的物质。据推算，如把海水中的氢全部提取出来，它所产生的总热量比地球上所有化石燃料放出的热量还大 9000 倍。

④ 除核燃料外氢的发热值是所有化石燃料、化工燃料和生物燃料中最高的，为 142351kJ/kg，是汽油发热值的 3 倍。

⑤ 氢燃烧性能好，点燃快，与空气混合时有广泛的可燃范围，而且燃点高，燃烧速度快。

⑥ 氢本身无毒，与其他燃料相比氢燃烧时最清洁，除生成水和少量氮化氢外不会产生诸如一氧化碳、二氧化碳、碳氢化合物、铅化物和粉尘颗粒等对环境有害的污染物质，少量的氮化氢经过适当处理也不会污染环境，而且燃烧生成的水还可继续制氢，反复循环使用。

⑦ 氢能利用形式多，既可以通过燃烧产生热能，在热力发动机中产生机械功，又可以作为能源材料用于燃料电池，或转换成固态氢用作结构材料。用氢代替煤和石油，不需对现有的技术装备作重大的改造，现在的内燃机稍加改装即可使用。

⑧ 氢可以气态、液态或固态的金属氢化物出现，能适应贮运及各种应用环境的不同要求。

由以上特点可以看出氢是一种理想的新的含能体能源。目前液氢已广泛用作航天动力的燃料，但氢能的大规模商业应用还有待解决以下关键问题：

① 廉价的制氢技术。因为氢是一种二次能源，它的制取不但需要消耗大量的能量，而且目前制氢效率很低，寻求大规模的廉价的制氢技术是各国科学家共同关心的问题。

② 安全可靠的贮氢和输氢方法。由于氢易气化、着火、爆炸，因此如何妥善解决氢能的贮存和运输问题也就成为开发氢能的关键。

许多科学家认为，氢能在 21 世纪有可能在世界能源舞台上成为一种举足轻重的二次能源。氢能是一种二次能源，因为它是通过一定的方法利用其他能源制取的，而不像煤、石油和天然气等可以直接从地下开采。在自然界中，氢和氧结合成水，必须用热分解或电分解的方法把氢从水中分离出来。如果用煤、石油和天然气等燃烧所产生的热或所转换成的电来分解水制氢，那显然是划不来的。现在看来，高效率的制氢的基本途径，是利用太阳能。如果能用太阳能来制氢，那就等于把无穷无尽的、分散的太阳能转变成高度集中的干净能源，其意义十分重大。目前利用太阳能分解水制氢的方法有太阳能热分解水制氢、太阳能发电电解水制氢、阳光催化光解水制氢、太阳能生物制氢等。利用太阳能制氢有重大的现实意义，但却是一个十分困难的研究课题，有大量的理论问题和工程技术问题要解决，然而世界各国都十分重视，投入不少的人力、财力、物力，并且也已取得多方面的进展。因此在以后，以太阳能制得的氢能，将成为人类普遍使用的一种优质、干净的燃料。

最近，提取氢的方法又有了新进展，用氢作燃料的车辆已开始在道路上试运行。这种“氢车”不带油箱，不带太阳能接收板，而在车内装有一排管道，管道中嵌入粉末状合金块，以吸附和携带氢。粉末合金块就叫“海绵铁”，它是构成制氢装置的核心部件。其氢化过程可使水分解出氢，铁被氧化为氧化铁，然后又把氧化铁还原成铁，如此周而复始地进行下去。这种反应最佳温度为100～200℃，氢车上只要有100kg的海绵铁作床基，就能产生足够的氢保证汽车的需要。

科学家预测到21世纪20年代，不仅“氢车”会普遍生产，而且“氢电站”也会建成，用于发电。住户中有氢气管道，与煤气一样供居民日常使用。

2.2.4.6 其他清洁能源

除了上面介绍的核能、太阳能、风能、地热能、潮汐能、海洋能和氢能外，还有生物质能、天然气水化合物、化学能等清洁能源，它们一样也前途远大。

目前世界各国都正在着手开发和利用生物质能，如沼气。沼气是用各种有机废物、人畜粪、秸秆、树叶、杂草、生活垃圾等，在一定温度、湿度、酸碱条件下，同时隔绝空气，经过厌氧细菌的作用，发酵产生沼气。

沼气是一种清洁、方便、价格低廉的能源，可以广泛地应用于农村，既作为农民生活中的燃料，又为农作物生产提供优质的有机肥。

天然气水化合物，又称可燃冰，是水和天然气（主要成分为甲烷）在中高压和低温条件下混合时产生的晶体物质，外貌极似冰雪，点火即可燃烧，故又称之为“气冰”或者“固体瓦斯”。它在自然界分布非常广泛，海底以下0～1500m深的大陆架或北极等地的永久冻土带都有可能存在，世界上有79个国家和地区都发现了天然气水化合物气藏。

从能源的角度看，“可燃冰”可视为被高度压缩的天然气资源，每立方米能分解释放出160～180m^3的标准天然气。最有可能形成“可燃冰”的区域一个是高纬度的冻土层，如美国的阿拉斯加、俄罗斯的西伯利亚都已有发现，而且俄国已开采近20年。另一个是海底大陆架斜坡，如美国和日本的近海海域、加勒比海沿岸及我国南海和东海海底均有储藏，估计我国黄海海域和青藏高原的冻土带也有储藏。二者之中，海底的“可燃冰”储量较大。

天然气水化合物使用方便，燃烧值高，清洁无污染。据了解，全球天然气水化合物的储量是现有天然气、石油储量的两倍，具有广阔的开发前景。美国、日本等国均已经在各自海域发现并开采出天然气水化合物，据测算，我国南海天然气水化合物的资源量为700亿吨油当量，约相当我国目前陆上石油、天然气资源量总数的二分之一。

新能源与可再生能源之间既有区别又相互联系，有的能源既是新能源又是可再生能源，如氢能、太阳能等。因此，在实际生活生产中，这些资源可以综合利用，我们要合理地区别对待。

2.2.4.7 中国21世纪新能源和可再生能源开发利用中存在的问题

中国有丰富的新能源和可再生能源资源以及潜在的巨大市场，发展速度也比较迅速，但要实现产业化发展，必须消除技术、资金、市场、机制等方面的障碍。

（1）技术问题　目前，中国大多数新能源和可再生能源技术仍处于发展的初期阶段，与发达国家相比，技术工艺相对落后、生产企业规模小，一些原材料和产品国产化程度低，这些原因加大了产品的生产成本，与常规能源相比还不具备竞争能力。因此，迫切需要采取有效措施提高新能源和可再生能源技术发展水平。

（2）资金问题　实现上述产业发展规划需要的总投资约为 890 亿元，年平均约 50 多亿元。以 1997 年中国全社会固定资产投资总额（24941 亿元）为基础，每年需要的投资约占全社会固定资产总投资的 2.1‰，新能源和可再生能源行业是一个新兴产业，资金短缺和缺乏有效的融资机制是产业化发展的重要障碍，除了需要有政府的扶持政策外，还需开拓确保整个规划资金需求的融资渠道及其融资方式。

（3）市场开发和发育问题　虽然部分新能源和可再生能源产品已经制定一些相关标准，但整体上缺乏系统的技术规范，尤其是缺乏产品质量国家标准和认证标准以及相应的法规和质量监督体系，从而影响市场的扩大。此外，很多以新能源和可再生能源为基础的开发项目具有很好的市场开发潜力，但由于缺乏宣传和信息传播，使得这些产品没有形成有效的市场。

（4）激励政策体系还不健全　在目前的技术水平条件下，新能源和可再生能源产品供应成本还不完全具备与常规能源产品进行竞争的能力。为此，需要建立和完善投资、税收、信贷、价格、管理等方面的激励政策体系。

（5）管理体制问题　新能源和可再生能源按能源品种分属于不同的行业，加之历史原因，没有形成统一的归口行业。对新能源和可再生能源行业的领导和管理又分属于多个部委，这样的管理机制既不能适应市场经济的需要，也很难出台统一的政策措施。

存在上述问题，可见对新能源和可再生能源的开发利用并不是一帆风顺的，因此，在社会的发展过程中，就需要不断更新技术，完善体制，争取尽快尽早合理地开发利用可再生能源和新能源。

2.3　资源、能源的再利用

2.3.1　资源、能源再利用的必要性和可能性

世界能源消费构成有四种类型：自给型、进口型、出口型、调剂型。中国属自给型，即 95%以上的能源需求量立足于国内生产供应。新中国成立初期，煤炭比重大，占能源生产总量的 96.3%，原油产量很少，仅 12 万吨，占能源生产总量的 0.7%，所需原油相当一部分靠进口。

能源工业作为国民经济的基础，对于社会、经济发展和提高人民生活水平都极为重要。在高速增长的经济环境下，中国能源工业面临经济增长、环境保护、资源节约、资源的合理开发与有效利用等多种压力。资源消耗多，环境污染严重，影响资源、环境与经济的协调发展，具体表现在如下几方面。

① 资源消耗多。低下的技术水平和粗放的经济增长方式导致资源消耗多。据统计，我国的能源利用率只有 32%（其中煤炭只有 6%），比发达国家低十多个百分点。中国火力发电每千瓦时耗煤 417t，比美国、日本高 20%～30%。而我国单位国民生产总值的能耗为日本的 6 倍、美国的 3 倍、韩国的 4.5 倍。

我国单位 GNP 的能源消费量是西方发达国家的 4～14 倍；主要耗能产品的单位能耗远远高于工业发达国家；平均煤炭利用效率只有 30%左右，比国际平均水平低 10 个百分点。

② 环境污染严重。与此相关联，中国由于能源消耗而引起的环境污染问题相当严重。

以燃煤型为主的大气污染导致的酸雨覆盖区已扩大到占国土总面积的约 30%，正呈蔓延之势。以燃煤型为主的区域性环境污染，特别是排放 SO_2 和引发的酸雨，已成为影响许

多地区经济社会发展的重要因素。

除严重的大气污染外，以煤为主的能源结构还带来严重的地面污染。以井工为主的煤炭井工开采（占96%），引起地表塌陷已达30万公顷，且正以每年约2万公顷的速度增加，造成农业减产，居民住房损坏；煤矸石积存已达3000Mt，占地1.2万公顷，还在以每年130Mt的速度外排，不仅侵占大量土地资源，还对土壤、水源及周围环境造成严重污染；每年约有22亿吨矿井水外排，向大气排放CH_4 80亿～100亿立方米；每年约600Mt煤炭的长途运输，造成铁路、公路和水路的沿路煤炭污染。

③ 供需矛盾突出。尽管中国在能源矿产总量方面具有较强的优势，但资源的保有质量令人担忧。作为现代能源矿产的两大关键矿种，石油和天然气在国家能源矿产资源中的比重仅为7.3%，较世界平均水平低了近29个百分点。受此影响，自1993年成为石油及制品的净进口国以来，中国石油及制品进口数量急剧攀升。到2000年时仅原油进口量就超过7000万吨。油气资源进口的大幅增长，最终导致中国20世纪90年代初从一个世界能源矿产出口大国变成了进口大国。1992～2000年期间中国能源对外依存度提高了13.1个百分点。此种变化明确无误地表明，中国在能源矿产方面已没有优势。

④ 消耗结构不尽合理。一是煤炭直接消费比例居高不下。中国煤炭大部分直接用于燃烧。2011年中国能源消费总量为34.8亿吨标准煤，比上年增长7%，其中电力行业消费19.5亿吨、钢铁行业消费5.7亿吨、建材行业消费5.1亿吨、化工行业消费1.6亿吨。大量煤炭用于工业和民用直接燃烧，尤其是约40%的煤炭用于工业锅炉、窑炉直接燃烧，这是造成典型大气煤烟污染的主要原因。

二是煤炭占终端能源消费的比例过高。终端消费的能源种类和能源质量对大气污染的影响较大。煤炭终端消费总量最大，对终端能源消费总量的影响较大。2005年我国终端能源消费总量中，煤炭消费量8.6亿吨，合7.41亿吨标准煤，占54.4%。

电力在终端能源消费中的比重大小，是衡量一个国家经济发达程度和环境状况的标志，中国电力占18%。

终端能源消费中煤炭比例过大和燃煤技术落后，造成我国终端能源效率低下（2007年为36.2%）和环境污染严重。我国2007年能源效率大致相当于欧洲20世纪90年代初的水平，日本1975年的水平（36.4%，ADB，1994）。我国2007年能源效率比代表国际先进水平的日本低8个百分点左右。终端能源消费若包括农村生活用生物质能，则比国际先进水平低11个百分点左右。提高能源效率、减少环境污染，已成为企业提高经济效益和竞争力的重要环节。

三是燃煤质量普遍低下。2009年我国商品煤的平均硫分约为0.89%，平均灰分为23.85%。2008年全国入洗原煤15亿吨，原煤入洗率为43%，动力煤入洗率不到20%，分别比发达国家低12个和20个百分点（美国、南非、俄罗斯的原煤入洗率均超过55%，动力煤入洗率为40%）。如果将动力煤入洗率提高10个百分点，每年可节能3400万吨标准煤，节约运输能耗1000万吨标准煤。

⑤ 能源资源利用技术落后。中国能源终端消费主要集中在工业部门，能源资源利用技术相对落后。以煤炭为例，尽管近几年我国燃煤发电技术水平提高较快，但其他行业的用煤技术和用煤设备普遍较落后，燃煤设备中尤其以工业锅炉燃煤污染最为严重。绝大多数为无控制排放，且不易搞排放治理，在很大程度上造成煤炭利用的低效率、高能耗。

此外，能源资源深加工产品的档次不高，品种也相对单一。

上述不合理现象也说明中国能源工业与发达国家相比存在很大的差距，资源能源丰富也为我国进行资源、能源再利用提供了可能。

伴随加入 WTO，世界各国之间的合作日益频繁，我国能源资源利用和消费存在的弊端日益明显，为了适应社会的发展，赶上和超过发达国家能源资源的利用率和消费水平，有必要对我国的能源资源进行再利用，使其利用率和消费水平达到新的阶段，为社会的发展做出贡献。

2.3.2　资源、能源再利用的途径

在商品经济占主导地位的国家和社会里，产品的能源消耗历来被人们所关注和重视，因为能耗的高低直接反映在产品的成本和价格上，直接影响到产品的竞争能力和销路，甚至影响到企业的生存和发展。尤其到现代，随着能源价格的上涨，能源在产品成本中的比例越来越大。国际、国内竞争日趋激烈，能源消耗的问题日趋严重，降低产品单耗、提高能源利用率、节约能源，早已是人们关注的重点之一。因此，提高能效和节能是一个古老的话题。

能源效率和节能是两个紧密联系而又明确区分的概念。能源效率是指主要依靠技术手段来提高能源资源的利用率，而节能则侧重于能源生产利用的经济效益。按照世界能源委员会的定义，节能是“采取技术上可行、经济上合理以及环境和社会可接受的一切措施，来更有效地利用能源资源”。这就是说，节能是旨在降低单位产值能耗的努力，为此要在能源系统的所有环节，包括开采、加工、转换、输送、分配到终端利用，从经济、技术、立法、行政、宣传、教育等方面采取有效措施，来消除能源的浪费，充分发挥在自然规律所决定的限度内存在的潜力。

2.3.2.1　提高能源效率的意义

能源效率对实现可持续发展目标具有头等重要的意义。提高能源效率，能够以较少的投入取得巨大的经济效益、社会效益和环境效益，从而保证可持续发展。

① 提高能源效率，可延长非再生能源资源的使用年限，为过渡到以可再生能源为基础的能源系统赢得时间。

② 可减轻能源生产利用对环境的损害。例如，目前我国每节电 100GW·h，可减排 SO_2 640t，CO_2 2.47t。

③ 可降低能源密集产品的生产成本，提高市场竞争能力。

④ 可减少能源需求，节省能源建设投资，缓解能源供应紧张，促进经济发展。

⑤ 可提高宏观经济效益，因为能源效率投入的收益率比能源开发高得多。例如，节电的投资成本（寿期成本）仅为新增容量的 1/20～1/10。

⑥ 能源效率投资可提供更多的就业机会。分析表明，投资能源效率与增加油、气、电力供应相比，提供的工作岗位多一倍；如果加上提高能效所节省的资金用来发展经济，则比新建电厂提供的工作岗位多 3 倍。

目前中国能源系统的总效率十分低下，这意味着能源可采储量从开采、加工、转换、输送、分配到终端利用，将近 90%被损失和浪费掉。目前我国中间环节和终端利用的总效率约 36.2%，国际先进水平约 45%。

中国人均能源资源不足，能源总量保证的前景是严峻的。初步分析表明，到 2050 年，我国一次能源总的供应能力约 3200Mt 标准煤，届时人口假设 15 亿人，则国产能源的人均供应量仅 2.1t 标准煤。如果按照现在的经济增长方式发展下去，即靠大量消费资源、大量增加能源供应来支撑经济的低效益增长，到 2050 年一次能源需求估计将达 6000Mt 标准煤，

这是绝对没有出路的。

因此，必须改变经济增长方式，依靠科学技术提高能源效率。研究表明，如果重要产品的生产以及终端用能设备和服务采用已有的先进技术，2050 年达到目前世界先进水平，则人均能耗只需 2.4t 标准煤。届时，全国居民人均食物消耗量和营养结构、人均纤维消费量就能达到日本现在的水平。

提高能源利用率，一是靠管理，二是靠技术，技术是关键，管理是保证。开发推广高效节能技术将有助于管理水平的提高，管理节能最终也要落实到技术节能上。按照国家制定的能源战略，实现能源的可持续发展，必须大力开发、推广节能技术。

2.3.2.2 节能

节能技术可分为广义节能技术和狭义节能技术。广义节能技术包括对能源品种的规划，从能源开采到运输、使用整个系统的优化配置，用能系统的结构优化、能源品种的优选、能量等级的合理利用等；狭义节能技术即采用新的用能工艺和节能设备替代旧的能耗高的工艺设备实现某一过程的节能。广义节能技术只有与狭义节能技术结合起来才能发挥出最佳的效果。

按照实现节能的手段，可分为管理节能和技术节能两类。前者是通过加强能源管理、调整产业结构和产品结构达到节能的目的；后者则是依靠技术进步和技术改造，采用新工艺、新材料和新设备获得节能效果。

按采取节能措施对象的层次，又可分为单元节能和系统节能两种情况。单元节能是对某种单个技术、单元设备或过程中某个环节所开展的节能工作。系统节能则是着眼于整个系统。系统有不同的类型和规模，从类型来说如电力系统、供热系统、城市交通系统等；从规模来说，小至流程、企业，大到城市、地区。

按能耗领域，又可分为工业节能、生活节能和运输节能。我国能源的 80％用于工业生产，所以工业节能是节能的重点。生活节能包括炊事、照明、家用电器以及建筑物的节能。运输节能是降低各种交通工具的能耗，建立低能耗的交通运输系统。

节能是个积极的概念。节能就是在提高国民经济发展速度、改善和提高人民生活水平、满足全社会各种物质、文化需要的基础上，在生产和消费能源过程中采取技术上可行、经济上合理、社会能够接受的一切措施，最大可能有效地利用能源。也就是说，既要生产和消耗，又要节约，以节约求增产。

2.3.2.3 工业部门节能

工业部门的能源系统是一个综合系统，包括许多方面。所谓系统节能是将工业生产中用能的全过程作为一个系统加以综合研究，分析系统内部各要素之间的相互关系和相互作用，找出薄弱环节，在此基础上产生提高系统能源利用率的技术方案和管理措施，进行评估后制定规划逐步实施。

资料认为，到 2020 年，虽然工业部门占能源总需求的比例将从 2000 年的 72.7％逐步下降到 56.7％～58.7％，但仍然是第一大用能部门。建材、钢铁、化工是耗能最多的行业，今后 20 年工业部门能耗始终占一半以上，仍是节能的重点领域。预计工业部门的节能潜力有 5 亿吨标准煤左右。

从节能的实现方式看，通过调整行业和产品结构实现的节能约占工业部门节能潜力的 70％～80％，依靠技术进步降低单位产品能耗实现的节能占 20％～30％。因此，工业部门节能应实行技术进步与调整行业、产品结构相结合。通过修订节能设计规范，实行企业能源审计和报告，推进节能技术进步，建立能源管理信息系统，推行绩效合同等政策和措施，促进工业部门的节能。

2.3.2.4　商用/民用部门建筑节能

目前中国每年城乡新建房屋建筑面积近 20 亿平方米，其中 80%以上为高能耗建筑；既有建筑近 400 亿平方米，95%以上是高能耗建筑。我国单位建筑面积能耗是发达国家的 2～3 倍，对社会造成了沉重的能源负担和严重的环境污染，已成为制约我国可持续发展的突出问题。同时建设中还存在土地资源利用率低、水污染严重、建筑耗材高等问题。

与工业节能相比，建筑物节能的起步较晚，节能工作的力度较弱。目前建筑物节能工作进展缓慢，截至 2009 年底，全国累计节能建筑面积 40.8 亿平方米。北方采暖地区既有建筑供热计量及节能改造稳步推进，截至 2009 年采暖季前，北方 15 个省份完成节能改造面积共计 1 亿多平方米。国家机关办公建筑和大型公共建筑节能运行体系建设不断深入，截至目前，全国共完成国家机关办公建筑和大型公共建筑能耗统计 29359 栋。可再生能源建筑一体化应用规模不断扩大，截至 2009 年底，全国太阳能光热应用面积达 11.79 亿平方米。

按照中国奋斗目标，到 2020 年，中国人均 GDP 将达 3000 美元，城镇化率 50%以上，城镇人均住房建筑面积 30m^2 以上。随着人均收入的增加，提高居住的舒适度将成为影响建筑物能源需求非常重要的因素。如果以提高生活环境的舒适度为前提，人均住房建筑面积由 2000 年的 21m^2，增长到 2020 年的人均 35m^2，公用建筑面积以年均 6%的速度增长，2020 年建筑物能源消费量将达 10 亿吨标准煤，占届时全国能源消费的 30%左右。但是如果加大建筑节能标准的执行力度，使新建建筑基本达到节能 50%的标准，主要特大型城市执行节能 65%的标准，在近期制订和出台鼓励高效建筑节能技术和产品市场化的政策，建立适应市场机制的建筑节能体制，实现能源结构的优质化转变，到 2020 年全国建筑物的能源消费量可减少 1.8 亿标准煤。

2.3.2.5　交通运输部门节能

交通运输业作为国民经济和社会发展的基础产业和服务行业，也是社会经济活动中物流和客流的载体，在国家经济和社会发展中具有重要的作用。同时，交通运输是石油消费的重点行业，是温室气体和大气污染排放的重要来源之一。在发达国家，交通运输部门的能源消费占能源消费总量的 25%～30%。2003 年，在终端能源消费中，美国交通运输部门所占的比重是 27.1%，欧盟（25 国）交通运输的能耗占能源消费总量的 28.9%。2005 年，日本交通运输部门的消费比例是 24.4%。2008 年，我国交通运输、仓储和邮政业（社会营运车辆）的能源消费是 2.29 亿吨标煤，占全部能源消费的 7.86%，而 1990 年只有 4.6%，远远低于发达国家的水平，随着经济的发展和人们生活水平的提高，交通运输部门的能源消费比重将会进一步提高。

在发达国家，交通运输部门排放的二氧化碳占总量的 1/3 左右。根据美国《运输能源统计》（第 24 版），2002 年美国交通运输领域二氧化碳的排放量为 18.5 亿吨，占 32.3%，几乎全部来自各类车用化石燃料。2005 年日本交通领域二氧化碳的排放量占全国总排放量的 23.1%。2008 年，我国交通运输消费能源，排放二氧化碳 4.38 亿吨，占全国总排放量的 5.05%，而 1990 年只有 3.19%。加强交通运输业节能减排将成为缓解我国能源供应紧张、环境容量压力的必然选择之一。

因此，未来数年内中国能源政策调整的一大目标，是要采取切实措施，最大限度地降低油耗在整个交通运输行业中的比重，相应提高电能消耗在整个交通运输能耗中的比重，“以电代油”，最终实现能耗结构的优化。

2.3.2.6 **节能材料**

材料和能源是当代社会赖以迅速发展的最重要的两大物质基础，而它们之间又有密切的和相互制约的关系。

能源的开采、运输、转换和合理利用的各个过程都得借助于各种工程结构材料、功能材料以及由它们构成的各种设备和系统。在许多地方和许多时候，能源能否得到尽快开发和高效利用往往取决于材料。

另一方面，从原始矿物的开采到制造出材料来，用材料再加工成生产设备以及这些生产设备的运行和维护等一系列过程中都需要消耗能源。

节能材料是指那些能导致增加能源生产或减少能耗的材料，它是相对于另外一些材料而言的。采用节能材料往往能达到投资小、周期短、见效快的效果，因此积极开发、生产和推广应用各种节能材料对于促进节能工作具有极为重要的意义。

从绝大多数节能材料的作用机理分析，节能材料实际上是一些能够改变能流阻力（包括热阻、电阻、磁阻、机械力学阻尼、化学反应势垒以及它们的某些复合阻抗）、提高能源利用效率、促进余能利用的材料。目前常用的节能材料主要有如下一些。

（1）改变热阻的材料　隔热材料、水垢清除剂、磁性去垢材料和红外辐射材料等均属于改变热阻的材料。隔热材料通常用于设备的保温。它们是一些导热性差、热阻高的材料，采用之后将使整个过程和设备的热阻大大增加，在很大程度上减少热量传递的损失。因此，隔热材料的节能效果是十分显著的。国外许多学者估计，假使现有的隔热装置都采用新型的隔热材料，则可节能20%～30%。有人测定，ϕ50mm、长1m、内压力为几个大气压的蒸汽管道，如不保温，则每年损失的能量折合标准煤0.5～1.0t；若用适当的隔热材料保温后，每年则可节约0.25～0.5t标准煤，而其保温费用仅为10～13元。应当指出，利用隔热材料提高散热系统的热阻，并不意味着隔热层越厚越好，这里有个最佳厚度问题。水垢清除剂刚好相反，它用于除去传热面上的高热阻水垢，从而提高传热效率，达到节能的目的。远红外辐射材料能将热能通过辐射形式传递到被加热物质上，不必通过像空气、水蒸气等载体间接地把热能传递过去，而且其热射线能直接穿透到被加热物质内部，因而其总热阻往往比传导和对流传热形式低得多，从而也就提高了热能利用效率。在选用得当的条件下，远红外辐射材料的节能效果是明显的。

（2）改变电磁阻力的材料　高导电材料和超导材料等是属于改变电流阻抗的节能材料。不必要的电流阻抗的存在会带来电能的损耗，它通常包括钢损、铁损和绝缘介质损耗等多种情况。我国近几年成功地研制出无氧铜和稀土铝合金导线材料，其电阻比国内一般材料标准低3%左右，从而减少了输电能量的损失。超导材料是最理想的高导电材料，但由于其功能的特殊性，需要为它创造昂贵的冷冻条件才能实现超导，因而至今还不能推广和实用化。但它表明了克服电阻节约电能的极限潜力，并为研制小体积、大容量的电机指出了努力方向。

典型的改变电磁阻抗的另一类材料是低铁损材料，它用于节能变压器和电机在国外已趋实用化，国内也在积极开发。其中用冷轧取向晶粒硅铁替代普通热轧硅钢片后，铁损低50%～90%，若采用非晶硼硅铁合金，则又比冷轧取向晶粒硅铁减少2/3的铁损。

（3）改变固体摩擦阻尼的材料　固体减磨耐磨材料是属于改变机械力学阻尼的节能材料，它能降低物体间摩擦阻尼，从而节约能源。例如，尼龙、聚甲醛、填充聚四氯乙烯、聚酰亚胺等许多工程塑料和许多节能型固-液滑润剂具有优良的减密和耐磨特性，因而用它们或者它们的复合材料替代传统的金属摩擦可以直接节约能源，且其使用寿命往往比较长。国内已有不少机械使用填充氟塑料活塞环代替铸铁活塞环，实现了无油润滑，既节约了电能，又节约了滑润油。据报道，老鹰山煤矿 5 台压风机采用填充聚四氟乙烯活塞环实现无油润滑后，每年为国家节约油脂 2 吨，节电 118MW・h。除了塑料，固体二硫化钼和石墨也是常用的固体减磨耐磨节能材料。

(4) 改变流体摩擦阻尼的材料　流体减阻剂是另一类改变摩擦阻尼的节能材料，它主要用于降低流体运动时的内摩擦损失和边界摩擦损失。例如，有人把微量减阻剂聚氧化乙烯添加于被输送的流体（如水）中，取得了摩擦力下降 60% 的减阻效果。在物质分离技术中，能改变流体扩散或传质阻力从而导致省能的材料，也属此类，如新型的分离膜材料。

(5) 改变化学势垒的材料　这是一种能降低化学势垒，加速化学反应，而导致节约能源的节能材料，主要是各种催化剂和高效催化剂。其中燃烧催化剂可富集可燃物质，降低可燃物浓度限和温度限，促进燃料氧化烧尽，从而达到节能和改善环境的目的。例如广州某电器厂采用燃烧催化剂钯蜂窝陶瓷，可回收烘干绝缘漆的有机废气，收到了总节电 13.6% 的效果。

第3章 碳足迹-水足迹-环境足迹

3.1 碳足迹的提出

3.1.1 环境问题-生态问题-温室气体问题

人类在生存和发展过程中与自然环境相互依存、彼此影响和制约。但是人类活动是具有主动性和重要影响的，当人类的活动影响到环境的生态平衡，同时也影响人类自身的发展时，就必须克制自身活动的方式和强度。社会的发展就是人类这样不断深入认识自然、逐渐克服困难的过程。

当人类在局部地区过度活动，引起环境污染而影响生存时，开始对自己的行为进行反思，并研究环境和保护环境，此时基本还处于就事论事解决实际问题阶段；在研究过程中发现，地区性生态环境的破坏对人类生存和发展危害更大，因此将更多的注意力转向对保护地区生态的研究；进一步研究发现由于大量使用矿石燃料、煤和石油以及其他化学品，大量废气排放到大气层，其中以二氧化碳为代表的气体覆盖在地球表面，促使全球气温升高，如果继续下去，将对全球产生灾难性后果，学者提出了“碳足迹”和“低碳经济”的概念并促使各国联合讨论应对方法。人类对自然的认识不会停止，在“碳足迹”之后，又提出了“水足迹”、“环境足迹”或“生态足迹”的概念。

当然人类在发展过程中还面临其他许多问题，例如，化学品的使用，以农业为例，农药和化肥的使用，保证了农业持续高产，但也带来一些负面效应，虽然提倡生态农业，尽量不用化肥和农药，但是实际上是这一个无法逆转的过程，没有化肥，粮食产量会不足现在的50%，不用农药而人工除虫害更不能想象。人类社会发展，就是在这种复杂、交叉的矛盾中，不断克服矛盾，同时不断产生新的矛盾中慢慢前进。人类社会发展可以简单归纳为以下过程：人类活动频繁—局部环境污染—环境保护—地区性生态保护—清洁生产—节能减排—气候变化—碳足迹（低碳经济）—水足迹—环境足迹或生态足迹。这一链还在延伸，并且人类会更系统、更全面地考虑问题，不断改正错误，促使人类与环境慢慢地走向“和谐”。

温室效应又称“花房效应”，是地球大气保温效应的俗称。当太阳短波辐射到达地面时，地表向外放出的长波热辐射线若被大气中二氧化碳等气体吸收，阻止其反射，就使地表与低层大气温度增高，因其作用类似于栽培农作物的温室，故名温室效应。

温室气体是存在于地球表面，以二氧化碳为主具有温室效应的气体的总称，温室气体对地球生命起到有益作用，如果没有温室气体的保护，辐射到地球的射线全部反射，地表平均温度就会下降到−18℃，而实际千百年来地表平均温度为15℃，这是相对平衡状态的结果。但是自从工业革命以来，破坏了这一平衡，人类向大气中排入过量的二氧化碳和其他吸热性强的温室气体，大气的温室效应也随之增强，引起全球气候变暖等一系列严重问题。

温室效应主要是由于现代化工业社会过多地燃烧煤炭、石油和天然气放出大量的二氧化碳气体进入大气造成的。二氧化碳是数量最多的温室气体，约占大气总容量的0.03%。

根据历史记载，从1880年到2000年地球表面温度持续升高，冰川逐渐减少。温室气体产生及其循环见图 3-1。

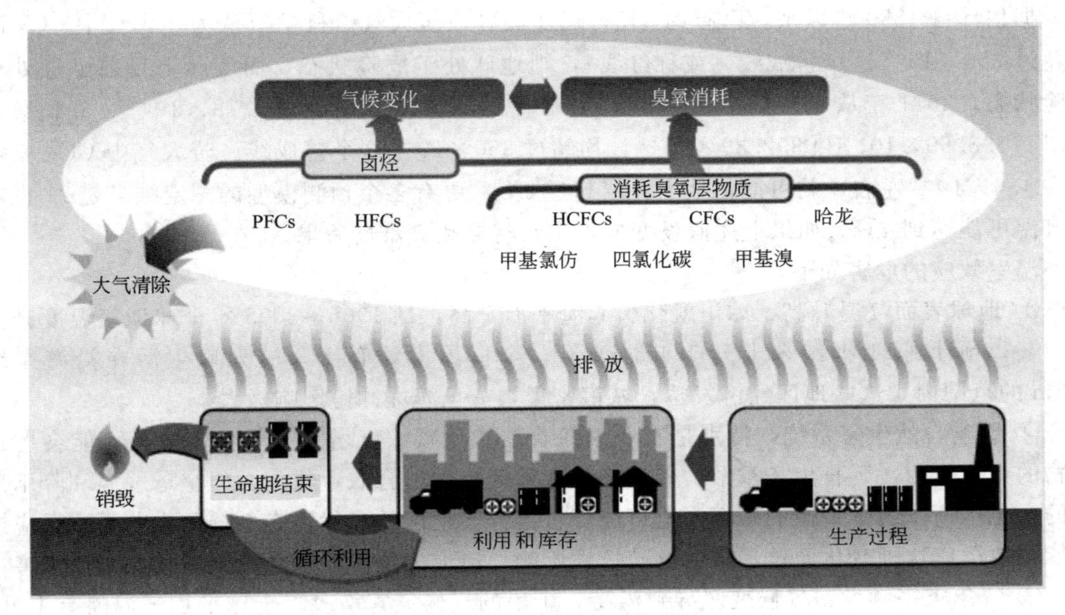

图 3-1　温室气体产生及其循环

《京都议定书》中规定了 6 类温室气体，分别是二氧化碳（CO_2）、甲烷（CH_4）、氧化亚氮（N_2O）、氢氟烃（HFCs）、全氟化碳（PFCs）、六氟化硫（SF_6）。这些温室气体所起的作用并不相同，因此人们提出了全球变暖潜势值（GWP）的概念。它是指将单位质量的某种温室气体在给定的时间段内辐射程度的影响与等量二氧化碳辐射程度影响相关联的系数，全球变暖潜能值的单位是二氧化碳当量（CO_2-e）。部分温室气体 GWP 值见表 3-1。

表 3-1　部分温室气体（GHG）的全球变暖潜势值（GWP）值

温室气体 GHG	化学分子式	100 年的 GWP
二氧化碳	CO_2	1
甲烷	CH_4	25
氧化亚氮	N_2O	298

这些温室气体的最大来源是化石燃料燃烧以 CO_2（约占 58.6%）的形式排放，因此习惯上用“碳”来代称温室气体，称“温室气体减排”为“碳减排”。其次是来自农业系统的 CH_4、N_2O，分别占 CO_2-e 总和的 14.3%和 7.9%。

温室效应分为自然温室效应和增强的温室效应。

自然温室效应：大气辐射向所有方向发射，包括向下方的地球表面的辐射。而温室气体有效地吸收地球表面、大气本身相同气体和云所发射出的红外辐射。温室气体将热量捕获于地面-对流层系统之内，被称为“自然温室效应”。

增强的温室效应：大气辐射与其气体排放的温度水平强烈耦合。在对流层中，温度一般随高度的增加而降低。从某一高度射向空间的红外辐射一般产生于平均温度在－19℃的高度，并通过太阳辐射的收入来平衡，从而使地球表面的温度能保持在平均 14℃。温室气体浓度的增加导致大气对红外辐射不透明性能力的增强，从而引起由温度较低、高度较高处向空间发射有效辐射，这就造成了一种辐射强迫，这种不平衡只能通过地面-对流层系统温度的升高来补偿，这就是“增强的温室效应”。

据估计自1850年以来，已有约345×10^9t碳释放至大气。科学家认为，大气中CO_2浓度超过350×10^{-6}这个警戒线（或称红线），则地球处于危险状态，而实际上目前已经处于危险状态。2011年从4月到7月测得的大气中CO_2浓度分别为393.18×10^{-6}、394.16×10^{-6}、393.69×10^{-6}和392.39×10^{-6}，均超过350×10^{-6}这个警戒线。若大气中CO_2量稳定在450×10^{-6}左右，就可能使地面升温超过2℃。更有多个预测模型的测定结果是21世纪内升温可能达到4℃，如果上述假设变成现实，将导致灾难性后果。

温室效应的危害如下。

① 地球表面气温升高、冰川融化引起海平面升高：从1906～2005年全球地表温度升高0.74℃；预计到21世纪末上升1.1～6.4℃；全世界大约有1/3的人口生活在沿海岸线60km的范围内，这些地区经济发达，城市密集，一旦海堤冲垮影响极大。

② 影响自然生态系统，特别是农业：随着二氧化碳浓度增加和气候变暖，可能会增加植物的光合作用，延长生长季节，使世界一些地区更加适合农业耕作。但全球气温和降雨形态的变化迅速，这一平衡的破坏，也可能使世界许多地区的自然生态系统和农业无法适应或不能很快适应这种变化而遭受很大的破坏性影响，造成大范围的森林植被破坏和农业灾害。

③ 气象灾害频发：气候变暖导致洪涝、干旱的气候灾害增多。全球平均气温略有上升，就可能带来频繁的气候灾害，如过多的降雨、大范围的干旱和持续的高温，造成大范围的灾害损失，有统计表明，根据气候变化的历史数据，近百年异常气候频率高于以往，有人推测气候变暖可能破坏海洋环流，引发新的冰河期，给高纬度地区造成严重的气候灾难。

3.1.2 世界气候会议和碳足迹的提出

局部地区环境污染往往影响该地区和周边地区。而温室效应影响全球，需要全世界共同努力。为此人们召开了一系列会议，历次世界气候会议及成果见表3-2。

表3-2 历次世界气候会议及成果

时间	地点	成果
1992年	巴西里约热内卢	《联合国气候变化框架公约》要求各国“承担共同但有区别的责任”，减少二氧化碳的排放
1997年	日本京都	《京都议定书》提出的目标是至2012年温室气体的排放比1990年下降5.2%
2007年	印度尼西亚巴厘岛	《巴厘路线图》要求发达国家在2020年前将温室气体减排25%～40%
2009年	丹麦哥本哈根	《哥本哈根协议》，目标是拟定温室气体排放的全球框架，取代2012年到期的《京都议定书》
2010年	墨西哥坎昆	《坎昆协议》
2011年	南非德班	建立德班增强行动平台特设工作组，研究实施《京都议定书》第二承诺期行动，并启动绿色气候基金
2012年	5月德国波恩 11月卡塔尔多哈	决定实施《京都议定书》第二承诺期计划

国际上其他组织和活动主要有以下一些：2003年的英国能源白皮书第一次提出《我们能源的未来：创建低碳经济》；2006年，前世界银行首席经济学家尼古拉斯·斯特恩牵头做出的《斯特恩报告》，指出全球以每年GDP 1%的投入，可以避免将来每年GDP 5%～20%的损失，呼吁全球向低碳经济转型；2007年7月，美国参议院提出了《低碳经济法案》，表明低碳经济的发展道路有望成为美国未来的重要战略选择；2008年7月，G8峰会上八国表

示将寻求与《联合国气候变化框架公约》的其他签约方一道共同达成到 2050 年把全球温室气体排放减少 50%的长期目标；2008 年年底，英国标准协会、节碳基金和英国环境、食品与农村事务部联合发布了新标准《产品与服务生命周期温室气体排放评估规范》（PAS 2050），在公司产品上注明了“碳标识”。ISO 14064-1 包括以下主要内容。第一部分，指导组织量化和报告温室气体排放与消除的规范及指南；第二部分，指导企业量化、监测和报告温室气体排放的减少与削减的增长的规范及指南；第三部分，温室气体主张的审定与核查的规范及指南。

温室效应发生的原因是生活水平提高和人类数量增加导致能源消费迅速增加。而排碳量（应是二氧化碳量，以下同）与生活水平有关，以 2009 年统计，人均排碳量美国 20t，欧洲、日本 10～15t，中国 5t，印度 1.5t，非洲小于 1t，发达国家人民属于享受型、消费性的排碳，而发展中国家往往为了生存，并且为发达国家生产消费品而排碳，这是有原则区别的。但是由于人口数量关系，中国和印度却是排碳量大国。

中国：5t/人×12.87 亿＝64.35 亿吨。美国：20t/人×2.9 亿＝58 亿吨。日本：15t/人×1.27 亿＝19 亿吨。印度：1.5t/人×10 亿＝15 亿吨。

2009 年 11 月中美同时宣布减排计划。中国宣布到 2020 年中国单位国内生产总值二氧化碳排放比 2005 年下降 40%～45%，作为约束性指标纳入国民经济和社会发展中长期规划，并制定相应的国内统计、监测、考核办法。到 2020 年中国非化石能源占一次能源消费的比重达到 15%左右；通过植树造林和加强森林管理，森林面积比 2005 年增加 4000 万公顷，森林蓄积量比 2005 年增加 13 亿立方米。美国总统奥巴马“以个人名义”承诺 10 年内减少排碳量 17%，据测算如果在 2020 年实现上述目标，美国每个家庭需承担 890 美元。

争论中一些发达国家认为排碳总量第一大国是中国的依据是不足的，因为第一，中国的人均排碳量远低于发达国家，从历史和现实发达国家均应负主要责任（表 3-3），中国人民生活水平尚有待提高，特别是中西部地区，排碳总量在一段时间内必然要增加；第二，发达国家排碳是消费性的，而中国是生产大国，为发达国家生产消费品，人均消费排碳量低于人均排碳量，这部分差额排碳量不应该全部计算在生产国上，当然提高生产效率、实施低碳经济是必需的。

表 3-3　主要国家和地区 1850～2005 年人均历史累计排放和人均累计消费排放量

国家或地区	人均历史累计排放量/t	人均累计消费排放量/t	2005 年实际排放总量/亿吨	2005 年实际年人均排放量/t
欧盟	1137(含英国)	1186(含英国)	3864	7.86
美国	1101	966	5783	19.49
日本	344	433	—	—
罗马尼亚	318	144	—	—
中国	73	45	5101	3.94
印度	24	35	1148	1.05
世界(平均)	164	164	—	4.13

发展中国家与发达国家争论的焦点是是否承认“承担共同但有区别的责任原则”。发达国家，特别是欧盟环保理念领先，低碳技术先进，是值得尊重和学习的，但是当将技术、经济利益和政治权益交叉时，就变味了。实际情况是：发达国家在支持本国低碳经济的同时，

通过设置技术、标准壁垒，通过主导节能环保标准的制定迫使发展中国家的进口其代价极高的技术设备，用新一轮国际规则，确保其在国际竞争中对发展中国家的优势地位。企图导致发达国家对全球经济的控制合法化，以跨国公司占领产业链高端，以低成本套利方式获取发展中国家的资源。

为了定量而形象地表征人类活动所排放温室气体及对环境所造成的影响，提出了“碳足迹”这一概念。它是指个人或企业的能源意识和行为对自然界产生的影响，以二氧化碳为标准计算表示。其中“碳”，就是石油、煤炭、木材等由碳元素构成的自然资源，碳耗用得多，导致全球变暖的二氧化碳也制造得多。制造企业的供应链一般包括了采购、生产、仓储和运输，其中生产、仓储和运输会产生大量的二氧化碳，这个概念以形象的“足迹”为比喻。

在生产中定义碳足迹为某种产品（服务）在生命周期中所排放的 CO_2 以及其他温室气体转化的 CO_2 等价物的总和，图 3-2 是碳足迹示意图。

图 3-2 碳足迹示意图

碳足迹可以分为企业（或产品）碳足迹和个人碳足迹。个人的碳足迹可以分为第一碳足迹和第二碳足迹。第一碳足迹是因使用化石能源而直接排放的二氧化碳，如乘坐飞机和汽车出行，消耗燃油，排出二氧化碳，称为第一碳足迹。第二碳足迹是因使用、消费各种产品而间接排放的二氧化碳，如消费一瓶饮用水或食物，因这些产品在生产和运输过程中产生的排放而带来第二碳足迹。

提出碳足迹有很大意义：它揭示了工业生产活动排放的温室气体；识别产品在工业生产阶段的温室气体排放的关键环节；作为一项科学分析工具和方法，为企业提高产品工业生产过程能源利用效率提供依据；行业及相关管理部门完善行业的温室气体排放与绩效评价体系，促进工业生产的可持续发展；可为政府进行区域可持续发展的产业决策提供科学依据；为消费者的消费选择提供新的参考，推动绿色消费。

碳足迹的计算有两种方法：第一种，利用生命周期评估（LCA）法，这种方法较准确也更具体；第二种是通过所使用的能源矿物燃料排放量计算。

例如：一件 200g 的全棉 T 恤，其消耗资源为工业加工用水 50L、农业用水 2000L、土地 $4m^2$、耗电 5kW·h、消耗蒸汽 4kg，平均消耗化学品 0.4kg，经计算共排放 CO_2 10kg，排碳量高于 T 恤本身质量的 50 倍（来源：意大利 Flainox 公司）。

2010 年科研人员曾计算中国个人碳足迹（排碳量）为穿衣 33.44kg，饮食 477.15kg，住房 902kg，交通出行 241.91kg，日用品 36.16kg，合计 1690.66kg。但是按全国能耗计算，中国人均为 6230kg，这也充分证明中国是制造大国，为世界生产大量产品，这部分的碳足迹核算应该在全世界范围重新考虑。发达国家人均为 11460kg，发展中国家人均为

3380kg，全球人均为 4840kg，而要应对气候变化目标希望世界人均值为 2330kg。人类活动排放二氧化碳数量可用以下公式计算：家居用电的二氧化碳排放量（kg）＝耗电度数×0.785。开车的二氧化碳排放量（kg）＝油耗公升数×0.785。乘坐飞机的二氧化碳排放量（kg）：短途旅行，200 公里以内＝公里数×0.275；中途旅行，200～1000 公里＝55＋0.105×（公里数－200）；长途旅行，1000 公里以上＝公里数×0.139。

温室气体减排可以分三个层面分析：国家或地区主要分析产业结构以及能源使用结构；针对企业或组织自身与相关的温室气体排放；针对个别产品生命周期的温室气体排放以及个人活动过程的二氧化碳排放，例如提倡生活低碳化——减少浪费、出行尽量使用公交车、提倡徒步、骑自行车等。

2012 年美国政府按对碳足迹贡献大小将工业生产中以下行业排在前 5 位：金属产品、非金属矿产品、石油、化学品、纺织品。

3.1.3　减少碳足迹的途径

减少碳足迹可以通过以下几种途径实现。

1. 节能减排

就个人而言，低碳实质上是一种生活态度，而不是能力；也是一种生活习惯，一种自然而然地去节约身边各种资源的习惯。例如：每人每年少买一件不必要的衣服可节能约 2.5kg 标准煤，相应减排二氧化碳 6.4kg。如果全国每年有 2500 万人做到这一点，就可以节能约 6.25 万吨标准煤，减排二氧化碳 16 万吨；换节能灯泡，11W 节能灯就相当于约 80W 白炽灯的照明度，使用寿命更比白炽灯长 6～8 倍，不仅大大减少用电量，还节约了更多资源，省钱又环保；空调的温度夏天设在 26℃左右，冬天 18～20℃对人体健康比较有利，同时还可大大节约能源。购买不含氟利昂的绿色环保冰箱。丢弃旧冰箱时打电话请厂商协助清理氟利昂。选择贴有“能效标志”的冰箱、空调和洗衣机等。

对于企业特别是生产企业，主要通过技术进步，采用先进工艺和先进设备减少单位产品的能耗来实现。但是单靠换设备不一定有效，需要对设备进行能效检测（能源审计），在能源审计过程中可以发现是设备问题还是管理问题。

2. 使用低碳、无碳能源

二氧化碳的排放主要来源于煤、石油等的燃烧。太阳能、风能、水力能、地热能、核能、潮汐能等低碳、无碳能源的使用可以减少温室气体排放量，水力发电是目前价廉的能源，但它受地理环境限制；太阳能、风能、地热能、潮汐能等目前运行成本还较高，需要研究提高；核能的安全防护需要研究提高。

3. 碳转换、碳补偿

植物可以吸收二氧化碳并转变成氧气，因此可以利用植树（绿化）来消除二氧化碳的影响，称之为“碳补偿”。单位或个人可以通过植树，但一般委托国家认可的基金会或其他吸收二氧化碳的行为对自己曾经产生的碳足迹进行一定程度的抵消或补偿。一棵树一年吸收 18.3kg 二氧化碳，需种树木棵数＝二氧化碳排放量（kg）/18.3。

许多科学家研究将二氧化碳浓缩后压缩成液体并埋于地下，等以后科学进步后再设法利用二氧化碳。

3.1.4　产品碳足迹和碳审计

产品碳足迹是指某个产品在其整个生命周期内的碳排放，即从原材料一直到生产（或提供服务）、分销、使用和处置/再生利用等所有阶段的 GHG 排放，其范畴包括二氧化碳（CO_2）、甲烷（CH_4）和氮氧化物（N_2O）等温室气体。

在许多国家和地区，已经出台自愿或强制的碳标签体系，要求产品上标注环境信息。这使零售商、品牌商和供应商必须采取相应措施，在整个供应链中收集相关信息。由于消费者在选择商品时日益谨慎，更愿意选择秉持环保理念进行生产经营的品牌，因而与消费者进行沟通，传递自身在评估、管理和减少环境影响方面所做的努力，就成为了企业在当今环保概念日益增强的社会中维护自身品牌形象、提升产品公信力必须具备的基本技能。

企业温室气体盘查一般依据：《温室气体　第一部分：组织层次上对温室气体排放和清除的量化和报告的规范及指南》（ISO 14064—1：2006）进行；温室气体验证一般依据《温室气体　第三部分：温室气体声明审定和核查的规范及指南》（ISO 14064—3:2006）进行。

企业温室气体验证除了验证申请年度的温室气体排放量数据（均以二氧化碳当量 CO_2-e 标示）之外，还会验证温室气体有关的组织边界和运营边界确定是否合理，排放源和清除的汇识别是否充分，活动数据收集和控制体系是否合适，量化方法和计算公式是否准确、合理，所声称的温室气体盘查结果不确定度是否客观真实等内容，相关验证结果的陈述也都会写在《温室气体核查声明书》上。

企业要实现碳信息披露，就必须对企业内温室气体排放和清除的信息实施量化和报告。通常称这种量化与报告活动为温室气体盘查（GHG inventory audit ），当这种盘查活动由企业外部专门机构提供服务时，则通常称之为碳审计（Carbon Audit）。温室气体验证是由第三方验证机构依据验证标准、认可要求和验证机构工作程序，对 GHG 盘查结果进行系统的、独立的评价并形成文件的过程。针对组织层面 GHG 信息，这种验证通常称为核查。

3.2 低碳和节能减排的关系

低碳经济是指以低能耗、低污染、低排放为基础的经济模式，其实质是通过能源高效利用、清洁能源开发实现企业的绿色发展。这种经济模式不仅意味着企业要加快淘汰高能耗、高污染的落后生产能力，推进节能减排的科技创新，同时也要求企业以身作则，引导员工和公众反思哪些习以为常的消费模式和生活方式是浪费能源、增排污染的不良行为，从而充分发掘行业和消费生活领域节能减排的巨大潜力。

目前在世界范围内，很多知名企业已将“低碳经济”和“碳足迹”作为衡量企业社会责任（CRS），实现企业新飞跃的发展方向。“碳足迹”作为最直观的环保新指标，是对企业理解和落实循环经济提出的更高实践标准，而低碳经济则是这种指标的具体落实。只有当企业和员工能同时自觉承担环境义务，进行自我约束和控制，才能真正实现其对消费者、对国家以及整个人类生存环境的承诺。

低碳和节能减排的相同点：节约和减少能源使用，减少排放污染物和温室气体。

低碳和节能减排的不同点：提倡开发低碳、无碳排放的新能源，如风能、水能、潮汐能、地热能、太阳能、生物质能、核能等，加强碳转换；不仅从生产考虑，而且从消费方式、生存理念、生活方式要求过低碳生活，保证地球和人类社会可持续发展。

3.3　碳税、碳关税和碳交易

从政府层面可以通过以下三种方法控制碳排放。

1. 碳税（carbon tax）

碳税是针对向大气排放二氧化碳而征收的一种环境税。对燃煤和石油下游的汽油、航空燃油、天然气等化石燃料产品，按其碳含量比例来征税，目的是希望通过削减二氧化碳的排放，从而保护环境并减缓全球变暖的速度。其方法是先确定每吨碳排放量价格，然后通过这个价格换算出对电力、天然气或石油的税费。因为征税使得污染性燃料的使用成本变高，这会促使公共事业机构、商业组织及个人减少燃料消耗并提高能源使用效率；碳税使得替代能源与廉价燃料相比更具成本竞争力，进而推动替代能源的使用。另外通过征收碳税而获得的收入可用于资助环保项目或减免税额。

北欧一些国家率先征收碳税，丹麦、芬兰、荷兰、挪威、波兰和瑞典等国已经开始推行不同的碳税政策。瑞典国家碳税对私人用户征收全额碳税，而对工业用户减半征收，对公共事业机构则免征此税。由于瑞典全国所耗电能半数以上都是用于供暖，并且所有可再生能源（如由植物产生的能源）都免税，所以自 1991 年以来，生物燃料工业蓬勃发展。

2010 年，中国国家发改委和财政部联合提出碳税专题报告，指出中国推出碳税比较合适的时间是 2012 年前后，且应先针对企业征收，暂不针对个人。在这份中国碳税税制框架设计中，提出了中国碳税制度的实施框架，包括碳税与相关税种的功能定位、中国开征碳税的实施路线图以及相关的配套措施建议。但这一方法也可能有弊病，因为纳税企业还是可以通过提高能源收费价格将成本部分转嫁到消费者身上。

2. 碳关税（carbon tariff）

关税是指一个国家针对另外国家或地区征收的商品税，碳关税这个概念最早由法国前总统希拉克提出，用意是希望欧盟国家应针对未遵守《京都协定书》的国家（美国是其中之一）课征商品进口税，否则在欧盟碳排放交易机制运行后，欧盟国家所生产的商品将遭受不公平之竞争。2009 年中国政府明确表示反对碳关税。碳关税是指对高耗能产品进口征收特别的二氧化碳排放关税。“碳关税”不仅违反了 WTO 的基本规则，也违背了《京都议定书》确定的发达国家和发展中国家在气候变化领域“共同而有区别的责任”原则，WTO 基本原则中有一条“最惠国待遇”原则，其涵义是缔约一方，现在和将来给予任何第三方的一切特权、优惠和豁免，也同样给予其他成员。而征收“碳关税”，由于各国环境政策和环保措施都不同，对各国产品征收额度也必然差异甚大，这就会直接违反最惠国待遇原则，破坏国际贸易秩序。

航空碳税和航海碳税：欧盟自 2012 年起将航空运输业纳入碳排放交易体系（ETS），即所有在欧盟境内起降的航班必须为飞行中排放的温室气体付费。2012 年 2 月 22 日，包括俄罗斯、中国、美国、印度等 29 个国家，在莫斯科签署《莫斯科会议联合宣言》，要求欧盟停止单边行动，回到多边框架下解决航空业碳税排放标准问题。但是欧盟除坚持之外，还在 2012 年 6 月份增加“航海碳税”。

又如发达国家生产一个产品可能排碳量较低，他们以此为标准，对于从发展中国家进口此产品，超过部分排碳量课以高额的碳关税。表面上是为了减排，实际上是既享受了廉价劳动力，又要求向他们进口高额的技术和设备，以降低排碳量，确保发达国家的技术优势和经济剥削。碳关税本质上是一个国际政治、经济和权利交叉问题，目前的做法实际已经失去了减少碳排放的意义。

3. 碳交易（carbon trading）

碳交易是以 CO_2 为主的温室气体排放权的交易。碳交易是以市场的方式达到减少温室气体排放的手段。不仅在一个国家内部，而且在国际之间也可以进行。碳交易的着眼点是宏观层面，而且价格有较大的波动性。

从立法体系考虑，中国已经颁布《可再生能源法》、《清洁生产法》及《循环经济促进法》，初步构成了中国当前低碳经济法律体系的重要内容，对保护和改善环境起到促进作用。但是循环经济促进法也仅仅就循环经济产业发展给予鼓励，对碳的排放限定未能有相应措施和对策，因此有必要以专门立法加以规范，建立碳排放权交易体系，引导中国低碳经济的发展。

3.4 水足迹、环境足迹

水足迹（water footprint）指的是一个国家、一个地区或一个人，在一定时间内消费的所有产品和服务所需要的水资源数量，形象地说，就是水在生产和消费过程中踏过的脚印。“水足迹”这个概念最早是由荷兰学者阿尔杰恩·胡克斯特拉在 2002 年提出的，其中包括国家水足迹和个人水足迹两部分。图 3-3 是两张水足迹示意图。

图 3-3 水足迹示意图

世界自然基金会（WWF）在 2008 年发布的《地球生命力报告》中首次引进这一概念，其中指出，国家水足迹包括用于农业、工业和家庭生活的河水、湖水、地下水以及供作物生长的雨水，分为内部水足迹和外部水足迹。个人水足迹计算的则是一个人用于生产和消费的总水量。除了家里水表上的具体数字，还有平时我们消费的产品和服务在生产过程中所耗费的大量看不见的水，就是所谓的虚拟水。如一个 100 克的苹果的“水足迹”为 70L，一杯咖啡的“水足迹”为 140L，而一个汉堡的“水足迹”是 2400L。

荷兰特文特大学开发的水足迹计算网站在“你的水足迹计算器”页面，只需选择国籍、性别和饮食方式，填写年收入，内容包括刷牙、淋浴、日常食物消费等各项用水内容，就可以比较准确地算出自己每天、每月或是每年的水足迹了。还可以在网站上根据自己的生活习惯，计算出个人每年所消耗的虚拟水。

美国水足迹为人均每年约 2483m^3，为世界第一；在美国之后，意大利是排名第二的耗水大国，人均每年约 2332m^3。中国排名第 135。也门则以人均每年约 619m^3，成为人均水足迹最少的国家。

联合国教科文组织2009年发布的《世界水资源开发报告》指出，到2030年，47%的世界人口将居住在用水高度紧张的地区，预计将有2400万到7亿人口会因为缺水而背井离乡。面对这些惊人的数据，至今仍没有引起全球大部分人们的足够重视。

与可以植树造林或购买碳足迹相比，目前水足迹只限于对消费者的数字刺激，如何抵消水足迹还没有一个可行的方案。1999年我国水足迹达到$13040\times10^8m^3$，在区域上，南方和北方地区各占50%。人均水足迹为$1049m^3$，这一计算结果与$900m^3$的全球人均水足迹比较接近。由于动物性产品的虚拟水含量要高于植物性产品，因此，膳食结构的差异显著影响了水足迹的量值。据初步估算，以动物产品为主的西欧国家如荷兰、比利时等国人均水足迹较高，量值约在$2000m^3$；以素食为主的东亚和中美洲国家人均水足迹在$1000m^3$左右；人均水足迹较低的国家包括印度、印度尼西亚等国，量值在$500m^3$左右。中国的人均水足迹与日本、韩国等国家大致相当，与其他国家相比处于中间位置。尽管中国目前的人均水足迹仅为$1000m^3$左右，但随着人民生活水平的不断提高，膳食结构的改善特别是动物性产品的摄入量增多，我国人均水足迹将会有显著增长。

从区域上看，中国北方地区的人均水足迹高于南方地区。主要原因有以下两点，一是气候条件的差异，北方地区农作物的虚拟水含量大于南方地区，二是北方地区农产品出现了较大剩余。一般而言，水资源丰富地区水的自给率应该较高，水资源紧缺的地区则更应该依靠虚拟水的调入来缓解区域的水资源紧张态势。但中国的情况正好相反，从全国看，中国是一个水资源高度自给的国家，水自给率达到了99%。虽然1999年我国有$90\times10^8m^3$的虚拟水净进口，但仅占国内总用水量的1%。从区域看，北方地区实现了完全自给，尽管华北地区自给率仅为66%，但该地区的虚拟水调入来自北方的其他地区。南方地区的自给率只有90%，其中东南地区的水自给率只有69%，华南地区不到80%，说明这些地区较大程度上依赖于虚拟水的进口。我国农业资源特别是水土资源区域匹配条件不理想，农业生产力布局中对水资源因素考虑不足，以及传统的以满足供给为原则的水资源规划管理模式是导致这一局面的主要原因。

2009年7月，英国两家健康与食品游说组织建议，食品和饮料产品应附上一种新的标签，以便让消费者了解更多有关产品“水足迹”的信息——生产过程中的用水量，目的是在水资源日益紧张的今天给人以更直观的刺激。而澳大利亚政府早在2006年就开始推行水效率标签计划，以国家行政力量强制水效率标签应用于日常用水产品，成为呼吁节水的先行者。

但是也有对水足迹概念产生怀疑的，澳大利亚科学与工业研究中心的水资源专家布兰德瑞都特是主要的科学家，他认为：食物和能源的生产占据了全世界水量消耗的90%。他选择了两种常用的家庭食品，一种是18盎司一瓶的Dolmio面酱，另一种是一小袋M&M花生。对于面酱来说，所需的水主要是种植西红柿、糖、大蒜和洋葱的水量，加起来大约为52加仑；而对于M&M花生而言，为了制作每个成分可能要消耗多达300加仑的水。参照传统的“水足迹”概念的人们会认为一小袋M&M花生所要耗费的水资源远远多于面酱，其对环境的影响也要大得多，但事实有可能是因为西红柿生长在典型的高温干旱地区，因此它们不能不和当地的人们“争水喝”(人们需要在自己不多的水源中分一部分灌溉它们)。另一方面，可可豆和花生则生长在比较适宜的环境之中，在那里它们可以直接在土壤中汲取水分而不需要利用灌溉系统。布兰德瑞都特说，考虑到环境因素，你可能会改变先前的看法，根据他的计算，面酱所耗费水量对于人类水资源的匮乏产生的影响甚于一袋花生的10倍。

现在人们还不能够确定水资源对于全球环境的影响，因为对于地球水循环的了解还远远不够。诸如水足迹网和世界自然基金会等组织仍然相信仅仅衡量耗费水资源的总量仍然是目前最好也是最简单的定义水足迹的方式。

人类对自己生活和生存环境之间关系的反思愈来愈深入，不仅是碳足迹、水足迹。实际上人类一切活动对环境都会有相应的影响，需要研究并以适当方式表达，因此也有提出“生态足迹”或“环境足迹”等概念以不断深入。

3.5 化学品与人类

在研究人类生存与环境之间的关系时，必须研究化学品与人类的关系。回顾近代人类发展过程，化学及化学品使用是一大特点。从生活到生产，大约有600万种新的化学品诞生，为现代高品质生活带来可能，但是新合成的化学品大多也对人类有负面影响，有的需要长时间才能适应，有的产生急性或慢性毒性，但是使用化学品已经是不可逆转的过程，因此正确评价和合理使用化学品是十分重要的课题。

现代生活必须要控制那些带来疾病与破坏食物生产的某些虫类、病菌。如果没有发明合成氨、合成尿素和几代新农药的技术，世界粮食产量至少要减半，全球60亿人口将有一半粮食不足。公元前707年到1935年，共发生蝗灾769次，即每3～5年一次，山东蝗灾曾使大量灾民迁移到大连。1845～1849年，因土豆病害绝收迫使150万爱尔兰人迁移到美国。斑疹伤寒是一种由虱子传播的传染病，常常伴随着战争或天灾出现，在1918～1922年间，前苏联和东欧曾有3000万人曾患斑疹伤寒，约300万人死亡。第一次世界大战期间因军中虱子导致4000万人患斑疹伤寒，500万人死亡。DDT的合成和使用是一个很好的例子：1874年由德国化学家席德尔（Zeidler）完成DDT的合成。当时并没有发现它有什么用途，1939年瑞士缪勒（Muller）才发现了DDT具有较好的杀虫活性。在第二次世界大战快结束时，1944年，驻扎在意大利那不勒斯的盟军军队，突然也出现了斑疹伤寒，在试了很多办法都无法驱除虱子后，人们想到了DDT，盟军向成千上万的士兵、难民、俘虏身上喷洒了这种粉剂。三个星期后，奇迹出现了，斑疹伤寒完全被控制了，DDT避免了一场悲剧的出现，DDT也被发现用来防治粮田棉田害虫、用来杀控蚊虫控制疟疾的流行、用来杀控军中虱子。但是随即发现了它的危害。被誉为美国国鸟的白头鹰（Bald Eagle）二战以后在数量上逐年减少，到了20世纪60年代初，美国本土仅存大约几百只了。这种凶悍威猛飞得既高又远的大鸟，自然界动物中极少有可以奈何它的天敌，人类却在不经意中因使用DDT伤害了它，由于DDT很难降解，残留在土壤中，经雨水冲刷至江河湖海，还能进入动物的体内，停留堆积在脂肪中。鱼类的身体善于积累DDT，而处于食物链高端的白头鹰享用了含DDT的鱼之后导致自身机体变异，产出的鹰蛋蛋壳过薄过软，小白头鹰们还没睁开眼便夭折了，因此必须予以禁用，同时新的毒性相对较小的杀虫剂也已经诞生。

天然棉花、羊毛、丝、麻的产量有限，如果没有尼龙、涤纶、腈纶等大量合成纤维的生产，很难解决人类的穿衣问题，难以同时解决人类的“温”与“饱”问题，合成纤维过程中，有机溶剂、各种化学品也带来了有害影响。

如果马上全面停止化学农药的使用，这个世界将会是一幅什么样的景象？鼠害横行、害虫猖獗、病菌肆虐、杂草丛生、蚊蝇肆无忌惮，这些都是毫无疑问会出现的后果。食物不足和缺乏营养是当今世界面临的最大问题，不用化肥农药能行吗？英国皇家医学协会贝利（Berry）教授在研究因饥饿而死亡的人后说："任何人只要看到这些因饥饿而死亡的尸体，就不会不支持使用农药，农药是人类与饥饿斗争的主要武器"。

中国人均可耕地面积只及世界人均水平的 25%。在耕地不断减少的压力下，为提高农产品产量，一是持续提高复种指数和使用良种，二是加大化肥和农药的施用量。现在我国已是世界上化肥施用量最大的国家：在不到世界 10%的耕地上，施用了世界近 30%的氮肥。2006 年，我国平均每公顷耕地使用化肥量高达 400kg 以上，远远超出发达国家 $225kg/hm^2$ 的安全上限。其中，氮肥单位面积用量为世界平均水平的 3 倍。可以说，过量使用化肥和农药已到极限。我国氮肥施用量的一半在被农作物吸收之前就以气体形态逸散到大气中，或从排水沟渠流失到水体环境中，这是我国大量湖泊和河流富营养化的主要原因之一。长期过量施用化肥和农药，不但使生产成本增加，而且使土壤的物理、化学及生物属性退化。我国也是世界上农药施用量最大的国家，每年农药使用量在 130 万吨以上，单位面积用量为世界平均水平的 2 倍，它们会残留和积累在蔬菜和粮食等农产品中，造成食品污染。目前，我国农药、农产品因农药残留超标而不能出口或遭退的案例十分常见。农药的过量使用，破坏了农田生态平衡和生物多样性，导致抗药性害虫不断出现。

迄今，世界高分子的体积产量已远远超过钢铁和其他有色金属之和，高分子化工的产值已占整个石油化工产值的近 70%。高分子材料的出现虽不到 100 年，但其发展速度远远快于金属和无机材料。因为高分子的结构具有几乎无穷变化的可能性，其赋予材料性能的潜力远胜于其他物质，但是现在发现，塑料生产过程中需加一种"塑化剂"，当塑料容器长期使用，在酸、碱、有机溶剂（例如酒）的介质中会慢慢溶出存在于水中，尽管是痕量级水平，但是人们长期饮用可能使男人精子减少，发现此问题后，食品添加剂开始被禁止使用，酒类生产中禁用塑料容器和管道。

其实日常生活中人们每天食用的蔬菜一般均含有天然毒素，只是含量较低不影响人体而已，因为蔬菜本身具有制备毒素来驱赶害虫和病菌的机理。马铃薯中便含有毒性较高的物质茄碱，特别是在马铃薯的芽内含量达 0.04%，据估计，食用绿色程度达 50%的马铃薯 6.825kg 便使 65kg 体重的人有 50%的可能死亡，这就是不要食用发芽和变绿的马铃薯的原因。

人类的出路何在？人类应当拒绝化学吗？我们能否控制虫害病害而不危害生态呢？

设计更安全的替代化学产品可大大降低所合成物质的危害性，而使其对环境相对友好。例如，美国 DowAgroSci 公司开发了一种杀白蚁的杀虫剂（hexaflumuron），其作用机理是通过抑制昆虫外壳的生长来杀死昆虫。该化合物对人畜无害，是被美国 EPA 登录的第一个无公害的杀虫剂。预计原有的杀白蚁药物将被 hexaflumuron 所代替，但随着科学技术的发展，可能发现 hexaflumuron 会有某种危害。

当然人类在不断探索，例如药物、农药和化学品在进入市场之前，要经过严格的毒理学试验、药效和药害研究、残留研究等，要进行详细的环境安全性评价。药物的环境安全性评价分为两个阶段，第一阶段是新药物开发的安全性预评价，第二阶段是药物使用后的安全性现状评价。前者是防止药物污染的超前控制；后者是跟踪监测药物在环境中的动态，可及时发现和处理问题，以确保农药对环境的安全。

欧洲的 REACH 法规（Registration，Evaluation，Authorization and Restriction of Chemicals）全称为《化学品注册、评估、许可和限制法规》，也是一部安全使用化学品的法

规，该法规于 2007 年 6 月 1 日正式生效。其主要内容是通过建立一个全面的化学品生产、进口监管系统，对欧盟境内生产、使用中和在市场上销售的化学品进行监控管理，目的在于保护人类健康和自然环境不受到化学品的负面影响，是完善现行欧盟指令（危险品安全指令(DPD)、危险品调剂指令（DPD)、现存物质规则以及销售和使用限制等）框架的一部法规。

社会的发展和进步本身就是不断发生问题、不断解决问题的过程，化学品只是其中之一。一旦发现某一化学品有毒害作用，往往引起轰动性事件，这说明社会环保意识在提高，民间监督的影响力在增大，但是真正解决问题还是需要社会各方，包括生产单位、使用者、政府、民间团体相互理性沟通，提出解决方案，除了急性极毒物之外，对于慢性毒性物根据实际提出禁用及替代方案，给予一定的缓冲期，例如美国服饰鞋业协会（AAFA）及时公布和更新颁布限制物质清单，并有一定的缓冲期，是一种较好的机制。

第4章 清洁生产

4.1 清洁生产的定义、内容

4.1.1 清洁生产的定义

环境问题一直伴随着人类文明的进程，尤其随着科技与生产力水平的提高，人类干预自然的能力大大增强，社会财富迅速膨胀，环境污染日益严重。世界上许多国家因经济高速发展而造成了严重的环境污染和生态破坏，并导致了一系列举世震惊的环境公害事件。到了20世纪80年代后期，环境问题已由局部性、区域性发展成为全球性的生态危机，如酸雨、温室效应（气候变暖）、生物多样性锐减等，成为危及人类生存的最大隐患。

清洁生产（cleaner production）是国际社会在总结工业污染治理经验教训的基础上提出的一种新型污染预防和控制战略，随着清洁生产实践的不断深入，其定义一再更新，其内容又逐步扩展到服务业、农业、产品、消费等方面，不仅广泛应用于废水、废气、固体废物的污染防治，而且还延伸到技术改造、生产管理、经济结构调整、环保产业、环境贸易和法制建设等领域，并开始探索建立“循环经济”和“循环社会”等。清洁生产是污染控制模式中由被动反应向主动行动的转变，是实现可持续发展战略的必由之路。

20世纪60年代，工业化国家开始通过各种方法和技术对生产过程中产生的废弃物和污染物进行处理，以减少其排放量，减轻对环境的危害，这就是所谓的“末端治理”。随着末端治理措施的广泛应用，人们发现末端治理并不是一个真正的解决方案。很多情况下，末端治理需要投入昂贵的设备费用、惊人的维护开支和最终处理费用，其工作本身还要消耗资源、能源，并且这种处理方式会使污染在空间和时间上发生转移而产生二次污染。人类为治理污染付出了高昂而沉重的代价，收效却并不理想。因此，从20世纪70年代开始，发达国家的一些企业相继尝试运用诸如“污染预防”、“废物减量化”、“减废技术”、“源削减”、“零排放技术”、“零废物生产”和“环境友好技术”等方法和措施，来提高生产过程中的资源利用效率、削减污染物以减轻对环境和公众的危害。清洁生产在不同的发展阶段或者不同的国家有不同的叫法，包括“无废工艺”、“污染预防”、“废物减量化”、“清洁技术”等，但其基本内涵是一致的，都体现了一种基本精神，即对产品和产品的生产过程采用预防污染的策略来减少或消灭污染物的产生，从而满足生产可持续发展的需要。

联合国环境规划署（UNEP）在总结各国开展的污染预防活动并加以分析提高后，1989年正式提出清洁生产的定义，将清洁生产上升为一种战略，该战略的作用对象为工艺和产品，其特点为持续性、预防性和一体化性，得到了国际社会的普遍认可和接受。1996年UNEP又对清洁生产重新进行定义，认为清洁生产是关于产品的生产过程的一种新的、创造性的思维方式。清洁生产意味着对生产过程、产品和服务持续运用整体预防的环境战略以期增加生态效率并减降人类和环境的风险。对于产品，清洁生产意味着减少产品从原材料使用到最终处置的全生命周期的不利影响。对于生产过程，清洁生产意味着节约原材料和能源，取消使用有毒原材料，在生产过程排放废物之前减降废物的数量和毒性。对服务要求将环境因素纳入设计和所提供的服务中，这种对服务的要求，补充和强调了对产品的最终处理。

1997 年，联合国环境规划署重新定义为在工艺、产品、服务中持续地应用整合且预防的环境策略，以增加生态效益和减少对于人类和环境的危害和风险。

1994 年 3 月 25 日，国务院第十六次常务会议审议通过《中国 21 世纪议程》。在该书中将清洁生产定义为：清洁生产是指既可满足人们的需要又可合理使用自然资源和能源并保护环境的实用生产方法和措施，其实质是一种物料和能耗最少的人类生产活动的规划和管理，将废物减量化、资源化和无害化，或消灭于生产过程之中。同时对人体和环境无害的绿色产品的生产亦将随着可持续发展进程的深入而日益成为今后产品生产的主导方向。

2002 年 6 月 29 日第九届全国人民代表大会常务委员会第二十八次会议通过《中华人民共和国清洁生产促进法》，对清洁生产的定义为：是指不断采取改进设计、使用清洁的能源和原料、采用先进的工艺技术与设备、改善管理、综合利用等措施，从源头削减污染，提高资源利用效率，减少或者避免生产、服务和产品使用过程中污染物的产生和排放，以减轻或者消除对人类健康和环境的危害。

从上述清洁生产的定义，我们可以看到，它包含了生产者、消费者、社会对于生产、服务和消费的希望。清洁生产包括清洁的产品、清洁的生产过程和清洁的服务三个方面，主要内容有：

① 从资源节约和环境保护两个方面对工业产品生产从开始设计到产品使用过程直至最终处置，给予全过程的考虑和要求。

② 不仅对生产，而且对服务也要求考虑对环境的影响。

③ 对工业废弃物实行费用有效的源削减，一改传统的不顾费用有效或单一末端控制的办法。

④ 它可提高企业的生产效率和经济效益，与末端处理相比，更能受到企业的欢迎。

⑤ 它着眼于全球环境的彻底保护，为全人类共建一个洁净的地球带来了希望。

因此，清洁生产可以通俗地表达成：清洁生产不是将注意力放在末端，而是将节能减排的压力消解在生产过程中，清洁生产是人类在进行生产活动时首先考虑防止和减少产生污染。对产品的全部生产过程和消费过程的每一环节，都要进行统筹考虑和控制，使所有环节都不产生或尽量少产生危害环境的物质，不对人体健康构成威胁。

4.1.2 清洁生产的内涵

清洁生产是指通过产品设计、能源和原料选择、工艺改革、生产过程管理和物料内部循环利用等环节，实现源头控制，使企业生产最终产生的污染物最少的一种工业生产方法。清洁生产既包括生产过程少污染无污染，也包括产品本身的“绿色”，还包括这种产品报废之后的可回收和处理过程的无污染。

清洁生产是生产者、消费者、社会三方面谋求利益最大化的集中体现：①它是从资源节约和环境保护两个方面对工业产品生产从设计开始，到产品使用后直至最终处置，给予了全过程的考虑和要求；②它不仅对生产，而且对服务也要求考虑对环境的影响；③它对工业废弃物实行费用有效的源削减，一改传统的不顾费用有效或单一末端控制办法；④它可提高企业的生产效率和经济效益，与末端处理相比，成为受到企业欢迎的新事物；⑤它着眼于全球环境的彻底保护，为人类社会共建一个洁净的地球带来了希望。

综上所述，清洁生产概念中包含了以下四层涵义。

① 清洁生产的目标是节省能源、降低原材料消耗、减少污染物的产生量和排放量，包括清洁的、高效的能源和原材料利用，清洁利用矿物燃料，加速以节能为重点的技术进步和技术改造，提高能源和原材料的利用效率。

② 清洁生产的基本手段是改进工艺技术、强化企业管理，最大限度地提高资源、能源的利用水平和改变产品体系，更新设计观念，争取废物最少排放及将环境因素纳入服务中去，包括采用少废、无废的生产工艺技术和高效生产设备；尽量少用、不用有毒有害的原料；减少生产过程中的各种危险因素和有毒有害的中间产品；组织物料的再循环；优化生产组织和实施科学的生产管理；进行必要的污染治理，实现清洁、高效的利用和生产。

另外还要保证产品应具有合理的使用功能和使用寿命；产品本身及在使用过程中，对人体健康和生态环境不产生或少产生不良影响和危害；产品失去使用功能后，应易于回收、再生和复用等。

③ 清洁生产的方法是排污审核，即通过审核发现排污部位、排污原因，并筛选消除或减少污染物的措施及进行产品生命周期分析。

清洁生产要求两个“全过程”控制：一是产品生命周期的全过程控制，即从原材料加工、提炼到产品产出、产品使用直到报废处置的各个环节采取必要的措施，实现产品整个生命周期资源和能源消耗的最小化。另一是生产的全过程控制，即从产品开发、规划、设计、建设、生产到运营管理的全过程，采取措施，提高效率，防止生态破坏和污染的发生。

④ 清洁生产的最终目标是保护人类与环境，提高企业自身的经济效益。清洁生产的最大特点是持续不断地改进。清洁生产是一个相对的、动态的概念，所谓清洁的工艺技术、生产过程和清洁产品是和现有的工艺和产品相比较而言的。

4.1.3　实施清洁生产的途径和方法

实施清洁生产的主要途径和方法包括合理布局、产品设计、原料选择、工艺改革、节约能源与原材料、资源综合利用、技术进步、加强管理、实施生命周期评估等许多方面，可以归纳如下。

4.1.3.1　调整和优化经济结构和产业产品结构

合理布局，调整和优化经济结构和产业产品结构，以解决影响环境的“结构型”污染和资源能源的浪费。同时，在科学区划和地区合理布局方面，进行生产力的科学配置，组织合理的工业生态链，建立优化的产业结构体系，以实现资源、能源和物料的闭合循环，并在区域内削减和消除废物。

4.1.3.2　重视产品设计和原料选择

在产品设计和原料选择时，优先选择无毒、低毒、少污染的原辅材料替代原有毒性较大的原辅材料，以防止原料及产品对人类和环境的危害。

4.1.3.3　改革工艺，开发新技术

改革生产工艺，开发新的工艺技术，采用和更新生产设备，淘汰陈旧设备。采用能够使资源和能源利用率高、原材料转化率高、污染物产生量少的新工艺和设备，代替那些资源浪费大、污染严重的落后工艺设备。优化生产程序，减少生产过程中资源浪费和污染物的产生，尽最大努力实现少废或无废生产。

4.1.3.4　节约资源和原材料

尽量提高资源和能源的利用水平，做到物尽其用。通过资源、原材料的节约和合理利用，使原材料中的所有组分通过生产过程尽可能地转化为产品，消除废物的产生，实现清洁

生产。

4.1.3.5 开展资源综合利用

资源综合利用，尽可能多地采用物料循环利用系统，如水的循环利用及重复利用，以达到节约资源、减少排污的目的，使废弃物资源化、减量化和无害化，减少污染物排放。

4.1.3.6 提高企业技术创新能力

依靠科技进步，提高企业技术创新能力，开发、示范和推广无废、少废的清洁生产技术装备。加快企业技术改造步伐，提高工艺技术装备和水平，通过重点技术进步项目（工程），实施清洁生产方案。

4.1.3.7 强化科学管理，改进操作

国内外的实践表明，工业污染有相当一部分是由于生产过程管理不善造成的，只要改进操作，改善管理，不需花费很大的经济代价，便可获得明显的削减废物和减少污染的效果。主要方法是：落实岗位和目标责任制，杜绝跑冒滴漏，防止生产事故，使人为的资源浪费和污染排放减至最小；加强设备管理，提高设备完好率和运行率；开展物料、能量流程审核；科学安排生产进度，改进操作程序；组织安全文明生产，把绿色文明渗透到企业文化之中等。推行清洁生产的过程也是加强生产管理的过程，它在很大程度上丰富和完善了工业生产管理的内涵。

4.1.3.8 开发、生产对环境无害、低害的清洁产品

从产品的设计开始抓起，将环保因素预防性地注入产品设计之中，并考虑其整个生命周期对环境的影响。

以上这些途径可单独实施，也可互相组合起来加以综合实施，应采用系统工程的思想和方法，以资源利用率高、污染物产生量小为目标，综合推进这些工作，并使推行清洁生产与企业开展的其他工作相互促进，相得益彰。

4.1.4 清洁生产与可持续发展

可持续发展（sustainable development）理论的形成经历了相当长的历史过程。20 世纪 50～60 年代，人们在经济飞速增长、工业化、城市化等所造成的人口、资源的压力下，对“增长＝发展”的模式产生了怀疑。1987 年，联合国世界环境与发展委员会发表了《我们共同的未来》的报告，提出了“可持续发展”的概念。在 1992 年的联合国环境与发展大会上，将可持续发展定义为：“既能满足当代人的需要，又不对后代人满足其需要的能力构成危害的发展。”中国在《中国 21 世纪人口、资源、环境与发展白皮书》，首次把可持续发展战略纳入中国经济和社会发展的长远规划并确定为“现代化建设中必须实施”的战略。

根据中国的具体国情，中国对可持续发展的认识和理解，主要强调以下几个方面。

(1) 可持续发展的核心是发展　从历史的经验和教训出发，中国把发展经济放在了在首位。无论是社会生产力的提高，综合国力的增强，还是资源的有效利用，环境和生态的保护，都依赖经济发展和物质基础。

(2) 环境保护作为一项战略任务和基本国策　可持续发展的重要标志是资源的永续利用和良好的生态环境。因此，中国把环境保护作为一项战略任务和基本国策。

(3) 可持续发展是一种新的发展模式　可持续发展要求既要考虑当前发展的需要，又要考虑未来发展的需要，不以牺牲后代人的利益为代价。中国现阶段实施可持续发展战略的实质，是要开创一种新的发展模式，实现经济体制由计划经济向社会主义市场经济体制转变和经济增长方式由粗放型向集约型转变，使国民经济和社会发展逐步走上良性循环的道路。

（4）可持续发展从整体上转变人们的观念和行为规范　实施可持续发展战略必须转变思想观念和行为规范。要正确认识和对待人与自然的关系，用可持续发展的新思想、新观点、新知识，改变人们传统的不可持续发展的生产方式、消费方式、思维方式，从整体上转变人们的观念和行为规范。

《中国 21 世纪议程》明确指出，推行清洁生产是中国实施可持续发展战略优先考虑的重点领域之一。清洁生产是主动的、积极的环境治理方式，是实现可持续发展的必经之路，而末端治理是被动的、消极的环境治理方式，是不可持续的。中国政府已认识到这种预防性战略必须贯穿于重大经济和技术政策、社会发展规划以及重大经济开发计划的制订过程中。清洁生产已被世界各国公认为实现可持续发展的技术手段和工具，是可持续发展的一项基本途径，是可持续发展战略引导下的一场新的工业革命，是现代工业发展的基本模式和现代工业文明的重要标志。联合国环境规划署将清洁生产从四个层次上形象地概括为技术改造的推动者、改善企业管理的催化剂、工业运行模式的革新者、连接工业化和可持续发展的桥梁。

4.2　清洁生产的工艺、清洁产品

4.2.1　清洁的原料、清洁工艺、清洁产品

清洁生产从本质上来说，就是对生产过程与产品采取整体预防的环境策略，减少或者消除它们对人类及环境的可能危害，同时充分满足人类需要，使社会经济效益最大化的一种生产模式。具体措施包括：不断改进设计；使用清洁的能源和原料；采用先进的工艺技术与设备；改善管理；综合利用；从源头削减污染，提高资源利用效率；减少或者避免生产、服务和产品使用过程中污染物的产生和排放。清洁生产的观念主要强调以下三个重点。

（1）清洁原料　清洁原料的第一个要求是可以在生产中被充分利用。生产产品所用的大量原材料中，通常只有部分物质是生产中需要的，其余部分成为杂质，在生产物质的转换过程中，常常作为废物被弃掉，即原料未能充分利用。如果选用纯度高的原材料，则杂质少、转换率高，废物的排放量相应减少。第二个要求是清洁的原料中不含有有毒、有害物质。如果原料内含有有毒、有害物质，在生产过程和产品使用中常常产生毒害和环境污染，清洁生产应当通过技术分析，淘汰有毒、有害的原材料，采用无毒或低毒的原料。

（2）清洁生产工艺　清洁的生产工艺可以将生产过程中可能产生的废物减量化、资源化、无害化，甚至将废物消灭在生产过程中。废物的减量化，就是改善生产技术和工艺，采用先进的设备，提高原料利用率，使原材料尽可能转化为产品从而使废物达到最小量。废物资源化是将生产环节中的废物综合利用，转化为下一步生产的资源，变废为宝。废物无害化就是减少或消除将要离开生产过程的废物的毒性，使之不危害环境和人类。

包括尽可能不用或少用有毒、有害原料和采用无毒、无害的中间产品，对原材料和中间产品进行回收，改善管理，提高效率。选用少废、无废工艺和高效设备；尽量减少生产过程中的各种危险性因素，如高温、高压、低温、低压、易燃、易爆、强噪声、强振动等；采用可靠和简单的生产操作和控制方法；对物料进行内部循环利用。

（3）清洁产品　就是有利于资源的有效利用，在生产、使用和处置的全过程中不产生有害影响的产品。包括产品设计应考虑减少原材料和能源使用，少用昂贵和稀缺的原料；以不危害人体健康和生态环境为主导因素来考虑产品的制造过程甚至使用之后的回收利用；产品

的包装合理；产品使用后易于回收、重复使用和再生；使用寿命和使用功能合理。清洁的产品应遵循三个原则：精简零件，容易拆卸；稍经整修可重复使用；经过改进能够实现创新。

4.2.2 “绿色”和绿色产品

4.2.2.1 “绿色”和绿色产品的含义

与环保有关的事物国际上通常都冠以“绿色”，“绿色”是环保的象征。例如绿色建筑指能提供舒适而又安全的室内环境，同时又具有与自然环境相和谐的良好外部环境的建筑；绿色产品是20世纪80年代末期世界各国为适应全球环保战略，进行产业结构调整的产物。绿色产品是同传统产品相对应的，绿色产品是指生产过程及其本身节能、节水、低污染、低毒、可再生、可回收的一类产品，它也是绿色科技应用的最终体现。绿色产品能直接促使人们消费观念和生产方式的转变，其主要特点是以市场调节方式来实现环境保护为目标。绿色产品与传统产品相比，还多一个最重要的基本标准，即符合环境保护要求。可以说，绿色产品与传统产品的根本区别在于其改善环境和社会生活品质的功能。由于人们从不同的角度对绿色产品有不同的理解，所以绿色产品的定义有以下多种说法。

① 绿色产品是指以环境和环境资源保护为核心概念设计生产的可以拆卸并分解的产品，其零部件经过翻新处理后可以重新使用。

② 绿色产品是指那些旨在减少部件、合理使用原材料并使部件可以重新利用的产品。

③ 绿色产品是当其使用寿命完结时，部件可以翻新和重复利用，或能安全地被处理掉。

④ 绿色产品是从生产到使用乃至回收的整个过程都符合特定的环境保护要求，对生态环境无害或危害极少，以及利用资源再生或回收循环再用的产品。

上述这些定义虽然侧重点不同，但其实质基本一致，即绿色产品应有利于保护生态环境，不产生环境污染或使污染最小化，同时有利于节约资源和能源，且这些特点应贯穿于产品生命周期全过程。综合上述定义，绿色产品就是在其整个生命周期过程中，符合特定的环境保护要求，对生态环境无害或危害极少，对资源利用率最高、能源消耗最低的产品。绿色产品从功能上可分为两大类：一是“绝对绿色产品”，指具有改进环境条件的产品，如用于清除污染的设备及净化、保健服务等；二是“相对绿色产品”，指那些可以减少对社会和环境损害的产品，如可降解的塑料制品和再生纸等。

4.2.2.2 发展绿色产品的意义

绿色产品是应环境保护的需要而诞生的一类新型产品，它是环境保护的必然产物。发展绿色产品，有着重要的战略意义。

(1) 发展绿色产品是保护环境的需要　当今世界，全球面临的环境问题主要是人类经济发展的“副产品”，因而，要解决环境问题，还需从人类本身出发，绿色产品正是应这一要求而产生的。绿色产品由于其生产过程符合环境保护的要求，不含污染物质，也就不会造成环境污染和生态破坏。发展绿色产品，可以减少生产过程中对环境造成的污染和破坏，从而可减轻对环境的压力，是积极防治污染的有效办法。目前，环境保护已成为当今世界的热门话题和行动，为适应环境保护事业的需要，有人提出未来的工业生产应该“生态化”，而且人类社会应该建立新的“生态文明”。所有这些，要求人们的各项活动除追求经济效益（质量和成本）外，还应符合环境保护的要求，全球已掀起了全球性的环境保护高潮，发展绿色产品，是发展生态化工业和建立生态文明的重要措施。

(2) 绿色产品有着广阔的市场前景　随着经济的发展，当人们的环境意识提高时，“绿色消费”（即消费绿色产品）将逐渐成为人们消费的主流，因而绿色产品也将成为未来市场的主导产品。在未来市场竞争中，绿色产品将占优势，而非绿色产品则处于劣势。

(3) 发展绿色产品是经济发展的需要　绿色产品的开发有较高的经济效益，这是因为虽然发展绿色产品会使产品成本上升，但是绿色产品与同类产品相比具有价格优势，因而经济效益很好。由于绿色产品将在市场上占主导地位，为适应这一形势，必须发展绿色产品，否则产品将失去市场。

4.2.3　产品的环境标志

随着公众意识的提高和环境保护工作的深入开展，出现了社会呼唤绿色消费和公众期待绿色产品的新形势。为帮助消费者识别真正的绿色产品，一些国家政府机构或民间团体先后组织实施环境标志计划，引导市场向着有益于环境的方向发展。环境标志产品最早出现于20 世纪 70 年代末期。1978 年，原西德政府最先开始环境标志产品认证，并对其国内市场上的 3600 种产品发放名为“蓝色天使”的环境标志；1988 年，加拿大、美国、日本等国开始进行环境标志产品认证；1991 年，法国、瑞士、芬兰、澳大利亚等国开始实行环境标志产品认证；1992 年，欧洲共同体达成协议，在欧共体内实行统一的环境标志产品认证，并发放统一的“生态标签”，同时还特制定一套含义确切的、统一的评价标准。之后，国际标准化组织（ISO）将上述“生态标签”“环境标签”等统称为“环境标志”。

4.2.3.1　环境标志概念

环境标志是指由政府管理部门、社会或民间团体依据一定的环境标准，向有关申请者颁发其产品或服务符合要求的一种特定的标志。环境标志通常被看做是一种重要的市场手段用来补充环境保护方面强制性法律和规章的不足。

环境标志是一种标在产品或其包装上的标签，是产品的“证明性商标”，它表明该产品不仅质量合格，而且在生产、使用和处理处置过程中符合特定的环境保护要求，对生态环境和人类健康均无损害。与同类产品相比，具有低毒少害、节约资源等环境优势。

发展环境标志的最终目的是保护环境，它通过两个具体步骤得以实现：一是通过环境标志向消费者传递一个信息，告诉消费者哪些产品有益于环境，并引导消费者购买、使用这类产品；二是通过消费者的选择和市场竞争，引导企业自觉调整产品结构，采用清洁生产工艺，使企业环保行为遵守法律、法规，生产对环境有益的产品。

环境标志一般由商会、实业或其他团体申请注册，并对使用该标志的商品具有鉴定能力和保证责任，因此具有权威性；因其只对贴标产品具有证明性，故有专证性；考虑到环境标准不断提高，标志每 3～5 年需重新认定，所以又具有实效性；有标志的产品在市场中的比例不能太高，因此还有比例限制性。

实施环境标志的国家在环境标志立法保证的基础上，政府参与管理机构设置，同时也参与环境标志计划的实施。国际上环境标志计划一般由三个机构来管理：一个技术机构或专家委员会负责初审产品种类建议，起草、修改和指定产品标准；一个代表各界利益团体的委员会负责确定产品标准；一个办事机构负责与企业签订合同及管理标志使用。在所有国家的环境标志计划中，政府都不同程度地参与。这种参与的涉及面很广，从提供资金到具体的行为管理。在日本的环境标志计划中，负责环境标志的两个委员会均是环境署下属的机构，因此日本环境标志的决定权掌握在政府手中。在德国、加拿大，这些职能则由政府部门和民间机构分别承担。德国的环境标志评审委员会对确定产品的种类和产品标准具有绝对的决策权，加拿大的评审委员会同样负责确定产品种类和制定产品标准，但加拿大增加了标准最后由国家环境部长颁布这一步骤。澳大利亚的环境标志计划由消费者组织和民间机构分别承担。而在挪威、瑞典和芬兰，必须将评审委员会评审出的产品类别与标准交北约联盟环境协调委员会作最终裁决。在法国，环境标志计划依赖于标准化协会，该协会负责全过程管理，但标准必须由政府批准颁布。

4.2.3.2 环境标志产品的范围

环境标志产品是以保护环境为宗旨的，从理论上讲，凡是对环境造成污染或危害，但采取一定措施即可减少这种污染或危害的产品均可以成为环境标志的对象，由于食品和药品更多地与人体健康相联系，因此，国外在实施环境标志制度时一般不包括食品和药品。根据产品环境行为的不同，环境标志产品可分为以下几种类型：

① 节能节水低耗型产品。

② 可再生、可回用、可回收产品。

③ 清洁工艺产品。

④ 可生物降解产品。

⑤ 低污染低毒产品。

4.2.3.3 环境标志进展

德国的“蓝色天使”环境标志计划于1977年由政府制定，到1992年底，已有800多家企业（包括外国企业）生产的3300多种标志产品，71个产品类别；到1999年底，德国的环境标志产品所认证的产品类别已达到100个。德国和加拿大的环境标志见图4-1。

德国的环境标志（蓝色天使）

加拿大的环境标志（环境选择）

图4-1 德国和加拿大的环境标志

加拿大的“环境选择”于1988年由加拿大环境部宣布实施，这个计划至1999年底已包括50个产品类别。1989年日本环境厅开始实施“生态标志”计划，1999年底，该计划已有68个产品类别，约4400种生态标志产品。

北欧部长级委员会于1989年11月决定实施北欧环境标志计划“北欧天鹅”（图4-2），该标志在芬兰、冰岛、挪威和瑞典都可以使用。1999年底，这项计划已有58个产品类别，1200多种标志产品上市。欧共体于1992年3月开始实施生态标志计划“欧洲之花”，该计划没有排除或改变成员国各自的标志计划，并有希望成为欧共体唯一的环境标志。发展到1999年，该计划共包括了希腊、英国等多个欧共体国家，并已开展了23类产品的认证。

其他国家（组织）的环境标志彩图见书后附录1。

4.2.3.4 中国的环境标志

国家环保局于1993年7月23日向国家技术监督局申请授权国家环保局组建“中国环境标志产品认证委员会”，1993年8月中国推出了自己的环境标志图形，1993年9月，国家技术监督局正式批复同意申请。中国环境标志产品认证委员会于1994年5月17日成立，它标

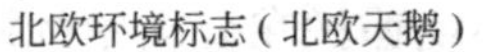
北欧环境标志（北欧天鹅）

欧共体环境标志（欧洲之花）

图 4-2　北欧和欧共体环境标志

志着中国环境标志产品认证工作的正式开始。认证委员会由环保部门、经济综合部门、科研院校、质量监督部门和社会团体等方面的专家组成，是代表国家对环境标志产品实施认证的唯一合法机构，它的成立使中国的环境标志产品认证工作有了组织保证；同时《中国环境标志产品认证委员会章程（试行）》、《环境标志产品认证管理办法（试行）》、《中国环境标志产品认证证书和环境标志使用管理规定（试行）》、《中国环境标志产品认证收费办法（试行）》等一系列工作文件的出台，为环境标志产品的认证奠定了基础。

最早启用的中国环境标志为中国环境十环标志，见图 4-3，是由中心的青山、绿水、太阳及周围的十个环组成。图形的中心结构表示人类赖以生存的环境，外围的十个环紧密结合，环环紧扣，表示公众参与，共同保护环境；同时十个环的“环”字与环境的“环”同字，其寓意为“全民联合起来，共同保护人类赖以生存的环境”。截至 2012 年，中国已在 95 类产品中开展环境标志认证工作，目前已有近亿个“十环”环境标志标识贴在产品上，产品种类涉及建材、纺织品、汽车、日化用品、电子产品、包装用品等。

图 4-3　中国环境十环标志和中国台湾省、中国香港地区环境标志

在中国当前实际情况下，环境标志计划是以政府参与为主体，通过在政府、企业和消费者之间架起这座绿色桥梁，传递有关环境保护的信息。中国环境标志的实施有以下特点：

① 认证委员会代表国家对绿色产品实施第三方认证，既不属于制造方又不属于使用方，公正客观，在技术和管理上保持高度的权威性。

② 认证制度符合市场机制的要求，采取自愿认证的方式，通过市场作用来体现环境产品的优势。

③ 认证工作与国际惯例接轨，便于开展国际间的互认工作。

4.2.4 环境标志的作用

德国（原西德）首先实施环境标志计划后，加拿大、日本、法国、丹麦、芬兰、冰岛、挪威、瑞典等国相继实施环境标志；欧盟（EU）也于1991年实施生态标志计划；一些亚洲国家和地区如新加坡、马来西亚、韩国以及我国的台湾省也已开展了环境标志工作。目前世界许多国家和地区已实施或正在积极准备实施环境标志，可以说，环境标志现已在全球范围内刮起一场环境保护的旋风。环境标志的作用主要有以下三个方面。

4.2.4.1 提高公众环境意识

公众参与是环境标志生存的沃土，是环境标志大厦构造的基石。而实施环境标志，又为公众参与环境保护提供了一个好的方式，它扩大了环境保护在公众中的影响，拉近了环境与人们日常生活之间的距离，无形中提高了环境保护在人们心目中的地位，这一点已在国外十几年实施环境标志的经验中得到了证实。

在较早实施环境标志的国家中，通过环境意识教育，使公众清楚地意识到当前所面临的严重的环境问题，意识到以破坏环境为代价换取眼前利益带来的恶果，理解了人类与环境相互作用的复杂性，使公众对环境标志这一新生事物表示赞同和支持。

发达国家的民意测验表明，大部分消费者愿意为环境清洁接受较高的价格，其中的多数人愿意挑选和购买贴有环境标志的产品。在瑞典，最近对第二大零售店中的消费者进行民意测验，结果表明，85%的消费者愿意为环境清洁而支付较高的价格；在加拿大，80%的消费者宁愿多付10%的钱来购买对环境有益的产品；另外40%的欧洲人喜欢购买环境标志产品而不是传统的产品。在英国，1988年9月出版的《绿色消费指南》，在9个月内居于最畅销售书的首位，出售了30万册以上。而德国环境数据服务公司（ENDS）2004年完成的一项名为《环境标志，在绿色欧洲的产品管理》的研究报告则认为，环境标志培养了消费者的环境意识，强化了消费者对有利于环境的产品的选择。在中国，据广州联建资讯中心2004年对广州地区的调查显示，在被调查的23085人中81.7%完全愿意为购买有益于环境尤其是居室环境和饮食环境的产品而支付更多的钱，15.5%比较愿意在经济条件许可的范围内购买环境标志产品，只有2.8%表示无所谓。

美国著名的盖洛普民意测验发现，目前，绝大多数人认为环境保护比经济增长更具战略意义。

4.2.4.2 引导市场和产品向着有益于环境的方向发展

消费者是市场的“上帝”，消费者的购买倾向直接影响着产品的发展方向。

最新资料表明：德国环境标志产品已达7500多种，占其全国商品的30%，日本标志产品有2500多种，加拿大标志产品已发展到800多种，正是由于公众环保意识的提高而逐步影响着制造商和经销商的战略思想，推动了市场和产品向着有益于环境的方向发展。

在日本，55%的制造商表示他们申请环境标志的理由是环境标志有利于提高他们产品的知名度，30%的制造商认为获得环境标志的产品比没有贴环境标志的产品更易销售，73%的制造商和批发商愿意开发、生产和销售环境标志产品。美国环境保护局（EPA）于1992年发起“能源之星”计划，凡是与计算机相关的产品，在非使用状态（休眠状态），耗电低于30W，而且易回收、低噪声、耐辐射，达到这一条件便可获得环保局颁发的“能源之星”标志。美国环保局要求，所有参加“能源之星”计划的厂商要保证他们生产的台式pc机和激光打印机的能耗降低50%～70%，截至1993年5月，全世界已有53家个人电脑制造商和环保局签订了协议，这些厂商的市场销售份额占60%，还有12家打印机制造商和环保局签约。据美国环保据推测，推行“能源之星”计划可为纳税人节省 20 亿美元的政府电力开支，经济效益显著。

4.2.4.3　环境效益显著

实施环境标志，其环境效益同样十分显著，绿色消费已成为当代社会的新时尚，在这种条件下，企业只有开发有利于环境的产品，才能为企业的长远发展奠定坚实的基础。

德国颁布了水基漆环境标志，与传统漆相比，该产品有机溶剂含量少，无气味，对人体无害，所以很快就占据了市场，传统的溶剂漆不久就被淘汰，市场上 60%的产品达到排放标准，由此带来的环境效益也很明显，推行水基漆后，德国为此每年少排放 4000t 有机溶剂。在加拿大，由于实施了环境标志，汽车废油、废纸、废塑料的排放明显减少。

据 ENDS 报告，德国实施环境标志之后，很多公司推广建立再生纸生产线，包括卫生纸、面巾纸和厨房用纸，可以节约大量的填埋空间和森林资源。在日本，由于致力于废旧物回收利用，其单位 GNP 所消耗的能源和材料比 20 世纪 70 年代减少了 40%。

环境标志的上述效果，都是在市场中，依靠对购买者的直接导向而实现的。因为公众的购买倾向无疑会影响商品的设计与生产，环境问题成为衡量产品销路的一个重要因素。40%的欧洲人对传统产品不感兴趣，而是倾向购买环境标志产品；日本 37%的批发商发现他们的顾客愿意挑选和购买环境标志产品。德国推出了一种不含汞、镉等有害物质的电池，在获得蓝色天使标志（德国环境标志）之后，市场份额从 10%迅速上升到 15%并出口英国，不久就占据了英国超级市场同类产品 10%的营业额。在当今竞争激烈的国际贸易市场上，环境标志就像一张“绿色通行证”在经济贸易中扮演着越来越重要的角色。

实施环境标志，公众看到的是标志，从标志上识别哪些产品的环境行为更好，买哪些产品对保护生态环境更有利。而对于生产环境标志产品的企业来说，则应对产品从设计、生产、使用到处理处置全过程（也称“从摇篮到坟墓”）的环境行为进行控制。不但要求尽可能地把污染消除在生产阶段，而且也最大限度地减少产品在使用和处理处置过程中对环境的危害程度。

可以说，环境标志是以其独特的经济手段，让广大公众行动起来，将购买力作为一种保护环境的工具，促使生产商从产品的生产到处置的每个阶段都注意减少对环境的影响，从而达到预防污染、保护环境、增加效应的目的。

4.2.5　环境标志的法律保证

环境标志从产生到现在方兴未艾，最终需要以一种具有稳定性、普遍性的社会规范形式存在，这种社会规范就是法律。目前，我国已转入市场经济的轨道，环境标志制度借用市场经济的竞争机制，在生产经营者自愿基础上生产销售被认定为有益环境的产品，以增强该产品在市场上的竞争力；同时，消费者在选择商品时以个人的环保意识和直接的参与行为，来影响生产经营者努力增加在产品的生产、处置各环节的环保投入，以此达到经济效益和环境效益的最佳。

4.2.5.1　国外环境标志的立法保证

虽然各国的法律体系不尽相同，但环境标志计划之间却有很多相似的法律规定——大部分国家的环境标志计划都聘请法律顾问，依照法律规定把环境标志登记注册为商标，与使用标志者签订合同防止错误使用标志，保护标志计划的顺利实施。

环境标志被注册登记为商标，以便保护它的非行政性和防止不正当地使用，各国的做法不完全相同。在德国，商标所有权归联邦环境自然保护和核安全部；在日本，所有权归环境协会。实践证明，这种商标保护方式对防止“假冒”的环境标志产品是非常必要的。

例如1988年，德国的RAL（Deutsches Institut für Gütesicherung und Kennzeichnung e. V.，德国质量保证与标志协会）控告了错误使用环境标志的零售商，因为该零售商在宣传它的产品时，把环境标志用在允许使用产品之外的商品上。同样，每一个标志计划均要求标志的资格申请者签署法律合同，这种合同一经签订，即明确了使用环境标志的权利和义务，具有法律效力，双方当事人必须遵守履行。这些合同是格式合同，通常一种产品和另一种产品间只有微小差别，这种合同的使用也有其有效期，在德国、加拿大为三年，日本则是两年，在合同期满时可以续签。合同期的长短是基于环境标志产品的标准需要不断修订和环境标志产品的普及情况而确定的。

许多环境标志计划中也建立了后续行为法律程序，对于不当使用环境标志的行为都制定了处罚措施，以保证环境标志的正确使用。如澳大利亚的标志计划中建立了仲裁机构，由四个标志评审团成员组成，决定对不当使用标志的行为做出适当反应，该机构可以决定警告违反合同的团体或提出调停。不管仲裁机构的决定如何，商家均可在法庭上控告其认为是对其采取了不正当竞争行为（如未获环境标志而自行张贴标志的行为）的违法者。

在德国的环境标志计划中，如果标志使用不合适（一般包括在广告中把限于单个产品使用的环境标志扩展使用到整条生产线所生产的其他产品上，或使用相似的标志侵犯了商标权），无论质量保证与标志协会（RAL），还是联邦环境署（FEA）的立法人均可以采取行动。如果使用标志的合同签订有误，由RAL负责处理；FEA作为政府的代表，负责处理所有未经许可就使用标志的情况。错误使用标志的行为一般是由商业竞争者告发的，RAL收到这类信息或在监督管理中发现问题，就会及时通知错误使用标志的企业，并要求其保证今后不再犯类似的错误，1989年一年，RAL的工作人员以这种方式就进行了大约70次干预。

加拿大的做法是，环境代表随时对已签订了标志使用合同的生产经营者进行，看其是否遵守协议。加拿大政府认为，依照法律遵守规章，对保护标志计划是十分必要的，政府在推行环境标志计划中，必须保证授予标志活动的公平性。

4.2.5.2 环境标志的商标保护

我国环境标志计划的实施尽量应用了国家现行法律、法规的有关规定，以约束环境标志产品的生产经营者的行为，并保障环境标志的正确使用。因此，借鉴国外经验，我国的环境标志计划采取的法律保障措施主要是对环境标志进行商标注册、与申请使用环境标志的生产者签订环境标志使用合同书，相应受我国商标法和合同法的保护。

（1）环境标志商标属证明商标　证明商标（certification mark），美国称之为“保证商标”（guaranty mark），爱尔兰称它为“统一质量商标”（common quality mark），欧共体委员会建议叫“担保商标”（guarantee mark）。各国虽然叫法不同，含义却大同小异，都是证明生产某产品的厂商的身份、商品的原料、商品的功能或商品的质量的标记。使用这种商标的商品，其生产、经营者自己不得注册，须由商会、实业或其他团体申请注册，申请人（商标所有人）对于使用该证明商标的商品质量具有鉴定能力，并负有保证其质量的责任。大多数国家的商标法中规定：证明商标不得转让、租借、抵押，不得作为强制执行措施的对象，同时还对使用证明商标者违反该商标章程的行为和假冒证明商标的行为应当承担的法律责任做出明确规定。

一般来说，使用证明商标的商品已通过鉴定或已按某项标准进行生产，因而该商品已具备某项质量特点或功能。通过使用证明商标，使商品对消费者具有更大的吸引力，有利于打开销路，占领市场。商标所有人可以是某一社团如劳动者同盟、商会和标准局等，也可以是国家、省、市等政府部门或他们组建的专业机构，如质量监督委员会、专业标志认证委员会等。证明商标所有人将其商标公之于众，专为别人使用，经过产品鉴定，如符合规定的标准，该商标所有人便发放使用证明（如认证证书等），准许生产厂家（企业）使用其商标。正是因为有以上这些特点，因此证明商标目前已发展成国际上的一种重要商标，如纯羊毛标志、产品质量认证标志等。

中国环境标志符合证明商标的所有条件，是一种典型的证明商标。由国家技术监督局授权的“中国环境标志产品认证委员会”已于 1994 年 5 月 17 日正式成立，代码为 C13，认证委员会依据已颁发的《中国环境标志产品认证委员会章程》和《环境标志产品认证管理办法》开展认证工作，同时，中国环境标志图形已确定，并已由“中国环境标志产品认证委员会”作为申请人在国家商标局对其进行了注册，从而使我国环境标志图形取得了注册商标专用权，认证委员会则是此认证商标的所有人。2008 年环境保护部制定了《中国环境标志使用管理办法》，对标志的所有权归属及认证机构、企业使用等做了详细的约定。到目前为止，已有 89 类环境标志产品技术要求被制订并公布，符合该技术要求的产品被授予了环境标志。

（2）中国法律对环境标志的商标保护　环境标志已进行商标注册，为证明商标，那么其图形及使用权应得到我国现有有关法律的保护，一般说来，大致有以下三种。

① 环境标志的商标法保护。现行的《中华人民共和国商标法》规定：经商标局核准注册的商标为注册商标，包括商品商标、服务商标和集体商标、证明商标；商标注册人享有商标专用权，受法律保护。

《中华人民共和国商标法》中还明确了证明商标的定义：证明商标，是指由对某种商品或者服务具有监督能力的组织所控制，而由该组织以外的单位或者个人使用于其商品或者服务，用以证明该商品或者服务的原产地、原料、制造方法、质量或者其他特定品质的标志。从而为中国环境标志的注册、管理商标专用权的保护提供了基本的法律依据。

《中华人民共和国商标法》第 40 条对需要使用注册商标的人要与商标注册人签订“商标使用许可合同”，并保证使用该注册商标的商品质量进行了规定：“商标注册人可以通过签订商标使用许可合同，许可他人使用其注册商标。许可人应当监督被许可人使用其注册商标的商品质量。被许可人应当保证使用该注册商标的商品质量。”

上述规定，无疑对我国环境标志工作的推动起到了保驾护航的作用。

② 环境标志的产品质量法保护。《中华人民共和国产品质量法》不仅在“总则”中作为一条原则规定“禁止伪造或者冒用认证标志、名优标志等质量标志”，还在第二章“产品质量的监督管理”中第 9 条第二款、第 11 条对产品质量认证制度的建立原则和方法、产品质量检测机构等做出规定；第三章规定“生产者、销售者不得伪造或者冒用认证标志、名优标志等质量标志”；第五章“罚则”还对违反有关规定的行为进行处罚的办法作出规定。因我国环境标志制度走的是认证的道路，环境标志亦属于“认证标志”，因此，以上规定为环境标志商品权的保护、为环境标志认证制度的顺利实行奠定了基础。

③ 环境标志的《反不正当竞争法》保护。当前，假冒伪劣商品充斥国内市场，不正当竞争行为横行肆虐，已严重扰乱了市场交易秩序与安全，生产经营者和消费者对此深恶痛绝，强烈呼吁对此不正当竞争行为应给予严厉制裁和打击。国家为了维护市场经济秩序，制止不正当行为，促进正常交易的健康发展，第八届全国人大常委会第 3 次会议于 1993 年 9 月 2 日通过了《反不正当竞争法》，并于同年 12 月 1 日起施行。《反不正当竞争法》第 5 条

规定“经营者不得假冒他人的注册商标。也不得在商品上伪造或冒用认证标志、名优标志等质量标志。”这一规范市场主体行为的法律界定了“不正当竞争行为”（如假冒注册商标、伪造或冒用认证标志和虚假广告），规定了市场“监督检查”制度和明确了不正当竞争行为应承担的“法律责任”。

这一法律的出台与实行，为“环境标志”的实施创造了良好的环境，使环境标志产品刚一进入市场就有安全感。对已取得或即将取得标志的产品生产经营者来说，市场秩序的稳定使产品有保障，标志产品可在市场上以自身的优势得到广大消费者的青睐，由此，生产经营者和消费者的合法权益都有了法律保障。

4.2.5.3 环境标志的合同保障

（1）环境标志合同书的出台　为了环境标志的实施更具合理性与法规性，借鉴国外环境标志计划经验，制订了中国的“环境标志使用合同书”，该合同属格式合同，在甲方（中国环境标志产品认证委员会秘书处）和乙方（认证合同单位）之间建立了一个共同的具有法律和债务责任的合同，其中主要对乙方如何使用环境标志、合同期限及甲方对乙方的认证监督方面作了规定。

（2）企业必须依法签订合同使用环境标志　自愿申请使用环境标志的企业，按照《环境标志产品认证管理办法》中的程序提出申请，经中国环境标志产品认证合格后，须与中国环境标志产品认证委员会秘书处鉴订环境标志使用合同。合同一经签署，即具有法律效益，因此合同是双方的一个有效的法律约束武器。尤其是对企业，在履行合同期间，必须明确合同规定的权利和义务，以保证依法履行合同，正确使用环境标志，其中最值得强调的是生产经营者只能在经认证合格的产品上粘贴标志，而不能使用在自己生产的其他未经许可的产品上，否则必须承担法律责任。

4.2.6 ISO 14020 系列标准——环境标志及声明

既然各国或组织分别拥有自己的环境标志，国际上由什么组织来规范“绿色产品”？国际标准化组织 1999 年出台的 ISO 14000 环境管理体系标准中的 ISO 14020 系列标准弥补了这一缺憾。ISO 14020 系列标准对世界各国的产品和服务环境行为评价原则和方法做出规定，对俗称的绿色产品、绿色服务、绿色市场的科学定位和内涵予以规范。ISO 14000 系列标准中以 ISO 14020 为基础，并发展了 ISO 14024（Ⅰ型）、ISO 14021（Ⅱ型）、ISO 14025（Ⅲ型）三种环境标志计划，对绿色市场的所有绿色认证、绿色声明、绿色信息都给予规范，在防止贸易技术壁垒的总目标下构筑了一个完整的环境标志计划体系。

ISO 14020 系列标准环境标志与中国环境标志的十环标志不同。中国环境十环标志是政府标识，代表政府对环境标志事业的导向和对产品和服务环境行为的最高认定；Ⅰ型、Ⅱ型、Ⅲ型环境标志的标识，是认证、验证、评估单位对应国际标准的技术标识，是 ISO 14020 系列标准合格评定的表达形式之一。

4.2.6.1 ISO 14020 系列标准的主要内容

（1）ISO 14020 标准　ISO 14020 标准包括九条通用原则，规定了环境标志和声明方面各国都应共同遵守的原则，核心是产品和服务的环境标志和声明应防止贸易技术壁垒、准确、无误导。

（2）ISO 14024 标准　ISO 14024 标准规定了产品和服务的第三方认证要求，称为Ⅰ型环境标志。认证方需先颁布认证标准，公开信息，被认证方自愿申请获得通过后，许可使用Ⅰ型环境标志标识，领取认证证书。

(3) ISO 14021 标准　ISO 14021 标准全称为环境管理　环境标志和声明　自我环境声明　Ⅱ型环境标志，它规定了对自我环境声明的要求（环境声明包括与产品有关的说明、符号和图形）；有选择地提供了环境声明中一些通用的术语及其适用的限定条件；规定了对自我环境声明进行评价和验证的一般方法，以及对本标准中所选用的声明进行评价和验证的具体方法。本标准不排斥、取代或以其他任何方式改变法律要求提供的环境信息、声明或标志，以及其他任何适用的法律要求。ISO 14021 标准规定了产品和服务的 12 个自我环境声明要求，准予企业自我声明。为增强声明的可信度，是否经第三方验证，由声明者自愿签约。在自我环境声明验证通过后，许可使用验证方的Ⅱ型环境标志标识，颁发验证证书。

(4) ISO 14025 标准　ISO 14025 标准规定了产品和服务的生命周期信息公告要求，称为Ⅲ型环境标志。规定了生命周期信息公告的两种方法，需要第三方检测、评估，证明产品和服务的信息公告符合实际后，准予颁发评估证书。

4.2.6.2　环境标志及声明应遵循的原则

环境标志及声明是环境管理的工具之一，是 ISO 14000 系列标准的一个主题。环境标志及声明就产品及服务的总体环境特性、特定环境因素或其他多种因素提供信息。购买方和潜在的购买方可利用这一信息，基于环境及其他方面考虑，选择他们所期望有的产品或服务。产品或服务的供应方希望其环境标志或声明能对购买方产生有效的影响，选择他们的产品或服务。如果环境标志或声明具有这一作用，将提高其产品或服务的市场份额，并促使其他供应方对自己的产品或服务的环境因素加以改进，而能够使用环境标志或环境声明将最终减少该类产品或服务所带来的环境压力。

环境标志及声明应遵循的具体原则如下：

① 环境标志及声明必须是准确的、可验证的、具相关性的和非误导性的。

② 用于环境标志及声明的程序和要求的制订、采纳和应用不得以制造不必要的国际贸易壁垒为目的。

③ 环境标志及声明必须以足够严谨、科学的方法学为基础，该方法足够彻底、全面，从而能够支持所作声明，并能获得准备和可再现的结果。

④ 用来支持环境标志及声明的程序、方法学和准则的信息必须具有可得性，并可应所有相关方的要求予以提供。

⑤ 环境标志及声明的制定必须考虑产品生命周期的所有相关因素。

⑥ 环境标志及声明不得阻碍能够保持环境行为或具有改善环境表现潜力的革新。

⑦ 任何与环境标志及声明有关的行政要求或信息需求都必须保持在符合适用准则和标准所需的限度。

⑧ 环境标志及声明的制定过程应是开放的、有相关方参与，在此过程中应做出必要的努力以求得共识。

⑨ 购买方和潜在的购买方必须能从使用环境标志或声明的一方获得与该环境标志或声明有关的产品和服务的环境因素信息。

(1) Ⅰ型环境标志　中国的Ⅰ型环境标志见图 4-4。

ISO 14024（环境管理　环境标志与声明　Ⅰ型环境标志　原则与程序）由国际标准化组织（ISO）于 1999 年 4 月正式颁布，目前世界各国开展的环境标志计划主要为此种类型。中国于 2001 年正式将 ISO 14024 标准等同转化为 GB/T 24024 国家标准。

图 4-4　中国Ⅰ型环境标志

Ⅰ型环境标志计划（执行ISO 14024标准）是一种自愿的、基于多准则的第三方认证计划，以此颁发许可证授权产品使用环境标志证书。Ⅰ型环境标志对每一类产品配备一套完整的、具有高度科学性、可行性、公开性、透明性的标准，凡是符合标准的产品即表明其基于生命周期考虑，具有整体的环境优越性。Ⅰ型环境标志用科学的标准和严格的评定程序确立了第三方认证程序的范本。

① Ⅰ型环境标志遵循的原则

a. 自愿性：这反映在市场经济条件下环境管理政策已由过去的“命令控制”转为以市场调节为主要特征。一方面，消费者出于环境和自身健康考虑，愿意购买环境标志产品；另一方面，生产企业在此需求压力下，必须生产环境友好和健康的产品来满足消费者的需求。这样自愿性原则就会很好地利用市场驱动来持续改善环境状况。

b. 选择性：一般而言，环境标志只授予在某种产品/服务种类中的最优秀者，获得认证产品的比例通常控制在同类产品的5%～30%。

c. 产品的功能性：如果获得环境标志的产品与同类产品相比不能体现高质量和合理的功能特性，则环境标志和环境标志计划的可信度将会受到质疑。环境标志产品只有在保证产品质量和功能特性的前提条件下才能发挥作用。

d. 符合性和验证性：ISO 14024指出，Ⅰ型环境标志计划的制订和实施的各个阶段都应具有透明度。这意味着Ⅰ型环境标志的程序在其发展和运行的全过程中的所有信息均可被相关方所获取，并进行审查和评价。

e. 可得性：主要指环境标志计划的开放性和可获得性。环境标志机构应是一个中立机构，环境标志计划的申请和参与应对所有潜在的申请者开放，这意味着无论申请企业是公营或私营、集团公司或小公司、国外公司或国内公司都应得到同等待遇。

f. 保密性：环境标志申请人所提供的信息资料中有可能会涉及企业的技术机密和核心数据。因此，对于所有标识为密级的信息必须加以保密，并予以文件化，从而保证企业在申请和使用环境标志标识的同时，不会因其提供的密级资料和信息的泄露而受到任何不利的影响。

② Ⅰ型环境标志的特点

a. 公开透明：主要指环境标志计划相关信息的可获得性。Ⅰ型环境标志计划的制订和实施的各个阶段都应具有透明度，所有满足给定产品种类的产品环境准则和其他计划要求的申请者都必须有资格能被授予环境标志许可证并授权使用标志。

b. 第三方认证：经独立的第三方认证机构严格履行ISO 14024国际标准，按照“公正、公开、公平”原则进行严格的审核。通过独立第三方制定标准和进行审核，消费者可以确信生产商的产品/服务真正有利于环境改善。

c. 产品的规模效应：所有认证企业均应具备较强的生产能力以及较大的生产规模，以确保认证产品的持续稳定性并维护消费者的利益。

d. 其他国际通行标准：对于在国际标准框架下的通行标准，可被直接借鉴引用于环境标志产品认证计划，以避免重复劳动并提高产品认证的效率。

e. 明确的环境标志产品准则：Ⅰ型环境标志须预先制定产品准则，以作为产品认证的技术依据，由此决定了环境标志准则在Ⅰ型环境标志计划中的核心地位。

③ Ⅰ型环境标志产品技术要求。目前中国已公布的Ⅰ型环境标志产品技术要求有重型汽车、水性涂料、灭火器、家用微波炉、生态纺织品、节能灯等共89项。

④ Ⅰ型环境标志计划的实施需要配套技术标准。ISO 14024（GB/T 24024）标准面向所有的产品和服务，它只规定了各国建立Ⅰ型环境标志计划的原则和程序，给计划搭建了一个框架，没有具体到产品和服务的层次上，客观决定了标准在实施过程中不具有可操作性，因为开展环境标志计划的组织不可能按照一种原则和程序去评定具体的产品和服务，因此，ISO 14024（GB/T 24024）只有在配套技术标准的支持下，才能真正发挥计划应有的作用。

ISO 14024（GB/T 24024）标准 6.4“产品环境准则的选择与制定”中明确规定了具体产品和服务标准制定的原则、指标属性、指标值的确定方法、测试和验证方法的选取原则以及标准的发布和修订程序。实际上，ISO 14024（GB/T 24024）标准就明确要求各国实施Ⅰ型环境标志计划的组织应按照本标准的规定，依据不同的产品种类和范围分别建立基于生命周期评价基础的多重准则的技术标准，以便在不同产品种类中区别环境表现优越的产品。

ISO 14024 配套技术标准的数量直接决定了市场上可提供的环境标志产品的种类，从而决定了消费者对环境标志产品的可得性，Ⅰ型环境标志计划规范绿色市场、发挥绿色导向的作用，都必须以环境标志产品的可得性为前提。因此，ISO 14024 的实施迫切需要大量的配套技术标准，这些标准应该涵盖产品和服务两个领域，原则上没有边界。

⑤ ISO 14024 配套技术标准制定方法。完全无害的产品是不存在的，任何产品都可能在某些方面或多或少地以这样或那样的方式危害环境，因此，一种具有环境标志的产品仅仅只是相对其他的同类产品而言环境影响较小。但即使是做这种同类产品之间的比较，也需要通过对一种产品的总体环境影响进行评价，进而设立一定的环境要求，也就是要建立符合 ISO 14024 国际标准要求的针对某类具体产品的配套技术标准。一般情况下，配套技术标准的制定程序包括以下三个步骤：产品种类选择；对选择的产品种类进行整个生命周期的环境影响评价；建立适当的衡量产品环境表现的指标限值。

a. 产品种类选择。确定适合环境标志的产品种类的过程中，首要的原则是实施环境标志的产品相比同类产品能够大幅度地降低产品的环境危害。因为在同类产品中，必然有一些产品会对环境造成很大的危害，而另一些产品相对来说对环境的危害较轻。这个原则对于判别诸如充电电池这样的情况是显而易见的（锂电池优于镍氢，而镍氢又优于镉镍），但对于某些产品种类范围的选择就不一定具有明显性，而这种困难很多情况下来自于需要判断在为消费者提供信息的目标和鼓励制造商为改进产品的环境质量而竞争的目标之间哪一个更重要。例如：CFCs 在气溶胶喷雾中被用作挥发剂，它对臭氧层有破坏作用，所以在德国环境标志的除臭剂产品类别中，环境标志只能授予那些不使用 CFCs 的喷雾除臭剂，因为这些气溶胶除臭剂比使用 CFCs 的除臭剂对环境的危害要小。但是，在市场上还存在一种滚动式除臭剂，既不含 CFCs，通常又比无 CFCs 的气溶胶对环境更为友好（因为无 CFCs 的除臭剂通常包含易挥发的有机组分和其他污染物质）。德国环境标志计划认为滚动式除臭剂并不属于这个产品类别，因为它没有足够的竞争力与气溶胶除臭剂进行竞争。现在，让我们假设，如果一个消费者面临选择两者中的任何一种都可以满足要求的情况，如果在环境标志的影响下，消费者选择了无 CFCs 喷雾式除臭剂而没有选择滚动式除臭剂，则标志计划的目标明显没有实现，因为它正在使消费者产生误解，认为有标志的喷雾除臭剂对环境的影响优于滚动式除臭剂。但如果从考虑鼓励制造商为获得环境标志而从喷雾剂中去除 CFCs 这点考虑，标志计划又可以说取得了成功。如果为了从更大的范围更好地告知消费者产品的环境质量，将两者都包括在相同的产品类别中，由于滚动式除臭剂环境表现优于喷雾式除臭剂，考虑到这一点，喷雾式除臭剂的制造商替换 CFCs 的热情将减低。总之，为消费者提供信息的目标和鼓励制造商之间为改进产品的环境质量而竞争的目标两者基本上不可能同时实现，只能通过判定哪一个目标更为重要来作出困难的决定。

另外，根据通常的法则，环境标志不考虑那些本身就危害人类健康、易燃、易爆的产品。同样，食品和药品一般也不在考虑之列，因为这两类产品有不同的监管体系与要求。

b. 生命周期环境影响评价。一旦产品种类和范围确定下来，就需要对这类产品的特性以及由该产品引起的环境影响进行评价，正确的环境评价需要对整个产品的生命周期进行分析。产品的生命周期包括它的生产（包括原材料的使用）、分配、使用和处理阶段，在这四个阶段中，产品以不同的方式和程度影响环境。因此，一个完整的评价必须包括产品的环境影响总和。这包括产品在四个不同的阶段中对三种不同的介质（大气、水体和土壤）的影响，而且还要考虑不可再生资源和能源的利用，产品的耐用性、易修理性和安全性。这个过程通常被称为“从摇篮到坟墓”评价。

目前还没有一种满意的方法可用以比较和总结不同的环境危害类型，在研究产品整个生命周期的影响方面的经验更是十分有限。评价产品生命周期在不同方面、不同污染类型方面的影响，经常使用的是一种简化的替代方法——二维分析法。这种二维矩阵的方法是一种非定量的方法，如表 4-1 所示为一个 9×4 的矩阵（产品生命周期四个不同阶段的环境影响），每个矩阵元素通过对四方面严格的环境影响评定给出，这种分析只能定性给出整个产品生命周期最主要的环境影响。

表 4-1　某产品生命周期分析二维矩阵

项　目	生产	分配	使用	处理
有害物质	○	—	●	●
排放物：水	○	—	●	●
气	○	—	●	○
土壤	○	—	●	○
噪声	○	—	●	○
废物	○	●	●	●
资源保护	—	○	●	—
合理利用		○	●	●
安全			●	—

注：●—要求考虑；○—不要求考虑；——无关。

考虑到环境相互作用的复杂性，特别是目前没有一种通用的、令人满意地解决这类问题的方法，因此，环境标志只是在同类产品的环境影响评价中集中对很少的几个影响重大的部分进行研究，这意味着环境标志并不是要找出在同类产品中对环境“最好”的产品，而只是要通过设立几项环境要求，作为选择同类产品中具有最大环境效益的最好方法。一般情况下，这样的一些要求已经可以反映这类产品的环境特性。

c. 选择指标限值。根据 ISO 14024 国际标准要求，一个产品在获得Ⅰ型环境标志的过程中必须满足相应的配套技术标准的要求，这些配套技术标准是Ⅰ型环境标志计划的核心。当在产品的环境影响评价中鉴别出产品最有可能对环境产生影响的阶段和方面，下一步就要找出单个产品的差异，从而建立产品环境要求（产品技术标准）。也就是说，一个技术标准中对产品的环境要求的多寡取决于单个产品的差异大小，例如两个同类产品的差异仅存在于处置阶段，即其中的一个属于可回收型，则技术标准中的环境要求只可能建立在产品可回收性基础上。

当确定了产品的环境要求项目，那么接着就应该确定该项目的控制指标阈值，此时关键问题就变成需要确定有多少产品能够满足标准要求。根据经验，阈值的确定，首先必须保证市场上能够有产品达到要求，因为建立那种没有产品可以达到的标准是没有意义的。其次，一般应选择具有 20%～30%市场份额的产品能够达到的限值。这点相当重要，因为环境标志不仅鼓励制造商为标志而竞争，也希望获得公众的信任与支持，如果标准要求太低会导致对消费者、制造商的吸引力受到损害。随着产品全面改善其环境质量和表现，环境标志产品会逐渐获得更大的市场份额。此时，标准需要进一步严格，阈值需要进一步提高，从而保证环境标准的先进性。

d. ISO 14024 配套技术标准分类编号方法。全球生态标志网（GEN）组织根据产品类别划分，将环境标志产品（ISO 14024）分为 19 大类，分别为电池、燃烧炉、洗涤剂、纺织品/服装、建筑材料、家用电器、办公用品（非纸类）、办公用品/文具、纸产品、个人用品、家居养护用品、容器/包装、灯、服务业、太阳能产品、汽车/燃油、节水产品、农业和园艺、服务业和其他。

为便于今后开展国际互认，实现国际接轨，我国实施的 ISO 14024 标准也采纳 GEN 的产品种类划分方法。本文介绍的 ISO 14024 环境标志配套技术标准编号表述为 CEL 14024—×××—×××，该编号中 CEL 14024 表明该标准遵守 ISO 14024 标准要求，为Ⅰ型环境标志配套技术标准；中间段为 GEN 产品分类号，表明产品类别；最后为产品的顺序号，例如充电电池编号就可以表示为“CEL 14024—1100—001”。

表 4-2 是部分 ISO 14024 配套技术标准示例汇总。需要注意的是，这些产品标准仅为示例性的，目前正在研究以及已经制定、实施的标准还有很多，例如在服务领域还有酒家、装饰装修、零售业、汽车服务等环境标志标准。另外，环境标志标准本身也不是固定的，它还将随着国际和国内技术的发展和标准的变化不断增加和改进。

表 4-2　ISO 14024 配套技术标准示例汇总表

1100	电池	001-充电电池和干电池，002-工业电池
1200	燃烧炉	001-节能，低排放燃气锅炉
1300	洗涤剂	001-洗涤剂
1400	纺织品/服装	001-无漂白毛巾，002-防虫蛀毛纺织品，003-生态纺织品，004-鞋类，005-地毯，006-床垫
1500	建筑材料	001-可调节式低噪声便器，002-建筑用塑料管材，003-水性涂料，004-塑料门窗，005-卫生陶瓷，006-人造板及其制品，007-黏合剂，008-轻质墙体板材，009-建筑砌块，010-低辐射饰面材料，011-壁纸，012-隔热玻璃，013-再生石膏制品，014-热绝缘材料，015-再生铺路材料，016-吸声屏障，017-木制户外家具
1600	农业和园艺	001-有机肥料，002-可降解地膜，003-农业资源产品，004-低噪声草坪割草机，005-低噪声割灌机，006-土壤保水剂，007-卫生添加剂
1700	家用电器	001-家用制冷器具，002-洗衣机，003-节能低噪声房间空气调节器，004-节能低排放燃气灶具，005-家用微波炉，006-非铝制压力炊具，007-彩色电视机，008-低辐射手机，009-电磁炉，010-手持式头发吹风机，011-燃气热水器，012-洗碗机，013-消毒碗柜，014-家庭垃圾处理设备
1800	家居养护用品	001-卫生杀虫气雾剂，002-防虫蛀剂，003-无烟盘式蚊香，004-消毒剂，005-棉药签，006-蜡烛，007-热水箱，008-灭蚊蝇器具
1900	灯	001-节能灯，002-节能电子镇流器
2000	办公用品/文具	001-墨水笔，002-铅笔，003-修正带，004-涂改液及稀释剂，005-印刷油墨，006-磁带

续表

2100	办公用品(非纸类)	001-家具,002-替代卤代烷灭火器,003-静电复印机,004-微型计算机及显示器,005-传真和传真/打印多功能一体机,006-打印机,007-可回收墨粉盒,008-计算机鼠标,009-计算机键盘,010-计算机主机,011-冷热饮水器
2200	容器/包装(非纸类)	001-重填物的包装或容器,002-包装制品,003-包装用纤维干燥剂,004-与食物接触的陶瓷,微晶玻璃和玻璃餐具制品,005-购物袋,006-塑料袋密封品,007-留置式拉环的饮料罐,008-再生聚乙烯零售用袋、垃圾袋,009-纸质餐饮具
2300	纸产品	001-未漂白过滤纸,002-办公用纸,003-信封、商用表格和其他深加工的纸质产品,004-期刊印刷品,005-印刷用纸,006-节约资源型纸制品
2400	个人用品	001-个人保健品,002-布尿片,003-可降解卫生用品,004-卫生巾,005-肌肤清洁剂,006-洗发精
2500	服务业	001-酒店服务
2600	太阳能产品	001-光动能手表,002-太阳能收集器
2700	汽车/燃油	001-非石棉的摩擦材料,002-低污染型摩托车,003-低污染型轻型汽车,004-润滑油,005-低噪声柴油机,006-液压油,007-燃料油,008-环保动力车,009-汽车轮胎,010-无石棉运输部件,011-翻新轮胎,012-低噪声建筑机械,013-低噪声链条锯,014-节能电机,015-生物柴油,016-乙醇汽油,017-船舶发动机,018-汽车保养用品
2800	节水产品	001-节水淋浴喷头,002-个人电子淋浴系统,003-节水灌溉滴灌管,004-节水灌溉微灌滴头,005-节水灌溉微灌喷头,006-节水灌溉微灌筛网过滤器,007-节水灌溉微灌管、微灌带,008-节水灌溉喷灌机,009-喷灌用金属薄壁管及管件
2900	其他	001-儿童三轮车,002-儿童玩具,003-无氟氯化碳工商用制冷设备,004-磁电式防垢水处理器,005-金属焊割气,006-干式电力变压器,007-无汞医用体温计,008-培养皿,009-用再生碎玻璃制造的产品,010-用废橡胶制成的产品,011-喷射液,012-人造珠宝,013-婴儿学步车,014-儿童自行车,015-婴儿推车,016-气雾剂,017-防冻处理剂,018-机场除冰装置,019-低噪声变压器,020-低噪声混凝土搅拌机,021-自毁型一次性使用无菌注射器,022-节能、低噪声风机,023-节能电梯,024-海面溢油分散剂,025-无卤低烟阻燃电缆

(2) Ⅱ型环境标志

① Ⅱ型环境标志的适用范围及作用。ISO 14021 环境标志国际标准（Ⅱ型环境标志）于 1999 年 9 月 15 日颁布，1999 年 11 月正式成为国际标准。中国于 2001 年正式将 ISO 14021 标准等同转化为 GB/T 240241 国家标准（图 4-5）。它规定了对产品和服务的自我环境声明的要求，理论上是无边界的，自我环境声明包括与产品有关的说明、符号和图形；有选择地提供了环境声明中一些通用的术语及其使用的限用条件；规定了对自我环境声明进行评价和验证的一般方法，以及对选定的 12 个声明进行评价和验证的具体方法。为增强声明的可信度，是否经第三方验证，由声明者自愿签约。自我环境声明验证通过后，许可使用验证方的Ⅱ型环境标志标识，颁发验证证书。

图 4-5 中国Ⅱ型环境标志

适用范围：Ⅱ型环境标志明确规定了目前正在使用或今后可能被广泛使用的 12 类自我环境声明的限定条件，从声明类型的角度而不是产品类别的角度来阐述。因此，每一类声明都对应数种产品甚至是行业，再加上它对产品的市场寿命也没有提出要求，相对于中国环境标志来讲，Ⅱ型环境标志适用范围较广泛。

企业：Ⅱ型环境标志除少数必要的指标需要检测外，仅对证明文件进行验证，费用较低，充分考虑了小型企业的需求，更便于标志计划的开展。

用途：在宣传上，自我环境声明除了图形外，一般使用特定术语和解释性说明来为产品的环境特性做宣传，更具体、直观地表达出更深层次上的“环保”，可作为消费者作较为慎重购买选择时的依据。

另外，无论是循环经济，还是清洁生产或是绿色设计，它们最终都归结到绿色产品（或服务）上来，而ISO 14021环境标志国际标准的12个具体的环境声明恰恰就是对绿色产品的上述环境属性的规范。对于循环经济、清洁生产和绿色设计来讲，Ⅱ型环境标志更能体现促进作用。

作用力度：Ⅱ型环境标志明确规定了18条自我环境声明通用要求，对诸如“绿色”、“对环境安全”的语言加以限制，禁止使用这种无意义、不准确和带有误导性的语言，从这种意义上来讲，Ⅱ型环境标志更能起到规范市场声明的作用。

Ⅱ型环境标志针对于某一特定要求进行自我环境声明，快速直接地反映公众的某项需求和企业的某项承诺，在贴近企业和公众方面提供了更加有效的补充。

② ISO 14021Ⅱ型环境标志自我环境声明具体要求概述。以下列出世界范围内通用的12个自我环境声明：可堆肥、可降解、可拆解设计、延长寿命产品、使用回收能量、可再循环、再循环含量、节能、节约资源、节水、可重复使用和充装以及减少废物量，之所以选择这12个声明，并不意味着它们在环境上比其他声明重要，而是由于它们是目前正在或今后可能被广泛使用的声明类型。

由于具体声明只能在确定的特性和条件下才能使用，因此标准7.2～7.13对这12个自我环境声明分别给出了限定条件。在声明应用时，必须满足这些限定条件。

值得注意的是声明者有可能选用相近的术语来规避由于滥用这12个声明所应负的责任，对此，标准7.1.1规定：“声明者遵守本章所规定原则的责任不因其换用相近的术语而减少”。

12个自我环境声明按适用范围分为以下五种不同类型。

a. 产品生产过程中适用的自我环境声明类型。涉及“使用回收能量”、“再循环含量”、“节约资源”三种声明类型，其中“使用回收能量”和“再循环含量”声明，是利用再生资源来实现生产过程中资源使用总量的减少；“节约资源”声明，通过节约外来资源即自然资源的使用量来实现生产过程中资源使用总量的减少。

使用回收能量，指生产产品使用的能量是回收自原来可能被作为废物处置的物质或能量，现通过管理过程将其重新利用的产品特性；再循环含量，指产品或包装中再循环材料的质量（物理量）比例；节约资源，指在制造或销售产品、包装及有关配件时减少材料、能源或水的用量。

b. 使用过程中适用的自我环境声明类型。涉及延长寿命产品、节能、节水三种声明类型。其中，“延长寿命产品”声明，通过延长产品的使用寿命来降低产品的报废速度，从而实现节约生产产品所必需的资源能源，减少废弃物产生总量；“节能”、“节水”声明，鼓励消费者通过使用节能节水产品来降低产品使用过程中资源的消耗量。

延长寿命产品：指提高产品的耐用性或使之可升级，以延长其使用寿命，从而节约资源或减少废物量的设计。节能：指通过和具有同样功能的其他产品相比较，认为产品实现该功能时能耗减少。节水：指通过和具有同样功能的其他产品相比较，认为产品实现该功能时用水量减少的声明。

c. 使用到废弃阶段适用的自我环境声明类型。涉及可重复使用和充装的一种自我环境声明，它同样也是通过产品的重复使用和容器的重复充装来延长产品的使用寿命，降低产品的报废速度，从而实现减少生产新产品所必需的资源消耗量和废弃物的产生量。可重复使用和充装指通过设计使产品或包装能在其生命周期内按其原定用途重复流通、周转或使用。

d. 废弃到再生产阶段适用的自我环境声明类型。涉及可拆解设计、可堆肥、可降解、可再循环四个声明，其中可拆解设计是后三个声明的前提，只有实现可拆解设计，才能使废旧物品再循环、再利用或无害化处理处置。

可拆解设计：指使产品在使用期终止后能通过拆解，以便对其部件或组分进行再用、再循环、能量回收或其他方式转移出废物流的产品设计特性。可堆肥：指产品、包装或其附件经生物降解后生成相对单纯并稳定的腐殖质类物质的特性。可降解：指产品或包装在特定条件下通过一定时间分解到某种特定程度的特性。可再循环：是指产品、包装或其组分可通过可行的工程和方案从废物流中转移出来，同时能够被收集、加工并以原材料或产品的形式投入使用。

e. 对生命周期各阶段都适用的自我环境声明类型。涉及减少废物量的一类自我环境声明，减少废物量的范畴可包括生产、销售、使用和处置等阶段所产生废物量的减少，因此，该声明可适用于产品生命周期各阶段。

减少废物量指通过对产品、过程或包装的更改使进入废物流的物质量减少。

图 4-6 可用来表述产品生命周期各阶段适用的自我环境声明类型。这 12 个自我环境声明体现了循环经济的全部内涵，循环经济的概念是 20 世纪 90 年代后期由德国和日本等工业化国家最早提出并推进的，它是相对于传统经济而言的一种新的经济形态，代表了一种发展趋势，是人类对难以为继的传统发展模式反思后的创新。循环经济是对物质闭环流动型经济

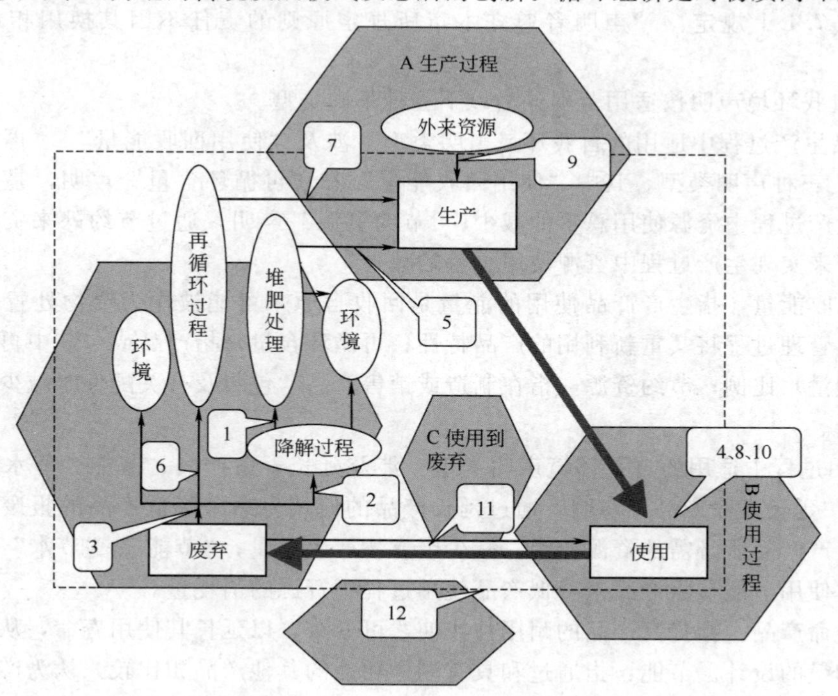

图 4-6 Ⅱ型环境标志 12 个自我环境声明的适用范围图

1—可堆肥；2—可降解；3—可拆解设计；4—延长寿命产品；5—使用回收能量；
6—可再循环；7—再循环含量；8—节能；9—节约资源；10—节水；
11—可重复使用和充装；12—减少废物量

的简称，要求以“减量化、再使用、再循环”（俗称“3R”原则）为社会经济活动的行为准则。对于输入端，减少进入生产和消费过程中的物质和能源流量；对于过程，延长产品和服务的时间强度；对于输出端，鼓励把废弃物再次变成资源以减少最终处理量，也就是我们通常所说的废品的回收利用和废物的综合利用。图 4-6 中 A 区相当于循环经济的输入端，体现了“减量化”原则；B 区＋C 区相当于循环经济的过程，体现了“减量化”和“再使用”原则；D 区相当于循环经济的输出端，体现了“减量化”和“再循环”原则；E 区将整个循环经济的全过程都包含进去，它重点体现的是循环经济中的“减量化”原则。

从上面分析可以看出，ISO 14021 标准的 12 个自我环境声明密切相关。

（3）Ⅲ型环境标志

① Ⅲ型环境标志。中国Ⅲ型环境标志见图 4-7。

图 4-7　中国Ⅲ型环境标志

中国Ⅲ型环境标志强调产品质量指标与环境指标的双优，它是对产品和服务的各个阶段（如设计、生产、使用、废弃等阶段）按照生命周期评价理论进行系统的分析，开列出所有与产品和服务有关的环境影响清单（声明数据表），并检测和计算出相应的量化结果，向消费者、经销商提供产品和服务的可比环境信息，同时在市场上树立企业的“绿色”形象。

中国Ⅲ型环境标志是一个量化的产品性能和环境信息的数据清单，它是由企业提供，经由有资格的独立第三方依据 ISO 14025 环境标志国际标准进行严格的审核、检测、评估，证明产品和服务的信息公告符合实际后，向消费者提供量化的环境信息。

② ISO 14025 国际标准的方法基础。用来发展Ⅲ型环境声明的符合 ISO 14020 原则的方法必须以科学与工程性方法为基础，而这些方法可以准确反映出声明中的环境因素及信息。Ⅲ型环境标志声明中的信息应从生命周期评价中获取，关于生命周期评价方法，国际标准化组织已经制定了一套相应的标准：ISO 14040～ISO 14043。在 ISO 14025 标准草案中为Ⅲ型环境声明提供了两种方法选择：一种是生命周期清单（LCI）方法；另一种是生命周期影响评价（LCIA）方法（图 4-8）。此外，也可以选择使用其他的环境分析工具。

也就是说，在Ⅲ型环境标志声明中至少可以包含三种类型的信息：通过生命周期清单分析获得的生命周期清单信息；通过生命周期影响评价获得的生命周期影响评价信息；通过其他环境分析工具获得的其他环境信息。各个国家和组织可以根据实际情况的不同，选择声明其中一种信息、两种信息或三种信息全部包括。根据目前已经开展的Ⅲ型环境标志计划，主要出现了以下几种情况：

a. 三种信息全部包括，但是以生命周期清单信息和生命周期影响评价信息为主，瑞典、挪威、芬兰、波兰、意大利等国的多数Ⅲ型环境标志声明属于这种类型。

b. 只包括生命周期清单信息和生命周期影响评价信息，日本的Ⅲ型环境标志声明属于这种类型。

c. 包括生命周期清单信息和其他环境信息，以其他环境信息为主，我国目前所开展的Ⅲ型环境标志属于这种类型。

我国之所以选择以有毒物质、回收利用等其他环境信息为主，是因为：

（a）公布系统完整的生命周期清单分析信息和生命周期影响评价信息，必须建立在先进、成熟的 LCA 方法基础上，同时还必须有公开的国家 LCI 数据库为支撑，例如：在日

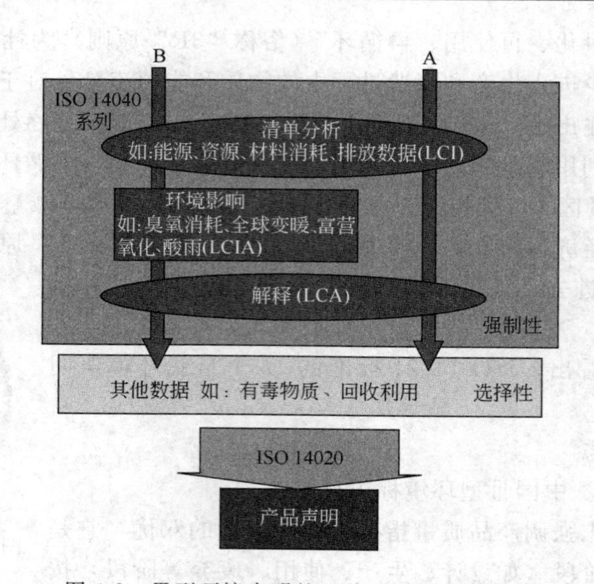

图 4-8 Ⅲ型环境声明的两种不同的方法选择

选择 A：生命周期清单分析（LCI 依据 ISO 14040＋ISO 14041＋ISO/FDIS 14043）

选择 B：LCI 后的生命周期影响评价（LCIA 依据 ISO 14040＋ISO 14041＋ISO/FDIS 14042＋ISO/FDIS 14043）

本，1998 年 10 月就开始由国际贸易和工业部（MITI）负责建立国家 LCI 数据库，计划在 5 年以后公开国家 LCI 数据库；美国在 2001 年，开始由总务管理局（GSA）和能源部联合建立公开的国家 LCI 数据库，现在该计划的第一阶段工作已经完成；在韩国，已经发展了 163 套国家基础设施的 LCI 数据，包括能源（电力等）、运输、水资源、废品、原材料等，而且将继续发展相关的 LCI 数据库。而我国只有少数研究机构在进行有关 LCA 的研究，目前还没有一个公开的国家 LCI 数据库。因此，我国现在还不具备公布系统完整的生命周期清单分析信息和生命周期影响评价信息的条件。

(b) 虽然瑞典、日本等国的Ⅲ型环境标志既面向专业的采购商，也对普通消费者公开，但它们实际上更加侧重于针对专业的采购商，因为它们所声明的输入输出清单信息和影响评价当量信息，普通消费者其实是很难看懂的，要从中获取有益的信息就更难了。瑞典、日本等国现在也已经开始意识到了这个问题，并希望通过一些简化的方法来表示这些数据，如指数或比率，然而效果并不是很理想。而我国Ⅲ型环境标志目前主要针对的就是普通的消费者，因此，就更需要通过一种简洁明了的方式向消费者传递有效的信息，现在我们也正在研究怎样通过一种简洁明了的方式来声明产品生命周期清单信息。因而，目前我国的Ⅲ型环境标志更加侧重于体现生命周期思想的其他环境信息。

③ Ⅲ型环境标志的原则、特点和作用。

Ⅲ型环境标志的原则如下。

a. 自愿性：体现企业在环境改善上的主动性和保护人体健康的自觉性。

b. 双优性：同时公布产品的性能指标和环境指标，增加产品的市场竞争力。

c. 协商性：所有声明的信息需要经多方协商、合作共同完成。

d. 透明性：声明信息应能为相关方可获取。

e. 可得性：申请者可获得发表信息声明和使用环境标志证书的权利。

f. 科学性：以严格的 ISO 14025 环境标志国际标准为审核依据，准确地反映和传达声明中所包含的环境信息。

g. 机密性：保证被确认为机密信息的机密性。

Ⅲ型环境标志的特点如下。

a. Ⅲ型环境标志满足国际一致性，便于国际互认。

b. Ⅲ型环境标志信息清单是一个随时与产品发展保持一致的“活”文件。

c. Ⅲ型环境标志可以广泛适用于各种产品和服务。

d. 采用数据表的形式公布信息，便于消费者选择“双优”产品。

e. 产品环境声明并不要求互相一致，可以各取所需；只要告诉市场自己的产品是优中之优、公布的产品信息有益于公众认识自己即可。

Ⅲ型环境标志的作用如下。

a. 突出声明产品的销售亮点，增加公众对该商品的认可度。

b. 有利于创造经济和环境效益的“双赢”，为企业创造经营业绩。

c. 搭建一座绿色桥梁，便于公众的市场选择和监督。

d. 体现企业的科学、诚信和服务，做到产品质量和环境行为的持续改进。

e. 构架生命周期评价思想，升华企业管理水平。

此外，Ⅲ型环境标志除了公布量化的产品性能和环境信息外，还可以公布非数字化的管理信息（如获得 ISO 9001：2000、ISO 14001：1996 等管理认证）。信息量的大小、繁与简、公布方式均由声明者考虑决定。

依据 ISO 14025 环境标志国际标准而声明的信息清单出现在商品市场中，企业真实地公布数据，诚恳地接受监督，努力做到持续改进，给商品市场带来了科学和诚信，给公众带来了权威认证的可靠性和选择产品的可比性。企业家的社会责任和公众的消费权利在声明信息清单上给予充分反映，成为企业家注重科学和诚信、公众注重环保和健康的互动纽带。

（4） Ⅰ型、Ⅱ型、Ⅲ型环境标志的区别与关系　Ⅰ型、Ⅱ型、Ⅲ型环境标志的认证、验证和评估都是自愿性的，涵盖范围都包括产品和服务，理论上是无边界的。

Ⅰ型偏重于产品和服务的终端是否达标，Ⅱ型偏重于产品和服务过程环境行为是否先进，Ⅲ型则覆盖产品和服务的生命周期过程，把质量指标与环境指标融为一体。三种环境标志的认证组成了一套完整的环境行为评价系统，给生产方呈现自身环境、社会、经济优势的机会，给公众和采购方选择环境、社会、经济效益的便利，是推动循环经济和可持续发展的市场化手段。

一般来说，Ⅰ型环境标志在使用时，仅向消费者传达一种信息，那就是该种产品或服务符合一定的标准，得到认证。具体符合什么样的标准，表面上看不出来。而且，各国的标准存在着差异，容易造成绿色贸易壁垒。今后，随着国际间的交流更加频繁，国际互认的完善化，将逐步消除形成绿色贸易壁垒的可能性。

Ⅱ型环境标志，ISO 14021 标准允许有 12 类声明，其形式可以是出现在产品或包装标签上，或写于产品文字资料、技术公告、广告、出版物、电话销售及数字或电子媒体（如因特网）等中的说明及符号或图形。这种环境标志在使用时能明确给消费者传达其环境优越性的信息，便于消费者购买产品时参考。这些说明、符号或图形没有地域性差别，从表观上确定了不可能造成绿色贸易壁垒。

Ⅲ型环境标志，其形式是一个量化的产品环境生命周期信息简介，内容详细，便于消费者购买产品时参考，但仅针对专业人士，对普通消费者而言，难以理解。如果在量化的产品信息简介上附加解释性说明，便可解决这一问题。但是，由于各国的检验方法和技术水平的不同，仍存在着形成绿色贸易壁垒的隐患，这有待于检验方法和机构的国际互认。

分析三种环境标志，有以下三个操作要点。

① Ⅰ、Ⅱ、Ⅲ型环境标志都依靠第三方体现诚信。Ⅰ型环境标志计划要经过独立的第三方认证；Ⅱ型环境标志计划仅需要经独立的第三方文件验证后，直接由制造商、进口商、分销商、零售商或任何能获益的人进行声明；Ⅲ型环境标志则需要第三方组织检测向社会公告信息。第三方的作用是非强制性的，但是对于 WTO/TBT 规定中的防止欺诈是有重要作用的。

② Ⅰ、Ⅱ、Ⅲ型环境标志共同组成产品绿色评价体系。

Ⅰ型环境标志计划是对每一类产品配备一套完整的、具有高度科学性、可行性、公开性、透明性的标准，凡是符合标准的产品都具有整体的环境优越性。

Ⅱ型环境标志计划中没有像Ⅰ型环境标志计划那样给每类产品配备单独的检验标准，它只是“采用国际标准、国际公认标准（可包括区域标准或国家标准）或经同行评审的工业（贸易）方法，如果不存在现成的方法，声明方可自行制定”，但规定了 12 类自我环境声明的验证标准，对针对生产和处置阶段的一项或数项环境因素做出的自我环境声明给出了文件验证，要求主要体现生产、处置环节的环境优越性。

Ⅲ型环境标志计划是一个量化的产品环境生命周期信息简介，以根据 ISO 14040 系列而进行的生命周期评估为基础，体现了对产品环境信息的定量评估。

对某一个产品可以有Ⅰ型、Ⅱ型、Ⅲ型三个单独评价，也可能有Ⅰ+Ⅱ、Ⅰ+Ⅱ+Ⅲ、Ⅱ+Ⅲ四个组合评价，最大限度地挖掘了绿色潜力。

③ Ⅰ、Ⅱ、Ⅲ型环境标志遵从的程序不同。

Ⅰ型环境标志涉及一个反复的过程，包括：

a. 与相关方的协商；

b. 产品种类的选择；

c. 产品环境准则的制定、评审和修正；

d. 产品功能特性的确定；

e. 认证程序和计划中其他管理要素的确定。

Ⅱ型环境标志仅要求相关方提供可验证的、准确的、非误导性的资料，有选择性地加以验证（不验证，单单依靠自身实力，也是允许的）。

Ⅲ型环境标志要求相关方提供一个量化的生命周期信息简介，经有资格的独立的第三方组织检测，并进行严格评审，确定是否符合公开颁布的信息限值。

三种环境标志计划相互补充，共同构筑规范绿色市场的国际性标尺，正所谓“尺有所短、寸有所长”，三种环境标志计划在今后的执行过程中必将相得益彰。

4.3 清洁生产评价

4.3.1 城市清洁生产评价

4.3.1.1 清洁生产方式与城市经济结构调整

随着社会和经济在全球范围内的迅猛发展，人口逐年膨胀，工业化趋势迅猛，一系列环境问题摆在我们面前：生态环境失衡，自然资源濒临枯竭，能源匮乏，这些问题的出现反过来又严重制约了人类经济的发展以及危害着人类自身的生存。在此形势下，清洁生产已经由企业或产业层次发展为城市层次。

城市是一个国家或地区经济活动与社会活动的中心，随着生产力水平的提高和经济的发展、社会的进步，人口越来越向城市集中，这是历史的客观规律。城市里聚集了绝大多数的现代工业和第三产业，蕴藏了社会重要的生产力，为人类创造和储存了最主要的物质财富，对国家整体经济实力的影响至关重要。城市又是一个极其复杂的社会、经济、物质大系统，它具有多方面多层次的结构内容。城市经济结构的合理与否直接决定城市的可持续发展能否实现，并进一步影响整个国家可持续发展战略的顺利实施。清洁生产的理论基础主要是物质平衡理论、最优化理论和社会化大生产理论。

① 物质平衡理论。世界上本无废物，有的只是放错了位置的资源。在人类的生产活动中，物质是遵循平衡定理的，一方面是一个生产过程之后所产生的废物将变为另一个生产过程开始所需要投入的原料，另一方面是清洁生产可以使废物的生成量最小化，即资源得到最有效的利用。所以资源和废物是相对的，可以相互转化。

② 最优化理论。清洁生产实际上是如何满足特定生产条件下使物料消耗最少，而使产品产出率最高的问题。这一问题的理论基础是数学上的最优化理论，在很多情况下废物最小量化可表示为目标函数，求它在约束条件下的最优解。但是，清洁生产还涉及改变原料和产品的物理化学性质、生物过程等，这些问题是不能用一般的数量关系来优化求解的。

③ 社会化大生产理论。马克思主义认为，用最少的劳动消耗生产出最多的满足社会需要的产品，是社会建设的最高准则。当今世界生产的社会化、集约化和科学进步，为清洁生产提供了必要的条件，有利于经济增长方式由粗放型向集约型的转变，为推行清洁生产的发展提供条件。

（1）城市系统的可持续发展与城市经济结构调整　人类的发展经历了一个从“经济增长理论”到“经济社会综合协调发展理论”，再到“可持续发展理论”渐进深化的过程。可持续发展是一个涉及经济结构协调发展、人口与资源环境负荷相适应，社会关系和谐文明，人与社会全面发展的新的人类发展战略。它在满足当代人需要的同时，还为后代人提供再发展所需求的环境、经济及社会等物质、精神基础，以适度的城市规模、合理的城市容量和城市结构来不断提高城市质量、增强城市功能、保持良好的城市环境和促进人与城市社会的全面发展，从而既满足当代人日益提高的物质文明和精神文明需要，同时又为后代人创造具有良好发展条件的城市。

城市经济结构合理与否是实现城市系统可持续发展的保障，而当前我国城市经济结构下的城市经济运行却表现为非持续性的特征。一是城市经济运行以粗放型为主。尽管我国城市固定资产占全国固定资产的2/3，工业总产值占全国的3/4，财政收入占全国80%以上，作为城市经济增长方式转变所需的生产水平已有较大发展，但与社会主义市场经济体制相适应的生产关系仍处在逐步完善之中，集约型城市经济增长方式所需的各种机制仍未正常运作。二是工业重型化仍是当前城市经济发展的主流。与发达国家工业化历程相似，我国始终把重工业放在优先发展的地位。优先发展以钢铁、化工和以煤炭为主体的能源基础工业，对解决我国经济发展的“瓶颈”制约是完全必要的，但资源和能源消耗巨大，并加大了污染负荷。因此，选择依赖资源和能源的粗放利用的城市经济增长方式显然是非持续性的。三是城市间的产业趋同，制约着各城市产业结构调整和产业结构升级。受高度的计划经济体制影响而形成的“小而全”、“大而全”的产业结构模式，既不利于生产要素的优化配置，又不利于城市规模、结构、等级等方面的持续发展与扩大，最终会影响城市生态系统可持续发展的进程。四是城市经济可持续发展的思想意识薄弱。当前大部分城市企业经不住眼前利益的诱惑，对企业的可持续发展缺乏足够的认识，盲目上项目，造成资源浪费、城市固定资产闲置、工人失业，影响了城市经济的可持续发展。

（2）清洁生产与城市经济结构调整　合理的城市经济结构的目的和标准应该是：能够比较充分和有效地利用人力、物力、财力以及自然资源；国民经济各部门能够协调发展，社会扩大再生产能够顺利进行，技术能够不断进步，劳动生产力能够不断提高；人民生活水平不断提高。清洁生产是促进经济与环境协调发展的全新的生产方式，对调整和优化城市经济结构意义深远，是实现城市经济结构合理化的必由之路。通过推行清洁生产优化城市经济结构的具体实施内容如下。

① 城市产业结构的优化

a. 城市产业结构实现优化需注重城市可持续发展，使城市产业结构有利于推动人口、资源、环境、经济社会之间的持续协调发展，满足就业、资本吸纳、生态环境保护等多元化的需求。

b. 立足本地实际，与本地所拥有的资源相结合，通过推行清洁生产确立产业关联度强的支柱产业，形成能够结合本地资源特色的、专业化水平较高的、比较优势最大的产业或产业群，最大限度地发挥城市综合优势。

c. 大力发展高新技术产业，用高新技术改造传统产业的生产设备，提高设备效率和原材料利用率。改革传统产业的生产工艺，由排废工艺改革成为少废或无废工艺并且能够依照技术要求适时自动调整，随时保持城市产业结构的先进性；理应大力依靠科技进步，逐步改造老企业、摒弃旧技术、引进清洁生产技术装备和科学管理经验，提高城市产业整体水平。

d. 使第一、第二、第三产业的比例关系合理化，大力发展第三产业。我国第三产业不仅普遍起步慢、水平低，而且内部结构不合理。第三产业中为清洁生产服务的新兴产业的比重太小，亟待提高。

e. 以清洁生产为目标，着力培育具有高成长性和市场潜力的新的产业增长点，并能适应对外开放的要求，努力形成具有创汇能力和较高程度的国际经济参与水平，较多地通过外部分工获取比较收益。

② 城市产品结构优化。一个城市生产产品层次的高低是衡量城市工业增长质量的一个重要指标。如果一个城市的工业增长主要是依靠精深加工、增值程度和技术含量都较高的产业来推动的，则表示该城市的工业增长质量较高；反之，则表明该城市的工业增长质量较低。随着经济条件和外部环境的变化，各城市应重视城市产品结构的更新换代，并利用各自的资源优势，以市场为导向，采取资源转换战略和清洁生产方式，调整产品结构，生产清洁产品。即逐渐用对环境不产生危害的产品或不用高毒性原材料的产品取代有毒有害的旧产品；不断延长加工链，大力发展一些产品生命周期处在创新和发展阶段的“高、精、深、新”产品的加工工业以取得比较优势和竞争优势。

③ 城市技术结构的优化。从全社会的角度看问题，技术进步包括两个内容：一是各个部门、各个行业、各种生产上所使用的各项技术本身的进步；二是整个国民经济中各种技术手段之间的比例和联系的改善。前一个过程可称为科学技术的现代化过程，后一个过程可称为技术结构的合理化过程，这两个过程是互相紧密联系的。科学技术的现代化过程影响着技

术结构的合理化过程，而技术结构的合理化过程又推动着并在一定程度上包含着科学技术的现代化过程。清洁生产作为人类可持续发展的先进生产方式，其实施将全面促进科学技术的现代化进程。同时，清洁生产由于可促进企业的技术改造，淘汰技术工艺落后、资金消耗高、污染环境严重、产品质量低劣的落后生产设备，从而使技术结构趋于合理化。

④ 城市经济组织结构优化。城市经济组织结构优化调整的方向为：a. 要通过“抓大放小”，重点抓好一批具有规模和竞争优势的大型企业集团，增强其经济实力和国际竞争能力，以充分发挥其在清洁生产技术创新、清洁新产品开发以及参与国际竞争方面的带头作用。b. 积极放开搞活小型国有企业，引导和鼓励小型企业采用清洁生产方式，充分发挥它们能够吸收较多劳动力和体制灵活的优势，大力推进所有制改革。c. 加强对企业职工的技术培训，鼓励已实现清洁生产的大企业有意识地选择一批小企业进行清洁生产专业技术方面的合作，促使它们向清洁生产专业化方向发展。d. 增强大型企业清洁生产的研究与开发能力，不断开发清洁产品，提高产品质量，并在政策上鼓励其向“高、精、新”方向发展，逐步把清洁生产的链条扩散到周围小企业。

⑤ 城市所有制结构优化。调整城市所有制结构有两个基本原则：一是生产关系一定要适合生产力发展的需要；二是所有企业应具有平等竞争的外部环境。清洁生产内涵的核心是：实行源头削减和对产品生产实施全过程控制，它的最终完善必须通过技术创新来达到，在技术创新面前各种所有制形式一律平等。

⑥ 城市投资结构的优化。合理安排城市投资结构，既要投资分配考虑各方面的需要，使分配合乎比例；又要突出重点，保证重点建设资金所需，具体为：a. 城市投资结构应遵循清洁生产原则，使农、轻、重工业保持协调发展。b. 通过城市产业结构、产品结构的合理化，即通过发展清洁生产产业、生产清洁产品来实现城市投资结构的合理化。c. 合理配置投资，促进城市清洁生产企业结构的合理化。推动清洁生产以更细密的社会分工向专业化、联合化的纵深迈进。

4.3.1.2 城市清洁生产评价指标体系确定的基本原则

城市清洁生产的评价指标体系，是城市清洁生产水平和效益检验科学化、规范化和数量化的标志，也是全面落实清洁生产规划任务的依据。

所谓指标体系是由一系列从各个侧面揭示被描述事物的数量、质量、状态等规定性的指标形成的有机评价系统。确定城市层次的清洁生产指标体系是一项全新的研究和探索课题，目前尚处于研究阶段，构建城市清洁生产评价指标体系的基本原则如下。

(1) 价值观念和指标构建的原则 在构建城市清洁生产评价指标体系的过程中，应避免由于不同的价值观念而导致指标取向的分异性，使评价指标构建在同一性、共质性的基础上。构建城市清洁生产评价指标体系的目的在于寻求一系列具有代表性而又能充分反映清洁生产在城市水平上的综合目标，并且能够科学表达对清洁生产战略认识的特征指标。

(2) 层次性、整体性和系统性原则 城市清洁生产评价指标体系不同于企业或行业或部门清洁生产评价指标体系，其特点是层次高、涵盖广、系统复杂。在制订过程中必须在全面了解低层次的广泛信息基础上，全面考查，整体排序，系统分析，抓住重点，兼顾一般。为此，必须采用系统工程的研究方法和思路来研究城市清洁生产评价指标体系。

(3) 与实际相结合的原则 城市清洁生产指标体系必须建立在城市产业结构、环境质量和社会经济发展水平的实际情况基础上。脱离这一原则，将失去针对性、实用性和可操作性，所以城市清洁生产评价指标体系必须从实际出发，要具有可操作性、实用性。

（4）获取翔实可信的现状资料和信息原则　清洁生产评价指标体系是否具有科学性、代表性和层次性，关键就在于原始数据和资料的获取及其可靠性。为此，必须进行大量的调查研究，对行业、企业和产品等不同层次全面考查，并广泛收集国内外有关政府、专家和民众的建议和意见。

（5）分层次分阶段实施原则　城市清洁生产评价指标体系要与城市清洁生产近期计划、中远期规划相适应。指标体系的定位、时间和空间层次的分割与衔接应当注重时效性和完整性，按照轻重缓急、主从先后，分阶段制定不同层次的清洁生产评价指标。

（6）内涵明确性和现实可操作性原则　指标的简明性、描述的确定性是清洁生产评价指标体系构架的重要技术原则。一般情况下，城市清洁生产的指标涉及面广，评价过程所伴生的随机性和模糊性，易使指标选择因追求全面性而重复表述，内涵重叠。因此在指标设置中必须明确指标的内涵规定性、分组配置的合理性和简便性。每项指标应该是可观、可测、简洁和可比的，其名称、涵义、检测技术、计算范围和统计方法等必须有统一的标准，能同时满足指标纵向时序的可比性和横向（企业、部门和地域）的可比性。

4.3.1.3　城市清洁生产评价指标体系的构建

以下以中国某重要的能源重化工城市为例，构建城市清洁生产评价指标体系。该市以能源与原材料生产为主，生产方式所带来的环境污染问题已制约社会经济可持续发展。

根据城市清洁生产评价指标体系确定的基本原则，结合清洁生产的基本概念和该市清洁生产实施步骤，从清洁生产在城市层次的内涵和发展入手，并依据科学性、整体性、层次性、代表性、实用性和可操作性等方面的相互关系，把该市清洁生产评价指标体系分解为六个子体系。由于各子体系及其指标组合有显著差异，同一子体系中的每一项指标重要性也不是等同的。根据城市清洁生产的特点和可持续性，结合该市的环境现状和清洁生产中、远期规划目标，采用专家评分法给出权重值（表 4-3）。

表 4-3　城市清洁生产评价指标体系的权值

序号	子体系名称	权数
1	城市实施清洁生产企业的数量和审核通过率的评价指标子体系	0.20
2	城市环境质量水平的评价指标子体系	0.25
3	有关清洁生产的政策、地方法规制定和建设评价指标子体系	0.15
4	城市实施清洁生产全民教育和民众意识水平的评价指标子体系	0.10
5	企业采用先进工艺和技术的评价指标子体系	0.20
6	城市环境基础设施和生态建设水平的评价指标子体系	0.10

（1）城市实施清洁生产企业的数量和审核通过率的评价指标子体系　实施清洁生产企业数量和审核通过率的评价指标子体系是城市清洁生产直接对象和基本单元的指标性描述，表现为实施清洁生产的普遍性和效益的显著性，通过开展清洁生产企业的数量和审核通过的企业数量的多少，直接反映城市层次的清洁生产水平。评价指标包括采用先进工艺、淘汰落后设备、节水和水资源综合利用、清洁能源利用和节能、洁净煤技术以及煤炭的综合利用等（表 4-4）。

表 4-4　城市实施清洁生产企业的数量和审核通过率的评价指标子体系

序号	评价指标名称	指标特征	权数
1	万元产值	反映城市的生产力水平	0.05
2	人均产值	反映城市的生产力水平	0.05
3	万元产值能耗	反映资源利用和环境贡献	0.15
4	能源结构	反映城市清洁能源的利用率	0.20
5	万元产值耗水量	反映资源利用和环境贡献	0.15
6	开展清洁生产企业数	反映清洁生产实施程度	0.20
7	清洁生产审核通过率	反映清洁生产的水平	0.20

（2）城市环境质量水平的评价指标子体系　城市环境质量水平的评价指标子体系是清洁生产效益在城市整体环境状况改善方面的指标性描述，开展清洁生产的根本目的之一就在于改变环境污染严重的局面，因此，城市环境质量的水平，必然反映城市开展清洁生产的水平（表4-5）。

表 4-5　环境质量水平的评价指标子体系

指标类型	序号	评价指标名称	指标特征	权数
环境质量指标	1	环境空气	反映清洁生产的效益	0.08
	2	地表水		0.08
	3	地下水		0.06
	4	噪声		0.04
排放指标	5	废气排放达标率	反映清洁生产的效益	0.07
	6	废水排放达标率		0.07
	7	噪声达标率		0.04
总量控制指标	8	汞	反映清洁生产的效益	0.02
	9	镉		0.02
	10	铅		0.02
	11	砷		0.02
	12	六价铬		0.02
	13	氰化物		0.02
	14	COD		0.05
	15	石油类		0.02
	16	SO_2		0.05
	17	粉尘		0.03
	18	烟尘		0.05
有毒-有害和稀缺物料及产品的管理指标	19	有毒有害原料的管理制度	反映清洁生产的管理水平	0.05
	20	有毒有害物料使用的数量		0.05
	21	稀缺物料的用量		0.04
	22	有害环境的产品产量		0.05
	23	有毒有害物料的替代率		0.05

(3) 有关清洁生产的政策、地方法规制定和建设评价指标子体系　有关清洁生产的政策、地方法规制定和建设评价指标子体系是城市保证清洁生产持续性和规范化的描述性指标，主要反映城市层次开展清洁生产的力度和保障度，主要指标包括有关清洁生产政策、地方法规的制定和实施，如奖励开展清洁生产企业制度、优先采购开展清洁生产企业商品的制度、技改工程贷款和资助经费（包括一定比例开展清洁生产的经费制度），税收优惠制度和建设清洁生产园区制度等（表 4-6）。

表 4-6　清洁生产的政策、法规建设指标子体系

序号	评价指标名称	指标特征	权数
1	有关清洁生产的地方法规	反映清洁生产的保障度	0.25
2	清洁生产的条例	反映清洁生产的保障度	0.25
3	清洁生产的其他文件	反映清洁生产的保障度	0.05
4	行业清洁生产的条例、制度	反映清洁生产的保障度	0.15
5	企业清洁生产的条例制度	反映清洁生产的保障度	0.15
6	公众清洁生产的建议和意见的采纳率	反映清洁生产的力度	0.15

(4) 城市实施清洁生产的全民教育和民众意识水平的评价指标子体系　实施清洁生产的全民教育和民众意识水平的评价指标子体系是社会参与清洁生产广泛性以及城市清洁生产发展水平的指标性描述，主要反映教育和传媒等对清洁生产的宣传力度和市民对清洁生产认识程度的水平，主要指标有清洁生产会议、宣传活动、教育培训、组织机构、舆论监督等（表 4-7）。

(5) 企业采用先进工艺和技术的评价指标子体系　采用先进工艺和技术的评价指标子体系是清洁生产实施程度和清洁生产主要内容的主题化特征，主要反映清洁生产对企业的结构调整和技术改造的贡献度、清洁生产推动生产力发展水平的作用、清洁生产对提高产业地位的引导力，主要指标包括不同类型企业采用先进工艺和先进技术的数量及其规模、科技创新的能力及其规模等（表 4-8）。

表 4-7　全民教育和民众意识水平的评价指标子体系

序号	评价指标名称	指标特征	权数
1	清洁生产基础知识教育	反映清洁生产意识水平	0.15
2	清洁生产的宣传报道	反映清洁生产意识水平	0.20
3	清洁生产的报刊、杂志	反映清洁生产意识水平	0.10
4	清洁生产的研究论文	反映清洁生产意识水平	0.05
5	清洁生产的典型企业宣传	反映清洁生产广泛程度	0.20
6	清洁生产的培训和教育	反映清洁生产的力度	0.20
7	清洁生产的领导机构	反映清洁生产的组织水平	0.10

表 4-8　采用选进工艺和技术的评价指标子体系

序号	评价指标名称	指标特征	权数
1	全市主要企业工艺技术水平	反映清洁生产效益	0.70
2	清洁生产的技术创新	反映清洁生产的创新能力	0.30

（6）城市环境基础设施和生态建设水平的评价指标子体系　城市环境基础设施和生态建设水平的评价指标子体系是城市可持续发展水平的综合体系，城市层次清洁生产的主要表现应该是城市环境基础设施齐全、生态环境洁净、舒适、优美、安全，城市清洁生产的目标就是要建成资源节约型生态城市，主要指标包括给水排水、污水处理、垃圾处理、交通、能源等设施，城市绿化与美化、植被组成和生物多样性等（表 4-9）。

表 4-9　城市环境基础设施和城市生态建设水平的评价指标子体系

序号	评价指标名称	指标特征	权数
1	废水处理率	反映城市生态环境水平	0.20
2	固体废物综合利用率	反映城市生态环境水平	0.20
3	城市绿地覆盖率	反映城市生态环境水平	0.05
4	人均公共绿地面积	反映城市生态环境水平	0.05
5	人均道路面积	反映城市基础设施水平	0.05
6	每万人公共交通拥有量	反映城市基础设施水平	0.05
7	居民燃气普及率	反映城市清洁能源普及水平	0.20
8	生活垃圾处理率	反映城市基础设施水平	0.20

根据各指标赋予的数值，最后确定各子体系的得分，各子体系得分的加和即为某一阶段城市清洁生产得分，再依据得分值的高低，确定该城市在某一阶段是否达到清洁生产的目标。但是，其中主要指标如能耗、水耗、清洗生产审核通过率、环境质量等有一项不符合要求，应视为清洁生产的目标没有实现。

4.3.1.4　城市生态建设评价指标体系

以下具体构建城市生态建设水平的评价指标体系。

（1）城市生态建设及其意义　城市生态建设是应用生态学的基本原理和方法，合理利用城市的空间资源，使人与人、人与环境的关系高度协调，充分展现城市生态系统的结构特征与功能效益，为城市人类创造一个安全、清洁、美丽、舒适的工作、居住环境。因此，城市生态建设的基点是合理配置环境资源、科学调控环境容量、充分发挥综合功能，这是城市生态建设的出发点和最终归宿。

（2）城市生态建设指标的确定原则　城市生态建设是一个多目标、多功能、结构复杂的综合体系。因此，城市生态建设的评价指标体系，应具有评价和控制的双重功能，依据这种目的城市生态建设评价指标的确定应遵循以下几条原则。

① 可查性。被选指标应相对稳定，指标的定量属性具有易获得性和可查询性。任何迅速变化、振荡、发散、无法把握的指标都不能列入评价指标体系。

② 可比性。被选的每一指标应具有横向与纵向的可比性，有利于客观显示城市清洁生产的水平。

③ 定量性。被选的每一指标应能够定量描述，以利于进行数学处理或建立模型。

④ 客观性。评价指标能客观和真实地反映城市生态建设水平，能较好地量度城市清洁生产主要目标实现的程度。

⑤ 独立性和相关性。各指标之间应保持相互独立，使整个体系比较简明，可避免重复计算；另一方面各指标之间具有一定的内在关联，否则无法确定各指标的权重。

⑥ 动态性和稳定性。指标是一种随时空变动的参数，不同发展水平的城市应采用不同

的指标体系，同时又应保持指标在一定时期内的稳定性，便于评价。

城市生态建设评价指标体系的结构还受城市性质、规模、城市现状生态环境质量、城市现代化水平等因素影响，根据以上原则，结合该能源化工城市生态建设的实际，选择表 4-9 中的指标，构建该市生态建设评价指标体系。

表 4-9 中的各项指标对城市清洁生产评价均具有具体的内涵和作用。人均道路面积、每万人公共交通拥有量、居民煤气普及率水平反映了城市基础设施状况，是城市现代化水平的标志，基础设施越完善，城市现代化水平越高。人均公共绿地面积、城市绿地覆盖率是城市绿化的标志。工业固体废物综合利用率、废水处理率、生活垃圾处理率是城市污染防治的重要内容，只有通过环境污染的有效治理，才能形成并维持高质量的城市生态系统，为城市的清洁生产打下坚实的基础。

(3) 指标体系的分数计算　根据 1994～1998 年和 2001 年的数据，采用外推法预测 2005 年、2010 年的指标值，其指标值见表 4-10。

表 4-10　城市清洁生产评价指标值

时间/年份		指标名称							
		人均道路面积/m^2	每万人公共交通拥有量/标台	人均公共绿地面积/m^2	城市绿地覆盖率/%	污水处理率/%	工业固体废物综合利用率/%	生活垃圾处理率/%	居民煤气普及率/%
1994		6.7	7.2	3.5	20.16	13	42	89.5	84.8
1995		6.8	7.2	3.8	21	15	43.9	95	84
1996		8.41	5.03	3.66	23.4	14	45	95	85
1997		6.7	7.2	3.5	24.8	15.43	47	98	88
1998		7.7	7.9	4.2	24.8	16	48	96	88
2001		7.9	6.4	5.6	23.41	20	50	99	96.6
2005		8.5	7.9	6.50	28	35	60	100	97
2010		10.2	8.73	8.00	35	60	65.7	100	98.3
1998	北京	5.86	19.62	8.18	34.91	22.38	76.8	67.4	95.4
	天津	7.88	8.20	4.06	22.8	28.6	91.25	100	95.7
	上海	6.24	19.98	2.75	18.8	53.1	92.9	82.3	98.3
	重庆	4.62	8.24	2.29	19.9	7	61.78	94.2	72.13
	全国平均	8.26	8.60	6.06	31.85	14.9	41.7	90	78.78

表 4-10 中指标说明：人均道路面积指每一位城市非农业人口占有的道路面积；每万人公共交通拥有量指每一万城市非农业人口中占有可参加营运的公共交通车辆数；居民煤气普及率指使用煤气（包括人工煤气、液化煤气、天然气）的城市非农业人口数与城市非农业人口总数之比；工业固体废物综合利用率指工业固体废物综合利用量与工业固体废物排放量之比；污水处理率指各种废水（包括工业废水、生活废水）处理量与废水排放量之比；生活垃圾处理率指城市生活垃圾处理量与生活垃圾排放量之比；人均公共绿地面积指城市非农业人口占有供游览休息的各种公园、动物园、植物园、陵园以及花园、游园和供游览休息用的林荫道绿地、广场绿地面积；城市绿地覆盖率指城市公共绿地、专用绿地、生产绿地、防护

绿地、郊区风景名胜区的全部面积占城市总面积之比。

确定各时期打分的标准，其公式为：

$$\frac{X\text{-mid}}{\max-\text{mid}}>0.5\text{——}100\text{分}$$

$$\left.\begin{array}{l}\dfrac{X-\text{mid}}{\max-\text{mid}}<0.5\\[2ex]\dfrac{X-\min}{\text{mid}-\max}>0.5\end{array}\right\}\text{——}80\text{分}$$

$$\frac{X-\min}{\text{mid}-\min}<0.5\text{——}60\text{分}$$

式中　X——各指标值；

max——各指标在各时期的最大值；

min——各指标在各时期的最小值；

mid——各指标在各时期的中间值。

确定最大值、最小值及其中间值：由于在 2005 年以前该市仍处于清洁生产初级阶段，故采用 2010 年的各指标值作为其最大值，2005 年的评价取 1994 年作为最小值，到了 2010 年，该市清洁生产仍在继续，为了更加与国际靠拢，最大值尽量采用国际先进城市的标准，但由于数据的难统计性，个别标准作了修改，最小值采用 2005 年的数据，见表 4-11。

表 4-11　2005 年和 2010 年各指标最大、最小和中间值

时间（年份）	标准值	指标名称							
		人均道路面积/m^2	每万人公共交通拥有量/标台	人均公共绿地面积/m^2	城市绿地覆盖率/%	污水处理率/%	工业固体废弃物综合利用率/%	生活垃圾处理率/%	居民煤气普及率/%
2005	min	6.7	7.2	3.5	20.16	13	42	89.5	84.8
	mid	8.45	7.95	5.8	27.58	36.5	53.85	95	92.5
	max	10.2	8.73	8.0	35	60	65.7	100	98.3
2010	min	8.5	7.9	6.5	28	60	60	99	98
	mid	12.08	13.94	21.43	39	80	77	99.5	99
	max	16.65（海南省水平）	19.98（上海市水平）	36.35（国际先进水平）	50（国际先进水平）	100（国际先进水平）	92.9（上海市水平）	100（国际先进水平）	100（国际先进水平）

评价结果：根据上述评价方法并为了能够使纵向与横向具有可比性，1995～2001 年该市各指标值与各直辖市的指标值均采用 1994 年作为标准。计算结果见表 4-12、表 4-13。纵向比较结果见表 4-12。

表 4-12　本例中该市清洁生产评价的纵向比较值

年份	1994	1995	1996	1997	1998	2001	2005	2010
分值	61	65	65	70	71	82	92	69

横向比较结果见表 4-13。

表 4-13 1998 年本例中城市与国内某些大城市清洁生产评价的横向比较值

直辖市	本例中城市	北京	天津	上海	重庆	全国均值
分值	75	82	88	91	62	68

结果分析：该市 1998 年的分值为 75 分。与北京、上海、天津还有一定的差距；形成差距的原因主要表现在工业固体废物综合利用率仅为 48%、居民煤气普及率为 88%，北京、上海的每万人公共交通拥有量分别为 19.62 标台、19.98 标台，远远高于该市目前值 7.9 标台，即基础设施远没有达到国内先进城市的水平。但是，该市目前的分值却略高于全国平均值，城市绿化率也有了一定的改善。

该市 2005 年的分值为 92 分，与上海 1998 年的分值接近，主要体现在：人均道路面积增大，城市绿地覆盖率增加，生活污水处理率、居民煤气普及率都有了很大的提高，说明该市的基础设施、城市绿化有了很大的成绩，正在向清洁生产城市靠近。

该市 2010 年的分数值只有 69 分。由于到了 2010 年，随着清洁生产水平的提高，评分的标准也在提高（主要标准采用了国际先进城市的水平），因此，该市的分值相对降低了。

从城市清洁生产来看，该市从 1994 年以来分值一直在增加，特别是 1998～2001 年分值大幅度增加，说明该市的生态建设正在向良性的方向发展，这将有利于城市清洁生产的健康发展。

在城市生态建设评价指标体系中还存在着理论与实践的统一问题，有些更好的指标因无法统计或不可获得等原因而难以利用。同时因各城市的市情特点、功能差异，所以城市生态建设评价指标体系不能完全通用，需根据各城市的特点选择具有代表性的指标来评价各城市生态建设。本文中所选用的评价指标，对于城市清洁生产评价指标体系构建具有参考意义。各评价指标的权重值因选择的专家不同可能略有差异。

4.3.2 绿色 GDP

4.3.2.1 什么是绿色 GDP

了解一个国家或一个城市在一定时期的宏观经济总量，都要看这个国家或城市的 GDP（国内生产总值）。GDP 能较准确地说明一个国家的经济产出总量，较准确地表达出一个国家国民收入的水平。GDP 代表着目前世界通行的国民经济核算体系，GDP 作为核心指标，成为衡量一个国家发展程度的统一标准。从 GDP 中，只能看出经济产出总量或经济总收入的情况，却看不出这背后的环境污染和生态破坏。

经济发展中的生态成本有多大？目前世界各国还没有一个准确的核算体系，没有一个数据使我们能一目了然地看出环境污染和生态破坏的情况。环境和生态是一个国家综合经济的一部分，由于没有将环境和生态因素纳入其中，GDP 核算法就不能全面反映国家的真实经济情况，核算出来的一些数据有时会很荒谬，因为环境污染和生态破坏也能增加 GDP。例如，发生了洪灾，就要修堤坝，这就造成投资的增加和堤坝修建人员收入的增加，GDP 数据也随之增加。再例如，环境污染使病人增多，这明摆着是痛苦和损失，但同时医疗产业大发展，GDP 也跟着大发展。中国在 20 多年来是世界上经济增长最快的国家，但这“增长”又是通过多少自然资本损失和生态赤字换来的呢？总之，GDP 统计存在着一系列明显的缺陷，只反映了经济活动的正面效应，而没有反映负面效应的影响，因此是不完整的，是有局限性的，是不符合可持续发展战略的。

20 世纪中叶开始，随着环境保护运动的发展和可持续发展理念的兴起，一些经济学家和统计学家们，尝试改革现行的国民经济核算体系，对环境资源进行核算，这便是绿色GDP。绿色GDP是指绿色国内生产总值，是指一个国家或地区在考虑了自然资源（主要包括土地、森林、矿产、水和海洋）与环境因素（包括生态环境、自然环境、人文环境等）影响之后经济活动的最终成果，即将经济活动中所付出的资源耗减成本和环境降级成本从GDP中予以扣除。它是对GDP指标的一种调整，对环境资源进行核算，从现行GDP中扣除环境资源成本和对环境资源的保护服务费用，其计算结果可称之为“绿色GDP”。绿色GDP这个指标，实质上代表了国民经济增长的净正效应。绿色GDP占GDP的比重越高，表明国民经济增长的正面效应越高，负面效应越低，反之亦然。

4.3.2.2　为什么要开展绿色GDP核算

传统的GDP是衡量经济发展水平和分析经济发展态势的重要指标，但是传统的GDP在统计中存在一定的缺陷，低估了经济过程中的投入价值，高估了经济过程中的产出价值，并不能全面反映社会经济的全面发展。比如通过滥用资源、砍伐森林、污染水体草原退化、水土流失、沙漠化、河川经流量减少和耕地面积锐减等带来的GDP增长显然是一种损失，应该从GDP核算中扣除。“绿色GDP”对传统GDP修正的一个重要方面就是核算中应该扣除自然资源（特别是不可再生资源）枯竭以及环境污染损失，它可以作为衡量经济可持续发展的标准，可以有效约束经济行为主体的扩张冲动，又为经济增长提供可持续的内在动力。

20世纪80年代，随着人口数量的增加和物质消费水平的提高，人类社会的发展与资源、环境产生了深刻而又广泛以至不可调和的对立、冲突。环境生产力难以为继，环境承载力也无法消纳人类弃入的越来越多的废弃物。人类社会面临着严重的环境危机，“可持续发展”的概念由此被提出。“可持续发展”是经济可持续发展、社会可持续发展、生态可持续发展的综合协调。其中，经济可持续是基础，生态可持续是条件，社会可持续才是目的。做到了可持续经济，就能保护和改善地球生态环境，保证以可持续的方式使用自然资源，降低环境成本，使人类的发展控制在地球承载能力之内，达到可持续生态。生态可持续发展同样强调环境保护，但不同于以往将环境保护与社会发展对立的做法。可持续发展要求通过转换发展模式，从人类发展的源头，从根本上解决环境问题，发展的本质应包括改善人类生活质量，提高人类健康水平，创造一个保障人类平等、自由、教育、人权和免受暴力的社会环境，这也是我们所追求的可持续社会。

英国著名经济学家沃夫德提出，一个国家要维持可持续发展必须以国家的总体资本（包括物质资本、人力资本与环境资本）不枯竭为前提，以总体资本增加为基础。如果只有物质资本增加而环境资本减少，总资本就可能是零甚至是负值，发展就是不可持续的。可持续发展的核心是实现社会经济发展与资源环境相协调，从传统的单纯追求数量增加的发展模式向注重发展质量和后代人福利的可持续发展模式转变。这就要求我们改变传统的以“高投入、高消耗、高污染”为特征的生产模式和消费模式，实施清洁生产和文明消费，不能片面强调经济增长和国民生产总值的增加，忽视自然资源包括生态环境资源的补偿和持续利用。

为了探索环境保护和资源持续利用的方法，确保可持续发展目标的实现，《中国21世纪议程》中明确提出：“研究并试行把自然资源和环境要素纳入国民经济核算体系，使有关统计指标和市场价格能较正确地反映经济活动所造成的资源和环境的变化。”把自然资源和环境要素纳入国民经济核算体系即绿色核算。“绿色核算”可以通过绿色国内生产总值GGDP（Green GDP）或绿色国内生产净值EDP（EDP＝GGDP－固定资产折旧）等形式来表现。

（1）绿色GDP与可持续发展　GDP是指在一定时期内（一个季度或一年），一个国家或地区的经济中所生产出的全部最终产品和劳务的价值，常被公认为衡量国家经济状况的最佳指标。它不但可反映一个国家的经济表现，还可以反映一个国家的国力与财富。目前GDP的核算的局限性至少有两个方面：a. 没有把自然资源的利用作为经济过程的投入来看待，忽视了支撑经济生产可持续的资源基础。b. 没有将人类不合理的生产和消费方式所造成的对环境的破坏以及为恢复适宜的环境所作的努力加以适当的考虑，忽视了生产活动和消费活动导致的环境成本，忽视了国民的健康成本和生活质量。

以上问题导致了对经济规模和经济增长的过高估计，造成了一种扭曲的、虚假的经济图像，使得GDP指标难以真正反映某一国家或地区的国民经济状况和福利水平及其变化。据中国科学院可持续发展战略组组长牛文元初步计算：中国从1985～2000年间，GDP年均8.5%的高速增长是用生态赤字换取的。实际上，这期间真实的国民财富只是GDP统计的78.2%，另外的21.8%则是通过“损失成本”和“借用成本”获取的。王树林、李静江在《绿色GDP——国民经济核算体系改革大趋势》一书中，对北京市1997年的环境质量和资源资产的经济价值、GGDP进行了实际测算，得出初步结论：北京市1997年的GGDP等于GDP的74.9%；EDP（国内生产净值）等于NDP的99.87%（按NDP=GDP－固定资产折旧）。同时，经济活动对他人或公众造成了影响，却不将这些影响计入生产成本、交易成本和价格当中，这不仅导致了经济成本的外部性，显然也不利于世人正确认识环境问题的严峻性。更为严重的是，GDP成为了一根有害的“指挥棒”，它鼓励和驱使人们去掠夺地球，自毁人类赖以生存的家园。为了实施可持续发展的战略，必须果断地抛弃GDP这个有害的指挥棒，对国民经济进行双重核算。既进行投入产出的核算，又进行环境-资源的核算，把对社会生产力的核算和对自然生产力的核算有机地结合起来。

绿色核算将GGDP、EDP作为考核经济发展水平的重要指标。我国实行绿色GDP核算对于实现经济发展与环境质量协调，维持可持续发展具有重大的理论意义和现实意义。

① 符合可持续发展对GDP的要求，是实施可持续发展的前提条件。在实际经济活动中，一方面，一些企业只注意自身发展的直接成本和增加值，无视其经济活动对资源和环境的巨大破坏，形成了所谓的市场失灵。另一方面，宏观调控管理部门在实施宏观调控时需要对经济的真实运行状况进行分析和判断，有必要从社会层次上对社会成本进行补充核算。以GGDP作为衡量经济增长的标准，既可以通过绿色会计的核算，有效约束各个经济行为主体的扩张冲动，又可为经济增长提供可持续的内在动力。因此，GGDP在宏观、微观领域的应用和推广是实施可持续发展的前提条件。

② 有利于客观反映社会财富的变化，正确评价经济活动的效果。GGDP把资源环境纳入会计科目和国民经济统计中，将环境污染所造成的环境质量下降、长期生态退化所造成的损失、自然灾害所引起的经济损失、资源稀缺性所引发的成本等从GDP中扣除，用以表示社会真实财富的变化和资源环境状况。有利于正确地衡量和客观地评价经济发展水平和经济活动的效果。

③ 有利于加快经济增长方式的转变。我国经济增长方式要从以粗放型、数量型、速度型为主向集约型、效益型、结构型转变。这种方式的转变并不是仅仅意味着技术进步，而是意味着实现人类社会和自然和谐共生的关系，总体上是一种经济、资源和环境多方位优化的增长方式，其内涵与可持续发展的目标是一致的。GGDP既是可持续发展的客观要求，也是加快经济增长方式转变的外在动力。

④ 有利于正确地制定和实施西部大开发战略。我国的西部大开发，为西部欠发达地区

提供了难得的历史机遇。目前西部的真正优势在于相对稀缺的资源，这是西部地区发挥比较优势、缩小地区差距的真正跳板。忽视这一点，西部地区不仅难以赶上发达地区，而且自身的发展也会因为资源、环境和经济之间的尖锐矛盾而难以为继。西部的整体状况决定了其发展的思路是打基础，而不是实施赶超。GGDP的理念和GGDP的核算，可以让我们正视西部地区的自然条件、资源状况和要素发育条件，认清发展速度与发展可能的关系，从而选择适宜的缩小地区差距的西部发展战略。

(2) 绿色GDP作为可持续发展的衡量尺度　关于环境与发展孰重孰轻，历来争论颇多。大至可概括为三种：第一种是此消彼长的矛盾关系；第二种是先污染后治理的阶段性关系；第三种是相互促进的和谐关系。三种看法反映人们对自己生存环境（包括社会和自然两个方面）的认识存在明显分歧。库滋涅茨认为，经济发展与环境状况之间存在一种倒“U”形的关系，经济发展既为环境保护提供了条件，也可能会使环境恶化。随着经济增长，环境状况会逐步恶化，但经济继续增长到一定水平后，环境又会逐步好转，污染会逐步减轻。也就是说经济增长与污染水平之间存在一个“临界点”。在“临界点”之前，污染是逐步增加的，污染增加阶段是在人均GDP介于400～1200美元之间。但库氏曲线并不适用于所有的环境污染问题。世界银行的研究认为，影响城市环境问题的一个重要因素是收入水平。随着一个城市经济的增长，许多类型的环境破坏问题先是加剧，随后会减轻以至消失，这些环境现象基本符合库氏曲线的变化，但也有些环境问题则随财富增加而加剧，不能用库氏曲线解释。

20世纪80年代来，人们逐渐认识到环境问题的加剧是与传统的经济发展模式或发展战略密切相关的，不变革这种传统模式本身，单靠对环境问题采取事后补救性的治理，环境恶化这一顽疾就无法得到根治。通过建立客观、准确、完整、科学的可持续发展指标体系，对一个地区或一国在某个时期的经济活动与宏观决策是否符合可持续发展的原则做出大致定量的衡量和判断，也是可持续发展理论不可或缺的重要内容。目前国内外学者在可持续发展测度方面的研究大致可分为以下四类。

① 从国民生产净值（NNP）的角度衡量。根据传统的核算原则，国民生产净值的关系式可表示“NNP＝GNP－折旧”。在传统的经济核算中，并未将由于经济增长而带来的对环境资源的消耗和破坏等因素考虑在内。20世纪80年代以来，经济学家在许多国家对环境污染和生态破坏导致的人体健康损失、农业产量减少和质量降低、自然资源的破坏等经济损失进行了估算，由此得出了考虑自然资源和环境因素在内的新的国民生产净值（NNP）概念。新的NNP的具体计算公式是：NNP＝消费＋在物质资产中的净投资＋人力资本净变化的价值＋自然资源存量净变化的价值－当前环境破坏的损失。

② 从财富的角度衡量。1995年世界银行制定了一种把经济、社会和环境因素综合起来计算各国财富的新方法。这是对只考虑收入的国际办法的一种重要补充，也是首次计算世界上几乎所有国家的财富。基本要素包括：自然资本——土地、水源等；创造的资产——机器、工厂、基础设施等；人力资源——人们的生产能力所代表的价值；社会资本（尚未单独统计）——不是以个人为代表而是以集体形式出现的家庭和社区之类的人员组织和机构的生产价值。根据这种新方法，世界银行确定了192个国家前三类财富——自然资本、创造的资产和人力资源——每一类按美元计算的价值，并确定了其中90个国家25年期间的时间数列。这些计算方式比任何一个国家的名次重要得多，因为名次可能随着数据的改变以及世界银行如何完善这种仍在制定中的计算方法而发生变化。

③ 从综合指标体系的角度衡量。可持续发展涵盖的范围很广，建立综合的反映可持续

发展的指标体系是行之有效的办法。国内外目前已聚集了一大批可持续发展的研究专家，其中不少人均开出了关于可持续发展评价的指标体系“菜单”，如联合国可持续发展委员会等机构在1996年提出了一个初步的可持续经济发展核心指标框架，这个框架是在驱使力-状态-反应概念模型基础上形成的，该体系共包括145个指标，其中驱动力指标41个，状态指标65个，反应指标39个。

④ 从“绿色账户”的角度衡量。在可持续发展观念的引导下，传统的经济账户和国民经济核算体系正日益受到挑战和冲击。研究人员试图采用“扩展的国民账户（Augmented National Accounts)”来修订已被广为采用的GNP指标所存在的种种缺陷，使统计数据能真实地反映经济所提供的、能给国民带来福利和满足的产品的产出数量。新账户扩展了传统账户的核算边界，使它能涵盖一些重要的非市场交易行为，并修正那些被传统账户忽略和遗漏了的有害的经济活动。这种绿色账户由世界银行于20世纪80年代初提出来，80年代末确立并试行的新型账户，代表着经济账户的发展趋势。所以开展绿色账户和绿色GDP的核算既有必要，也有可能。

(3) 绿色GDP是对GDP核算的补充和完善。绿色GDP能真正反映经济的净增长。现行GDP容易过高地估计经济规模和经济增长，给人一种扭曲的经济图像。特别是对依赖于开发矿产资源、土地资源、水产资源和森林资源获得重要收入的发展中国家来说，开展资源环境核算，对GDP进行相应的调整就更为重要。在经济分析中，不能只看到发展、繁荣的一面，还要看到对资源环境的消极影响的一面。所以要反映经济的净增长，就必须在GDP核算中考虑资源环境因素，开展绿色GDP核算。

(4) 符合工业经济向知识经济转轨的当代经济发展的时代特征　工业经济时代经济发展水平的评价指标主要为GDP、人均产值和人均收入等，主要围绕资本、技术、劳动效率等因素展开经济理论研究，并指导经济发展，客观上鼓励企业追求经济利益最大化，而忽视企业的社会效益和环境效益，甚至不考虑以牺牲环境质量为代价的负面影响。当代经济将知识、环境、自然资源纳入经济理论研究范畴，进而将经济利益、社会利益和环境利益三者协调发展作为发展水平的评价指标，使工业经济时代朝着以追求可持续发展为目标的知识经济时代转轨。突出绿色GDP的核算，注重企业的社会效益和环境效益，符合当代经济发展的时代特征。

(5) 引导人们改变观念　绿色GDP核算引导人们增强环境资源保护意识，自觉地走可持续发展之路。目前核算的GDP，没有反映出取得产值过程中资源的耗减和对环境破坏所产生的负效应。在这一核算制度下，人们普遍认为自然资源是“取之不尽、用之不竭”的“自由取用物品”和“免费商品”。当今人类社会的发展面临包括环境危机在内的诸多危机，实质上是人类社会的生存活动能否持续下去的问题，其重要根源在于工业革命以来人类社会形成的经济体系。从物质流的角度来看，这一经济体系的基本特点是：先是从环境中索取大量的物质；然后是将索取的自然资源加工成产品；再后是通过流通将这些产品交由消费者消费；最后则是将消费过的产品（被称为废物）弃置于环境。这一经济与资源环境的矛盾是现行经济体系难以通过内部调整来解决的。必须通过构建新的经济体系，通过可持续发展战略来从根本上解决。通过开展绿色GDP核算，改造现有经济体系，通过将环境污染与生态恶化造成的经济损失货币化，能使人们懂得资源有价，环境有价，并从中清醒地看到经济开发活动给生态环境带来的负面效应，看到伴随GDP的增长付出的环境资源成本和代价，从而引导人们在追求经济增长的同时自觉珍惜资源，保护环境，走可持续发展之路。

4.3.2.3　绿色 GDP 面临的困难

实施绿色 GDP 核算体系，面临着技术和观念上的两大难点。

(1) 技术难点　GDP 通常以市场交易为前提，产品和劳务一进入市场，其价值就由市场供求关系来决定，它传达出来的是以货币为手段的市场价格信号。即市场供求规律所决定的自由市场价格，是 GDP 权威性的唯一来源。但我们如何来衡量环境要素的价值呢？环境要素并没有进入市场买卖。例如砍伐一片森林，卖掉原木，原木的销售价，即可表现出价格，即可以纳入 GDP 统计。但因为森林砍伐而导致依赖森林生存的许多哺乳动物、鸟类或微生物灭绝，这个损失是多大呢？再因为森林砍伐而造成的大面积水土流失，这个账又该如何核算呢？这些野生的鸟类、哺乳动物、微生物与流失的水土并没有市场价格，也没有货币符号，难以用数据来确定它们的价值。专家们提出过许多办法，其中一个是倒算法，按市场成本来估算一个专题。例如，使黄河变清要花多少钱？恢复一片原始森林要花多少钱？如果做不到，那就是价值无限，不准砍伐，不准破坏。另外，按市场价格，有的具体项目的环境成本也可以科学推测。例如，昆明的滇池近几十年来被严重污染，周围的农田、化工厂是主要污染源，如果将这些农田和化工厂几十年来的利润汇总，有几十个亿，虽然带动了当地的就业，创造了物质财富，但同时造成了严重的环境污染。如果现在要使滇池水变清，将劣五类水变回到二类水，最起码要投入几百个亿。这样一笔账算下来，即便不包括滇池内许多原有的鱼类和微生物的灭绝，也不包括昆明气候变化所造成的影响成本，滇池周围几十年来的经济活动可就亏大了！如今，各方面的专家们已研究出了不少测算模型与方法，各有优点，各有侧重，也各有缺陷，这只能在实践中逐步补充完善。

(2) 观念上的难点　绿色 GDP 意味着观念的深刻转变，意味着全新的发展观与政绩观。GDP 是单纯的经济增长观念，它只反映出国民经济收入总量，它不统计环境污染，不统计生态破坏，不反映经济增长的可持续性。绿色 GDP 则力求将经济增长与环境保护统一起来，综合性地反映国民的经济活动的成果与代价，包括生活环境的变化。绿色 GDP 建立在以人为本、协调统筹、可持续发展的观念之上。一旦实施绿色 GDP，人们心中的发展内涵与衡量标准就变了，扣除了环境损失成本，当然会使一些地区的经济增长数据大大下降。一旦实施绿色 GDP，必将带来政府官员考核体系的重大变革。过去各地区政府官员的政绩观，皆以单纯的 GDP 增长为业绩衡量标准，现在要将经济增长与社会发展、环境保护放在一起综合考评，这会使很多干部想不通，会因此形成诸多阻力。随着绿色 GDP 的研究和实施，环境的保护或破坏，必成为选拔干部的一项重要标准。

4.3.2.4　绿色 GDP 在国内外的实践

绿色 GDP 的环境核算虽然困难，但在发达国家还是取得了很大成绩。

挪威 1978 年就开始了资源环境的核算，重点是矿物资源、生物资源、流动性资源（水力）、环境资源，还有土地、空气污染以及两类水污染物（氮和磷）。为此，挪威建立起了包括能源核算、鱼类存量核算、森林存量核算，以及空气排放、水排泄物（主要为人口和农业的排泄物）、废旧物品再生利用、环境费用支出等项目的详尽统计制度，为绿色 GDP 核算体系奠定了重要基础。

芬兰像挪威一样，也建立起了自然资源核算框架体系。其资源环境核算的内容有三项：森林资源核算、环境保护支出费用统计和空气排放调查。其中最重要的是森林资源核算。森林资源和空气排放的核算，采用实物量核算法；而环境保护支出费用的核算，则采用价值量核算法。

特别值得一提的是墨西哥。墨西哥虽然是发展中国家，但也率先实行了绿色GDP核算。1990年，在联合国支持下，墨西哥将石油、各种用地、水、空气、土壤和森林列入环境经济核算范围，再将这些自然资产及其变化编制成实物指标数据，最后通过估价将各种自然资产的实物量数据转化为货币数据。这便在传统国内生产净产出（NDP）基础上，得出了石油、木材、地下水的耗减成本和土地转移引起的损失成本。然后，又进一步得出了环境退化成本。与此同时，在资本形成概念基础上还产生了两个净积累概念：经济资产净积累和环境资产净积累。这些方法，印度尼西亚、泰国、巴布亚新几内亚等国纷纷仿效，并也立即开始实施。

1995年，世界银行首次公布了用“扩展的财富”指标作为衡量全球或区域发展的新指标。扩展的财富概念中包含了“自然资本”、“生产资本”、“人力资本”、“社会资本”四大组要素。“财富”的内涵更为丰富了。

至2004年9月，中国绿色GDP核算体系框架已初步建立：《中国资源环境经济核算体系框架》提出了中国资源环境经济核算体系的基本框架，探讨了进行资源环境经济核算可能采取的方法和理论依据，同时还分析了该理论框架在实施和应用阶段有待完善和研究的问题；《基于环境的绿色国民经济核算体系框架》不但提出了构建我国基于环境的绿色国民经济核算体系的总体原则，建立了环境实物量核算、环境价值量核算、环境保护投入产出核算和经环境调整的绿色GDP核算四个具体的表式核算框架，还阐明了核算思路、方法与基本内容，对核算表式作出了明确的定义，提出了近期可能开展的具体核算内容，是一份可以为全国及局部地区进行环境核算提供具体指导的框架性指南，具有较强的可操作性。这两份报告构筑出了我国绿色GDP的基本理论框架，为绿色国民经济核算制度的建立与实施奠定了坚实的基础。

4.3.2.5 绿色GDP核算的途径

1995年，世界银行首次采用以“自然资本”、“生产资本”、“人力资本”和“社会资本”四大要素构成“扩展的财富”的新指标。专家们公认“扩展的财富”比较客观、公正、科学地反映了世界各地区发展的真实情况，为国家拥有真实“财富”及其发展随时间的动态变化提供了一种可比的统一标尺。目前，许多国家都在研究GGDP核算方法。GGDP核算是建立在GDP核算的基础之上的，在完善GDP核算和建立起资源环境实物量核算基础之后，逐步建立综合环境和经济核算体系，开展GGDP核算。绿色GDP核算目前有以下两种途径。

途径之一：在传统的国民经济账户表中加入反映自然资源和环境的成本信息，通过调整传统的GDP得到GGDP。联合国统计委员会已构建出环境和经济核算体系（SEEA），作为国民经济核算体系（system of national account，SNA）的附属核算体系。在国内生产总值中扣除自然资本的消耗，得到经过环境调整的GDP，也就是GGDP；在国内生产总值中扣除生产资本的消耗，得到国内生产净值（NDP）。从国内生产总值中同时扣除生产资本消耗和自然资本消耗，得到经环境调整的国内生产净值，也称绿色国内生产净值（EDP），这就是联合国综合环境与经济核算体系的核心指标。虽然缺少国际通行的转换资源利用和环境退化信息的做法，但一些国家正利用SEEA框架建立环境资源（如水、森林、能源等）的卫星账户，作为国民经济核算体系的补充，以对原有国民经济账户进行调整，这样调整后得到的“环境国民经济账户”能进行国内产品和财富的绿色衡量，其中包括三种调整账户：一是自然资源账户，通过国民经济平衡账户，连接到国民经济核算体系。二是资源和污染流账户，通过实物形式连接到卫星账户。三是环境费用账户。综上所述，SEEA对各种各样的国民经济账户之间的调整合成很有用，可以很方便地获得 GGDP 的指标。

途径之二：利用投入产出技术描述和计算绿色 GDP。其基本方法是考虑环保活动（资源恢复和污染处理），在投入产出表中增加资源消耗、污染排放、资源恢复和废物治理四部门。从产出方向看，传统 GDP 等于各传统产业最终产品之和，各部门最终产品等于总产品减中间产品，然而各部门在生产过程中不仅生产出了满足自身需要的产品（正效应），而且产生了由生产活动外部不经济性所带来的生存环境损害（负效应）。同时，开展环保活动（资源恢复和污染治理）又必须有相应的资源环境消耗，包括进行环保活动而新产生的资源消耗和环境污染等“自然品”的消耗。另外，由环保部门所创造的增加值（新创造价值），应被视为产出新增部分。

因此，绿色 GDP 可按下列公式计算：GGDP＝GDP－资源环境损害＋环保部门新创造价值。无论是第一种途径还是第二种途径都存在着一个难题，这就是资源的消耗和环境损失的货币化问题，因为资源耗减和环境污染很难找到一个合适的价格。资源环境的基本核算通过两种手段来实现，一是实物量核算，二是价值量核算。目前我国正在进行自然资源和环境的实物量核算研究，但对资源环境损失进行货币化估价还没有一个共同的、可理解的度量标准。一个总的原则是，能够市场交易的资源用市场交易价格来估价，不能交易的按净现值方法通过未来收益来估价，污染按治污成本来估价。

2003 年开始，中国国家统计局对全国的自然资源进行了实物核算，实物核算是绿色 GDP 核算的重要基础。2004 年开始，国家统计局和国家环保总局已成立了绿色 GDP 联合课题小组，正在组织力量积极进行研究和试验。

联合国统计委员会协调各国绿色 GDP 的核算行动，制定国际通行的核算标准，从而解决国家间的对比性问题。目前联合国统计委员会 SEEA 体系的新框架中，绿色 GDP 成为核心指标。对于绿色 GDP 的核算内容，世界各国并无一致的看法。联合国统计委员会的 SEEA 体系并不扣除 GDP 中的不良物品和服务，只扣除资源的耗减和环境的降级所造成的损失，因此它一方面没有打乱 GDP 原有的核算模式和框架，另一方面又将资源环境核算纳入进来形成一个新的核算模式和框架，新的框架中包含了原有的框架。

总之，实施绿色 GDP 核算必须从实际出发，由易到难，分步实施。下列四个 GGDP 从Ⅰ级到Ⅳ难度递增，其具体含义如下：

GGDP（Ⅰ）＝现行 GDP－自然资源损耗与生态环境退化降级成本；

GGDP（Ⅱ）＝现行 GDP－外部不经济活动（自然资源损耗与生态环境退化降级成本＋自然灾害＋城市拥挤所带来的不舒适等损失）＋漏统部分（地下经济活动、非市场交易的自给性生产与服务等）±时间资产与闲暇活动等；

GGDP（Ⅲ）＝G－GDP（Ⅱ）－人文虚数（毒品及烟草生产与服务、部分国防与警察开支、犯罪所造成的损失等）；

GGDP（Ⅳ）＝G－GDP（Ⅲ）±其他部分。

总之，GGDP 绝不是在现有 GDP 前简单地加上“Green”（绿色的），变成一个所谓的环保 GDP 或生态 GDP，严格来讲，它是一个可持续发展的 GDP。

4.3.2.6　绿色 GDP 与公众参与

由于许多环境因素很难纳入货币核算，国外就发明出了一种可称为公众评估的办法。例如，某些规模巨大的公共工程项目，要核算它的生态影响，不同的核算法有时会产生出不同的结果。所以，环境专家们便诉诸公众的主观评价。围绕这些公共项目，要允许相关的专业部门与相对独立的专家机构，在较大的范围内进行公众咨询与调查，将支持和反对的意见都写清楚，最后请公众根据自己的价值判断来进行选择。公众对关系到自己身心健康的事情，都会有真实的表述。因此，实施绿色 GDP，要有一个公众参与的社会氛围。要认真收集与了解公众对经济收入和环境破坏的主观评价，这种主观评价的数据应成为绿色 GDP 的重要补充。

环境保护的公众参与，直接表现了社会民主的发育程度，也直接体现着一个国家公民素质的高低水平。人民既需要经济的增长，也需要一个良好的生态环境，更需要一个公正和谐的社会。可持续发展的目标，本身就包含着经济增长、社会发展和环境保护三个方面的内涵。建设一个以人为本的社会，就必须实现这三者的平衡。公众参与，是社会发展的重要内容，也是经济增长与环境保护的平衡杠杆。

建立绿色 GDP 核算体系，不能过于迷信技术手段，因为技术手段总是在不断完善的。科学的绿色 GDP 数据有助于科学决策，从世界环境保护的发展历程看，没有公众参与就没有环境保护。所以，在强调建立绿色 GDP 核算体系的同时，一定要强调公众参与。否则，环境保护与建立绿色 GDP 就变成少数人的事而最终一事无成。

4.3.3 企业清洁生产评价标准及评价方法

为了达到清洁生产的目的，企业可提出多个清洁生产技术方案，在决策前，需对各个方案进行科学客观的评价，筛选出既有明显经济效益、又有显著环境效益的可行性方案，这个过程称为清洁生产评价。清洁生产评价是通过对企业的生产从原材料的选取、生产过程到产品服务的全过程进行综合评价，评定出企业清洁生产的总体水平以及每一个环节的清洁生产水平，明确该企业拟建生产过程、产品、服务各环节的清洁生产水平在国际和国内所处的位置，并针对其清洁生产水平较低的环节提出相应的清洁生产措施和管理制度，以增加企业市场竞争力，降低企业的环境责任风险，最终达到节约资源、保护环境的目的。

4.3.3.1 企业清洁生产评价标准

由于清洁生产技术方案涉及企业技术和管理的多个方面，所以在对其进行评价时，所采用的评价方法应能处理多层次、多属性的问题，并要保证评价过程的客观性、科学性，尽量减少或避免评价结果受主观偏好的影响，同时要保证筛选出的清洁生产技术方案能体现出其技术的先进性及经济效益与环境效益的同一性。

对于清洁生产的评价，至今还没有公认的、法定的方法，还处在不断探讨和完善过程中。清洁生产评价标准，应是若干项综合的原则，这些原则带有鲜明的政策指导性，同时，也具有行业和地区特点（应允许有行业、地区标准）。每项原则可以是若干条定性条文，也可以是若干个定量指标。原国家环保总局从 2001 年开始在全国范围内组织编制各行业清洁生产审核技术指南和各行业清洁生产技术要求，为开展清洁生产作好方法和评价的技术准备，将陆续出台一批清洁生产的环境保护行业标准。在国家及行业清洁生产评价标准尚未正式颁布之前，可作为参照的评价标准有：

① 国家颁布的有关产业发展政策及法规（包括有关设计规范和排污标准）。

② 国家环保局和有关行业主管部门下达或推荐的清洁生产技术。

③ 有关清洁生产科学技术研究或试验成果。

④ 同行业中相同或相近生产规模的先进企业的单产水耗、能耗、原材料消耗及排污量指标。

⑤ 企业自身清洁生产标志性指标，如原材料进入产品和副产品转化率、废物回收和资源化利用率、废物在末端治理以前的削减率等。

⑥ 国际标准化组织 ISO 14000 系列标准中有关清洁生产标准。

4.3.3.2 清洁生产评价的几项基本原则

(1) 系统整合原则　评价必须具备系统的观念，必须强调生产全过程整合和目标的统一。系统分析是正确评价生产和管理结构是否合理、设施的功能是否有效、污染控制目标和措施是否协调的基础。

(2) 生产过程废物最小量化原则　生产过程每一个相对集中的具有物质和能量转化功能的生产单元，都可以看作一个清洁生产评价对象。每个单元以产出废物最小量化为原则，对生产过程中的操作行为、工艺先进性、设备有效性、技术合理性进行评价，提出清洁生产方案。

(3) 强化对污染物“源头和中间控制”原则　评价过程中通过分析，调整原料利用方式或寻求废物可分离、可回收利用的技术方案，力争从源头或生产过程中间减少污染物的产出，以减轻末端治理难度。

(4) 相对性和阶段性原则　由于受生产规模、工程复杂性、科技水平、经济基础、生产者素质等因素制约，清洁生产具有相对意义。清洁生产评价中树立的目标和参照的标准应把握一定的适用范围和条件；评价中提出的清洁生产措施应本着因地制宜、适时适度、低费高效的原则推荐实施。对不确定或暂时不易行方案应按目标化管理要求，提出分阶段实施的持续清洁生产对策和建议。

4.3.3.3 清洁生产评价与常规环境影响评价的联系和区别

清洁生产是目前公认的工业污染控制最佳途径，国家环保部已明确要求将其纳入建设项目环境影响评价，环评工作中也常可见到清洁生产的内容。

清洁生产评价与常规环境影响评价是相辅相成的，其主要区别表现在：

① 从评价依据看，常规环境影响评价主要依据工程可行性研究或设计报告，清洁生产评价却不拘于此。

② 从评价对象和内容看，常规环境影响评价主要针对拟定的整体工艺过程，进行末端产污、治污、排污评价。清洁生产评价主要针对生产过程单元的污染控制分析，并增加了原料和产品评价。

③ 从评价目标和重点看，常规环境影响评价以污染物达标排放为主，清洁生产评价则以削减污染物排放量和降低废物毒性为主。

④ 环境影响评价和清洁生产均追求对环境污染的预防，无论是预防污染物排放对环境的污染还是预防污染物的产生，其最终目标是一致的。

将清洁生产概念引入环境影响评价中，在环境影响报告书中对清洁生产予以定量评价，对于加强环境影响评价在环境管理中的作用具有重大意义。

(1) 清洁生产与环境影响评价的相容性　环境影响评价是对拟建项目环境污染问题防患于未然的一项环境管理制度。清洁生产是以污染预防为核心，将工业污染防治重点由末端治理改为生产全过程削减的全新生产方式。环境影响评价和清洁生产均旨在预防污染，这是两者相容性的基础；清洁生产虽具节能、降耗和减污等诸多优点，但目前推行情况却不尽如人意，将清洁生产纳入环评，有利于清洁生产的有效推行；把清洁生产纳入环评，同时也丰富了环评的内容，提高了环评的实用性。所以，两者的结合可以起到相得益彰的作用。

(2) 现存主要问题　目前，清洁生产已成为工业企业建设项目环境影响评价中的重要内容，但由于工作开展时间不长，亦无国外经验可鉴，因此工作开展时尚存在一些问题，现归纳如下。

① 标准问题。在环评中如何进行清洁生产评价，首先应该建立参照标准——1套完整的清洁生产定量评价体系，即包括评价原则、程序、指标、模式和结果判断分析等。目前，清洁生产缺乏标准体系，环评人员一般只能根据对该建设项目生产工艺和清洁生产的了解程度提出清洁生产内容，往往主观性强、评价结果粗糙、科学性和可操作性差。

② 务实问题。以前工业建设项目环评中经常可见“清洁生产”的字样，但最终落实的情况却不尽如人意。有时环评报告中提出一些看似很有价值的清洁生产方案，实际却无法落实，特别是废物综合利用方面，许多方案实际是无法实现的，比如某金属加工厂产生的含油砂污泥，在环评报告中被列入可作为建筑材料而化废为宝，但实际上很少有单位专门利用这些废渣；环评报告与建设项目可行性报告之间有时并不一致，环评报告提出的清洁生产措施往往是替代方案，这些替代方案除了少数属于管理内容的无费/低费方案有可能实施，较大的工艺改进方案一般均为不行动方案，清洁生产方案成了摆设。

③ 清洁生产方案落实问题。从环境影响评价报告中经常可以发现，虽然环保部门审批的环评报告书提出了一些清洁生产工艺和措施，但由经贸委和工业局审批的建设项目可行性报告书实际已经确定了生产工艺，建设项目一般都按照建设项目可行性报告书执行，因此清洁生产建议无法实行。

要解决上述问题，可以考虑根据行业分类设立清洁生产标准，从环评工作者中培训清洁生产审核员，持证上岗；建立清洁生产中心，专门管理清洁生产工作。

4.3.3.4 清洁生产评价与清洁生产审核的区别

对新、扩、改建项目进行清洁生产评价与对现有工程进行清洁生产审核是有一定区别的。清洁生产评价是针对拟建工程的计划和方案，以有效预防污染为主要目的，其评价结果主要以对策形式出现，带有相对明显的战略性，评价方法主要采用系统分析法、类比调查法、统计分析法、资料查询法、专家咨询法和模拟实验等。清洁生产审核是针对工程现状，以事实为依据，以现状整改、提高效益为主要目的，其审核结果主要以具体措施形式出现，带有相对明显的战术性；清洁生产审核主要采用现场监测考察、物料衡算、技术经济分析等方法。在实践操作中，清洁生产评价更注重划分评价单元和筛选评价因素，清洁生产审核则更注重确定审核重点和筛选清洁生产方案。

4.3.3.5 清洁生产评价内容

从科学性、工程性、可操作性等多方面考虑，清洁生产评价基本内容大致包括以下方面。

(1) 清洁原料评价

① 评价原料毒性、有害性。

② 评价原料在包装、储运、进料和处理过程中是否安全可靠，有无潜在的浪费、暴露、挥发、流失等风险污染问题。

③ 对大众化原料，进一步分析原料纯度、成分与减污的关系。

④ 对毒害性大、潜在污染严重的原料应提出更清洁的替代方案或清洁生产措施。

(2) 清洁工艺评价

① 指明拟选生产工艺与国家产业发展有关政策的关系。

② 指明拟定工艺特殊性，如是否简捷、连续、稳定、高效，设备是否易于配套，自动化管理程度高低等。

③ 筛选可比工艺方案，通过物耗、能耗、水耗、收率、产污比等指标比较分析，评价拟定工艺的先进性和合理性。

④ 通过评价，对工艺中尚存的问题提出改进意见，对主要评价单元（如车间、工段、工序）生产过程进行剖析，采用化学方程式和流程图评价包括废物在内的物流状况和特征，找出清洁生产机会以及进行闭路循环或回收利用技术和措施的可行性，提出资源综合利用措施或途径及废物在生产过程中减量化的有效方案。

（3）设备配置评价

① 评价主要生产设备的来源、质量和匹配性能、密闭性能、自动化管理性能。

② 分析拟定配置方案的弹性和对原料转化的关系。

③ 从节能、节水、环保等角度，评价设备的空间布置合理性。

（4）清洁产品评价　通过对产品性能、形态和稳定性的分析，评价产品在包装、运输、储藏以及使用过程中是否安全可靠，评述产品在其生命周期中潜在的污染行为。

（5）二次污染和累积污染评价

① 分析废物在处理处置过程中的形态变化和二次污染影响问题。

② 明确废物最终转化形态和毒害性。

③ 分析废物最终处置方式对环境的累积污染影响。

（6）清洁生产管理评价

① 对生产操作规范化、设备维护、物料和水量计量办法进行评述。

② 对原料和产品泄漏、溢出、次品处理、设备检修等造成的无组织排污提出监控措施。

③ 对建立企业岗位环保责任制和审核制度提出要求。

（7）推行清洁生产效益和效果评价

① 通过对比分析，说明清洁生产在节水、节能、降耗、减污、增效方面可能产生的效益和效果。特别分析清洁生产对预防污染、减轻末端治理压力的可能贡献。

② 通过类比分析，提出拟建工程清洁生产应达到的基本目标。

4.3.3.6 清洁生产评价指标

清洁生产评价指标具有标杆的功能，提供了一个清洁生产绩效的比较标准，是对清洁生产技术方案进行筛选的客观依据。

（1）清洁生产评价指标的选取原则　一般说，评价指标既是管理科学水平的标志，也是进行定量比较的尺度。清洁生产的评价指标是指国家、地区、部门和企业，根据一定的科学、技术、经济条件，在一定时期内规定的清洁生产所必须达到的具体目标和水平。为此，可以确定指标制定的基本原则如下。

① 全过程评价原则。全过程评价原则就是借助生命周期评价的方法确定清洁生产指标的范围，不但对整个生产过程实行全分析，即对原材料、能源、污染物产生及其毒性进行分析评价，还要对产品本身的清洁程度和环境经济效果进行评价，充分体现“节能、降耗、减污、增效”的宗旨。

② 污染预防的原则。指标范围不需要涵盖所有的环境、社会、经济等指标，主要反映出项目实施过程中所使用的资源量及产生的废物量，包括使用能源、水或其他资源的

情况。

③ 定量原则。由于指标所涉及面比较广，为了使所确定的清洁生产指标反应目标项目的主要情况，又简便易行，在设计时要充分考虑指标体系的可操作性，为清洁生产指标的评价提供有力的依据。

④ 明确目标原则。规定实现指标的时间，可以是长远的规划目标，也可是短期目标；规定执行指标的具体地区、行业、企业和车间等；每项指标必须与经济责任制挂钩，指标值可以分解落实，从地区到企业、到车间、班组都有与其责任相应的目标值，容易获得较全面、较客观的数据支持。

⑤ 规范性原则。指标必须有统一规范、例行性和程序化的管理。

(2) 清洁生产的指标体系　清洁生产不仅涉及项目的初期设计，也涉及建设项目的选择、项目建成后的管理以及生产产品的全生命周期，指标体系设定的正确与否关系到清洁生产评价工作全过程的科学性和可操作性。从清洁生产的战略思想和内涵看，指标体系的设定应把握好以下三个环节的要求：第一，生产过程，要求节约原材料和能源，淘汰有毒原材料，减降所有废弃物的数量和毒性；第二，产品，要求减少从原料提炼到产品最终处置的全生命周期影响；第三，环境，要求将环境因素纳入设计和所提供的服务中。

因此清洁生产分析和评价主要应从工艺路线选择、节能降耗、减少污染物产生和排放等方面进行评述，同时还要兼顾环境经济效益的评价。清洁生产的指标可分为原材料指标、产品指标、能源指标、污染物排放指标和环境经济效益指标五大类，由21个单项指标构成。

原材料指标的确定因子有以下5项。

① 原材料毒性大小：所含毒性成分对环境造成的影响程度。

② 原材料开采对生态的影响：原料取得过程中的生态影响程度。

③ 原材料的可再生性：原材料可再生或再生的程度。

④ 原材料的能源强度：在采掘和生产过程中消耗能源的程度，储量是否丰富。

⑤ 原材料的可回收利用性：原材料的可回收利用程度。

产品指标的确定因子有以下4项。

① 产品销售环节。是否造成运输费用增加等，即从工厂运送到零售商和用户过程中对环境造成的影响程度。

② 产品使用过程中的对环境影响的大小。产品在使用期内使用的消耗品和其他相关产品可能对环境造成的影响程度。

③ 产品寿命优化。在多数情况下产品的寿命是越长越好，因为可以减少对生产该种产品的物料的需求。但有时并不尽然，例如，某一高耗能产品的寿命越长则总能耗越大，随着技术进步有可能产生同样功能的低耗能产品，而这种节能产生的环境效益有时会超过节省物料的环境效益，在这种情况下，产品的寿命越长对环境的危害越大。寿命优化就是要使产品的技术寿命（指产品的功能保持良好的时间）、美学寿命（指产品对用户具有吸引力的时间）和初设寿命处于优化状态。

④ 产品报废环节。是否容易处置，产品报废后对环境的影响程度。

资源消耗量越高，对环境的影响越大，资源指标的确定因子有以下3项。

① 单位产品耗新鲜水量。

② 单位产品能耗。

③ 单位产品原材料消耗。

污染物产生指标的确定因子有以下 6 项：

① 单位产品废水产生量。

② 单位产品废气产生量。

③ 单位产品固体废物产生量。

④ 单位产品废水中主要污染物及特征污染物产生量。

⑤ 单位产品废气中主要污染物及特征污染物产生量。

⑥ 单位产品废渣中主要污染物及特征污染物产生量。

污染物产生指标代表着生产工艺的先进性和管理水平。污染物产生指标设三类，即废水、废气和固体废物。

环境经济效益指标的确定因子有以下 3 项：

① 环保投资偿还期：环保初始投资费用与环保投资所产生的年净经济效益之比。

② 环境成本：单位产品所付出的环境代价。

③ 环境系数：项目创造每元产值所付出的环境代价。

其中，原材料指标用以表征产品生产所需原材料获得过程对环境的影响；产品指标用以表征产品销售、使用过程对环境的影响；能源指标用以表征产品生产加工过程所消耗的能源强度；污染物排放指标用以表征产品生产过程中污染物排放对环境的影响；环境经济效益指标体现原材料的获取、加工、使用等各方面对环境的综合影响。

(3) 清洁生产的定量评价指标体系　由于清洁生产评价指标涉及面广、完全量化难度大，应根据行业特点将易于量化的资源指标、污染物产生指标和环境经济效益指标进行定量评价；将难以量化的部分原材料指标和产品指标粗分为几个等级做定性评价。

比较容易量化的 14 项指标及其含义见表 4-14。

表 4-14　清洁生产定量评价指标体系

指标	序号	单项指标名称	含义及计算式	说明
资源指标	1	物耗系数	$\frac{\text{主要原辅料年用量之和(t)}}{M}$	M——产品年产量(规模)
	2	能耗系数	$\frac{\text{能量年消耗量(kJ)}}{M}$	
	3	清洁水耗系数	$\frac{\text{清洁水年用量(t)}}{M}$	
	4	资源有毒有害系数	$\frac{\text{有毒有害原材料年用量之和(t)}}{M}$	
污染物产生指标	5	废水产生系数	$\frac{\text{废水年产生量(t)}}{M}$	
	6	废气产生系数	$\frac{\text{废气年产生量(t)}}{M}$	
	7	固体废物产生系数	$\frac{\text{固体废物年产生量(t)}}{M}$	
	8	产污增长系数	$\frac{\text{“三废”中污染物年产生总量增长率}}{\text{年产值增长率}}$	
	9	产污有毒系数	$\frac{\text{年产生“三废”中有毒有害污染物的量(t)}}{M}$	

续表

指标	序号	单项指标名称	含义及计算式	说明
环境经济效益	10	环保投资偿还期	$\frac{\text{初始环保投资额(元)}}{B-C}$	B——环保投资年总效益 C——一年环保运转费用
	11	环保成本	$\frac{\text{年环境代价}}{M}$	
	12	环境系数	$\frac{\text{年环境代价}}{\text{年产值}}$	
产品清洁	13	清洁产品系数	$\frac{\text{产品有毒有害成分的量}}{\text{产品总量}}$	
	14	产品技术寿命	产品功能保持良好的时间	

4.3.3.7 清洁生产定量评价方法

清洁生产评价可分为定性和定量评价两大类。部分原材料和产品指标在目前的数据下难以量化，属于定性评价，因而可粗分为三个等级，分别为：低——等级分值区间 [0，0.3]；中——等级分值区间 [0.3，0.7]；高——等级分值区间 [0.7，1.0]。

对于污染物产生指标等易于量化的指标，可做定量评价，因而可细分为五个等级，分别为：很差——等级分值区间 [0，0.2]；较差——等级分值区间 [0.2，0.4]；一般——等级分值区间 [0.4，0.6]；较清洁——等级分值区间 [0.6，0.8]；清洁——等级分值区间 [0.8，1.0]。

每个分指标的等级分值范围为 0～1.0，按基本等量、就近取整的原则划分。

评价方法如下。清洁生产评价采用分级对比评价法，采用百分制。首先对各指标按等级评分标准进行打分，若有分指标则按分指标打分，然后分别乘以各自的权重值，最后累加起来得到总分，通过总分比较能够基本判定建设项目整体所达到的清洁生产程度。即按公式 (4-1) 计算清洁生产水平总分。

$$E=\sum A_i W_i \tag{4-1}$$

式中 E——评价对象清洁生产水平总分；

A_i——评价对象第 i 种指标的清洁生产等级得分；

W_i——评价对象第 i 种指标的权重。指标体系权重值总和为 100，各指标权重值代表各指标在整个指标体系中所占的比重，一定程度上反映该指标在产品生产、销售、使用的全生命周期中对环境影响的重要性。为保证评价方法的准确性和适用性，在各项指标（包括分指标）的权重确定过程中应采用专家调查打分法。

(1) 企业清洁生产定量评价实例　某一造纸企业的结果见表 4-15。

由于清洁生产是一个相对的概念，因而清洁生产指标的评价结果也是相对的。如果一个建设项目综合评分结果大于 80 分，从平均的意义上说，该项目原材料的选取对环境的影响、产品对环境的影响、生产过程中资源的消耗程度以及污染物的排放量均处于同行业国际先进水平，从现有的技术条件看，该项目属于“清洁生产”；同理，若综合评分结果在 70～80 分之间，可认为该项目为“传统先进”项目，即总体在国内处于先进水平，某些指标处于国际先进水平；若综合评分结果在 55～70 分之间，可认为该项目为“一般”项目，即总体在国内处于中等的、一般的水平；若综合评分结果在 40～55 分之间，可判定该项目为“落后”，即该项目的总体水平低于国内一般水平，其中某些指标的水平在国内可能属“较差”或“很差”之列；若综合评分结果在 40 分以下，则可判定该项目为“淘汰”项目，因为其总体水平处于国内“较差”“很差”水平，不仅消耗了过多的资源、产生了过量的污染物，而且在原材料的利用以及产品的使用及报废后的处置等多方面均有可能对环境造成超出常规的不利影响。

总体评价结果划分为：清洁生产，指标分数＞80；传统先进，70～80；一般，55～70；落后，40～55；淘汰，＜40。

表 4-15　A 型薄形纸清洁生产评价体系及权重与评价结果

指标分类	分指标名称	指标特征	权重(W_i)	等级分(A_i)	水平分(E_i)
原材料指标	① 毒性	无毒	7	0.9	6.3
	② 生态影响	良好	6	0.9	5.4
	③ 可再生性	良好	4	0.9	3.6
	④ 能源强度	低	4	0.8	3.2
	⑤ 可回收利用性	可回收利用	4	0.8	3.2
	小计		25		21.7
产品指标	① 销售	良好	3	0.9	2.7
	② 使用	良好	4	0.9	3.6
	③ 寿命优化	中等	5	0.7	3.5
	④ 报废处置	良好	5	0.8	4.0
	小计		17		13.8
资源指标	① 单位产品耗水量	$36m^3$	10	0.9	9.0
	② 单位产品耗煤量	0.25t	6	0.9	5.4
	③ 单位产品物耗量	1.3t	8	0.8	6.4
	④ 单位产品耗电量	400kW·h	5	0.8	4.0
	小计		29		24.8
污染物产生	① 废水排放量	$30m^3/t$	9	0.8	7.2
	② COD 产生量	23.5kg/t	7	0.8	5.6
	③ BOD 产生量	5.2kg/t	7	0.9	6.3
	④ SS 产生量	22.0kg/t	6	0.8	4.8
	小计		29		23.9
总计			100		84.2
结论		该项目累积得分 84.2 分。从平均意义上说，该项目原材料选取对环境的影响、产品对环境的影响、生产过程中的资源消耗程度以及污染物排放量均处于同行业先进水平			

（2）橡胶轮胎工艺清洁生产比较评价　橡胶轮胎生产工艺相比较其他化工工艺，其对环境的污染程度较轻，废水、废气、废渣的排放量及排放浓度相对来说不算最高，末端治理的效果不明显。因此诸如此类企业应用清洁生产评价手段更能准确地说明企业环境状况。

① 橡胶轮胎生产主要工艺过程及污染源分析。橡胶轮胎生产工艺归纳起来主要分为生

胶炼胶、胎圈制造、帘布复胶压延、轮胎成型、轮胎硫化等过程。污染物主要产生工段及主要污染物分析（表 4-16）。

表 4-16 橡胶轮胎生产主要污染物一览表

工序名称	主要污染物		排放方式
炼胶工段	粉尘	炭黑灰	间断
	炼胶烟气	NMCH，臭气	间断
	废水	COD_{Cr}	间断
	噪声	密炼机	连续
压延工段	炼胶烟气	NMCH，臭气	间断
	循环冷却水	石油类	间断
	噪声	压延机	连续
成型工段（包括胎圈制造）	固废	废胶料	
	汽油挥发气	汽油	间断
	噪声	成型机	间断
硫化工段	硫化烟气	NMCH，臭气	间断
	循环冷却水	石油类	间断
	噪声	硫化机	间断

由表 4-16 可见，在橡胶轮胎的生产过程中产生的污染物有粉尘、非甲烷总烃（NMCH）、COD_{Cr}、石油类以及一部分设备噪声等。

② 评价结果。调查两个橡胶轮胎生产企业，一个是国内较先进的橡胶轮胎生产企业 A、另一家是生产工艺比较落后的橡胶轮胎生产企业 B，进行分项打分（表 4-17）。

表 4-17 橡胶轮胎生产企业清洁生产评价体系及评价结果

指标分类	分指标名称	权重（W_i）	企业 A		企业 B		改进措施
			等级分（A_i）	水平分（E_i）	等级分（A_i）	水平分（E_i）	
原材料指标	毒性指标	7	0.90	6.3	0.50	3.5	改进原材料配方，采用环保、节能型原材料，淘汰有毒有害原材料
	生态影响	6	0.85	5.1	0.80	4.8	
	可再生性	4	0.30	1.2	0.30	1.2	
	能源强度	4	0.75	3.0	0.70	2.8	
	可回收利用性	4	0.70	2.8	0.50	2.0	
	小计	25		18.4		14.3	
产品指标	销售	3	0.95	2.85	0.95	2.85	1. 用全钢子午胎代替斜胶胎 2. 生产无内胎全钢丝子午胎，提高产品性能
	使用	4	0.90	3.60	0.90	3.60	
	寿命优化	5	0.90	4.50	0.90	4.50	
	报废	5	0.30	1.50	0.30	1.50	
	小计	17		12.45		12.45	

续表

指标分类	分指标名称	权重(W_i)	企业A		企业B		改进措施
			等级分(A_i)	水平分(E_i)	等级分(A_i)	水平分(E_i)	
资源指标	能耗	11	0.95	10.45	0.80	8.8	1. 改进炭黑储存输送系统,实行全密闭状态下的计算机自动化生产 2. 通过对电、蒸汽、压缩空气的有效控制,节约能源 3. 完善水循环系统、减少生产中的跑、冒、滴、漏
	水耗	12	0.95	11.40	0.30	3.6	
	物耗	8	0.95	7.60	0.85	6.8	
	小计	31		29.45		19.2	
污染物产生指标	废水量	4	0.95	3.8	0.30	1.20	1. 改进炭黑卸车、搬运、储存过程:改炭黑小包装为大包装,换用太空包和湿法造粒炭黑 2. 提高密炼机的密封效果,加装二级除尘设备 3. 提高废水回收循环利用率,减少污染物外排 4. 采用集中供热,防止大气污染
	COD_{Cr}	2	0.80	1.6	0.70	1.40	
	石油类	1	0.80	0.8	0.70	0.70	
	废气量	4	0.90	3.6	0.70	2.80	
	NMCH	3	0.80	2.4	0.70	2.10	
	粉尘(炭黑)	5	0.90	4.5	0.30	1.50	
	SO_2	4	1.0	4.0	0.70	2.80	
	NO_x	2	1.0	2.0	0.75	1.50	
	TSP	2	1.0	2.0	0.75	1.50	
	小计	27		24.7		15.5	
总计		100		85		61.45	

a. A企业打分结果为85.00分，属于清洁生产；B企业打分结果为61.45分，属于一般生产。

b. 原材料指标及产品指标评价结果差别不大，说明在原材料的选择，尤其在产品的性能上，两企业已处于相同水平。

c. 从资源指标上分析，结果差别较大，说明B企业目前生产仍处于粗放型高能耗阶段，资源浪费严重。

d. 对于橡胶生产行业，污染物产生指标的改善仍然体现于工艺过程中的各个环节，可见污染物末端治理在此类行业中比重较轻。

针对该类轻污染行业，利用清洁生产的手段可弥补单纯末端治理的不足，从生产全过程寻找节约原材料、节约能源、减少废物排放，发现需要改善的环节，找出与先进企业的差距，显而易见是帮助企业改善生产状况，提高环境管理水平，实现经济效益和环境效益统一的较佳方式。

4.3.3.8　清洁生产模糊数学评价方法

在清洁生产评价工作中，有时由于时间、人力、经费等客观原因限制，我们并不可能对所有相关企业逐一进行细致的清洁生产审核，没有大量的详细测试和审核数据，就无法给出确切定量的评价结果。事实上，对有些问题而言，往往并不需要很详细的评价资料，半定量评价结论足以指明有关问题，为此，清洁生产半定量评价方法也是实用、必要的。

(1) 清洁生产系统分析　清洁生产强调策略和措施的综合性，包括使用专门技术、改进原料或产品、改进生产工艺或生产设备，或者通过改进企业管理方式等；此外还强调效益和效果整体性，局部提高、整体恶化不属于清洁生产。显而易见，清洁生产是一项系统工程，系统由多个层次、多个要素综合而成，系统层次之间、要素之间有密切相关性，且系统整体目的和功能必须明确。

从环保角度看，主要关注清洁生产对废物减量化、资源化、无害化的功能，考虑到生产过程的可操作性，可以把清洁生产大系统简化为原料、技术工艺、设备、“三废”利用、科学管理和“三废”治理六个子系统（目标层），各子系统下再进行组成要素划分（操作控制层），经归纳，可以筛选出 18 项作为系统基本组成要素（图 4-9）。

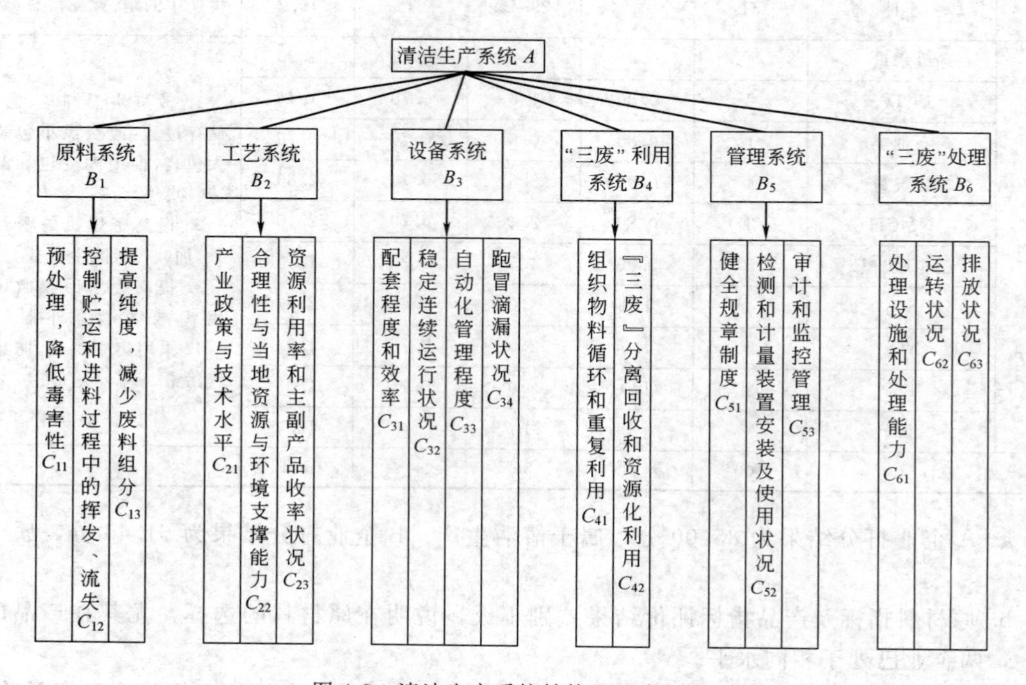

图 4-9 清洁生产系统结构和要素划分

（2）清洁生产模糊数学评价方法

① 评价模式。对系统进行评价，实质上是对系统要素进行的综合分析。评价中既要考虑要素自身的特征，也要考虑要素之间的内在联系性和不同要素对系统整体功能作用的大小。

设系统的论域为评价因素 X 和评价水平等级 Y，R 为 X 与 Y 的模糊关系，则有模糊评价矩阵：

$$R=\begin{vmatrix} r_{11} & r_{12} & \cdots & r_{1n} \\ r_{21} & r_{22} & \cdots & r_{2n} \\ \vdots & \vdots & \vdots & \vdots \\ r_{m1} & r_{m2} & \cdots & r_{mn} \end{vmatrix}$$

其中 r_{ij} 表示第 i 个评价因素隶属第 j 个评价水平等级的可能程度，$\sum_{j=1}^{n} r_{ij}=1$（$i=1$，2，3，…，m；$j=1$，2，3，…n）。

另设 K 为表示评价因素相对重要性的权数分配子集，$K=\left[K_1, K_2, \cdots, K_m\right]$，$\sum_{i=1}^{m} K_i=1$。则系统综合模糊评价模式为：

$$A=KR=\left[K_1, K_2, \cdots, K_m\right] \cdot \begin{vmatrix} r_{11} & r_{12} & \cdots & r_{1n} \\ r_{21} & r_{22} & \cdots & r_{2n} \\ \vdots & \vdots & \vdots & \vdots \\ r_{m1} & r_{m2} & \cdots & r_{mn} \end{vmatrix}=\left[a_1, a_2, \cdots, a_n\right]$$

$\sum_{i=1}^{m} a_i=1$。a_1 越大，说明相应评价对象出现问题越突出。

② 评价参数。采用模糊数学方法进行清洁生产评价，关键在于确定模糊关系矩阵中的评价因素隶属度和评价因素权重系数。由于清洁生产系统结构有层次划分，需至少考虑进行二级评价。一级评价先进行子系统评价，系统要素作为评价因素；二级评价进行母系统评价，子系统作为评价因素。

确定隶属度和权重一般采用专家咨询打分的方法，具体方法如下。

隶属度：列出一张系统要素与评价水平等级对应关系咨询表（表 4-18），让参加咨询的每位专家进行唯一对应结果选择，然后按各个要素统计每种等级选择结果的概率，以此作为该要素隶属度。经一级评价得出的子系统评价结果可作为二级评价中评价因素的隶属度。

表 4-18 隶属度判断专家咨询表

等级	要素																	
	C_{11}	C_{12}	C_{13}	C_{21}	C_{22}	C_{23}	C_{31}	C_{32}	C_{33}	C_{41}	C_{42}	C_{43}	C_{51}	C_{52}	C_{53}	C_{61}	C_{62}	C_{63}
较高																		
高																		
一般																		
较差																		
差																		

权重：权重也叫功效系数。首先列出评价因素相对重要性判断矩阵表（表 4-19），由专家进行相对重要性标度，然后采用 AHP 方根法计算判断矩阵特征向量，经一致性检验，确认收敛后，以此作为评价因素的相对权重。

表 4-19 计算权重判断矩阵专家标度表

B	C_1	C_2	…	C_j
C_1	C_{11}	C_{12}	…	C_{1j}
C_2	C_{21}	C_{22}	…	C_{2j}
…	…	…	…	…
C_j	C_{j1}	C_{j2}	…	C_{jj}

（3）评价实例 某厂经专家考察咨询，确定其清洁生产系统评价因素的权重分配见表 4-20，清洁生产水平划分成五个等级。子系统模糊评价矩阵分别为：

$$C_1=\begin{matrix}0.1 & 0.8 & 0.1 & 0.0 & 0.0\\ 0.0 & 0.4 & 0.5 & 0.1 & 0.0\\ 0.0 & 0.1 & 0.8 & 0.1 & 0.0\end{matrix} \quad C_2=\begin{matrix}0.0 & 0.2 & 0.8 & 0.0 & 0.0\\ 0.0 & 0.0 & 0.5 & 0.5 & 0.0\\ 0.0 & 0.1 & 0.7 & 0.2 & 0.0\end{matrix}$$

$$C_3=\begin{matrix}0.0 & 0.0 & 0.1 & 0.4 & 0.5\\ 0.0 & 0.1 & 0.6 & 0.3 & 0.0\\ 0.0 & 0.0 & 0.3 & 0.7 & 0.0\\ 0.0 & 0.0 & 0.1 & 0.3 & 0.6\end{matrix} \quad C_4=\begin{matrix}0.1 & 0.2 & 0.5 & 0.2 & 0.0\\ 0.0 & 0.0 & 0.2 & 0.7 & 0.1\end{matrix}$$

$$C_5=\begin{matrix}0.0 & 0.1 & 0.7 & 0.2 & 0.0\\ 0.0 & 0.0 & 0.1 & 0.7 & 0.2\\ 0.0 & 0.0 & 0.2 & 0.6 & 0.2\end{matrix} \quad C_6=\begin{matrix}0.0 & 0.1 & 0.4 & 0.5 & 0.0\\ 0.0 & 0.0 & 0.1 & 0.7 & 0.2\\ 0.0 & 0.0 & 0.1 & 0.3 & 0.6\end{matrix}$$

表 4-20 某厂评价因素权重分配

子系统	要素						权重
	C_{11},C_{12},C_{13}	C_{21},C_{22},C_{23}	$C_{31},C_{32},C_{33},C_{34}$	C_{41},C_{42}	C_{51},C_{52},C_{53}	C_{61},C_{62},C_{63}	
B_1	0.4,0.3,0.3						0.1
B_2		0.5,0.3,0.2					0.1
B_3			0.4,0.2,0.2				0.2
B_4				0.6,0.4			0.2
B_5					0.4,0.3,0.3		0.3
B_6						0.4,0.4,0.2	0.1

各子系统相应评价结果为：

$B_1=[0.0\quad 0.5\quad 0.4\quad 0.1\quad 0.0]$

$B_2=[0.0\quad 0.1\quad 0.7\quad 0.2\quad 0.0]$

$B_3=[0.0\quad 0.0\quad 0.2\quad 0.5\quad 0.3]$

$B_4=[0.1\quad 0.1\quad 0.4\quad 0.4\quad 0.0]$

$B_5=[0.0\quad 0.0\quad 0.4\quad 0.5\quad 0.1]$

$B_6=[0.0\quad 0.0\quad 0.2\quad 0.6\quad 0.2]$

依此进一步构建母系统模糊评价矩阵为：

$$B=\begin{matrix}0.0 & 0.5 & 0.4 & 0.1 & 0.0\\ 0.0 & 0.1 & 0.7 & 0.2 & 0.0\\ 0.0 & 0.0 & 0.2 & 0.5 & 0.3\\ 0.1 & 0.1 & 0.4 & 0.4 & 0.0\\ 0.0 & 0.0 & 0.4 & 0.5 & 0.1\\ 0.0 & 0.0 & 0.2 & 0.6 & 0.2\end{matrix}$$

母系统相应评价结果为 $A=[0.0\quad 0.0\quad 0.4\quad 0.5\quad 0.1]$。

通过以上评价，可以得出以下一些基本结论：

① 该厂清洁生产现状总体水平处于中等偏下，基本定位在较差水平。

② 由子系统评价可以看出，该厂设备系统、“三废”处理子系统水平明显偏低，这是影响全厂清洁生产水平的主要原因。

③ 该厂推行清洁生产首先应以设备整修和“三废”治理为重点，同时，应强化管理技术水平的提高，并适时进行“三废”利用和工艺技术改造，以全面提高清洁生产整体水平。

（4）清洁生产模糊数学评价中应注意的几个问题

① 专家意见代表性。为使评价结论更具有代表性，咨询专家组应由清洁生产审核专家、生产工艺专家、环境工程专家、企业管理专家共同组成，人数以 10 人左右为宜。首轮咨询后，应作信息综合和归纳，并反馈到各咨询专家，如果意见分歧和离散性较大，还应适当进行讨论，然后进行第二轮咨询。如此经过反复归纳，使意见最终趋于集中。

② 把握好几项原则

a. 清洁生产强调生产全过程整合和目标的统一。从事清洁生产评价必须对有关参议专家强调系统分析的观念，使之了解清洁生产系统结构的划分依据及其所涵盖内容的具体实践意义。

b. 废物最小量化原则。清洁生产各个子系统和子系统下各要素的功能和联系特性是不一样的，对母系统功能的贡献有大有小，其组合在一起，功效往往也不是简单地线性叠加，因此，评价中必须考虑不同子系统和不同要素影响权重，而判断依据主要是对产出废物最小量化的贡献大小。

c. 主次分明原则。有些项目比较复杂，污染因素和污染因子较多，进行清洁生产评价应重点抓住毒害性大、治理难度大、产出量较集中，或外环境没有容量的特征因子作为主导评价因子，一般不多于 3 个，与其相关的生产因素应作为主要评价对象。

d. 强调对“污染物源头和中间控制”原则。清洁生产提倡对污染物“源头和生产过程中间控制”。因此，评价中应更加重视估量物料闭路循环利用、废物二次回收利用或分离后再利用的可行途径和措施。

e. 客观公正、适度易行原则。清洁生产评价应以促进企业整体减污增效为目的，由于受生产规模、工程复杂程度、地区科技水平和经济基础、职工素质等各种因素制约，清洁生产许多方面带有不确定性，评价依据和标准也在不断发展变化；评价中应考虑清洁生产相对特征，本着技术可行、因地制宜、适时适度、措施低费高效的原则客观公正地进行统筹分析，不宜片面强调清洁生产某一方面。

③ 评价依据和参考标准。清洁生产是一种理性化准则。由于受多种因素制约，清洁生产具有综合性、相对性、阶段性等特点。因此，评价中应将与清洁生产相关的多项原则或指标综合起来作为参考标准。这些参考标准应充分考虑其政策性、科学性、技术性、针对性、工程性，同时也要考虑其行业和地区特点，在国家及行业清洁生产有关评价标准尚未正式颁布之前，以下资料可作为评价依据和参考标准：

a. 国家明文下达的有关产业发展政策及法规（包括有关设计规范和排污标准）。

b. 国家环保局和有关行业主管部门下达或推荐的清洁生产技术。

c. 国内外有关最新科学技术研究成果。

d. 国家同行业相同或相近生产规模先进企业的单产水耗、能耗、原材料消耗及排污量指标。

e. 企业生产档案统计指标，如设备综合效率、原材料进入产品和副产品转化率、水重复和循环利用率、废物回收和资源化利用率、废物末端治理消减率等。

f. 企业外排污染物总量、浓度和毒性。

g. 企业管理技术档案和实地综合考察结果。

所以，对企业开展清洁生产评价是衡量企业清洁生产状态和水平，促进企业推行清洁生产的必要措施，同时，也是加强企业环境管理的有效方法。采用模糊数学方法进行清洁生产评价，简明扼要，方便易行，而且结论直观明了。其基本方法既可用于清洁生产审核中的综合分析，亦可用于快速清洁生产评判，评价过程节约时间和经费，适于环境管理中推行清洁生产的需要；清洁生产评价带有一定的综合性和复杂性，评价中必须全面考虑一些基本原则，标准也应灵活掌握，客观公正。

4.3.4 生命周期评价

4.3.4.1 生命周期评价的定义

生命周期评价也称作生命周期分析（Life Cycle Analysis，LCA），是一种用于评价产品在其整个生命周期中，即从原材料的获取，产品的生产、使用直至产品使用后的处置过程中，对环境影响的技术和方法。这种方法被认为是一种“从摇篮到坟墓”的方法。按国际标准化组织的定义，“生命周期分析是对一个产品系统的生命周期中的输入、输出及潜在环境影响的汇编和综合评价。”

越来越多的事实表明，环境问题不仅仅是生产末端的问题，在整个生产过程及其前后的各个环节都有产生环境问题的可能。如对汽车的生产和使用进行比较，使用过程中产生的环境污染问题比生产过程要高得多。生命周期分析是一种分析工具，它可帮助人们进行有关如何改变产品或如何设计替代产品方面的环境决策，即由更清洁的工艺制造更清洁的产品。例如，生命周期分析的结果表明，某种产品能耗低，寿命长，不含有毒化学物质，其包装及残余物体积小，从而占用较少的填埋场空间，这就成为我们进行产品选择的依据。此外，生命周期分析能够确定产品的哪些组成部分将造成不利的环境影响，提醒生产者改进。

产品的生命周期分析是国外已广泛应用的一种清洁生产分析工具。生命周期分析能够帮助工业生产企业在进行生产决策时，确定使用哪些原材料和能源来减少废物排放。借助于它可以阐明在产品的整个生命周期中的各个阶段对环境造成影响的性质和影响的大小，从而发现和确定预防污染的机会。企业采用生命周期分析方法可以增加其产品有利于环境的特性，从而提高市场竞争力。

最早的生命周期分析可追溯到 20 世纪 60 年代，美国可口可乐公司用这一方法对不同种类的饮料容器的环境影响进行分析。20 世纪 70 年代，由于能源的短缺，许多制造商认识到提高能源利用效率的重要性，于是开发出一些方法来评估产品生命周期的能耗问题，以提高总能源利用效率。后来这些方法进一步扩大到资源和废弃物方面。

到了 20 世纪 80 年代初，随着工业生产对环境影响的增加以及严重环境事件的发生，促使企业要在更大的范围内更有效地考虑环境问题。另一方面，随着一些环境影响评价技术的发展，例如对温室效应和资源消耗等环境影响定量评价方法的发展，生命周期分析方法日臻成熟。

进入 20 世纪 90 年代后，由于“美国环境毒理和化学学会”（SETAC）和欧洲“生命周期分析开发促进会”（SPOLD）的推动，该方法在全球范围内得到广泛应用。1992 年，SETAC 出台了生命周期分析的基本方法框架，被列入 ISO 14000 的生命周期分析标准草案中。1992 年，欧洲联合会开始执行“生态标签计划”，其中生命周期的概念作为产品选择的一个标准。

1997 年国际标准化组织正式出台了"ISO 14040 环境管理生命周期评价原则与框架"，以国际标准形式提出了生命周期分析方法的基本原则与框架。

生命周期分析在清洁生产中的应用主要有以下方面。

一是生产的改善。生命周期分析被用于确定生产过程的哪些环节需要改善，从而减少对环境的不利影响。例如，一个计算机公司的产品包括阴极射线管、塑料机壳、半导体、金属板等。通过生命周期分析可以得出各种产品的环境影响。废物处置问题主要是阴极射线管，可能造成有毒有害物质排放的主要是半导体的生产过程，能量消耗最多的是在产品的使用阶段，原材料消耗最多的是半导体的生产。这样，企业就可以作出降低生产过程中的物耗、能耗以及减少废物排放的决策。生命周期分析对于改善生产的作用就在于它能够帮助生产企业确定在产品的整个生命周期过程中对环境影响最大的阶段，了解在产品的整个生命周期过程中所造成的环境风险，从而使企业在废物的产生过程、能源的使用过程以及在产品的设计过程中都考虑到对环境的影响，作出如何改善生产使之对环境影响最小的决策。

生命周期分析的另一个应用是产品的比较，如产品 1 和产品 2 的比较，老产品和新产品的比较，新产品带来的效益和没有这种产品时的比较等。国际上较著名的研究案例如塑料杯和纸杯的比较，聚苯乙烯和纸制包装盒的比较等。

作为新的环境管理工具和预防性的环境保护手段，生命周期评价主要应用在通过确定和定量化研究能量和物质利用及废弃物的环境排放来评估一种产品、工序和生产活动造成的环境负载；评价能源材料利用和废弃物排放的影响以及评价环境改善的方法。

生命周期评价的过程是：首先辨识和量化整个生命周期阶段中能量和物质的消耗以及环境释放，然后评价这些消耗和释放对环境的影响，最后辨识和评价减少这些影响的机会。生命周期评价注重研究系统在生态健康、人类健康和资源消耗领域的环境影响。

生命周期评价的总目标是比较一个产品在生产过程前后的变化或比较不同产品的设计，为此它应满足以下原则：① 运用于产品的比较；② 包括产品的整个周期；③ 考虑所有的环境因素；④ 环境因素尽可能定量化。

4.3.4.2　生命周期评价的技术框架

ISO 14040 标准将生命周期评价的实施步骤分为目标和范围确定、清单分析、影响评价和结果解释四个部分，如图 4-10 所示。

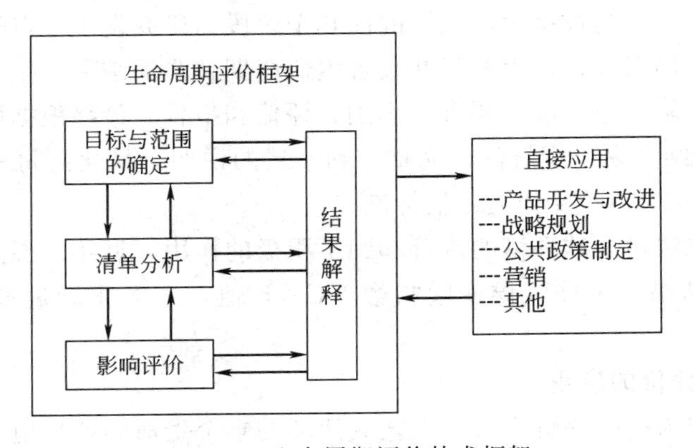

图 4-10　生命周期评价技术框架

4.3.4.3　目标和范围的确定

目标定义是要清楚地说明开展此项生命周期评价的目的和意图，以及研究结果的可能应用领域。研究范围的确定要足以保证研究的广度、深度与要求的目标一致，涉及的项目有：系统的功能、功能单位、系统边界、数据分配程序、环境影响类型、数据要求、假定的条件、限制条件、原始数据质量要求、对结果的评议类型、研究所需的报告类型和形式等。生命周期评价是一个反复的过程，在数据和信息的收集过程中，可能修正预先确定的范围来满足研究的目标，在某些情况下，也可能修正研究目标本身。

4.3.4.4 清单分析

清单分析是量化和评价所研究的产品、工艺或活动整个生命周期阶段资源和能量使用以及环境释放的过程。一种产品的生命周期评价将涉及其每个部件的所有生命阶段，这包括从地球采集原材料和能源、把原材料加工成可使用的部件、中间产品的制造，将材料运输到每一个加工工序、所研究产品的制造、销售、使用和最终废弃物的处置（包括循环、回用、焚烧或填埋等）等过程。清单分析的主要流程有数据的收集与确认，数据与单元过程的关联，数据与功能单位的关联，数据的合并，系统边界的修改以及数据的反馈，最后完成清单。

4.3.4.5 生命周期影响评价

国际标准化组织、美国“环境毒理学和化学学会”以及美国环保局都倾向于将影响评价定为一个“三步走”的模型，即分类、特征化和量化。

(1) 分类　分类是将清单中的输入和输出数据组合成相对一致的环境影响类型。影响类型通常包括资源耗竭、生态影响和人类健康三大类，在每一大类下又有许多亚类。生命周期各阶段所使用的物质和能量以及所排放的污染物经分类整理后，可作为胁迫因子，在定义具体的影响类型时，应该关注相关的环境过程，这样有利于尽可能地根据这些过程的科学知识来进行影响评价。

(2) 特征化　特征化主要是开发一种模型，这种模型能将清单提供的数据和其他辅助数据转译成描述影响的叙词。目前国际上使用的特征化模型主要有：负荷模型；当量模型；固有的化学特性模型；总体暴露-效应模型；点源暴露-效应模型。

(3) 量化　量化是确定不同环境影响类型的相对贡献大小或权重，以期得到总的环境影响水平。

4.3.4.6 结果解释

生命周期解释的目的是根据生命周期的前几个阶段的研究发现，以透明的方式来分析结果、形成讨论、解释局限性、提出建议并报告生命周期解释的结果。生命周期解释具有系统性、重复性的特点，阶段包含 3 个要素：识别、评估和报告。最终根据研究目的和范围提供对 LCA 或 LCI 研究结果易于理解的、完整的和一致的说明。量化到每一个细节，给予综合化的评价，采用 ISO 14040/44 作为评估标准。

生命周期分析方法对全球环境的改善起到了积极的作用，近年来温室效应越发严重，因此生命周期分析的结果，全球气候变暖指数（GWP 值，二氧化碳量换算）为世界各国所瞩目。

4.3.4.7 生命周期评价的应用

生命周期评价作为一种评价产品、工艺或活动的整个生命周期环境后果的分析工具，迄今为止在企业和公共领域都有不少应用，生命周期评价还用来制定政策、法规和刺激市场等。

在企业，生命周期评价主要用于产品的比较和改进，典型的案例有布质和易处理婴儿尿布的比较、塑料杯和纸杯的比较、汉堡包聚苯乙烯和纸质包装盒的比较等。

在公共领域方面，生命周期评价主要用于公共政策的制定，其中最为普遍的是用于环境标志或生态标准的确定，许多国家和国际组织都要求将生命周期评价作为制定标志标准的方法。

清洁生产、绿色产品、生态标志的提出和发展将会进一步推动生命周期评价的发展。目前，各国政策重点从末端治理转向控制污染源、进行总量控制，这在一定程度上反映了现有法规制度无法单独承担对环境和公共卫生造成的危机，从另一侧面也反映了生命周期评价将成为未来制定环境问题长期政策的基础。从某一角度看，生命周期评价反映了现有环境管理已转向各类污染源最小化—排放最小化—负面影响最小化的管理模式，这对实现可持续发展战略具有深远的意义。

4.3.5　清洁生产体系

清洁生产体系的作用，是为了贯彻实施《清洁生产促进法》，适应环境管理由末端控制为主向全过程控制与末端控制相结合转变的需要，真正把清洁生产的思想和要求融入到环境管理的各项制度与标准之中。

4.3.5.1　清洁生产行为特点和面临的主要问题

清洁生产涉及两个全过程控制：生产的全过程控制和产品生命周期的全过程控制，通常指对生产的全过程控制，即强调在生产过程中采用先进技术，配以各种方法和手段，提高资源利用率，减少有毒有害材料的使用，使“三废”排放量最少，从而获得清洁的生产过程。从目前已获得的实践经验来看，在现阶段，企业的清洁生产行为特点及所面临的问题和障碍主要表现在如下方面。

（1）清洁生产应具备的行为　与传统的末端治理不同，清洁生产并不是以污染物的达标排放为唯一目的，而是强调通过管理和技术上的手段，尽可能减少污染物的产生，降低污染物的处理处置费用，追求经济效益和环境效益的统一。因此，企业清洁生产的实现，不仅仅需要有关清洁生产的技术，其必须具备的行为步骤包括以下几项。

决策：获得企业高层人员的支持。

培训：对有关人员进行清洁生产的知识培训。

组织：筹建清洁生产审核小组。

实施：开展清洁生产审核。

持续：制定下一步清洁生产计划。

（2）实施清洁生产的主要障碍　根据对实施清洁生产和完成清洁生产初步审核企业的跟踪调查，企业在推行清洁生产时存在的主要问题和障碍列于表 4-21。

表 4-21　现阶段企业在推行清洁生产时面临的主要问题和障碍

障碍类型	主要内容
观念障碍	没有认识到清洁生产是综合性的预防污染措施，而单纯将其视为降低污染产生的技术改造
组织障碍	企业领导对清洁生产的参与流于形式，往往表现出以企业环保人员为主参与的特征
资金障碍	在外来资金渠道不畅的情况下，企业未能将自有资金自觉自愿地投入到清洁生产中去
技术障碍	工艺和设备落后，缺乏有关清洁生产工艺的知识，不能解决存在的技术关键问题，人才缺乏是导致这一障碍存在的主要原因之一
信息障碍	缺乏获得清洁生产信息的途径和能力，妨碍了企业了解清洁生产的最新发展动态和应用最新的成果

（3）采取的措施　由于障碍的类型涉及实施清洁生产的各个方面和环节，既有企业外部的原因，也有企业内部的原因，有客观的原因，也有主观的原因，因此，必须采用系统的而非就事论事的方式作为缓解或消除上述障碍的对策。

阻碍企业推行清洁生产的内部障碍，可以归结为企业对环境行为缺乏深层次的认识以及不能保证实施环境改善行为时所需的资源投入。

在实施生产管理的同时，使环境管理制度化、规范化，才是解决在实施清洁生产时所面临问题和障碍的根本途径，即要提高清洁生产总体意识、加强环境管理体系的建设。

4.3.5.2 清洁生产与ISO 14000系列环境管理标准的关系

为帮助企业改善环境行为，消除贸易壁垒，促进贸易发展，1992年12月，在国际标准化组织（ISO）“环境问题特别咨询组”的建议下，ISO技术委员会决定制定一个与质量管理体系方法相类似的环境管理体系方法。为此，ISO借鉴其成功推行ISO 9000的经验，总结了各国环境管理标准化的成果，尤其是参考了英国环境管理体系标准BS7750（BS7750是“一种环境管理体系的规范，旨在保证企业的环境行为符合其所确定的环境方针与环境目标”），于1996年底正式颁布了ISO 14000环境管理系列标准。ISO 14000系列标准颁布以后，立即被世界各国广泛采用，作为本国标准推广实施。

ISO 14000系列标准是一个系列的环境管理标准，它包括了环境管理体系、环境审核、环境标志、生命周期评价等国际环境领域内的许多焦点问题。国际标准化组织给ISO 14000系列标准预留了100个标准号，其中的ISO 14001～ISO 14009为环境管理体系的相关标准。

清洁生产与ISO 14000系列环境管理标准两者存在相同或相似之处。即它们都是以污染预防为基本原理，都努力通过加强规划和管理，并通过方案或计划实施，促进资源的合理利用，减少废物和污染的产生，实现企业和社会的可持续发展。从时间上看，尽管清洁生产提出在前，ISO 14000颁布在后，但都体现了现代环境管理思想从“末端治理和命令控制”向“源头管理、污染预防和持续改进”转变的过程，并且都是这一思想转变过程的产物。然而，两者之间也存在区别，并且由于两者是实践性较强的概念和标准，所以应该从理论和实践上同时入手进行分析。

（1）标准与非标准　ISO 14000是国际标准，等效转化为中国的国家标准，因此，它具有标准的一切基本属性，比如说统一性、权威性、规范性等。各种用户只有严格遵照该标准执行，才有可能通过审核获得认证。同时，这套标准还有助于消除由于世界各国的环境或生态标准不同所导致的非关税国际贸易壁垒。而清洁生产目前来看只是一个概念或方法，国际上尚未对其作出统一的定义，不同的国家、组织或个人在实践中对其的理解也可能不一样，因而清洁生产在实践中具有较大的弹性。

（2）应用范围和对象　ISO 14000适用于处在各种地理、文化和社会条件下的任何类型和规范的组织。具体地说，ISO 14000的用户是全球商业、工业、政府、非盈利性组织和其他一切类型的组织，因此它具有广泛的适用性。然而，清洁生产在实际应用中主要是面向生产性的工业企业，而对于一些服务性行业（如银行、饭店、邮政等）和其他类型的组织（如政府机构、大学、研究所等）影响不大或无关。因此，ISO 14000比清洁生产具有更广泛的应用范围和适用对象。

（3）技术内涵　清洁生产的技术内涵比较广泛，从消除有毒原材料的使用，减少排放物与废物的数量和毒性，改进工艺流程，优化资源配置，节省能源和原材料消耗，强化企业管理，提高全员素质等多方面进行考虑，提出经济和技术上可行的行动方案，并付诸实施，以实现持续性地预防污染。而 ISO 14000 的技术内涵一般表现在对环境因素的分析上，更多的是管理方面的内涵，其核心就是建立符合国际规范的标准化环境管理体系和管理运行机制。

(4) 管理支持的保障 在企业内部运行和保持一个环境管理体系均需要有最高管理层的参与和支持，这对于清洁生产和 ISO 14000 来说都是一样的。然而不同的是，没有最高管理层的参与，清洁生产计划也能实施，但不能够保持，并在实际中极有可能演变成一次性的举措，因此，企业最高管理层对清洁生产计划的支持和承诺是使其可持续的基础。与清洁生产不同的是，ISO 14000 包括一个规范化的框架来要求和确保最高管理层制定组织环境方针，积极参与环境管理体系的规划、批准、运行、评审，并对持续改进作出承诺。

(5) 环境影响的识别和管理 清洁生产与 ISO 14000 都要求进行企业经营评价，以识别工艺和服务所产生的环境影响。然而，与清洁生产方法不同的是，ISO 14000 还要求开发和实施一些程序、文件控制、监测、报告和改进计划来管理所识别的每一种重要环境因素。这与单用清洁生产方法相比，能对环境因素进行更完善、更全面的管理，并且 ISO 14000 环境管理体系方法同时涵盖清洁生产原则和末端治理原则，提供了一体化的环境管理方法。

(6) 内部管理实践 虽然清洁生产方法促进发展和利用内部管理实践来支持该系统的不断评议和改善，但并没有要求这些机制。因此，如果某个企业选择了省略内部管理实践的清洁生产计划，那么该计划的可持续性将显著降低。ISO 14000 与清洁生产的显著区别在于，它不仅依靠自愿的内部管理实践来促进持续的管理评审和改进，而且将其列为认证的先决条件而使这些实践制度化，并通过认证过程促进标准化环境管理体系的不断改进，从而使企业的环境影响待续减少和降低。

(7) 预期目标 清洁生产是以不断提出污染物削减或污染预防方案为目标实现清洁生产的可持续化，并使企业获得环境、经济和社会综合效益。而 ISO 14000 则是通过建立和运行一个符合、有效、规范的环境管理体系对环境因素实行持续控制并将这种控制程序化、制度化、文件化，在获得第三方认证后取得向公众及其他相关方展示的证明，赢得商业机会和提高市场竞争力。

(8) 商业推动力或机会 实践证明，开展清洁生产不仅能够改善企业的环境绩效，而且能够产生广泛的经济效益和社会效益。但实际上，工业界在开展清洁生产方面仍是缓慢和被动的。已经开展的清洁生产活动大多是围绕着非政府组织和政府发起的推广和示范项目开展的，其中的关键就在于没有同企业的经营管理和市场竞争切实地联系起来。而企业实施 ISO 14000不仅可以建立起先进的内部环境管理体系和改善企业环境绩效，而且可以通过获得认证，提高企业的环境形象，增强产品的市场竞争力，满足相关方的环境要求，顺利进入国际市场和避免贸易风险。这一切无不同企业特别是出口企业的经营管理和市场竞争密切相关，因此实施 ISO 14000 具有强大的商业推动力，并可以为企业带来众多潜在的商业机会。这已经被在 ISO 14000 试点认证阶段，中国企业积极响应和踊跃参与的表现所证实。

ISO 14000 与清洁生产虽然在许多方面都存在区别，但两者绝不是互相矛盾或冲突的。实际上，它们是相互补充、相互促进的。企业实施 ISO 14000 有助于推动清洁生产在企业内的开展，而开展清洁生产又有助于企业建立起有效的环境管理体系，进而获得 ISO 14000 环境管理体系认证。这两者是相互促进的 2 个过程，既有共性又有区别。因此，应该重点研究如何将两者有机地结合起来，共同实现加强工业企业环境管理和污染控制的目标。

就工业企业而言，这种清洁生产与ISO 14000一体化的实施方法在实际中根据实施角度的不同，可以采取2种方式。首先从污染预防、全过程控制和清洁生产审核入手，进行产品生命周期分析，寻求废物减量和最小化，在此基础上以ISO 14000为规范建立标准化的环境管理体系，使该体系成为持续清洁生产的管理保证。并且，在确立企业环境方针时可纳入污染预防，将已确定的不合理排污点位作为ISO 14000的环境因素加以分析，有的清洁生产措施可作为环境目标等，将获得的污染削减控制方案纳入ISO 14000的管理运行方案中，作为企业管理的组成部分，从而在此基础上按ISO 14000的要求建立完整的环境管理体系并取得认证。另一方面，企业也可以从实施ISO 14000入手，按照ISO 14001的要求逐项建立相应的系统成分，如确定环境方针，把达到国家法规标准作为目标，对企业整体环境因素进行剖析。这种剖析可以借用清洁生产审核的方法，从生产流程开始进行全方位分析，然后制定管理方案，并将削减和控制措施纳入到欲建立的标准化企业环境管理体系中，使污染控制切实纳入到规范化的管理行为中，进而实现可持续的清洁生产，并获得ISO 14000认证。

4.3.5.3 企业环境管理体系/ISO 14001

ISO 14001标准是ISO 14000系列标准的主体标准。它规定了组织建立、实施并保持的环境管理体系的基本模式和17项基本要求。该体系适用于任何类型和规模的组织，并适用于各种地理、文化和社会条件。这样一个体系可供组织建立一套机制，通过环境管理体系的持续改进实现组织环境绩效的持续改进。该标准的总目的是支持环境保护和污染预防，协调它们与社会需求和经济需求的关系。

(1) ISO 14001标准的特点

① ISO 14001标准是认证性标准。ISO 14001标准是对一个组织的环境管理体系进行认证、注册和自我声明的依据。一个组织可以通过展示对本标准的成功实施，使相关方确信它已建立了妥善的环境管理体系。

② ISO 14001标准遵循自愿原则，不增加或改变组织的法律责任。各类组织是否实施ISO 14001标准，是否建立和保持环境管理体系，是否进行环境管理体系认证审核都取决于组织自身的意愿，不能以行政或其他方式要求或迫使组织实施，实施过程中也不应改变组织原有的法律责任。

③ ISO 14001标准未对组织的环境绩效提出绝对要求。ISO 14001标准要求组织在其环境方针中作出遵守有关法律法规和持续改进的承诺，标准的其他条款没有提出组织环境绩效的绝对要求，不包含任何环境质量、污染治理技术与水平的内容。两个从事类似活动却具有不同环境绩效的组织可能都满足该标准的要求。

④ 实施ISO 14001标准并不一定取得最优结果。实施环境管理体系标准能够帮助组织加强、优化管理体制，以改善组织及其对所有相关方的环境绩效，但标准的实施与使用并不能保证最优结果的取得。组织在经济条件许可的情况下，可采用最佳实用技术，并充分考虑采用该技术的成本和效益。

⑤ ISO 14001环境管理体系不必独立于其他管理体系。环境管理体系是组织整个管理体系的一个组成部分，而不是一个孤立的管理系统。ISO 14001标准与ISO 9000标准遵循共同的管理体系原则，组织可选择一个与ISO 9000相符的管理体系作为实施环境管理体系的基础，各体系要素不必独立于现行的管理要求，可进行必要的修正与调整，以适合该标准的要求。

(2) ISO 14001 环境管理体系的运行模式　环境管理体系围绕环境方针的要求展开环境管理，内容包括制定环境方针、实施并实现环境方针所要求的相关内容、对环境方针的实施情况与实现程度进行评审并予以保持等。这一环境管理体系模式遵循了传统的 PDCA 管理模式：规划（plan）、实施（do）、检查（check）和改进（action），并根据环境管理的特点及持续改进的要求，将环境管理体系分为环境方针、策划、实施与运行、检查与纠正措施、管理评审五部分，完成各自相应的功能。

上述 5 个方面逻辑上连贯一致，步骤上相辅相成，共同保证体系的有效建立和实施，再加上持续改进这一原则就构成了螺旋式上升的环境管理体系模式（图 4-11）。

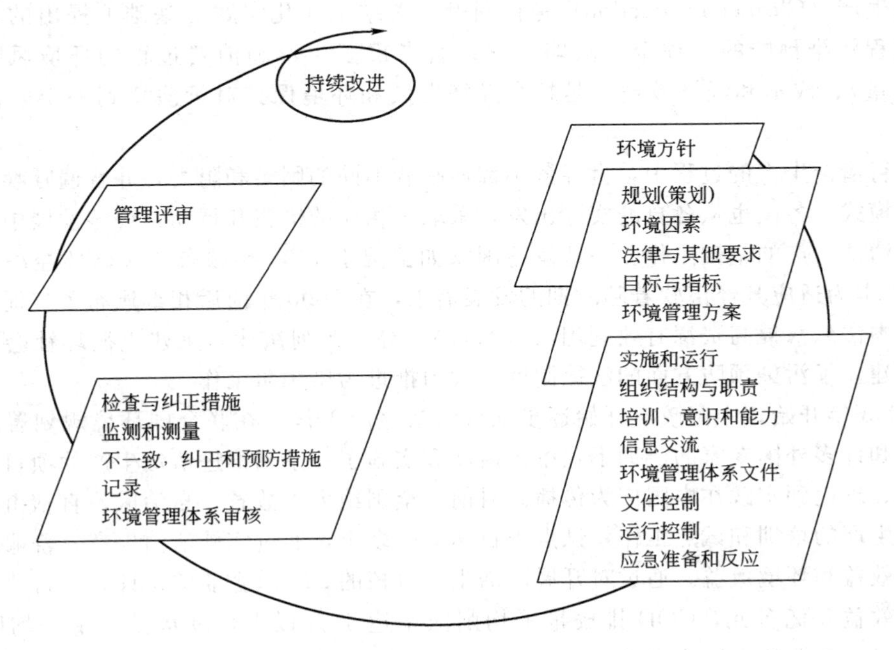

图 4-11　环境管理体系运行过程图

① 环境方针。环境方针是组织环境管理的宗旨与核心，由组织的最高管理者制定，并以文件的方式表述出环境管理的意图与原则。

② 规划。从组织环境管理现状出发，明确管理重点，识别并评价出重要环境因素；准确获取组织适用的法律与其他要求；根据组织所确定的重要环境因素和技术经济条件，确定组织的环境目标和指标要求，并提出明确的环境管理方案。

③ 实施与运行。明确组织各职能与层次的机构与职责，任命环境管理代表；实施必要的培训，提高员工环境保护意识和工作技能；及时有效地沟通和交流有关环境因素和环境管理体系的信息，注重相关方所关注的环境问题；形成环境管理体系文件并纳入严格的文件管理；确保与重大因素有关的运行与活动均能按文件规定的要求进行，使组织的各类环境因素得到有效控制；对于潜在的紧急事件和事故采取有效的预防和应急响应措施。

④ 检查与纠正措施。对有重大环境影响的活动与运行的关键特性进行监测，及时发现问题并及时采取纠正与预防措施解决问题；环境管理活动应有相应的记录以追溯环境管理体系实施与运行。组织还要定期进行环境管理体系的内部审核，从整体上了解组织环境管理体系的实施情况，判断其有效性和对本标准的符合性。

⑤ 管理评审。由组织的最高管理者进行评审活动，以在组织内外部变化的条件下确保

环境管理体系的持续适用性、有效性和充分性。支持组织实现持续改进，持续满足 ISO 14001 标准的要求。

环境管理体系强调持续改进，因此，上述循环过程是一个开环系统，通过管理评审等手段提出新一轮要求与目标，实现环境绩效的改进与提高。

4.4 清洁生产促进法主要内容

4.4.1 清洁生产促进法的产生

清洁生产（Cleaner Production）是在回顾和总结工业化实践的基础上提出的关于产品和生产过程污染预防的一种全新战略。它综合考虑了生产和消费过程的环境风险（资源和环境容量）、成本和经济效益，是社会经济发展和环境保护对策演变到一定阶段的必然结果。

在推行清洁生产的过程中，世界各国都面临着不同的困难和阻力，并普遍呼唤促进清洁生产的新模式，各国也从各自的实际出发，采取了相应的措施和行动，许多发展中国家正在开展推动清洁生产的基础工作。一些发达国家如德国于 1996 年颁布了《循环经济和废物管理法》；日本为适应其经济软着陆时期的发展需求，在 2000 年前后相继颁布了《促进建立循环社会基本法》、《提高资源有效利用法（修订）》等一系列法律，来建立循环社会；美国和加拿大也建立了污染预防方面的法律制度，大力推进污染预防工作。

自 1993 年开始，中国政府开始逐步推行清洁生产工作。在联合国环境规划署、世界银行的援助和许多外国专家的协助下，中国启动和实施了一系列推进清洁生产的项目，清洁生产从概念、理论到实践在中国广为传播。目前，全国绝大多数省、自治区、直辖市都先后开展了清洁生产的培训和试点工作，试点项目达 700 多个，通过实施清洁生产，普遍取得了良好的经济效益和环境效益。通过对开展清洁生产审核的 219 家企业的统计，推行清洁生产后获得经济效益 5 亿多元，COD 排放量平均削减率达 40%以上，废水排放量平均削减率达 40%～60%，工业粉尘回收率达 95%。

在立法方面，将推行清洁生产纳入有关的法律以及有关的部门规划中。我国在先后颁布和修订的《中华人民共和国大气污染防治法》、《中华人民共和国水污染防治法》、《中华人民共和国固体废物污染防治法》和《淮河流域水污染防治暂行条例》等法律法规中，将实施清洁生产作为重要内容，明确提出通过实施清洁生产防治工业污染。由此可见，制定一部适合我国国情的鼓励性、促进性的清洁生产法律，有助于使各级政府、企业界和全社会了解实施清洁生产的重要意义，提高企业自觉实施清洁生产的积极性；有助于明确各级政府及有关部门在推行清洁生产方面的义务，为企业实施清洁生产提供支持和服务；有助于帮助企业克服技术、资金、市场等方面的障碍，增强企业实施清洁生产的能力；有助于明确企业实施清洁生产的途径和方向，适应我国加入 WTO 后的形势需要；从长远看，也将有助于国民经济朝循环经济的方向转变。

因此，从国内外形式来看，我国制定清洁生产促进法是必要的、可行的，条件是成熟的。

为了促进清洁生产，提高资源利用效率，减少和避免污染物的产生，保护和改善环境，促进经济与社会的可持续发展，根据全国人大常委会立法规划的要求，在 1999 年，全国人大环境与资源保护委员会成立了清洁生产立法小组。经过三年多的调查研究和论证，在充分听取各方意见的基础上，经过多次修改完善，形成了《中华人民共和国清洁生产促进法（草案）》。经过二次审议于 2002 年 6 月，第九届全国人民代表大会常务委员会第二十八次会议通过了该草案，并在当日中华人民共和国主席令第 72 号公布。

2012 年 2 月，第十一届全国人民代表大会常务委员会第二十五次会议通过了《关于修改〈中华人民共和国清洁生产促进法〉的决定》修正，并于 2012 年 7 月 1 日起施行。

4.4.2　清洁生产促进法的主要内容

2012 年 7 月 1 日起正式实施的《中华人民共和国清洁生产促进法》是我国第一部以污染预防为主要内容，以推行清洁生产为目的的专门法律。该法律全文共 6 章 40 条。

第一章为总则，共 6 条。指明了制定清洁生产促进法的目的、定义；明确了政府推行清洁生产的责任，规定了清洁生产促进工作实行统一监督管理和分级、分部门分工合作的监督管理体制；国务院清洁生产综合协调部门负责组织、协调全国清洁生产促进工作，国务院环境保护、工业、科学技术、财政和其他有关部门按各自职责负责有关的清洁生产促进工作；县级以上地方人民政府负责领导本行政区域内的清洁生产促进工作。县级以上地方人民政府确定的清洁生产综合协调部门负责组织、协调本行政区域内的清洁生产促进工作。县级以上地方人民政府其他有关部门，按照各自的职责，负责有关的清洁生产促进工作。

第二章为清洁生产的推行，共 11 条。国务院清洁生产综合协调部门会同国务院环境保护、工业、科学技术、建设、农业等有关部门定期发布清洁生产技术、工艺、设备和产品导向目录。国家对浪费资源和严重污染环境的落后生产技术、工艺、设备和产品实行限期淘汰制度。国务院有关部门按照职责分工，制定并发布限期淘汰的生产技术、工艺、设备以及产品的名录。国务院有关部门可以根据需要批准设立节能、节水、废物再生利用等环境与资源保护方面的产品标志，并按照国家规定制定相应标准。各级人民政府应当优先采购节能、节水、废物再生利用等有利于环境与资源保护的产品。

第三章为清洁生产的实施，共 12 条。规定了新建、改建和扩建项目应当进行环境影响评价，对原料使用、资源消耗、资源综合利用以及污染物产生与处置等进行分析论证，优先采用资源利用率高以及污染物产生量少的清洁生产技术、工艺和设备。企业在进行技术改造过程中，应当采取规定的清洁生产措施。产品和包装物的设计，应当考虑其在生命周期中对人类健康和环境的影响，优先选择无毒、无害、易于降解或者便于回收利用的方案。企业应当在经济技术可行的条件下对生产和服务过程中产生的废物、余热等自行回收利用或者转让给有条件的其他企业和个人利用。应当对生产和服务过程中的资源消耗以及废物的产生情况进行监测，并根据需要对生产和服务实施清洁生产审核。生产、销售被列入强制回收目录的产品和包装物的企业，必须在产品报废和包装物使用后对该产品和包装物进行回收。强制回收的产品和包装物的目录和具体回收办法，将由国务院经济贸易行政主管部门制定。要求餐饮、娱乐、宾馆等服务性企业及建筑行业也实行清洁生产减少使用或者不使用浪费资源、污染环境的消费品；建筑工程、建筑和装修用材必须符合清洁生产的要求。

第四章为鼓励措施，共 5 条。国家建立清洁生产表彰奖励制度。对从事清洁生产研究、示范和培训，实施国家清洁生产重点技术改造项目和本法第二十八条规定的自愿节约资源、削减污染物排放量协议中载明的技术改造项目予以资金扶持；在依照国家规定设立的中小企业发展基金中，应当根据需要安排适当数额用于支持中小企业实施清洁生产；依法利用废物和从废物中回收原料生产产品的，按照国家规定享受税收优惠。企业用于清洁生产审核和培训的费用，可以列入企业经营成本。

第五章为法律责任，共5条。清洁生产综合协调部门或者其他有关部门未依照本法规定履行职责的，对直接负责的主管人员和其他直接责任人员依法给予处分。未按照规定公布能源消耗或者重点污染物产生、排放情况的，未标注产品材料的成分或者不如实标注的，生产、销售有毒、有害物质超过国家标准的建筑和装修材料的，不实施强制性清洁生产审核或者在清洁生产审核中弄虚作假的，或者实施强制性清洁生产审核的企业不报告或者不如实报告审核结果的等责令限期改正，情节严重的予以追究行政、民事、刑事责任。

第六章为附则，共一条。规定了该法自2003年1月1日起施行。

第 5 章　清洁生产审核和能源审计

5.1　清洁生产审核的由来和定义

5.1.1　清洁生产审核的发展概况

在 1989 年联合国环境规划署正式推行清洁生产以前，一些发达国家就提出了清洁生产思想并进行了清洁生产实践。如英国在其工业界发动了一个废物减量化运动，其中第一项技术工作就是废物审计，确定全部废物或废液流的来源，然后确定其流速和成分。他们将废物定义为"被其所有者丢弃、处置或去除的；或者其所有者打算丢弃、处置或去除的；或者法规要求其所有者丢弃、处置或去除的"任何一种物质。通过废物审计，即何种物流（废物流）从何处生成（即来自工厂的哪一部分），即可从物料平衡追踪而上确定每一种废物是如何产生的，仔细计量输入和输出的流量（其差即为流失量），之后便开始确定废物减量化方案。实施废物减量化项目后，提高了环境效益，减少了开支，降低了风险，产生了更好的工艺和产品，改善了公共关系。

中国自 1992 年开始，经世界银行贷款，由巴黎工业与环境活动中心派专家来中国推进清洁生产示范项目。在一些省、市、区，由环保局、经委等组织在工业企业中先进行排污审计。由环保部门发放排污审计表，由企业自行核准各自产生的固、液、气废物量，进行排污审报。然后选择一批重点企业进行试点，通过清洁生产审核建立示范企业。在借鉴总结国外经验和试验实践的基础上，开创并建立了适合中国国情的清洁生产方法学和环境审核方法，编制了《企业清洁生产审计手册》。

5.1.2　清洁生产审核的定义

清洁生产审核以前亦称为清洁生产审计。清洁生产审核应以企业为主体。清洁生产审核首先是对组织现在的和计划进行的产品生产和服务实行预防污染的分析和评估。在实行预防污染分析和评估的过程中，制定并实施减少能源、资源和原材料使用，消除或减少产品和生产工艺过程中有毒物质的使用，减少各种废弃物排放的数量及其毒性的方案。

20 世纪 50 年代以来我国经济长期以来是一种粗放型的发展模式，工业污染严重，大多数企业生产工艺和技术设备落后，管理不完善。要改变这一局面，必须大力推进物耗最小化、废物减量化和效益最大化的清洁生产。而清洁生产审核是企业推行清洁生产、进行全过程污染控制的核心。清洁生产审核，要对企业生产全过程的每个环节、每道工序可能产生的污染进行定量监测，找出高物耗、高能耗、高污染的原因，然后有的放矢地提出对策，制订方案，防止和减少污染的产生。

清洁生产，是总结了各国防治工业污染的经验教训后提出的一个比较完整、比较科学的新概念，清洁生产的主要内容如下。

① 审查产品在使用过程中或废弃后的处置中是否有毒、有污染，对有毒、有污染的产品尽可能选择替代品，尽可能使产品及其生产过程无毒、无污染。

② 审查使用的原辅材料是否有毒、有害，是否难以转化为产品，产生的“三废”是否难以回收利用等，能否选用无毒、无害、无污染或少污染的原辅材料。

③ 审查产品生产过程、工艺设备是否陈旧落后、工艺技术水平高低、过程控制自动化程度、生产效率与国内外先进水平的差距等，找出主要原因进行工业技术改造，优化工艺操作。

④ 审查企业管理情况，了解企业的工艺、设备、材料消耗、生产调度、环境管理等方面，找出因管理不善而使原材料消耗高、能耗高、排污多的原因与责任，从而拟定加强管理的措施与制度，提出解决办法。

⑤ 对需投资改造，实现清洁生产的方案进行技术、环境、经济的可行性分析，以选择技术可行、环境与经济效益最佳的方案，予以实施。

清洁生产是一种跨学科、综合的战略，其目标是实现可持续生产和消费，最终实现可持续发展，而清洁生产审核和环境管理体系是执行这一战略的环境工具。企业是通过清洁生产审核来贯彻清洁生产思想的。要从过去偏重于末端治理转变到对全过程的控制，只有通过企业的清洁生产审核来推进清洁生产，才能把预防污染的方针落到实处。但把清洁生产简单地理解成就是企业清洁生产审核，也是片面和不完整的。

5.2 清洁生产审核的程序

清洁生产审核对污染预防进行分析和评估，也就是判明废物在哪儿产生的（Where），分析为什么会产生废物（Why），提出如何来减少或消除这些废物的方案（How），这也是清洁生产审核的总体思路。在实际生产过程中，可从原辅材料和能源、技术工艺、设备、过程控制、产品、废物、管理和员工这八个方面着手进行调查，分析废物产生的原因，再找出解决影响废物数量、特性问题的途径或设想。

根据这个思路，整个清结生产审核程序可分解为具有可操作性的 7 个步骤，亦称为清洁生产审核的 7 个阶段。

阶段 1：筹划和组织	主要是进行宣传、发动和准备工作。
阶段 2：预评估	主要是选择审核重点和设置清洁生产目标。
阶段 3：评估	主要是建立物料平衡，并进行废物产生原因分析。
阶段 4：方案产生和筛选	主要是针对废物产生原因，产生相应的方案并进行筛选，编制企业清洁生产中期审核报告。
阶段 5：可行性分析	主要是对阶段 4 筛选出的中/高费清洁生产方案进行技术、环境、经济的评估分析，从而确定出可实施的清洁生产方案。
阶段 6：方案实施	组织实施方案，分析并跟踪验证方案的实施效果。
阶段 7：持续清洁生产	制定在企业中持续推行清洁生产计划，最后编制企业清洁生产审核报告。

阶段 1 是整个审核程序的准备阶段，阶段 2、3 是整个审核程序的审核阶段，阶段 4、5 是制定方案阶段，阶段 6 是实施方案阶段，阶段 7 是编写清洁生产报告，总结本轮审核的成果。七个阶段有机结合组成了企业清洁生产审核工作程序。

清洁生产审核程序，是从企业的角度出发，通过审核来达到节能、降耗、减污、增效并预防污染的目的；是以生产过程为主体，考虑了从原材料输入到产品输出，对其影响的各个方面，是一套较系统和完善的清洁生产方法学以及环境审核方法学。这套程序把清洁生产的总体思想贯穿于整个审核过程的始终，突出了预防性，同时，又十分强调持续性，审核过程始终贯彻边审核边实施持续改善的原则，此外，这套程序还注重可操作性，对企业进行清洁生产审核起到实实在在的指导作用。企业通过这套程序的运作，可以给企业带来经济效益，企业通过清洁生产审核不仅削减了污染物排放，而且提高了企业的生产效率，减少了原材料消耗，降低了生产成本，提高了企业的经济效益。

具体审核方法和实例可参阅有关专著。

5.3　能源审计及方法

中国一直以“地大物博、人口众多”引以为自豪。但中国的国土面积仅占全世界国土面积（有定居人口的各大洲）的 7.15%，而近 100 年来，中国的人口一直占全球总人口的 20%以上，而人均耕地仅 0.104hm^2/人，为世界平均值的一半，人均资源占有量远远低于世界平均水平。石油、天然气、铜和铝等重要矿物资源的人均储量分别只占世界人均水平的 8.3%、4.1%、25.5%、9.7%，人均资源不足日益成为制约我国社会进步和经济发展的突出矛盾。中国已经没有足够的资源来支撑落后的、高能耗的生产方式，也没有充足的环境容量来承载高污染的生产方式和过度浪费的消费方式。

5.3.1　能源审计的目的

能源审计是一种能源科学管理和服务的方法，其主要内容是按照审计类别的不同对用能单位能源使用的效率、消耗水平和能源利用经济效果进行客观考察，通过对用能物理过程和财务过程进行统计分析、检验测试、诊断评价提出节能改造措施。

能源审计的定义是：审计单位依据国家有关的节能法规和标准，对企业和其他用能单位能源利用的物理过程和财务过程进行的检验、核查和分析评价。一般审计考察期间为一年或其他特定的时间区段。能源审计的对象是耗能单位，如企业，也可以是企业核算单位的分厂、车间、工段、工序以及生产线等。能源审计是企业开展节能的基础工作，对于了解企业用能情况和技术水平，摸清家底，挖掘潜力，完成国家、行业规定的节能降耗目标任务十分重要。

5.3.2　能源审计内容

能源审计内容主要包括：

① 企业能源使用过程及其管理状况。

② 使用能源种类、用能概况以及用能的流程。

③ 能源计量方式及统计方式。

④ 能源消费指标及其计算分析。

⑤ 各类用能设备运行效率的监测、计算分析。

⑥ 产品综合能耗和产值能耗指标计算分析。

⑦ 能源成本指标的计算分析。

⑧ 节能数量的计算。

⑨ 评审节能技改项目的经济和财务分析。

5.3.3 能源审计的依据及方法

能源审计主要依据国家标准《企业能源审计技术通则》(GB/T 17166—1997) 以及有关能源审计的国家标准和办法。

能源审计的基本方法是：对企业用能情况进行调查研究、分析比较，通过现场检查、有关数据审核、案例调查、盘存查账等手段进行，需要时还可以在现场进行测试等。

能源审计应按照上述能源审计有关国家标准、有关部位的规定进行。

5.3.4 能源审计的程序

能源审计的基本程序如下。

① 编制能源审计任务建议书：根据能源审计的目的和要求，确定能源审计的目标和具体内容，编制能源审计方案和任务建议书。

② 签订委托审计协议书：一般能源审计委托具有专业资质的单位进行，企业配合，其协议书作为审计单位开展能源审计的依据。目前，根据实际情况，有条件的也可以由企业自行完成。

③ 实施能源审计：审计单位对审计委托方，按协议和审计规范收集相关数据并核实、整理；按照任务书规定的要求进行计算、分析与评审；同时对被审计单位进行必要的实地考察和检测。

④ 提出能源审计报告：对审计材料进行分析、评审结束后，审计单位应在15日内向审计委托方提出审计报告。

能源审计报告分摘要和正文两部分。

摘要放在正文前，一般字数控制在2000字以内，摘要内容主要如下。

① 企业能源审计的主要任务和内容；

② 审计期间企业能源的消费结构；

③ 各种能耗指标；

④ 能源成本与能源利用效果评价；

⑤ 节能技改项目的财务分析与经济评估；

⑥ 存在的问题和节能潜力分析；

⑦ 审计的结论和建议。

能源审计报告应详细叙述以下内容。

① 企业概况：包括主要产品、工艺特点、企业在国内（国外）同行中的地位等。

② 企业能源审计的主要任务和内容。

③ 能源管理体系。

④ 企业用能分析，包括能源流程、能源实物量平衡、能源统计和计量情况、能源价格等。

⑤ 审计期间企业能源的消费结构。

⑥ 各种能耗指标。

⑦ 能源成本与能源利用效果评价。

⑧ 节能技改项目的财务分析与经济评估。

⑨ 存在的问题和节能潜力分析。

⑩ 审计的结论和建议。

有关报告书的内容、深度和格式可参考表5-1。

表 5-1　能源审计报告的内容和深度要求

审计内容分类	审计项目	内容要求	规定图标要求	深度要求	审计主要依据
1. 审计事项说明	1.1 审计目的	根据要求和企业具体情况，制定审计目的		结合企业具体情况	国家发改委和有关省市能源审计工作文件
	1.2 审计依据	列出有关标准、法规		列出的标准、法规与审计相关；审计时采用了列出的标准、法规	
	1.3 审计范围和内容	以有关省市或集团公司要求为主，确定审计具体范围和内容		审计的能耗范围与产值范围一致	
2. 企业基本情况	2.1 企业简况	企业简介，工业总产值、增加值、利税、员工数、总资产、占地面积等相关指标，主要产品简介及生产能力	企业概况及主要技术指标一览表	对企业介绍简明扼要	企业能源流程图绘制请参考有关省市节能监察中心提供的范例
	2.2 主要产品生产工艺概况	① 主要工艺、装置、主要设备的名称及生产能力 ② 主要工艺流程图；从原料到成品的流程 ③ 主要工艺能源消耗情况		对主要工艺介绍简明扼要；说清流程图中能耗的主要工艺框（工艺或装置）的能耗情况	
	2.3 供电、供热、供水、供汽等主要供能或耗能工质系统情况	电力系统情况，主要供电设备情况；热力系统情况，主要供热设备情况；供水系统情况，主要供水设备情况；其他能源（或耗能工质）转换（或生产）系统情况		对主要供能系统介绍简明扼要（供能系统除输配环节单元外，还包括企业自产二次能源和耗能工质的生产单元）	
	2.4 企业能源流程概况	绘制：企业能源流程图 对企业能源流程图作简要文字说明	企业能源流程图	能源加工转换环节的单元应包括企业自产二次能源和耗能工质的各生产单元；终端使用环节的用能单元分解到主要产品（能耗占总的75%以上）	
3. 企业能源管理运行状况分析	3.1 企业能源管理方针和目标	企业领导应根据国家能源政策和有关法律、法规，充分考虑经济、社会和环境效益，确定能源管理方针和目标，推进目标责任制管理		目标包括“十一五”期间目标和年度目标。无能源管理方针和目标的必须在审计期间制定公布，并作说明。评价目标责任实施情况	《工业企业能源管理导则》（GB 15587—1995）
	3.2 企业能源管理机构和职权	企业能源管理机构、能源管理人员状况、节能管理网络，管理机构的职权；企业能源管理机构运行情况，对存在问题进行分析		能源管理岗位负责人的基本条件，备案情况，职责，接受培训情况，对企业能源管理机构运行情况有评估意见	
	3.3 企业能源文件管理	企业能源管理制度现状（能源管理岗位职责、能源计量管理制度、能源统计管理制度、能源利用状况分析制度、节能奖惩制度）；执行情况；依据管理文件，追踪检查每一项能源管理活动是否按文件规定开展，达到预期效果	企业能源管理制度列表	审查能源管理制度重要条款的实际执行效果；对企业能源管理计划、执行、检查、总结文件有审查评估意见	

续表

审计内容分类	审计项目	内容要求	规定图标要求	深度要求	审计主要依据
3. 企业能源管理运行状况分析	3.4 企业能源计量管理	能源计量器具表和能源计量网络情况；能源计量器具配备率、完好率和检查周期、受检率情况；计量存在问题分析	能源计量器具配备率；能源计量器具汇总表（附录）或能源计量网络图（附录）	对企业现有能源计量清理能否满足能源管理需要作出评价意见	《用能单位能源计量器具配备和管理通则》（GB 17167—2006）
	3.5 企业能源统计管理	企业能源统计现状：原始记录、台账、报表、分析报告等情况		对企业现有能源统计报表的完整、准确性有审计意见	《工业企业能源管理导则》（GB 15587—1995）
	3.6 企业能源定额管理	企业能源定额管理情况：能耗定额制度、下达、考核情况		对定额管理的有效性有审计意见	
	3.7 企业节能技改管理	企业节能技改管理模式；审计期上一年到审计期年度节能技改项目的计划和完成情况；对节能技改项目的评估	已实施的节能技改项目表	列出项目的年节能能力和审计期年度实际节能量；对实施的重大节能技改项目有评估意见	
	3.8 对标管理	对标管理开展情况，存在问题和评估		对对标管理的有效性进行审计，无对标管理活动的必须在管理改进建议中给出	
4. 企业能源统计数据审核	4.1 对能源数据进行审核	对企业能源流程图中能源购入、外拨、库存、库途损耗数据溯到原始票据和库存记录；对企业能源流程图中用能单元能源投入产出数据溯到原始计量数据		对企业购、消、存数据进行全年核查，对其他能耗数据至少抽查一个月数据，其中10%数据进行全年核查；抽查差错率高于1%，增加抽查范围；在报告中阐明抽查资料名称、资料提供部门名称、抽查月份，数据差错率等情况	《工业企业能源管理导则》（GB 15587—1995）
	4.2 对与能耗相关产出（产值、增加值和产品产量）数据的审核	对企业能源流程图中各产品产量数及企业的产值、增加值的复核；必要时应通过物料平衡复核产量		必须说明与企业原上报数据有否差异	
	4.3 对企业采用的能源折标系数的审核	对企业能源统计中采用的当量或等价折标系数的正确性进行核查		对未采用实测数并未采用统计局公布的数据时应说明采用的依据；采用的折标系数与平时统计不同时应说明	
	4.4 对企业购入能源费用、单价和质量的审核	根据财务票据，复核能源购入费用，计算单价		对购入能源单价高于市场价较多时应有原因分析	

续表

审计内容分类	审计项目	内容要求	规定图标要求	深度要求	审计主要依据
5. 企业能耗指标计算和分析	5.1 企业能源实物量平衡表	根据企业能源流程图编制企业能源消费平衡综合表；对平衡表中的盘亏和损耗情况进行分析	企业能源消费平衡综合表	企业能源消费平衡综合表数据与能源流程图一致；与上报统计局数据比较，有差异时说明原因；企业能源消费总量＝企业综合能耗＋非生产型能耗＋外拨能源量	《综合能耗计算通则》(GB/T 2589—90)
	5.2 按管理层次(企业、部门、产品、工序)计算并分析能耗指标	应计算的能耗指标： 企业：企业综合能耗、单位产值综合能耗、单位增加值综合能耗 部门：部门综合能耗 产品：产品综合能耗、单位产量综合能耗，有产品可比能耗标准的计算产品可比能耗 工序：工序综合能耗、工序单位产出综合能耗 根据国家限额、国内外先进水平、企业历史先进水平、标杆基准等资料，对上述能耗指标水平进行分析、评价	企业产品能源消耗表；企业产品单位产量综合能耗表	企业综合能耗＝所有产品综合能耗之和；列出主要耗能产品(能耗合计占企业综合能耗的 75% 以上)的综合能耗、单位产量综合能耗；对大型企业，应有二级部门(分公司或分厂)数据；应对各能耗指标展开分析；列出可比能耗计算公式，计算正确；对生产工艺较长产品应分析工序能耗指标	
	5.3 对能源加工转换、输送分配环节计算并分析能耗指标	计算能源加工转换单元、输送分配单元的能效指标；根据国家限额、国内外先进水平、企业历史先进水平、标杆基准等资料，对上述能耗指标水平进行分析、评价	能源加工转换单元产出投入比表 能源输送分配单元输送效率	计算能源加工转换单元的产出投入比；投入产出能源折标应采用当量值	
	5.4 对主要用能系统、生产工艺、生产设备的能源利用水平的分析	对热、电等主要用能系统进行系统分析；对生产工艺、生产设备能源利用水平进行分析；查清有否淘汰工艺和生产能力		对热、电等主要用能系统合理性有评估意见；对工艺、设备能耗水平有评估；对实际运行状态水平进行分析	
	5.5 淘汰产品、设备、装置、工艺和生产能力情况	查清被国家列入淘汰的产品、设备、装置、工艺和生产能力的情况	淘汰产品、设备、装置、工艺和生产能力目录表	未列淘汰目录表必须说明经审计企业无淘汰产品、设备、装置、工艺和生产能力	国家关于淘汰产品、设备、装置、工艺和生产能力的文件
	5.6 能源成本计算和分析	对成本计算原则进行审核；计算产品能源成本和单位产量能源成本；对现有产品结构进行分析	企业产品能源成本表	企业生产能耗成本＝所有产品能耗成本之和	《工业企业能源管理导则》(GB 15587—1995)附录
	5.7 节能减排计算和分析(与审计期上一年度比)	产值、产品、结构节能量计算 审计期上一年至审计期年度完成的节能技改措施实际节能量计算、减排计算 分析要点：节能目标完成情况，产品节能量、产品结构节能量、节能技改措施节能量完成情况对节能目标完成的影响程度	企业节能量计算表 企业减排计算表	当产品节能量与企业产值节能量有较大差异时，有对产品结构节能量的分析	《企业节能量计算方法》(GB/T 13234—91)

续表

审计内容分类	审计项目	内容要求	规定图标要求	深度要求	审计主要依据
6. 企业节能潜力分析和建议	6.1 现场诊断情况	由电、热工专家进行生产现场诊断		说清主要诊断意见	
	6.2 测试情况	对有节能潜力的主要设备应进行测试	设备测试报告主要指标汇总表	测试报告应由有测试资质的机构出具并盖章	《节能监测技术通则》;(GB 15316—94) 有关设备测试标准
	6.3 企业节能潜力分析	通过对企业能源统计数据的分析、结合专家生产现场诊断意见和设备测试报告,对企业的热、电等主要用能系统以及主要用能设备进行节能挖潜;根据行业工艺、装备信息,分析企业现有工艺方面的节能潜力;分析对企业余能余热资源利用的可能性	节能潜力明细表	对主要供、用能系统、主要用能设备进行节能潜力分析;对重点工艺、装备开展节能潜力分析;查明企业"十一五"期间的节能潜力;节能潜力与节能目标差距较大时,必须阐明原因	《评价企业合理用热技术导则》(GB/T 3486—1993) 《评价企业合理用电技术导则》(GB/T 3485—1993) 《评价企业合理用水技术导则》(GB/T 7119—1993)
	6.4 节能目标实现的主要途径和步骤	根据目标要求和对企业节能潜力分析,提出实现目标的主要途径(包括产品结构调整、技术进步)和实施步骤		通过产品结构调整、技术进步途径的节能应做定量分析;实施步骤有资金、技术上的保障,有时间节点	
	6.5 节能管理改进建议	列出节能管理改进建议清单并汇总;对主要管理措施作说明	能源管理改进建议汇总表	根据管理中存在的问题提出改进建议,建议应具有操作性	
	6.6 节能技术改造项目建议	列出节能技术改造项目清单并汇总;对主要节能技术改造项目技术上和经济上的可行性进行简要分析	节能技术改造建议汇总表(投入在5万元以下项目合并为一项)	节能技改项目的节能量与节能潜力差距较大时,必须阐明原因;节能技术改造措施静态投资回收期原则上不大于8年;采用的节能技术应是先进的;有资金、技术上的保障,有时间节点	
7. 审计结论	审计结论	对企业年节能目标和主要经济技术指标完成情况的评价;对企业能源管理和节能技术进步状况的评价;主要的节能潜力和改进建议		评价基本正确,节能潜力分析透彻,整改建议可行,应确保企业节能目标的完成	《企业能源审计技术通则》(GB/T 17166—1997)
8. 审计摘要	审计摘要	请参考摘要编写提纲		简明扼要;有企业重要能耗指标数据;有评价、分析、结论和建议;页数4~6页,放在报告正文前	《企业能源审计技术通则》(GB/T 17166—1997)

5.3.5　各种能源之间的转换关系

对企业进行能源审计时，涉及各种能源之间如何转换、能源之间重复时如何扣除、单位产品所用不同单位如何转换等问题。

企业生产过程中可能使用各种能源，在能源审计时需要将各种能源之间进行换算，由于目前尚未规范转换和计算方法，同时使用锅炉吨位不同、使用条件不同，其能效差别可能很大，只能根据标准设计和实际情况予以转换。最终以消耗标准煤计算，以煤当量表示（ce）。1kg 标准煤发热量以 7000kcal 计，一般统配煤以 5000kcal 计，大型电厂 370～400g 标准煤可发 1 度电，超临界态电厂发 1 度电，可低于 300g 标准煤，大型热电厂 1t 标准煤产 10t 蒸汽，1t统配煤产 7t 蒸汽。

（1）企业综合能耗的计算　企业综合能耗按公式（5-1）计算

$$E=\sum_{i=1}^{n}(E_i\times P_i) \tag{5-1}$$

式中　E——企业综合能耗，单位为千克标准煤（kgce）；

E_i——生产活动中消耗的第 i 类能源实物量，单位为实物单位；

P_i——第 i 类能源折算标准煤系数；

n——企业消耗的能源种数。

（2）各种能源折算标准煤系数见表 5-2。

表 5-2　各种能源折算标准煤系数表

品种	单位	平均低位发热量	单位	折标准煤
原油	kcal/kg	10000	kg 标准煤/kg	1.4286
	kJ/kg	41816	kg 标准煤/kg	1.4286
汽油	kcal/kg	10300	kg 标准煤/kg	1.4714
	kJ/kg	43070	kg 标准煤/kg	1.4714
柴油	kcal/kg	10200	kg 标准煤/kg	1.4571
	kJ/kg	42552	kg 标准煤/kg	1.4571
煤油	kcal/kg	10300	kg 标准煤/kg	1.4714
	kJ/kg	43070	kg 标准煤/kg	1.4714
重油(包括渣油、燃料油)	kcal/kg	10000	kg 标准煤/kg	1.429
燃料油	kcal/kg	10000	kg 标准煤/kg	1.4286
	kJ/kg	41816	kg 标准煤/kg	1.4286
原煤	kcal/kg	5000	kg 标准煤/kg	0.7143
	kJ/kg	20908	kg 标准煤/kg	0.7143
焦炭	kcal/kg	6800	kg 标准煤/kg	0.9714
	kJ/kg	28435	kg 标准煤/kg	0.9714
洗精煤	kcal/kg	6300	kg 标准煤/kg	0.9
	kJ/kg	26344	kg 标准煤/kg	0.9
洗中煤	kcal/kg	2000	kg 标准煤/kg	0.2857
	kJ/kg	8363	kg 标准煤/kg	0.2857

续表

品种	单位	平均低位发热量	单位	折标准煤
其他洗煤	kJ/kg	8374	kg 标准煤/kg	0.285
煤泥	kcal/kg	2000～3000	kg 标准煤/kg	0.2857～0.4286
	kJ/kg	4181.5	kg 标准煤/kg	0.14285
蒸汽	kcal/kg	900	kg 标准煤/kg	0.129
液化石油气	kcal/kg	12000	kg 标准煤/kg	1.714
	kJ/kg	50179	kg 标准煤/kg	1.7143
城市煤气	kcal/m^3	4000	kg 标准煤/kg	0.5714
炼厂干气	kJ/kg	45998	kg 标准煤/kg	1.5714
	kcal/kg	11000	kg 标准煤/kg	1.5714
天然气	kcal/m^3	9310	kg 标准煤/kg	1.33
	kJ/m^3	35588	t 标准煤/10^4 m^3	12.143
油田天然气	kJ/m^3	38931	kg 标准煤/m^3	1.33
	kcal/m^3	9310	kg 标准煤/m^3	1.33
气田天然气	kJ/m^3	35544	kg 标准煤/m^3	1.2144
	kcal/m^3	8500	kg 标准煤/m^3	1.2144
煤矿瓦斯气	kcal/m^3	3500～4000	kg 标准煤/m^3	0.5～0.5715
	kJ/m^3	14636～16726	kg 标准煤/m^3	0.5～0.5714
焦炉煤气	kcal/m^3	4000～4300	kg 标准煤/m^3	0.5714～0.6143
	kJ/m^3	16726～17081	kg 标准煤/m^3	5.714～6.143
发生煤气	kcal/m^3	1250	kg 标准煤/m^3	0.1786
	kJ/m^3	5227	kg 标准煤/m^3	0.1787
重油催化裂解煤气	kcal/m^3	4600	kg 标准煤/m^3	0.6571
	kJ/m^3	19235	kg 标准煤/m^3	0.6571
重油热裂解煤气	kcal/m^3	8500	kg 标准煤/m^3	1.2143
	kJ/m^3	35544	kg 标准煤/m^3	1.2144
焦炭制气	kcal/m^3	3900	kg 标准煤/m^3	0.5571
	kJ/m^3	16308	kg 标准煤/m^3	0.5571
压力气化煤气	kcal/m^3	3600	kg 标准煤/m^3	0.5143
	kJ/m^3	15054	kg 标准煤/m^3	0.5143
水煤气	kcal/m^3	2500	kg 标准煤/m^3	0.3571
	kJ/m^3	10454	kg 标准煤/m^3	0.3571
粗苯	kcal/kg	10000	kg 标准煤/m^3	1.4286
甲苯	kJ/m^3	41816	kg 标准煤/m^3	1.4286
炼焦油	kcal/kg	8000	kg 标准煤/m^3	1.1429
	kJ/m^3	33453	kg 标准煤/m^3	1.143
热力			t 标准煤/10^6 kJ	0.03412

续表

品种	单位	平均低位发热量	单位	折标准煤
电力(当量)	kJ/(kW·h)	3596	kg 标准煤/(kW·h)	0.1229
	kcal/(kW·h)	860	kg 标准煤/(kW·h)	0.1229
电力(等价)	kJ/(kW·h)	11826	kg 标准煤/(kW·h)	0.404
	kcal/(kW·h)	2828	kg 标准煤/(kW·h)	0.405

第6章　循环经济

6.1　“循环经济”产生过程

6.1.1　线性经济和循环经济

人类工业化以来，经济高速发展，但所走的道路是自然资源—产品和用品—废物排放。设计者仅着眼于中间环节，即产品的质量和成本，而很少顾及自然资源何时枯竭，废物排放对环境所造成的后果，这是一种“高开采、低利用、高排放”（二高一低）的线性经济。在线性经济中，生产系统内是一些相互不发生关系的线性物质流叠加，进入系统和离开系统的物质流远大于系统内的物质交流，造成地球资源被大量开发和破坏，自然环境恶化。20世纪60年代，美国经济学家鲍尔丁提出了“宇宙飞船经济理论”，即地球就像在太空中飞行的宇宙飞船（当时正在实施阿波罗登月计划），这艘飞船靠不断消耗自身有限的资源而生存。如果人们像过去那样不合理地开发资源和破坏环境，超过了地球的超载能力，就会像宇宙飞船那样走向毁灭。他认识到必须在经济过程中思考环境问题产生的根源。因此，宇宙飞船经济要求以新的“循环式经济”代替旧的“单程式经济”。人类社会的经济活动应该从以线性为特征的机械论规律，转向以反馈为特征的生态学规律。

循环经济（Circular Economy）是物质闭环流动型经济（Closing Materials Cycle）的简称，是20世纪90年代在可持续发展战略的影响下，认识到当代资源枯竭和环境问题日益恶化的根本原因是人类以高开采、低利用、高排放为特征的线性经济模式所造成。为此提出应在资源环境不退化甚至得到改善的情况下促进经济增长，应该建立一种以物质闭环流动为特征的经济，即循环经济，从而实现可持续发展所要求的战略目标。线性经济本质上是把资源持续不断变成废物的过程，通过反向增长的自然代价来实现经济的数量型增长，而循环经济倡导一种与地球和谐的经济发展模式。它把经济活动组织成一个“资源—产品—再生资源”的反馈式流程，所有的资源和能源在这个不断进行的经济循环中得到合理和持久的利用，从而把经济活动对自然环境的影响降低到尽可能小的程度。循环经济本质上是一种生态经济，它运用生态学规律指导人类社会的经济活动。循环经济与线性经济的根本区别在于：线性经济是将一些相互不发生关系的线性物质流叠加，由此造成出入系统的物质流远远大于内部相互交流的物质流，造成经济活动的“高开采、低利用、高排放”；而循环经济则在系统内部以互联的方式进行物质交换，以达到最大限度利用进入系统的资源和能源，从而能够形成“低开采、高利用、低排放”。循环经济系统通常包括四类主要行为者：资源开采者、产品制造者、消费者和废物处理者。由于存在反馈式、网络状的相互联系，系统内不同行为者之间的物质流可以远远高于出入系统的物质流。循环经济可以为优化人类经济系统各个组成部分之间的关系提供整体性思路，为工业化以来的传统经济转向可持续发展的经济提供战略性的理论范式，从而从根本上消解长期以来环境与发展之间的尖锐冲突。

循环经济的核心是资源充分利用，当今资源、能源缺乏、人口密集的城市、地区、国家实施循环经济尤为迫切。

从热力学熵的理论分析，一个封闭系统其最终将趋于平衡。系统与外界的物质、能量交换在什么条件下，可以使系统保持一种稳定而活跃的状态？自然规律与人类社会规律、经济规律之间的关系如何？这一系列问题都需要深入探讨，但可以肯定，实施循环经济战略将使地球这艘“宇宙飞船”避免灾难，延长其“青春期”。

6.1.2　线性经济的弊病

线性经济相伴随的是产生大量废物，从而浪费资源并污染环境。资源的浪费减少人类可利用量，从而威胁人类（特别对后代人）的生存时限。而环境污染影响当前的生存，必须进行治理，这种治理从全过程而言是末端治理。它的弊病是：①末端治理是问题发生后的被动措施，因此不可能从根本上避免污染发生。②末端治理随着污染物浓度降低，治理难度和成本必然越来越高，它相当程度上抵消了经济增长带来的收益，甚至超过产品的价值，因而无法治理。③由末端治理而形成的环保市场，实质上产生的是虚假的和恶性的经济效益。④末端治理趋向于维持现有的技术体系，而不是促使其革新，从而抑制技术进步。⑤末端治理促使组织满足于遵守环境法规，而不是去开发少污染的新技术和生产方式。⑥末端治理缺乏对全球环境的整体意识，容易造成环境与发展之间的矛盾以及各领域间的隔阂。⑦由于经济和技术的差异，末端治理阻碍发展中国家直接进入更为现代化的经济方式，加大在经济和环境方面对发达国家的依赖。

6.2　循环经济的基本原则

6.2.1　实施循环经济的基本原则

实施循环经济的基本原则是减量化（reduce）、再利用（reuse）、再循环（recycle），即所谓 3R 原则。也有人进一步提出所谓 6R 原则，即除减量化（reduce）、再利用（reuse）、再循环（recycle）之外，增加再生（renewable）、替代（replace）、恢复重建（recovery）三原则。减量化原则，要求用最少的原料和能量进行生产活动，特别是控制使用有害、有毒物质；减少进入生产和消费流程的物质量，属于输入端方法。再利用原则，要求产品和包装容器能够以初始形式被多次使用和反复使用，它属于过程性方法，目的是延长产品和服务的时间强度。再循环原则是通过把废弃物再次变成资源以减少最终处理量，最大限度地利用资源，它属于输出端方法。

6.2.1.1　减量化原则

循环经济的第一法则是要减少进入生产和消费流程的物质量，因此又叫减物质化。即必须将重点放在预防废弃物产生而不是产生后治理。在生产过程中，通过减少单位产品的原料使用量、通过重新设计制造工艺来节约资源、能源和减少排放，如光纤技术能大幅度减少电话传输线中对铜线的使用。产品的包装是保护产品在运输、储存、使用中不被损坏，同时也是美观甚至艺术的表现。但目前存在过度包装而浪费资源和产生大量废弃物，因此过度包装或一次性的物品是不符合减量化原则的。在消费中，人们可以减少对物品的过度需求，例如在保证需要的原则下，减少人们所要买的东西，不铺张浪费吃喝，就会大量降低垃圾的产生量。消费者可以选择包装物较少和可循环的物品，购买耐用的高质量物品等。如果人人都这样去做，那么就会减少对自然资源的压力，减少对废弃物处理的压力。

6.2.1.2　再利用原则

循环经济的第二个原则又称为再利用或反复利用原则。是希望人们尽可能多次以及尽可能以多种方式地延长使用所购买的东西，通过再利用可以防止物品过早成为垃圾。在生产中，对许多零配件制订统一标准，或生产方以便捷的方式提供零配件，使产品个别零配件损坏时不需要整体抛弃，只需更换个别零配件即可正常使用，这在汽车、电视机、计算机等许多领域正在实施，但仍有很大潜力。例如，复印机、计算机、手机等可以设计成“装配式”，不管是改变外形、色彩还是升级换代或者维修保养，只需更换组件即可，这种设计理念，既满足消费者不断更新、升级的需求，同时可以充分利用各种元件的使用价值。任何一种物品在抛弃之前，应该检查和评价一下它在家中或单位里再利用它的可能性。确保再利用的简易方法是对物品进行修理、部分零件更换，而不是频繁地整体更换。也可以将合用的但自己已不喜欢或可维修的物品返回二手货市场体系供别人使用或无偿捐献自己不需要的物品。例如，在发达国家，一些消费者常常从慈善组织购买二手货或稍有损坏但并不影响使用的物品，中国也有二手货商店和市场。应该使民众提高再利用的意识，参与这些既能省钱又有利于环保的活动，特别是像纸板箱、玻璃瓶、塑料袋等包装材料可以再利用以节约能源和材料，饮料瓶可以消毒、再灌装、返回到货架上去（在安全、卫生、消毒处理经济上合理的条件下），有时候甚至可以多达数十次循环。

6.2.1.3 资源化原则

资源化原则又称再生利用原则，循环经济的第三个原则是尽可能多地再生利用或资源化。所谓资源化是指把已完成使用价值的物质返回到工厂，经处理后再融入新的产品之中。资源化能够减少人们对垃圾填埋场和焚烧场的压力，制成使用原生材料较少的新产品。有两种资源化方式：原级资源化方式和次级资源化方式。原级资源化方式是将消费者遗弃的废弃物经资源化后制成与原来相同的新产品（废塑料制品制成塑料制品；废报纸制成报纸、废铝罐制成铝罐，等等），这是最理想的方式。次级资源化方式，是将废弃物作为原料之一生产其他类型的新产品，例如废金属、废木材、废玻璃作为添加物生产其他产品。一般原级资源化在形成产品中可以减少20%～90%的原生材料使用量，而次级资源化减少的原生材料使用量通常只有25%左右。与资源化过程相适应，消费者和生产者均应提高意识，通过生产和购买用最大比例再生资源制成的产品，使循环经济的整个过程实现闭合。

6.2.2 实施3R原则的顺序

从上面所述可知，3R（减量化、再利用、再循环）原则在循环经济中的作用、地位并不是并列的。循环经济并不仅仅是把废弃物资源化制成新的产品，循环经济的根本目标是要求在经济流程中系统地避免和减少废物，而废物再生利用只是减少废物最终处理量的方式之一，按重要性它们之间有一定的顺序：源头避免产生－中间循环利用－最终废物无害化处置。德国在1996年颁布的《循环经济与废物管理法》中明确规定了对待废物问题的顺序为：避免产生－循环利用－最终处置。该法规要求：首先要减少经济源头的污染物产生量，因此产业界在生产阶段和消费者在使用阶段就要尽量避免各种废物的排放；其次是对于源头无法削减的污染物和经过消费者使用过的，例如包装废物、旧货等凡可利用废弃物，要加以回收利用，使它们回到经济循环中去。只有当避免产生和回收利用都不能实现时，才允许将最终废物（称为处理性废弃物）进行环境无害化处置。以固体废弃物为例，这种预防为主的方式在循环经济中有一个分层次的目标：首先通过预防，尽可能减少废弃物的产生；各种物品尽可能多次使用；完成使用功能后，尽可能地使废弃物资源化，如堆肥、做成再生产品等；对于无法减少、再使用、再循环或者堆肥的废弃物进行无害化处置，如焚烧（对有机废物往往利用其热能）或其他处理；在前面四个目标满足之后，最后剩下的废弃物在合格的填埋场予以填埋。

诚然，再生利用存在着某些限度。因为废弃物的再生利用相对于末端治理虽然是前进了一步，但应该看到再生利用本质上仍然是事后解决问题的方法，而不是预防性的措施。再生利用虽然可以减少废弃物最终的处理量，但不一定能够减少经济过程中的物质流动速度以及物质使用规模。例如，一些包装物被回收利用并不一定能有效地减少废弃物的产生量，反而会加快包装物的使用速度以及扩大此类物质的使用规模。目前进行的再生利用本身往往是一种与环境非友好的处理活动，如旧瓶经洗涤消毒后再利用，在处理过程中要消耗大量水、热能、洗涤剂、消毒剂等，并排放大量需要处理的废水，如果再生利用资源中的浓度和含量太低，收集的成本就会很高而失去其利用价值，只有高含量的再生利用才有实用意义。事实上，经济循环中的效率、效益往往与其规模有关。通常，物质循环范围越小，生态经济效益越高。清洗与重新使用一个瓶子（再使用原则）比起打碎它然后烧制一个新瓶子（再循环原则）一般情况下更为有利。因此，物质作为原料进行再循环只应作为最终的解决办法，在完成了在此之前的所有循环（比如产品的重新投入使用、元部件的维修更换、技术性能的恢复和更新等）之后的最终阶段才予以实施。

实施3R原则是资源利用的最优方式，也是实施可持续发展的必要措施。3R原则的排列顺序反映了人类在环境与发展问题上思想认识经过的三个历程：最初人类以环境破坏为代价追求经济增长，由于环境污染、生态破坏而终于被抛弃，人类认识到不能排放废物污染环境，而应该通过处理（末端处理方式）减少环境污染；其次，认识到环境污染的实质是资源浪费，因此进一步从单纯处理废物到利用废物（通过再使用和再循环）；最后，人们认识到利用废物仍然只是一种辅助性手段，环境与发展协调的最高目标应该是实现从利用废物到减少资源、能源的使用，最大限度降低废物的产生。在经济活动中，不同的思想认识可以导致三种不同的资源使用方式：一是线性经济与末端治理相结合的“用完就扔”方式；二是仅仅让再利用和再循环原则起作用的资源恢复方式；三是以3R原则和避免废物为优先的低排放甚至零排放方式。显然，只有第三种资源利用方式才是循环经济所推崇的经济方式。因为循环经济的目的，不是仅仅减少废弃物的体积和重量，以减轻污染治理的负担。相反，它是要从根本上减少自然资源的耗竭，减少由线性经济引起的环境退化。

6.2.3 从生产优先到服务优先

循环经济要求强化产品的合理使用而不是强化物质的消耗。它以大幅度地降低输入和输出经济系统的物质流，以优化物质在经济系统内部的运行为条件（即高使用）。世界第二届零排放大会的组织者、设在东京的联合国大学零排放研究局负责人波利说：“人们如今不再期望地球提供更多的资源，而是期望用地球提供的资源生产更多的产品”。“零排放”是一种理念，是一种追求的目标，从热力学熵的理论分析是难以实现的，但是逐渐趋近是可能的。线性经济除了资源输入的高开采和污染排放的高输出之外，一个重要的特征是一切为了开发和销售新的产品以及与不断生产和销售必然相关的产品，并以短效性（即低使用）为目标。而循环经济的基本战略就是优化物品的可长期性，而不是最大限度地生产、最大规模地销售以及推销寿命很短的产品。建立在交换价值之上的线性经济被称为生产经济，而建立在使用价值之上的循环经济则称为职能经济。生产者的职能不单是推销产品，而更重要的是推销服务。到那时，使用者无须购买和拥有物品，只需在一个组织起来的体系中支付服务费用就可以满足其需求了。因此循环经济有可能使服务质量达到最优，从而真正实现从工业社会向服务社会的过渡。

施乐公司是世界著名的复印机制造商之一。从20世纪90年代后期以来它在美国等地工作的重点不再是供应“新的”复印机（当然新设备、新元件仍然需要生产，但只是需要时投入），而是转向为已经在服役的复印机提供维护和保养。随着技术的不断进步，他们在维修中用一些新技术部件取代一些已经不再使用的部件，然而并不改变机器的其他部分。即在施乐公司，作为一种产品，“复印机”的概念变得模糊了，它变成一种源自不同部件的组装的运作机制。在这个机制中，每个部件的使用寿命和强度被优化了。因此，不存在严格意义上的新机器，甚至“新产品”的概念都消失了。当然，每一步这样的改革，对企业而言，除了环保上的意义外，必须以经济上是有利可图为条件的。实践证明施乐公司的这种经营方式是成功的。1992年在美国市场上节省了5000万美元的原材料购置、后勤服务和库存等费用。1993年节省经费达到了1亿美元。

6.2.4 资源最优化的途径

通过循环经济达到资源最优使用的途径有以下两种。

6.2.4.1 持久使用资源

即通过延长产品的使用寿命来降低资源流动的速度。如果产品的使用寿命延长1倍，那么就是相应地减少了一半的废料排放。实现这一目的有以下方法：①要求同类产品的零部件标准化以使与其他机器兼容，一种由许多零部件所组成的产品，设计时难以做到各种零部件的使用寿命都一样，零部件的标准设计可以使钟表、汽车、计算机、电视机和其他产品易损零件在保证安全的条件下很方便地更换，同时也非常容易进行升级，而不必更换整个机器；②通过规范的维护保养以延长产品的使用寿命；③同一物品使用要求不同的可以分级梯次使用，例如军用和商用计算机在使用一定时间后可廉价供应给要求相对较低的部门或民用，以保证各自最佳或合适地使用，又充分利用资源；④向需要的部门转让企业和个人已经过时或不再需要的物品。

6.2.4.2 集约使用资源

即使产品的利用达到某种规模效应，从而减少由于分散使用导致的资源浪费。一个地区集中供热比地区内各单位分别供热将节约大量投资、能源和运行费用。集约使用的途径可以有：提倡合伙使用或共享使用，例如科研院所、大学内的大型仪器应对单位内、社会开放使用；偶尔使用的汽车应该供多个驾驶员使用；办公室等基础设施也可以安排让偶尔需要的职员共享；发展租赁业可以加强物品的利用率和周转；要努力设计出多用途而不是单用途的产品，例如一种机器可以集传真、复印、扫描等功能于一身，且每一种功能不低于传统的单功能机器的功能等。

以上是理论上的分析，但是由于国家、地区、民族的利益冲突，实现往往非常困难。

6.3 循环经济的实施方式和类型

6.3.1 实施循环经济的几种思路

就环境、生态、经济等的相互关系，学术界、经济界展开了长期而广泛的讨论，相继提出了可持续发展、清洁生产、产品生命周期评价、环境设计等思想并予以实践，它们之间有一定的联系，并与循环经济理念融合。

6.3.1.1 在企业层次

在企业层次上实施生态经济效益（Eco-efficiency）思想。

1992年世界工商企业可持续发展理事会（WBCSD）向第二次环境与发展会议（巴西里约热内卢会议）提交的报告“变革中的历程”提出生态经济效益的新概念。它要求组织企业生产层次上物料和能源的循环，从而达到污染排放的最小量化。WBCSD提出，实施生态经济效益的企业应该做到：尽力减少产品和服务中的物料使用量；减少产品和服务中的能源使用量；减少有害特别是有毒物质的排放；促使和加强物质的循环使用；最大限度地利用可再生资源；设计和制造耐用性高的产品；提高产品与服务的服务强度。WBCSD是一个由120个国际著名企业组成的联盟，其成员来自33个国家和20多个主要产业部门。在共同的生态经济效益理念下，他们有力地推动了循环经济在企业层次上的实践。

美国杜邦化学公司是实施企业循环经济的一个典型例子。从20世纪80年代末开始在企业内实施改革，将3R原则与化学工业相结合，创造“3R制造法”。通过改变、替代某些有害化学原料，生产工艺中减少化学原料使用量，回收本公司产品等方法，在1994年已经使生产所造成的塑料废弃物减少了25%、向空气排放的污染物减少了70%，从废塑料和一次性塑料容器中回收化学原料、开发耐用的乙烯材料“维克”等新产品，达到了在企业内循环利用资源、减少污染物排放，局部做到零排放的目标。

6.3.1.2 在区域层次

在区域层次上建立生态工业园区式的工业生态系统（industrialecology）、生态农业和生态园区（生活小区）。

一个企业内部的循环会有局限，鼓励企业间物质循环，组成“共生企业”。1989年提出了“工业生态系统”的思想，提出这一思想的是通用汽车公司研究部任职的福罗什和加劳布劳斯。他们在《科学美国人》杂志上发表题为《可持续发展工业发展战略》的文章，提出了生态工业园区的新概念，要求在企业与企业之间形成废弃物的输出输入关系，其实质是运用循环经济思想组织企业共生层次上的物质和能源的循环。1993年起，生态工业园区建设逐渐在各国推开。为了推动这一工作美国总统可持续发展委员会（PCSD）专门组建了生态工业园区特别工作组，目前已经有20个左右的生态工业园区建设规划，分布在全美各地。此外，除了早期的丹麦卡伦堡，在加拿大的哈利法克、荷兰的鹿特丹、奥地利的格拉兹等地也出现了类似的计划。此外，奥地利、法国、英国、意大利、瑞典、荷兰、爱尔兰、日本、印度尼西亚、菲律宾、印度等国都在开展生态工业园区的建设。中国于从1999年开始启动广西贵港国家生态工业（制糖）示范园区的规划建设，再建和规划的生态工业园区约有十余个，除广西贵港之外，主要有：南海国家生态工业示范园区；包头国家生态工业示范园区；石河子国家生态工业示范园区；长沙黄兴国家生态工业示范园区；鲁北国家生态工业示范园区以及辽宁省在鞍山、本溪、大连、抚顺、阜新、葫芦岛、盘镜、沈阳8市实施循环经济试点。

丹麦的卡伦堡生态工业园区是目前世界上最典型、最成功的。卡伦堡是一个镇，围绕镇上发电厂、炼油厂、制药厂和石膏厂四个厂为核心，通过市场贸易方式将废弃物、副产品作为另一企业的原料，形成生态链，最终实现污染“零排放”。电厂是中心，在供电的同时，其蒸汽供应全镇居民供热以代替原来镇上3500座烧油渣的炉子，从而大量减少了烟尘排放量，蒸汽同时供炼油厂、制药厂生产用热能；电厂除尘脱硫所产生的“废物”硫酸钙，供石膏厂生产石膏板；煤渣、粉煤灰供筑路和生产水泥原料；制药厂和炼油厂通过清洁生产审核，将炼油厂产生的火焰气供石膏厂烘干石膏板，减少火焰的排空，而酸法脱硫所产生的稀硫酸供应硫酸厂，脱硫后废气供电厂燃烧；全镇进行了水平衡，炼油厂的废水经生化处理后，作为电厂的冷却水等，整个园区进行水循环后，每年减少25%的用水量。

除了生态工业园区之外，还进行了生态农业（在以上贵港、石河子等生态工业园区也包括了部分农业）试点、调整农业结构，实行退耕还林、退田还湖等。

生态住宅园区也已启动试点，建设部于2001年提出“绿色生态住宅小区建设要点与技术导则”，为了创造接近自然生态的生活环境，对绿色生态住宅的绿化面积、植物品种和数量、绿化工程建设、废弃物的管理和处置系统等作了规定。上海市住宅发展局和上海市环境保护局联合研究并进一步细化这一导则，于2003年提出了“上海市生态住宅小区技术实施细则”，对住宅小区的环境规划设计、建筑节能、室内空气质量、小区水环境、材料与资源、生活垃圾管理与收集系统六个方面提出具体要求和评分。

以上工作在区域范围内对工业、农业、生活的生态建设和资源循环利用进行试点，并在逐步取得经验后扩大。

6.3.1.3 在社会层次

在全社会兴起将废弃物反复利用和再生循环利用。20世纪90年代起，以德国为代表，发达国家将生活垃圾处理的工作重点从无害化转向减量化和资源化，这实际上是在全社会范围内、在消费过程中和消费过程后的广阔层次上组织物质和能源的循环。1991年，德国首次按照循环经济思路制定了《包装条例》，要求德国生产商和零售商对于用过的包装，首先要避免其产生，其次要对其回收利用，以大幅度减少包装废物填埋与焚烧的数量。1996年德国公布更为系统的《循环经济和废物管理法》，把物质闭路循环的思想从包装问题推广到所有的生活废弃物。20世纪90年代以来，德国的生活垃圾处理思想在世界上产生了很大的影响。欧盟各国、美国、日本、澳大利亚、加拿大等国家都已经先后按照避免废物产生的原则制订了新的废物管理法规。更有人提出21世纪应该建立以再利用和再循环为基础，以再生资源为主导的世界经济。

其典型模式是德国的双轨制回收系统（DSD），针对消费后排放的废弃物，通过一个非政府组织，它接受企业的委托，对其包装废物进行回收和分类，分别送到相应的资源再利用厂，或直接返回到原制造厂进行循环利用，DSD系统在德国十分成功地实现了包装废弃物在整个社会层次上的回收利用。

6.3.1.4 循环经济的技术思路

对一个地区而言，首先要对经济系统进行物流分析。循环经济的生态经济效益最终将体现在经济系统的物流变化上，循环经济的经济系统应该尽可能地减少资源输入量，同时减少废物输出量，而线性经济的经济系统则同时具有大量物料输入和大量废物输出。据报道美国一个10万人口的城市日常生活，其每天输入的物质和能量包括625000t水、9500t燃料和2000t食物，输出的废物则包括500000t污水、950t空气污染物和9500t固体垃圾。这就需要庞大的物资供应基地和废物处理、处置设备和场地。循环经济的技术思路是要使线性经济两个端点的消耗和排放大幅度降低。一个好的循环经济系统，其物流活动应最大限度控制在本地区内，而交换也尽可能在邻近地区之间，如果可能，物资和能源的输入尽可能来自输出地区的剩余，而不是单纯的索取，从而避免有损于输出地区的自然资源。要避免和减少远距离或国际间物资的交换量。

运用生命周期评价（LCA）理论评估经济系统。从循环经济分析，无论是企业、家庭还是城市、国家的物资的输出、输入和环境影响分析评估，必须立足于整个过程和整个系统，而不应仅仅涉及其中的一个环节或一个局部。生命周期评价理论就是从摇篮到坟墓进行系统分析。它要求从物质和能源的整个流通过程，即从开采、加工、运输、使用、再生循环、最终处置六个环节，对系统的资源消耗和污染排放进行分析，从而得到全过程全系统的物流情况和环境影响，由此评估系统的生态经济效益优劣。运用生命周期理论可以避免传统线性思维从某一个单独的环节进行环境影响评估的局限，通过完整的物流分析可以发现传统污染治理措施的局限性。例如，废水处理中产生大量污泥，当未能有效处置时，它实际上是将大量污染物从水中转移到地上，许多治理技术在不完整时或多或少存在这种污染转移现象。

作为循环经济技术基础的生命周期研究通常由三个典型部分组成：数据收集、影响分析、改进措施。首先需要收集经济系统的数据，对系统能源和原材料需求、大气污染物排放、水体污染物排放、固体废物产生、噪声以及经济活动各阶段产生的其他影响环境质量的因素进行量化；然后对这些因素进行描述和评价，着重于环境负面影响，包括对生态、人类健康以及对生活环境改变方面的影响；最终需要系统地评估降低环境负担的需求和机会，提出改进措施，它应包括经济循环的各个环节，如改变产品、工艺及活动的设计，改变原材料的使用，改变工业加工过程，改变消费者使用方式及改变废物管理方式等。

技术的选择应该在系统化的基础上考虑。在传统思路中，企业的技术战略往往是各自为政，事实上无论单个技术多么优化、多么清洁都是不够的。换言之，新的技术战略不能简单地建筑在就单个技术而论的基础之上，不能简单地局限于部门的技术发展视野之内，而应该在社会总体范围内予以考虑，这样才能达到整体最优化。要实现这一目标，难度往往不在于技术本身，而在于人们的理念和协作精神，部门与部门之间、组织与组织之间、地区与地区之间以至于国家与国家之间的协作关系。欧盟的建立为国家之间的合作树立了典范。中国的长江三角洲、珠江三角洲、京津塘地区均应向这一方向发展。

6.3.2　循环经济的产业类型

一个循环经济型的产业体系需要具备以下特征：①在开发新产品时，不仅要注意产品的质量、成本，而且要尽可能地减少原材料的消耗和选用能够回收再利用的材料和结构；②对商品不要过分包装，应尽可能使用可以回收再利用的包装材料和容器；③生产过程中要尽可能减少废弃物的排出；同时，对最终所排废物要尽可能予以回收利用，而有毒有害的废弃物必须及时进行无害化处理；④提倡在产品消费后仅可能进行资源化回收再利用，使得最终对废弃物的填埋和焚烧处理量降低到最小；⑤要尽可能使用可再生资源和能源，如太阳能和风力、潮汐、地热等绿色能源，减少使用污染环境的能源、不可再生资源和能源。

目前已实施的循环经济的产业体系有以下三种。

（1）单个企业内的循环经济模式　以杜邦化学公司为代表，厂内物料循环是循环经济在微观层次的形式。以生态经济效益为目标的企业必然重视企业内部的物料循环。杜邦化学公司是世界化学制造业的巨型公司，早在20世纪80年代末杜邦公司的研究人员就把工厂当做试验新的循环经济理念的实验室，创造性地把3R原则发展成为与化学工业实际相结合的“3R制造法”，达到少排放甚至零排放的环境保护目标。他们通过停止使用某些对环境有害的化学物质，减少某些化学物质的使用量以及开发回收本公司产品的新工艺，到1994年已经使生产造成的塑料废弃物减少了25%，空气污染物排放量减少了70%，并在废塑料（如废弃的牛奶盒和一次性塑料容器）中回收化学物质，开发出了耐用的乙烯材料“维克”等新产品。“零排放”是一项奋斗目标，但这个目标可以促使人们不断提高工作的创造性。人们越着眼于这个目标，就越认识到消灭垃圾实际上意味着发掘对人们通常扔掉东西的全新利用方法。

厂内废物再生循环有下列几种情况：①将工艺中流失的物料回收后仍作为原料返回原来的工序之中，如从造纸厂“白水”中回收纤维再作纸浆。②将生产过程中生成的废物经适当处理后作为原料或原料替代物返回原生产流程中。如铜电解精炼中的废电解液，经处理后提出其中的铜再返回到电解精炼流程中，许多工艺用水，经初步处理后可回到原工艺中。③将某一工序中生成的废料经适当处理后作为另一工序的原料。

(2) 若干企业组成生态工业园区　单个企业的清洁生产和企业内循环终归具有局限性，因为它肯定会有企业内无法消解的一部分废料和副产品，生态工业园区就是要在多个厂范围内实施循环经济的法则，把不同的企业连接起来形成共享资源和互换副产品的产业共生组织，使得某一企业的废气、废热、废水、废物成为另一企业的原料和能源。丹麦卡伦堡是目前世界上工业生态系统运行的典型代表，这个生态工业园区的主体企业是发电厂、炼油厂、制药厂、石膏板生产厂，以这四个企业为核心通过贸易方式利用对方生产过程中产生的废弃物和副产品，不仅减少了废物产生量和处理的费用，还产生了较好的经济效益，形成了经济发展与环境保护的良性循环。

生态工业园区的循环经济形式对传统企业管理提出了两个方面的问题：①传统企业管理的主要力量集中在产品的开发和销售，而往往把废物管理和环境问题放在次要地位。而在生态工业园区内则要求对废物的利用要同开发和销售产品一样重视，将企业间所有物质与能源作最优化交换。②传统的企业管理在企业间激烈竞争的背景下建立了竞争力的信条，而工业生态系统要求企业间不仅仅是竞争关系，还应建立起一种超越门户的管理形式，以保证全社会资源的最优化利用。

(3) 在全社会建立物资循环　从社会整体循环的角度，发展旧物资调剂和资源回收产业(中国称之为废旧物资业、日本称之为社会静脉产业)，这样能在整个社会的范围内形成“自然资源—产品—再生资源”的循环经济环路。在这方面，德国的双轨制回收系统(DSD)起了很好的示范作用。DSD是一个专门组织对包装废弃物进行回收利用的非政府组织，它接受企业的委托，组织收运者对他们的包装废弃物进行回收和分类，然后送至相应的资源再利用厂家进行循环利用，能直接回用的包装废弃物则送返制造商。DSD系统的建立大大地促进了德国包装废弃物的回收利用，例如，玻璃、塑料、纸箱等包装物政府曾规定回收利用率为72%，1997年已达到86%，废弃物作为再生材料利用1994年为52万吨，1997年达到了359万吨，包装垃圾已从过去每年1300万吨下降到现在的500万吨。

6.3.3 循环经济的技术类型

实施循环经济需要有技术保障，循环经济的技术载体是环境无害化技术(Environment-soundtechnology)或环境友好技术。环境无害化技术的特征是合理利用资源和能源，实施清洁生产，减少污染排放，尽可能地回收废物和产品，并以环境可接受的方式处置残余的废物。环境无害化技术主要包括预防污染的少废或无废的工艺技术和产品技术，但同时也包括治理污染的末端技术。

6.3.3.1 清洁生产技术

这是一种无废、少废的生产技术，通过这些技术实现产品的绿色化和生产过程向零排放迈进，它是环境无害化技术体系的核心。清洁生产技术包括清洁的原料、清洁的生产工艺和清洁的产品三方面的内容，即不仅要实现生产过程的无污染或少污染，而且生产的产品在使用和最终处置过程中也不会对环境造成损害。当然清洁生产技术不但要有技术上的可行性，还需经济上的可盈利性，才有可能实施，它应该体现发展循环经济和环境与发展问题的双重意义。

6.3.3.2 废物利用技术

通过废物利用技术实现废物的资源化处理并产业化。目前比较成熟的废物利用技术有废纸加工再生技术、废玻璃加工再生技术、废塑料转化为汽油和柴油技术、有机垃圾制成复合肥料技术、废电池等有害废物回收利用技术等。德国瑞斯曼资源回收利用公司是一家由货运事业转移过来的废弃物再生利用公司，他们声称已掌握了将各种废弃物资源化处理的技术。在中国应大力发展这方面的技术。

6.3.3.3 污染治理技术

污染治理技术即环境治理技术。生产及消费过程中产生的污染物质通过废弃物净化装置来实现有毒、有害废弃物的净化处理。其特点是不改变生产系统或工艺程序，只是在生产过程的末端（或者社会上收集后）通过净化废弃物实现污染控制。废弃物净化处理的环保产业正成为一个新兴的产业部门迅速发展，主要包括水污染控制技术、大气污染控制技术、固体废物处理技术、噪声污染防治技术、交通工具（飞机、汽车、船舶等）运行过程中的废弃物治理技术。

6.3.4 实施循环经济的基础保证

从理论研究到实施，必须有基础保证，主要有法律上的保证、经济政策的引导、完善的实施组织和公众的意识提高与参与等几个方面。

6.3.4.1 法律保障

法律是在一定的社会历史时期下，为了社会的整体利益，对人们的行为进行规范的一种措施，也是社会稳定和发展的基本保证。法律由人们制定，它必然有一个逐步认识和完善的过程，法律的力度和经济的实力应该保持动态平衡，因为没有经济实力作为基础，严格的法律难以实施；同样，没有严格的法律制约，环境和经济协调发展无法成功，此外民众的参与是必不可少的。以环境保护工作做得较好、固体废弃物管理立法最早的国家之一的德国为例，1994 年德国基本法第 20 条中规定：环境保护与持续发展为国家的目标。经济、社会和生态的三位一体是可持续发展的根本（即可持续发展的三角关系），即三角关系协调好的发展才是成功的发展。同时在环境与发展领域必须建立全球性的合作，因为在环境领域，只占世界人口 25%的发达国家消耗了占世界 80%的能源、所排放污染物约占世界总量的 75%，因此发达国家对全球环境保护和实施可持续发展负有特殊重要的责任，他们不仅要做好本国的工作，而且理应对发展中国家进行经济和技术帮助。针对城市垃圾和工业废弃物的快速增长，没有有效的管理（在空地上倾倒、堆积），德国于 1972 年 6 月颁布了《废弃物处置法》（废物清扫、处置法）。规定了废弃物处理包括废物的收集、运输、处理、储存、堆积、填埋等，必须由专业机构（法人社团）负责处理，废弃物产生者自己处理是受到禁止的、废弃物产生者应委托专业机构进行处理并支付费用，并规定各州政府负有编制废弃物处理方案的法律责任；废弃物处理设施的批准、许可证的管理；废弃物处理过程的监督等责任。《废弃物处置法》的颁布和实施对改善城市的环境卫生起了明显的作用，但它本质上属于末端处理，没有包括废物的利用，没有对危险废物进行控制，处理方法中只提到“储存、填埋”，没有最终处置的要求。

随着发展和认识的提高，于 1982 年将其修改为《关于废弃物的避免和处置法》，从“怎样清除废弃物”发展到“怎样避免和限制废弃物的产生，废弃物产生后如何处理和再利用”，法律中明确规定，以目前的技术不能再利用的垃圾，必须用焚烧或填埋的方法予以最终处置，但这部法律还没有强调和明确固体废弃物回收利用的责任者，没有将废弃物的回收利用作为首选方法。

原联邦德国是一个资源匮乏的国家，废弃物的再利用具有重要意义，在1990年以后，逐步利用在垃圾焚烧中产生的热量供热，将50%的废纸和废玻璃瓶回收利用，报废汽车也在拆除、分解后分别予以利用。当具备了一定基础，为了进一步强调资源的综合利用，1994年9月颁布了《关于避免、循环利用与废物处置法》，又称《循环经济法——新垃圾法》。这是世界上第一部对固体废弃物的处理实施经济循环的法律，新法对废弃物尽可能予以利用，实现物质“从摇篮－坟墓－摇篮”（cardle—to the grave—to the cradle）。法律中强调：在城市固体废弃物管理中，关键是有效地避免废弃物的产生，尽可能利用废弃物，最后才是无害化处理，以达到合理利用自然资源和保护环境。

新垃圾法要求对城市固体废弃物应该做到：①生产过程和消费行为中，要求尽可能减少废弃物的产生。②对不可避免而产生的废弃物，首先应该以合理、无害化方式最大限度地予以循环利用，利用的方式可以是作为二次原料，也可以做再生产品或者回收能源加以利用。所谓合理、无害化是指应该根据废物的种类和性质，物尽其用地加以有效的、不对环境产生有害作用的利用。要避免粗放的、效率低下的“低级循环”（down recycling）；防止在循环过程中有害物质富集；避免在废物利用过程中有害物质滞留在经济循环之中，由于这种滞留而破坏环境。③对生产和生活过程中无法避免、必然要产生的废弃物，而这些废弃物以目前技术无法利用或经利用后无法再利用的废弃物，要以最合理的方式予以处置，避免永久进入经济循环之中。处置应遵循以下原则：对有机废弃物首先进行热能回收（焚烧、气化等），其残渣中有害物质浸出浓度达到排放标准（或有关法规）时，最后进行安全填埋。

避免产生废弃物的责任由生产方和消费方双方面承担，后者主要通过思想意识的提高、法规和管理，如收取垃圾费等予以实施。而对生产者的义务，主要体现在：一项产品从设计开始，不仅要考虑产品的质量和成本，必须把环境作为重要因素予以考虑，必须用清洁的生产工艺进行产品生产。

1991年颁布了世界上第一个《包装条例》，对包装材料的减量化和循环利用，包装废弃物回收利用进行管理，并首次对包装废弃物回收利用规定了“污染者负责”的原则。条例规定：产品的制造方应对产品从摇篮到坟墓的整个生命周期负责；生产者和销售者应对产品的包装物负有收集、分拣、再生利用、处置的义务并承担过程中的资金。

《包装条例》将包装物分为三类，并规定责任人：①在运输中用于保护产品的包装物；②保护产品使用功能的一级包装；③有利于产品销售的属二级包装。包装废弃物的责任者是生产者和销售者，但装饰和保护产品的基础包装物、回收饮料容器的责任者是销售者。

条例规定：凡技术可行、经济合理并有回收市场的，都必须再生利用，只有不能再生利用的包装废弃物，才能退出经济循环并进行无害化处置，不准在由公众出资的垃圾处置系统进行处置，必须由责任者处置，但可以委托第三方处置（回收、利用、处置）。对回收利用包装废弃物的机构需要满足如下条件：①需建立覆盖全国销售网点的回收系统；②无害化的收集、利用技术需经当地管理部门许可；③废物的分类处置应符合规范；④需定期向当地环保部门提交废物收集、循环利用、处置的审核报告。

条理规定了包装废弃物分类收集制度、各类包装废弃物的分类收集和再生利用的比例和实施时间表，见表 6-1。

表 6-1　德国包装废弃物回收率及时间表

包装废弃物	全国范围内的回收率/%	
	从 1993 年 1 月 1 日起	从 1995 年 1 月 1 日起
玻璃	60	80
马口铁饮料容器	40	80
铝制饮料容器	30	80
厚硬纸板	30	80
纸类	30	80
塑料	30	80
混合物	20	80
可重新灌装的啤酒罐	75	

《包装条例》由于明确了责任者的义务，加强生产者、销售者和消费者的环保意识，改变包装废弃物的观念，把它看成可以回收利用的再生资源，有效地提高了资源的利用率和节约了能源，也减少了处置废弃物带来的污染。为了鼓励循环再利用包装材料，《包装条例》还规定了实施企业可以获得减免税的优惠政策。

这一条例的实施获得了很好的效果，如 1992 年饮料包装容器的回收率已达到 73.7%。1993 年已回收的包装废弃物有 85%得到了再生利用，平均每人收集包装废弃物 56.8kg，都超过了预定目标。1997 年回收利用的包装物已达 544 万吨，从源头上有效地控制了城市垃圾的数量。

6.3.4.2　经济政策

合适的经济政策如奖励、收费、罚款等可以引导和促进法律的顺利实施。

① 对回收资源者给予奖励。这种方法在许多国家实施，并证明是有效的。如美国对使用计算机比较集中的大学、机关等回收打印机的色带，根据回收数量奖励新的色带或计算机。日本许多城市鼓励学校、社区等集体回收报纸、废布、牛奶盒等有用物质，并给予奖金。如大阪市用回收卡回收牛奶盒，当卡盖满章后，可凭卡免费购买图书；回收 100 个金属饮料罐或 600 个牛奶罐可得到 100 日元。

② 征税、收费以减少废物排放。对生产方而言，征收材料税后，由于增加成本，促使生产方节约原材料使用，并进行循环利用。如美国关于产品再循环的法律还对成绩好的厂商奖励分，允许将得分卖给成绩较差的厂商，使在保证质量的前提下，努力“收旧利废”。这种一面引导、一面加压的方法在许多国家取得良好的成绩。美国有一项研究表明，如果将每袋垃圾（32 加仑）收费提高到 1.5 美元，将使城市垃圾减少 18%。

③ 其他办法。例如保证金办法，一些欧洲国家和美国部分州为了回收某些物品如饮料瓶罐、蓄电池等实施先交保证金，当回收后可以退还保证金，取得很好效果，这种方法对于有毒有害、必须安全处置的物品如蓄电池等显得尤为重要。

6.3.4.3　运行机构

废物的分类、收集、利用、处置需有合适的机构才能顺利运行，大体上有以下三种形式。

① 政府负责组建。我国比较多，如垃圾填埋场、危险废物处置场等。在一定历史时期（当经济欠发达、公众收入较低且环保意识有待提高时）具有其必要性，由于不是按市场经济法则运行，必然产生弊病，当然，对于危险废物处置由政府负责或由政府监督是必要的。

② 企业按经济规律回收、利用、处置废物。这类企业各国都有，当然以赢利为目的，通常以个体或小企业为主。对于许多废物可能再生利用成本高，无利可图，便不愿处置。例如收集、分类、利用和处置生活垃圾、建筑垃圾、某些工业废物是无利润的，这种情况下需政府或其他组织通过收费来弥补其损失，也就是有偿处置。

③ 回收中介机构。非盈利性的社会中介机构可以在政府公共组织和企业盈利性组织之外发挥独特作用。中介机构并不直接处置废物，而是组织机构，如德国 DSD 是一个专门组织回收包装废弃物的非营利的社会中介机构，它由生产厂、包装物生产厂、商业部门和垃圾回收部门联合组成，政府对它规定废物回收利用指标并进行法律监控；而组织内部实施民主管理，在 1998 年运行过程出现赢利，所以在 1999 年将赢利部分返回或减少第二年收费，这是一个成功的组织。

中介机构也可以有其他形式，如日本大阪有一个废品回收情报网络，出版《大阪资源循环月刊》，组织旧货调剂交易会。中介组织使政府、企业、市民相互联系，通过沟通信息、调剂余缺推动废物减量化运动发展。

6.3.4.4 公众参与

社会公众参与环境保护和循环经济活动的程度既标志该社会的文明、成熟程度，也是环境保护、循环经济成功的必要保证。环境保护发展的初级阶段主要由政府通过法律、行政方法来控制环境污染；第二阶段是企业逐渐由被动转向主动，并通过市场经济将环境保护提高到新的阶段，但只有全社会民众全部发动起来，尽量减少废物排放，节约而合理使用资源，反复利用资源，环境保护和循环经济才能真正达到完满的第三阶段，例如一些国家居民主动参与各种环境保护政策、法规、措施的听证会，监督和保证法律、法规的实施，在休息日自动地将自己过剩的物品放在家门口让其他人选用，其价格低廉且自由交易，这也是一种很好的循环利用资源的方法。

第7章 生态园区

人类的生存和发展，实际上是一个不断选择的过程。当然，人类的选择是以其生存的环境条件与可能为依据的。社会和生存环境条件在不断改变，人类需适应，或改造、或反抗，这就是选择，其实选择是双方的，这就是“适者生存”。由于人口增长过快、不恰当的生产和生活方式，从局部地区的环境破坏到生态环境危机的产生，促使人类重新审视自己的生产和生活方式。天工造物，拥有1000万种生物的地球环境是经过长期协同进化的结果，而这种环境又是靠生物来维持和调控的，生物和环境是相互依存的。人们开始从生态学的角度用综合生态方法来研究，使生产和生活尽可能融入到生态环境的规律之中。

7.1 从自然生态到人工生态

7.1.1 生态学的定义和基本概念

生态学（ecology）一词源于希腊文“oikos”，其意思是“住所”或“栖息地”。另外，生态学与经济学（economics）同一词源，所以曾有人把生态学叫做自然经济学。生态学的定义很多，较普遍认同的是：“生态学是研究生物及环境间相互关系的科学”，而生物是包括“动物、植物、微生物及人类等生物系统”。环境是指某一特定生物体或生物群体以外的空间，以及直接或间接影响该生物或生物群体生存的一切事物的总和，在这里的环境是指生物生活中的无机因素。

① 生物种或称物种：通常生物是以个体形式存在，如一头羊、一棵树等，自然界中生物个体几乎是无穷的。如何分类？生物种是形态相似的个体之集合，且同种个体可自由交配，能产生可育的后代，而不同物种之间的杂交则不育。物种是由内在因素（生殖、遗传、生理、生态、行为）联系起来的个体集合，是自然界中的一个基本进化单位和功能单位。

② 环境因子：生物有机体以外所有的环境要素，可分为3大类7个并列的项目，3大类是气候类、土壤类和生物类，7个项目是土壤、水分、温度、光照、大气、火和生物因子。环境因子具有综合性和可调节性。

③ 生态因子：指环境中对生物生长、发育、生殖、行为和分布有直接或间接影响的环境要素，如温度、湿度、食物、二氧化碳和其他相关生物等。生态因子中生物生存不可缺少的环境条件是生物的生存条件。所有生态因子构成了生物的生态环境。具体的生物个体和群体生活区域内的生态环境称为生境。生态因子和环境因子是既有联系又有区别的。

④ 种群：指一定空间中同种个体的组合。种群是物种在自然界中存在的基本单位，也是生物群落的基本组成单位。

⑤ 生物群落：指在特定空间或特定生境下，具有一定的生物种类组成及其与环境之间彼此影响、相互作用，具有一定的外貌及结构，包括形态结构和营养结构，并具有特定功能的生物集合体。或生物群落是指一个生态系统中具有生命的部分。生物群落分为植物群落、动物群落和微生物群落。生物群落组成中有优势种、亚优势种、伴生种和稀见种，其中优势种是对群落结构和群落环境的形成具有明显控制作用的，通常是个体数量多、生活能力强的

物种。如果将优势种损坏将导致群落性质和环境的变化，如把非优势种去除，则影响和变化较小，因此保护优势种对稳定生态系统具有重要作用。这在生态工业园区的规划、设计中需要注意。

⑥ 生态系统：指在一定的空间中共同栖居的所有生物（即生物群落）与其环境之间由于不断地进行物质循环和能量流动过程而形成的同一整体。地球上各个地区由于环境条件（温度、海拔高度、纬度、经度、河流、湖泊、山脉等）不同，其生物组成也不相同。构成生态系统至少有3个条件：系统是由许多成分组成的；系统中各成分相互联系并作用；系统具有独立的、特定的功能。但生态系统的大小范围并没有严格的限制，小的如动物体内消化道中的微生物系统；大的可以是南美洲热带森林、非洲的荒漠生物群落等。

7.1.2 生态系统的组成和结构

生态系统的结构和功能，系统内的物质循环和能量流动，组成的多样性和稳定性，生态系统的演替，受干扰后的恢复能力和自我调节机制等内容的研究，对人类如何控制自己行为，与自然友好相处，在发展和保护环境二者之间进行协调使均有重要意义。

生态系统组成可分为生产者、消费者、分解者和非生物成分四大基本成分。非生物成分又可分为参加物质循环的无机物质、联系生物与非生物的有机物质以及气候状况三类。

① 非生物成分。参加物质循环的无机元素和无机化合物（如碳、氮、氧和二氧化碳等）、联系生物和非生物成分的有机物质（如蛋白质、糖类等）、气候和其他物理条件（如温度、压力等）。

② 生产者。以简单的无机物制造食物的自养生物，如淡水池塘中的漂浮植物、有根的植物、浮游植物（如藻类）等。

③ 消费者。不能从无机物质直接制造有机物质，而是直接或间接依赖于生产者所制造的有机物质。它属于异养生物，所谓消费者是相对于生产者而言。消费者按其营养方式的不同又可分为：直接以植物体为营养的食草动物（浮游动物、食草昆虫、食草性哺乳动物），食草动物又称一级消费者；以食草动物为食物的食肉动物（以浮游动物为食的鱼类、牛、羊等），食肉动物又称二级消费者；以食肉动物为食的大型食肉动物或顶级食肉动物（以鱼为食的黑鱼、鹰、虎等）。

④ 分解者。与生产者相反，能将动植物残体的复杂有机物分解为生产者能食用的无机物，并释放能量。分解者是生态系统得以循环运行的重要环节。分解作用不是一类生物所能完成的，而是有一系列过程，每一阶段由不同生物去完成，一类是细菌和真菌，另一类是蟹、软体动物和蠕虫等无脊椎动物（池塘中）或蚯蚓、螨等无脊椎动物（草地）。生态系统结构模型见图7-1。

图7-1中有机物质库以方块表示，无机物质库以不规则线表示，3个大方块表示3个亚系统，连线和箭头表示系统成分间物质传递的主要途径。

⑤ 食物链和食物网。在生态系统中，各种生物通过彼此间取食和被食将其所固定的能量和物质按其食物关系排列形成一个链状顺序，称之为食物链。例如水体生态系统中的食物链是：浮游植物—浮游动物—食草鱼类—食肉鱼类。由于食物链相互交错联结，形成网状结构，称之为食物网，它们之间相互共生、寄生。图7-2为一个陆地生态系统的部分食物网。生态系统中食物链不是固定不变的，通常具有复杂食物网的生态系统，一种生物的减少或消失不致引起整个生态系统的失调，但食物网简单的生态系统，特别是在系统中起关键作用的物种受到严重破坏或消失，则可能引起系统的重大变化。

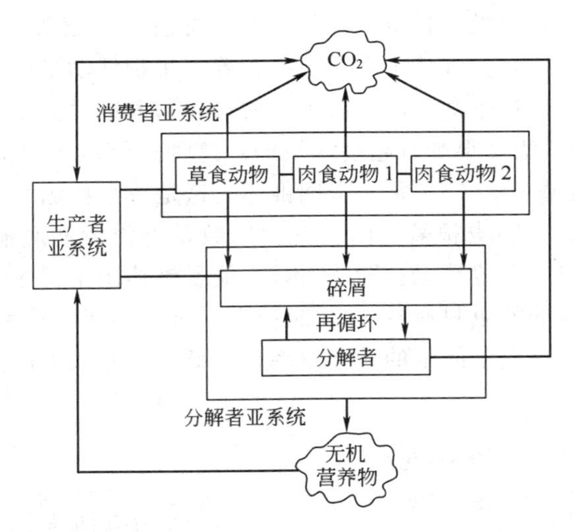

图 7-1　生态系统结构的一般模型（Anderson，1981）

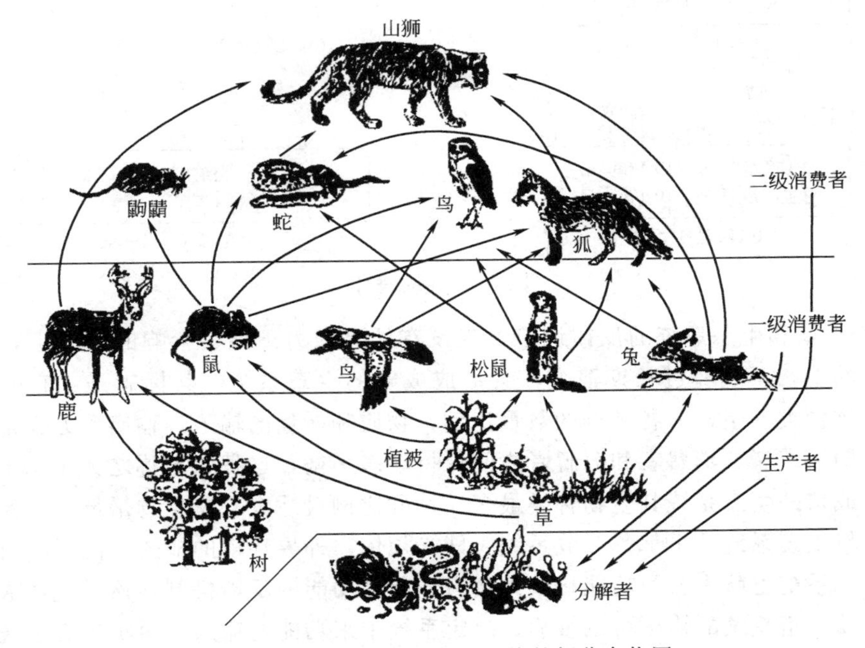

图 7-2　一个典型陆地生态系统的部分食物网

⑥ 营养级与生态金字塔。食物链和食物网反映了物种和物种之间复杂的营养关系，但无法反映它们之间的定量关系。为了便于进行定量的能量流和物质流循环关系，又提出营养级的概念。定义处于食物链某一环节上的所有物种的总和称为一个营养级。一般分为四个等级：作为生产者的绿色植物和所有自养生物均位于食物链的起点，共同构成第一营养级；所有以生产者（绿色食物）为食物的动物属于第二营养级，或食草动物营养级；以食草动物为食的食肉动物为第三营养级。依此类推，二级食肉动物营养级为第四营养级，还可以有第五营养级。生态系统中通过各个营养级的能流是单向的、逐级减少的，其原因是：各营养级消费者不可能百分之百地利用前一营养级的生物量，总有一部分会自然死亡和被分解者所利用；各营养级的同化率也不可能百分之百，必然有一部分变为排泄物而残留于环境中，被分

解生物利用；各营养级生物在维持自身生命活动时（捕食、繁殖等）也要消耗一部分能量，这部分是以热能消耗，亦即，要维持生态系统各营养级生物活动平衡，必须从系统外（主要太阳）不断输入能量，以保持平衡。由于能流在通过各营养级时会逐级减少，所以营养级不可能太长，一般只有4～5级，很少有超过六级的。这种逐级减少以图形表示成为一个金字塔，如图7-3所示。其中图7-3（b）是一个倒锥体，这是一个特例，在海洋生物系统中生产者（浮游生物）个体小、生物史很短，因此在生物数量上浮游和底栖动物可以大于浮游植物，但能量锥体不可能出现倒置情况。图7-3（c）能量锥体图中，每一级的能量大约相差一个数量级，即每一营养级的能量只有约10%能被上一级营养级的生物所利用，也就是生态学上“十分之一”定律，这表示能量的转移效率是很低的，其余大部分能量消耗在该营养级生物的活动中。

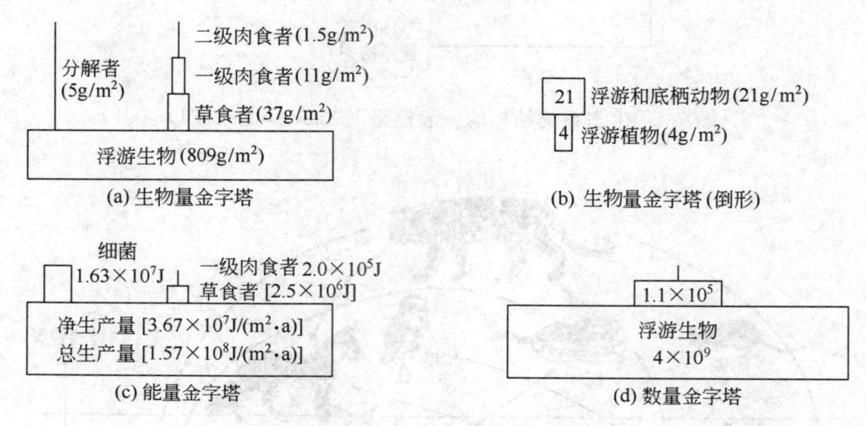

图7-3 生态锥体

⑦ 生态平衡和生态系统的反馈调节。当没有外界强力干预、影响的条件下，任何一个正常、成熟的生态系统经过长期演变，会形成成熟的生态系统，其标志是：它的结构、功能，包括生物种类的组成、各种群的数量比例，物质和能量的输入、输出等方面都处于相对稳定状态。即生产者、消费者和分解者之间保持动态平衡，这种状态称之为生态平衡或自然平衡。一个成熟的生态系统其生物种类最多、种群比例最适宜、总生物量最大、系统的内稳性最强。自然生态系统几乎都是开放系统，即必须依靠外界环境的输入，同时会有输出，输入一旦停止，系统也就失去了功能。如果具有调节其功能的反馈机制，该系统就成为控制系统，所谓反馈是指系统的输出可以影响、决定系统未来功能的输入。由于生态系统具有反馈的自我调节机制，在通常情况下，会保持自身的生态平衡。例如，森林中食叶昆虫数量增多，使林木受到伤害；但同时为以食叶昆虫为生的食虫鸟类提供了丰富的食物，促使其大量繁殖，抑制了食叶昆虫的繁殖，使系统逐渐恢复。一般，生态系统结构愈复杂，物种愈多，由各种生物构成的食物链和食物网也愈复杂，这种体系能量、物质的流动与循环就可以通过多渠道进行，当某个渠道受阻，其他渠道可以替代其功能，起到自动调节功能。

⑧ 生态规律。总结生态界的活动规律，科学家提出了生态三定律或五规律。生态三定律的第一定律是：人类任何行动都不是孤立的，对自然界任何影响都会有无数效应，其中许多是人类不知的、不可预料的，又称为多效应定律。生态第二定律是：任何事物均与其他事物相互联系、相互交融，又称为相互联系原理。生态第三定律是：人类活动所产生的任何物质都不应该对地球上的自然的生物地球化学循环产生干扰，又称为勿干扰原理。我国生物学

家提出的生态学五规律是：相互制约和相互依存的互生规律；物质循环转化的再生规律；物质输入与输出的动态平衡规律；相互适应与选择的协同进化规律；环境资源的有效极限规律。

⑨ 物种之间以及个体与物种的相互作用。生物界物种之间以及种内相互作用，在物种间主要是竞争、捕食、寄生和互利共生，而种内相互作用是竞争、自相残杀和利它主义。竞争是共同利用有限资源的个体间的相互作用，它可以发生在物种之间（种间竞争），也可以发生在种内（种内竞争）。竞争有两种方式：利用性竞争和干扰性竞争，前者在资源利用性竞争方式下，个体不直接相互作用，而是利用耗尽资源使资源供应不足，由于可利用资源不足而造成适合度下降。而干扰性竞争，往往个体之间直接相互作用，如打斗残杀或通过产生毒物使竞争对手适合度下降、死亡。竞争是自然界进化的重要因素，所谓“适者生存”、“优胜劣汰”，由于自然界复杂的食物链和食物网，通常总是向更成熟、更完整的生态系统进化。但是，当人类与生物发生相互作用时，人类处于强势，当人类只看重于目前利益时，则可能绝灭和伤害大量其他物种，破坏生态平衡。这种暂时的“繁荣”孕育着极大的风险。

⑩ 捕食和寄生。以摄取其他生物个体（猎物）的全部或部分为食的称为捕食。捕食者可分为以植物为食的草食者、以动物为食的肉食者和既摄取动物也摄取植物的杂食者三种。寄生物是摄取其他生物的组织，同时与其寄主紧密相连而生的捕食者的子群。寄生可分为两大类：在寄主体内或表面繁殖，如病毒、细菌、真菌以及原生动物称为微寄生物；在寄主体内或表面生长但不繁殖的，如寄生昆虫和蠕虫，称为大寄生物。还有一种“社会性寄生物”，它不通过摄取寄主组织为生，而是通过强迫寄主提供食物或其他服务而获利，如杜鹃将自己的蛋生在其他鸟的巢中，让其他鸟哺育其幼鸟。

⑪ 互利共生。互利共生是不同个体间一种正的互惠关系，可增加双方的适合度。它包括永久性成对组合的生物，如地衣（真菌-藻类共生体），地衣是由菌丝垫和包在其中的一薄层光合成藻类或蓝色细菌的细胞组成，真菌保护藻类免遭干旱和阳光照射，而藻类提供菌丝光合作用的产物。更多的是兼性互利共生，共生者不相互依赖共生，而是机会性互利共生，如蜜蜂采蜜可以访问许多正在开花的植物，而这些植物也可以受到其他昆虫的访问。

7.1.3　人控生态系统及其风险

人类的活动在自然界局部范围内建立了完全由人类控制的或控制性很强的生态系统，称为人控生态系统。人类社会的发展，从原始社会到现代工业社会，由于掌握的技术愈来愈多、对自然资源的开发无计划、人口高度密集等原因，使人控生态系统愈来愈大，自然生态系统岌岌可危，包括南极和北极在内，几乎地球所有陆地上，绝对不受人类影响的自然生态系统已经不存在了。

人控生态系统与自然生态系统存在显著差别，自然生态系统是各物种与环境之间在长时间选择、淘汰的过程中逐步形成相对平衡状态，这一过程通常要按千年来计算，而人控生态系统是人按照自己意愿在很短时间内完成的，二者主要差别如下。

①人控生态系统是依靠消耗岩石圈中储存的太阳能（煤、石油、天然气）及其他非初级生产的能量（水力、核反应）来维持的，因为人类自身消耗的能量大大超过其自身捕获转化的太阳辐射能。而自然生态系统消耗其自身捕获或转化的能量中的一部分，还有一定的剩余能量储存于岩石圈中。

② 依靠人类掌握的技术，在人控生态系统中，物质转移速率远远高于自然生态系统，人均消耗自然资源数量是其他生物所无法比拟的，如金属、食品、矿物资源等。

③ 自然生态系统的特征是生物多样性，依靠复杂的食物链和食物网以及反馈机制维持动态平衡。而人类的活动促使大量物种灭绝，人控生态系统是依靠人维持，依靠极少数优势物种组成的非常单调的、脆弱的生态系统。

④ 人控生态系统是地球化学失衡的、不稳定的系统。在很小的范围内大量排放废气、废水和固体废物，无法或不能进入地球化学循环。

人类对自然规律的认识是非常有限的，其成果也是有限的，由于自然界也在不断变化，人类需要不懈努力去认识自然。就疾病而言，人类基本克服天花、霍乱、肺结核后，又出现癌症，癌症尚未完全解决，又出现艾滋病。又如20世纪末，美国西部一个州由于一场森林大火，使近万亩森林受灾，起火原因是森林中枯枝朽木引起，于是州政府对森林中枯枝朽木进行清除，随后几年确实没有大的火灾，但意想不到的是大面积地爆发由云杉卷叶蛾引发的虫灾。生物学家经过研究后发现，原因是人类清理掉枯枝朽木所造成，因为，森林中害虫的数量是和鸟类、蚂蚁的数量成反比的，而那些枯枝朽木的洞穴正是鸟类和蚂蚁的栖身地，人类破坏了这些栖身地，减少了鸟类和蚂蚁的数量，虫灾也就增加了。“天工造物”，可以讲自然界任何一草一木，都有其存在的价值和合理性！

人类按照自身的利益塑造生物圈，所建立的人控生态系统是否理智？取决于人类对自然规律的认识深度、自然观，也取决于对短期利益和长期利益的综合思考。目前这种与自然生态系统相距甚远的破坏环境的人控生态系统无疑具有巨大风险。人类逐渐认识到应该从控制、改造自然转向与自然友好相处，应当遵循自然生态规律，使人类的活动作为自然生态系统的有机组成部分，与地球生态系统协调演进，将生态学的观念与方法运用到现代社会的运行机制中去，这就是近年人们热烈讨论、积极试验的生态工业园、生态农业、生态城市以及生态住宅等的研究。

7.2 生态工业园

7.2.1 工业园区和高新工业园区

在工业生产发展过程中，每一工厂都要考虑自身的生产效率、产品质量和市场流通。对于一个地区、行业或地方政府同样要考虑这一问题。在一个较小的地域范围内，在市场规律和历史原因作用下，集中建设、相对单一的大量工厂（以同类型为主），组成工业园区，以纺织行业为例，形成浙江绍兴县以中厚面料为主的轻纺市场，浙江桐乡濮院镇的羊毛衫城，广东新塘牛仔服市场，广东西樵面料市场，江苏吴县盛泽镇的丝绸市场，江苏常州的灯芯绒、卡其布市场，江苏南通家纺市场等。这些地区以某一类产品为特色，集中生产、销售、物业流通、上游原料、下游产品连成产业链，或称之为“板块经济”，如不考虑环境问题，显然有其优越性，在意大利米兰、日本大阪、韩国釜山等也有类似的纺织经济板块。但如果从规划开始不注意生态环境（开始均未考虑）或者规模过大，必然对生态环境造成不可逆转的灾害。例如有一个镇，在20世纪80年代，人口只有8万，由于纺织印染行业发达，GDP达140多亿元，十分繁荣，虽然对印染废水处理十分重视，分别建造7个污水处理厂，并能达到《纺织染整工业水污染物排放标准》（GB4287—92）的二级排放标准（以COD为例为180mg/L），即使“达标”，每天排放的COD约35t，每年12775！在狭小区域内，超过自净能力，引起不少环境污染矛盾。

中国目前盛行的开发区实质上含义较广，它包括经济技术开发区、高新技术产业开发区、保税区、出口加工区、边境经济合作区、旅游度假区、台商投资区和综合开发区等类型。本书主要讨论的是以工业生产，包括工贸结合为主的工业园区。

1945年以后，作为经济发展战略需要，出现了“工业园区”，联合国环境规划署（UNEP）认为工业园区是在一块较大的土地上有规划、有目标地聚集若干工业企业的区域，并具有以下特征：开发面积较大；园区内有工厂、公共设施、建筑物和生活娱乐设施；具有明确的规划，对土地利用率、建筑物类型、工厂入园条件、环保标准实施控制；集中供能、供热；集中“三废处理”；政府行政部门集中服务；较好的信息流通；人才的相对集中。由于事先规划，不论从经济发展还是环境保护和管理上都具有明显的优势，因此发展很快。据1996年统计，全世界工业园区超过12000个，园区面积从1～2hm^2到几万公顷，雇员人数从1000人到65000人，工厂数目从几个到1300多家不等。我国近年也快速发展，2008年经国务院批准的经济开发区有232个，省级批准的有1019个，省级以下难以统计，其中相当大的部分是工业园区。工业园区一般位于城市的外围或郊区形成相对独立的地域单元，内部包括生产区、生产服务区、科学研究区、生活居住区和商业服务区等，具有基础实施和投资环境良好、经济活动密集、招商引资、出口创汇和经济效益密集等特点。

高新工业园区又称高新技术产业开发区，是一种以智力密集和开放环境条件为依托，依靠国内的科技和经济实力，吸收和引进国外先进科技资源、资金和管理方法，通过我国对实施高新技术产业的优惠政策，把科技成果转化为现实生产力的特殊区域。

7.2.2　工业生态学和生态工业园区

人类在发展过程中逐渐认识到要实现可持续发展，必须与自然友好相处。因此，用生态学分析方法来观察工业活动，开始研究工业系统所有生物物理组成部分，主要研究与人类活动相关的物质与能量的流动与储存的动力，从资源的采掘直到生物地球化学循环过程，弄清楚这些物质不可逆转并迟早要发生的循环的规律，即代谢过程，这就是工业代谢学。在此基础上进一步发展，借助于对生态系统和生物圈的认知，找到能使工业体系与生物生态系统“正常”运行相互匹配的可能的革新途径，这就是工业生态学。

工业生态学是近年来发展十分迅速的一门学科，尽管它许多概念、方法还非常稚嫩，而这正是它生机勃勃的原因。虽然在20世纪60年代的杂志上已有工业生态学的名词出现，但一般认为是由美国通用汽车公司研究部的副总裁罗伯特·福罗什（Robert Frosch）和负责发动机研究的尼古拉斯·加罗布劳斯（Nicolas Gallopoulos）于1989年8月在“科学美国人”杂志上发表的题为“可持续工业发展战略”中首先明确提出，文中指出：“在传统的工业体系中，每一道制造工序都独立于其他工序，通过消耗原料生产出即将被销售的产品和相应的废料；我们完全可以运用一种更为一体化的生产方式来代替这种过于简单化的传统生产方式，那就是工业生态系统。在这样的工业生态系统里，能源和材料的消费被最优化了，一个过程的排放物可以作为另一过程的原材料”，此后在发达国家研究十分热烈。

工业生态学的定义有20多种，但总体而言，将生态学的一些规律运用到工业生产中，加以研究，一个理想的工业生态系统应该包括资源开采者、处理者（产品制造者）、消费者和废物处理者。由于集约再循环，工业生产各个系统内不同行为者之间的物质流远大于出入生态系统的物质流。或者可以使工业系统既是人类社会系统的一个子系统，同时也是自然生态系统的一个子系统，是人类社会与自然生态系统相互作用最为强烈的一个子系统。人类将这一子系统与自然生态系统的关系处理得不好，将严重损害自然生态系统，因此这是人类社会可持续发展的核心问题。工业生态学研究工业系统中物质流的过程，采用定量的方法分析、研究工业系统的全部运行过程对自然环境造成的影响，并寻找解决这些影响的方法。工业生态学核心思想主要有以下几点。

① 工业生态系统应该像自然生态系统一样，不存在“废物”的概念，“废物”应该设法作为资源。

② 对于各种工艺、产品、设备、基础实施、技术系统的规划都应具有预见性，使之易于适应对环境更友好的革新技术的出现。

③ 进入制造工艺的每个物质单元都应作为可销售产品的一部分而离开。

④ 用于生产过程的每一单元能量都应产生一种所期望的物质转化。

⑤ 在产品、工艺、服务和运转过程中，应尽量使用最少的物质和能量。

⑥ 所使用的物质和材料必须是毒性最小的。

⑦ 应尽量通过循环渠道来获取生产所需要的原材料，而不是通过采掘新资源。

⑧ 设计的工艺和产品要求能保留所用材料的可利用性能。

⑨ 设计的产品应使其在生命终结之后还能用于生产其他产品。

⑩ 每项产业用地、设备、基础设施、系统或部件的开发、建设、调整，都应注意维护或改进当地栖息地和生物多样性，并最大限度地减少对当地资源的影响。

⑪ 应该改善与材料供应商、消费者和其他产业之间的关系，以循环利用和再使用材料的合作方式，使包装使用量最小。

把这些理念运用于生产中以实现可持续发展的愿望。

生态工业与传统工业比较差异见表 7-1。

表 7-1 生态工业与传统工业的比较

指标	传统工业	生态工业
目标	单一利用、产品导向	综合效益、功能导向
结构	线状链式、刚性	网状结构、自适应型
规模及发展	产业单一、趋向大型化	产业多样化、网络化
系统耦合关系	纵向、部门经济	横向、复合型生态经济
功能	生产产品、按市场规律运作	对产品生命周期全过程负责
经济效益	局部效益可能高，整体效益低	显示与环境协调的综合、整体效益
废弃物	排向环境、产生负效应	系统内资源化、正效应
调节机制	受外部控制、正反馈为主	内部调节、正负反馈平衡
环境保护	末端治理、高投入无回报	过程控制、低投入、正回报
社会效益	负效益	物质循环可增加就业机会
自然生态	与厂外自然生态隔离	与厂外构成复合生态体系
稳定性	对外部依赖性强、不稳定	具有反馈功能，抗外部干扰能力强
进化策略	更新换代难、更新代价高	易协同进化、更新代价低
可持续能力	低	高
决策管理机制	依靠人治、自我调节能力弱	生态控制、自我调节能力强
研发能力	封闭性、研发能力低	开放性、研发能力高
工业景观	与环境反差大	与环境和谐
生态行为	分工专门化、行为机械化	分工多元一专多能、行为人性化

工业共生模式：将自然生态系统中物种之间的关系运用到生态工业中，将业务性质上相互关联的各种企业聚集在一起，使一家企业的副产品或废物作为另一家企业的原料，连成一个链，这些企业之间称为工业共生。通过这种合作，共同提高企业的生存和获利能力，同时实现对资源的节约和保护环境。共生双方一般都是正相互作用。

根据参与企业的所有权关系，工业共生可分为自主实体共生和复合实体共生两类。自主实体共生是指参与企业均具有独立法人资格，企业间不具有隶属关系，因此利益的趋势是它们合作的基础，在利益得不到满足时，可以结束合作关系，也可寻找其他伙伴加入；复合实体共生是指参与共生的企业同属于一个企业集团，这种共生模式取决于集团的战略意图或出于集团优化资源整合业务的需要，或迫于环保的要求，这种共生某一企业可能是负效益，只要集团整体效益是正效益，它们之间联合或散伙也由集团决策。

工业共生的实质是企业间的合作，而物质（或能量）的交易成本大小是企业考虑的重要因素，交易费用的大小，不仅主要取决于市场经济规律 ，也与环保压力、企业对生态环境的认识和责任有关，其中政府也应起到导向和协调作用。

生态工业园区（eco-industrial park，EIP）：生态工业的具体实践形式中使用最多的是生态工业园区（其他还有生态工业发展、生态工业网络、工业生态系统、工业共生体、统一链管理等）。生态工业园区尚无一致的定义，但内容实质相似。可以认为它是包括自然、工业和社会的地域综合体，是依据循环经济理论和工业生态学原理而设计成的一种新型工业组织形态，通过成员间的副产物和废物的交换利用、能量和废水的逐级使用，其目标是尽量减少废物，最终尽可能实现园区废物“零排放”。无疑，生态工业园区是目前人类开发的最具环保意义和绿色概念的工业园区。

生态工业园区没有统一的模式，它的类型也是根据各国、各地因地制宜而建设的。形式可分为：现有园区改造型、全新规划型和虚拟型三类。现有园区改造型是对现有工业企业，通过技术改造，在园区内建立废物和能量转换而实现的。美国恰塔努加（Chattanooga）生态工业园区是一典型例子，它原来是污染严重的制造中心，杜邦公司以尼龙线头回收为核心推行企业零排放；废钢铁铸造车间改造为利用太阳能处理废水的生态车间；循环废水为旁边的肥皂厂利用等。我国广西贵港生态工业园区是由现有的蔗田、制糖厂、酒精厂、造纸厂、热电厂等联合改造而成。

全新规划型是在根据当地实际进行良好规划和设计的基础上进行建设，有计划地吸引企业入园并为其创建基础设施为废水、废热交换创造条件。如美国考克塔（Choctaw）生态工业园区采用交混分解技术将当地大量的废轮胎资源化得到炭黑，进一步衍生出不同产品链以及废水处理系统构成生态工业园区，我国南海国家生态工业园区也属于这一类型。

虚拟型生态工业园区不一定要求成员在同一地区，它打破地域概念，可以是同一区域内成员，也可以有区外成员参加，通过园区网络信息系统联系各成员，然后实施物质和能量的交换。没有边界、省掉土地费用是它的优点，但增加运输费用是它的缺点，实际上三种形式是互为补充的。

从产业结构分析可以分为联合企业型和综合园区型两类，联合企业型如我国广西贵港由一个大企业集团下属各关联企业组成；综合园区型则由各种不同行业、企业间组成的共生关系。

7.2.3　国外生态工业园区实例

欧洲、美国、日本以及发展中国家已经建立许多生态工业园区，并有很多成功经验可供参考。

7.2.3.1 丹麦卡伦堡（Kalunborg）生态工业园

（1）概况 目前国际上最成功的生态工业园区是丹麦卡伦堡生态工业园区。卡伦堡是一个仅有2万居民的工业小城市，位于北海之滨，哥本哈根以西100km左右。由于卡伦堡的峡湾在北半球这个纬度上是冬季少数不冻港之一，因此准确地说，常年通航正是卡伦堡20世纪50年代以来工业发展的缘由。

（2）生态工业园区的构成方案 卡伦堡共生体系中主要有5家企业，相互间的距离均为过数百米，由专门的管道体系连接在一起（图7-4）。

① 阿斯耐斯瓦尔盖（Asnaesvaerket）发电厂：这是丹麦最大的火力发电厂，发电能力为150万千瓦，最初用燃油，（第一次石油危机）后改用煤炭，雇佣600名职工。

② 斯塔朵尔（Statoil）炼油厂：同样是丹麦最大的炼油厂，年产量超过300万吨，有职工250人。

③ 挪伏·挪尔迪斯克（Novo Nordisk）公司：丹麦最大的生物工程公司，是世界上最大的工业酶和胰岛素生产厂家之一。设在卡伦堡的工厂是该公司最大的工厂，员工达1200人。

④ 吉普洛克（Gyproc）石膏材料公司：一家瑞典公司，卡伦堡的工厂年产1400万平方米石膏建筑板材，有175名员工。

⑤ 卡伦堡市政府：它使用热电厂出售的蒸汽给全市供暖。

园中物流交换情况见图7-4。

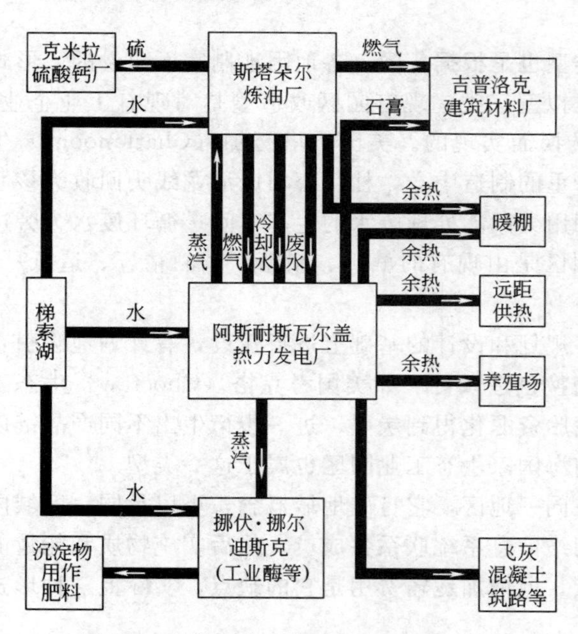

图7-4 卡伦堡共生体系物流交换示意图

园区中液态或蒸汽态的水，是可以系统地重复利用的“废料”。水源或者来自相距15公里的梯索湖（Tisso），或者取自卡伦堡市政供水系统。斯塔朵尔炼油厂排出的水冷却阿斯耐斯瓦尔盖发电机组。发电厂产生的蒸汽回头又供给炼油厂，同时也供给挪伏·挪尔迪斯克工厂的发酵池。热电厂也把蒸汽出售给吉普洛克工厂和市政府（用于市政的分区供暖系统），它甚至还给一家养殖大菱鲆鱼的养殖场提供热水。

1990年，热电厂在其一个机组上安装了脱硫装置，燃烧气体中的硫与石灰发生反应，生成石膏（硫酸钙）。这样，热电厂每年多生产10万吨石膏，由卡车送往邻近的吉普洛克建筑材料厂，现在，这些石膏就用作建筑材料厂的原材料，吉普洛克公司因此可以不再进口直到那时一直从西班牙矿区开采而来的天然石膏。至于炼油厂产生的多余的燃气，可以作为燃料供给发电厂和吉普洛克工厂。

（3）运行情况 卡伦堡生态工业园区已经运作了相当长的时间，通过一些初步的出版物和目前已经掌握的部分材料，可以初步评估卡伦堡工业共生系统的环境、经济优势。

① 减少资源消耗：每年45000t石油，15000t煤炭，特别是600000m^3的水，这些都是该地区相对稀少的资源。

② 减少造成温室效应的气体排放和污染：每年175000t二氧化碳和10200t二氧化硫。

③ 废料重新利用：每年130000t炉灰（用于筑路）、4500t硫（用于生产硫酸）、90000t石膏、1440t氮和600t磷。

事实上，源于这些交换的经济利益同样十分巨大。据可以公开得到的资料，20年期间总的投资（计16个废料交换工程）额估计为6000万美元，而由此产生的效益估计为每年1000万美元。投资平均折旧时间短于5年。

(4) 对卡伦堡生态工业园区的思考　通过对卡伦堡生态工业园区的分析，将其成功归结为以下三方面。

① 该生态工业园区的形成是一个自发的过程，是在商业基础上逐步形成的，所有企业都从中得到了好处。每一种“废料”供货都是伙伴之间独立、私下达成的交易。交换服从于市场规律，运用了许多种方式，有直接销售、以货易货甚至友好的协作交换，比如，接受方企业自费建造管线，作为交换，得到的废料价格相当便宜。

② 该生态工业园区的成功广泛地建立在不同伙伴之间的已有信任关系基础上。卡伦堡是个小城市，大家都相互认识，这种亲近关系使有关企业间的各个层次的日常接触都非常容易。

③ 该生态工业园区的特征是几个既不同又能互补的大企业相邻，这种“企业混合”有利于废料和资源的交换。

根据卡伦堡生态工业园区多年的运作情况，其不足之处有以下几个方面。

① 生态工业园区系统受到刚性的制约，这是因为园区内的企业数量有限，保障大部分废料运输的基础设施的性质所限：管道运输只适合于固定伙伴之间固定的废料交换。

② 如果园区中某个企业要改变生产方式，或者只是一个伙伴很简单地要终止它的业务，那么，就可能造成某种废料不足，而整个交换系统会受到严重干扰。在卡伦堡，某个废料交换的理由主要是生产者与消费者之间十分邻近。因此可以设想，在许多不实行废料交换的普通工业园区，像卡伦堡共生体系这样的经济结构不可能在实际供应更为脆弱的情况下存在。

③ 购买固定废料的企业的工艺流程很难承受向它们提供的原料在性质上或在构成方面的变化。吉普洛克建筑材料厂的情况就是一个典型的例子。1995年，吉普洛克在常规分析过程中发现石膏中含有大量的钒，这种金属可能对一些人造成变态反应。经过仔细调查，最终发现钒污染的原因是：阿斯耐斯瓦尔盖发电厂试用了一种从委内瑞拉来的叫做奥利木松(Orimulsion)的价格十分低廉的燃料。奥利木松是一种从委内瑞拉奥里诺科河流域开采来的石油，调查人员在这种石油里发现了钒，最终在石膏中也发现了钒。阿斯耐斯瓦尔盖发电厂只好改进其设备，以防止累积钒及脱硫装置生产的石膏的其他污染物。

④ 经济上的不合理。比如，为了防止可能对远距供暖造成致命的竞争，卡伦堡没有天然气输气管道。事实上，对于个人消费者来说，由热电厂蒸汽网络所供的热比管道天然气供热要昂贵得多。这是一个荒谬的现象：丹麦的天然气一直供应到瑞典境内的吉普洛克属下的一个工厂，而在丹麦卡伦堡却要使用液化气瓶或由斯塔朵尔炼油厂提供的燃气。

⑤ 很难将中小企业整合进共生系统，主要是因为它们的生产量和对副产品的吸收量都相当小。不过，卡伦堡共生系统的一些主要伙伴正在积极地寻找新的合作伙伴，比如，阿斯耐斯瓦尔盖发电厂正在设想利用自己多余的蒸汽来制冷。如果有一个食品加工企业设在附

近，那么它便可以获得非常合算的冷冻系统。

因此可以得出结论：工业“营养结构”并不一定肯定比在自然生态系统中所见到的更简单，生态工业园区的建立和完善需要一个过程，这只是一种理想模式，实际情况难度可能大得多，其之所以成为世界一个典型，与那里的范围小、结构简单、人们合作和环保意识强有关。

7.2.3.2 美国

20 世纪 70 年代以来，在美国环境保护署（EPA）和可持续发展总统委员会（PCSD）的支持下，美国的一些生态工业园区项目应运而生，涉及生物能源的开发、废物处理、清洁工业、固体和液体废物的循环再利用等多方面。特别从 1993 年开始，生态工业园区在美国迅速发展。美国政府在总统可持续发展委员会下还专门设立了“生态工业园区特别工作组”，目前美国已经有近 20 个生态工业园区，并各具特色。

（1）Chattanooga 生态工业园区　Chattanooga 小城位于美国田纳西州，曾经是一个以污染闻名的制造中心，该工业区后来改造成生态工业园区。以杜邦公司的尼龙线回收为核心，推行企业零排放改革，不仅减少了污染，而且促进了环保产业的发展。其突出特征是通过重新利用老工业企业的工业废弃物，以减少污染和增进效益。而今，园区内旧钢铁铸造车间已经变成一个用太阳能处理废水的生态车间，而旁边是利用循环废水的肥皂厂，紧邻的是急需肥皂厂副产物做原料的另一家工厂，这样有可能建立一个完整的生态工业网络。这种革新方式对老工业区改造很有借鉴意义，并且更能适应老工业企业密集的城市。

（2）Choctaw 生态工业园区　Choctaw 位于俄克拉荷马州，基于该州有大量的废轮胎资源，在 Choctaw 新建立生态工业园区。园区内采用高温分解技术，将这些废轮胎资源化而得到炭黑、塑化剂和废热等产品，进一步可衍生出不同的产品链。这些产品链与辅助的废水处理系统一起构成一张生态工业网络，其特点是因地制宜，采用废物资源化技术构建核心工业生态链，进而扩展成工业生态网。

7.2.4 中国生态工业园区实例

中国由国家和地方规划了许多生态工业园区，由于经济、技术、管理经验等问题，实际效果参差不一，并在逐步完善中，仅介绍贵港国家生态工业园区。

（1）概况　贵港国家生态工业园区是我国建立的第一个国家生态工业示范园区。贵港市位于广西壮族自治区东南部，是华南最大的内河港口新兴城市，也是新崛起的西江经济走廊中的一颗明珠。该市属南亚热带季风区，气候温和，雨量充沛。由于大部分土地位于北回归线以南，太阳辐射较强，光热充足。优越的气候条件使贵港市成为我国重要的甘蔗生产基地，因此制糖工业成为贵港市的支柱产业。制糖工业及其辐射带动的产业产值在全市 GDP 中约占 33.8%。贵港市约 30%的人口在从事与制糖工业及其辐射带动的产业相关的活动。

贵港市目前有制糖企业 5 家，即贵糖（集团）股份有限公司、贵港甘化股份有限公司、贵平糖厂、平南糖厂和西江糖厂。其中贵糖（集团）是当地最大的制糖企业，同时也是全国规模最大、资源综合利用最好、效益比较显著的企业。然而贵港制糖工业却面临着严峻的挑战：①制糖工业成为贵港市最大的污染源；②制糖生产工艺落后，产品科技含量低；③产业结构不尽合理；④产业整体综合利用水平低；⑤甘蔗种植的生态安全性差。针对以上情况，以生态理念来重新规划产业发展为原则，决定在贵港市建设生态工业（制糖）示范园区。

（2）生态工业（制糖）示范园区的构成规划　贵港地处广西中部，周围 300km 范围内包括了广西几乎所有的糖厂。在此建设生态工业园区可以将广西几乎所有糖厂所产生的废物集中到示范园区进行集中处理、综合利用。

该生态工业示范园区由六个系统组成，各系统内分别有产品输出，各系统间通过中间产品和废弃物的相互交换而互相衔接，从而形成一个比较完整闭合的生态工业网络，园区内资源得到最佳配置，废弃物得到有效利用，环境污染减少到最低水平，具体见图7-5。

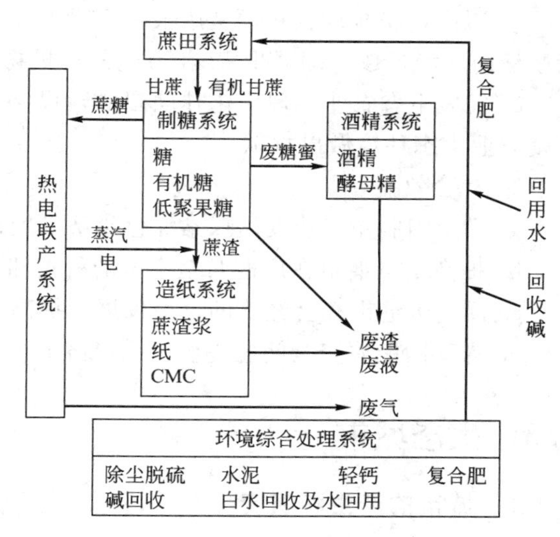

图7-5　生态工业（制糖）示范区总体结构图

这六个系统如下。

① 蔗田系统：负责向园区提供高产、高糖、安全、稳定的甘蔗，保障园区制造系统有充足的原料供应。

② 制糖系统：通过制糖新工艺改造、低聚果糖技改，生产出普通精炼糖以及高附加值的有机糖、低聚果糖等产品。

③ 酒精系统：通过能源酒精工程和酵母精工程，有效利用甘蔗制糖副产品——废糖蜜，生产出能源酒精和高附加值的酵母精等产品。

④ 造纸系统：充分利用甘蔗制糖的副产品——蔗渣，生产出高质量的生活用纸及文化用纸和高附加值的CMC（羧甲基纤维素铀）等产品。

⑤ 热电联产系统：通过使用甘蔗制糖的副产品——蔗髓替代部分燃料煤，热电联产，供应生产所必需的电力和蒸汽，保障园区整个生产系统的动力供应。

⑥ 环境综合处理系统：为园区制造系统提供环境服务，包括废气、废水的处理，生产水泥、轻钙、复合肥等副产品，并提供回用水以节约水资源。

（3）投资与效益　示范园区一共建设12个工程项目，其中现代化甘蔗园建设工程、蔗髓热电联产技改工程和节水工程为在建项目，生活用纸扩建工程、低聚果糖生物工程、能源酒精技改工程、有机糖技改工程、绿色制浆技改工程、制糖新工艺改造工程、酵母精生物工程、CMC工程及生态工业能力建设等为新建工程项目。据初步估算，其建设总投资为364794.7万元，其中建设资金276046.3万元，占总投资的75.7%，流动资金88748.4万元，占总投资的24.3%。

示范园区的发展将产生显著的经济效益、环境效益和社会效益。

① 经济效益

a. 贵港市新增甘蔗产值4.59亿元，蔗农收入水平大大提高。

b. 制糖行业新增产品销售收入55.7亿元，新增利润近9.2亿元，经济实力大大加强。

c. 制糖行业新增各项税金近7.5亿元，为地方财政做出重大贡献。

d. 至2005年，贵港市制糖行业整体产品销售收入将达到72.0亿元，整体实现利税总值18.9亿元，必将更加巩固其在贵港市经济发展中的地位。

② 环境效益

a. 变废为宝，节约资源：用废糖蜜每年可生产能源酒精20万吨，节约玉米60万吨；20万吨蔗渣造纸每年节约60万～66万立方米木材；造纸脉冲水的回用每年减少新鲜水1584万吨的消耗和污染。

b. 减少污染排放：将酒精废液用于生产复合肥料，阻止了广西壮族自治区内93%的酒精废液向环境排放，即减少13.4万吨的有机物对水体的污染。

c. 发展生态农业：现代化甘蔗园的建设必然会促进甘蔗种植的可持续发展，对保护和恢复农业生态环境做出贡献。

③ 社会效益

a. 为全国制糖工业发展探索绿色经济发展道路。

b. 提高了贵港市在广西乃至全国的科技和经济地位。

c. 促进贵港市社会经济的全面发展，提高了人民生活水平。

d. 为我国能源安全问题提供一条经济上可行且来源可靠的解决途径。

7.3 生态城市

7.3.1 城市的产生和演变

“城市”（city）一词在汉语中是“城”和“市”的综合，“城”是古代人类防御野兽和敌人的设施，“市”是交换商品的场所。城市是人类社会发展和分工的产物，在最初游牧状态，过着流动的生活。农业的产生，农业和畜牧业的分离，是人类第一次社会分工，以农业为主生活的开始定居，形成聚落，构成了城市的早期胚胎。当手工业发展到一定程度，手工业从农业中分离，形成的第二次社会大分工，手工业者摆脱了土地的束缚，开始寻找交通方便、地理位置适当的地方集中居住，以手工业产品换取粮食、畜肉和毛皮。随着生产的发展、交换的扩大，出现了不从事生产专门从事交换的商人，形成第三次社会大分工。商人和手工业者聚集的规模扩大，“市”的功能也扩大。另一方面，由于私有制的产生，不同聚落间因利益冲突发生争斗，为了防御需要，利用有利的地理位置，用石块、水沟组成防御带，这是“城”的雏形，聚落及其联盟扩大以及与“市”的结合，这就是城市形成的过程。

从世界上最早产生城市至今大约已有5000年的历史，开始时城市的发展比较缓慢，200年前工业革命后，不论是经济、生产力、科学技术以及政治、文化都发生巨大变化，使城市在数量和规模上迅速扩展，世界人口加速向城市集中，1780年世界城市人口只占总人口的3%、到1850年已达到6.4%、1900年达13.6%、1950年28.2%、1980年42.4%。即工业革命200年以来，每隔50年，世界城市人口就翻一番。现在发达国家城市人口高达70%～89%，其中新加坡已实现了完全城市化，即100%，2000年世界城市化水平为50%，根据联合国人居中心预测2050年将达到61%，城市将作为人类主要集聚地，同时产生职能有所侧重的各种类型城市，例如政治中心（国家首都、地区首府，例如，北京、华盛顿、莫斯科等）；工业城市（鞍山、沈阳等）；港口城市（大连、天津、鹿特丹等）；交通枢纽（郑州、芝加哥等）；风景旅游城市（桂林、黄山、西安等）；大学城市（海德堡、牛津、伯克利等）。当然，许多城市兼有多种功能，例北京、巴黎、罗马、莫斯科、开罗等城市兼具政治、经济、文化、旅游中心的功能。

中国城市化的发展也随着经济的发展而迅速发展，截至2010年底，全国共有省级行政区划单位34个，地级行政区划单位333个，县级行政区划单位2856个，乡级行政区划单位40906个。2011年中国大陆地区总人口为134735万人，城镇人口为69079万人，乡村人口为65656万人，城镇人口占总人口的比重达到51.27%，城镇人口数量首次超过农村，其情况见图 7-6 和表 7-2。

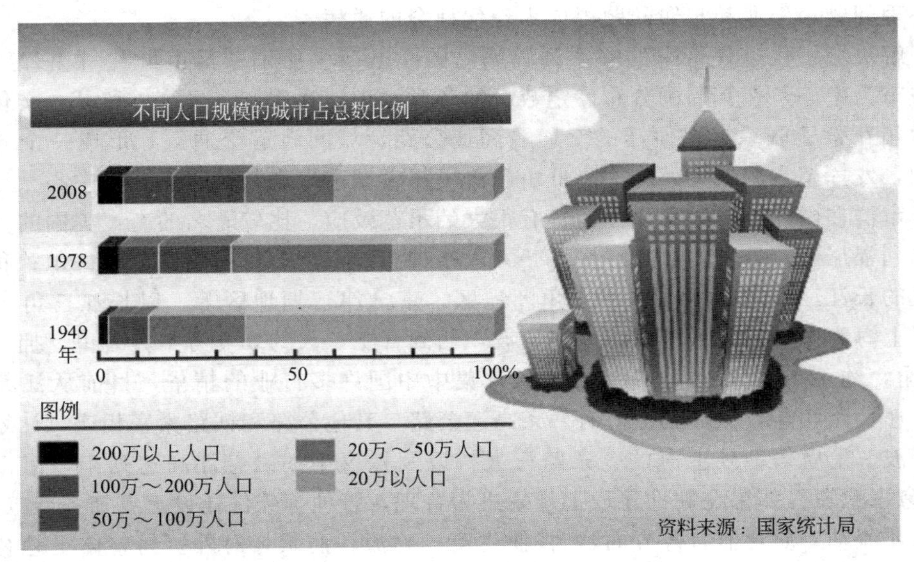

图 7-6　1949～2008 年中国城市规模发展图

表 7-2　中国城市发展情况

年份	城市人口/万人	占总人口比例/%	城市数目/座				
			特大城市	大城市	中等城市	小城市	合计
1949	5700	10.64	6	10	19	34	69
1980	19140	19.39					223
1986	23000	22.10	23	31	95	204	353
1990		26.23					
1994			32	41	177	372	622
1995	34752	28.85					
1998	37338	30.40					655
2010		45.68					657

7.3.2　城市的作用和问题

城市化一般是指第一产业人口转化为城市人口的过程，城市化是代表人类发展的重要过程，是一个国家经济、科学技术、文化发展的结果，也是社会进步的象征。城市化在促进人口聚集的同时，发挥巨大的规模效应，不论是经济、科技、文化艺术，还是政治、宗教，其社会效益、经济效益无疑是十分巨大的，城市的诞生是人类文明的一大进步。

但由于城市不仅在数量上迅速扩展，城市中人口数量也飞速发展，特大城市愈来愈多，这种在狭小的空间内聚集大量人口和生产、经济活动、消费活动，对自然资源的集中、高密度的消耗，废物集中、高密度的排放，无疑对环境带来严重损害，由于人类对自然认识上的局限，可以说城市是在破坏自然、损伤自然的过程中发展起来的。资源耗竭、环境污染、热岛效应、生态破坏成为城市发展的"副产品"。交通拥挤、居住紧张、社会问题、道德伦理问题、心理问题、失业和犯罪问题等成为现代社会的通病。

为了解决城市化过程带来的一系列弊病，国际上产生所谓"都市群"。在一定区域内，以某一城市为中心，在其周围分布一定数量的各类城市，在生产、经济、贸易、文化交流等许多方面相互紧密联系，以便捷的交通（高速公路、城间轨道交通等）形成一个"整体"，互惠互利，发挥超常的聚集效应，降低由于单一超大城市带来的弊病。这种中心-卫星城市结构的都市群在国际经济、文化方面具有很大的示范效应，比较著名的有：美国的洛杉矶-长滩-加利福尼亚；日本的东京-横滨-大阪-神户-京都；德国的莱茵-鲁尔；我国现在规划建设的长江三角洲地区、珠江三角洲地区、京-津-塘地区等。以长江三角洲地区为例，它以上海为中心，北到南京，南到宁波，西到合肥，大约5.5万平方公里，拥有大、中城市13座，约1400个城镇，3300万人口，集中中国许多行业的精华，目前从江苏到上海有5条高速公路相连，浙江到上海有两条高速公路，其他公路和铁路紧密相连，计划中还有从浙江宁波、上虞等地到上海的3条跨海大桥以及拟议中的磁悬浮高速列车，使相互间的"距离"愈来愈短。如果在硬件建设上规划更为合理，管理等软件建设上更加齐全（如税收、交通、人才流动、质量监督等方面），将使生产、物流、商贸、对外贸易整体更趋合理、文化和政治交流更加频繁，无疑将成为我国最强大的经济区域之一，也是世界上强大的经济区域之一。

7.3.3 生态城市内涵和特征

随着人们对生态学研究的深入，认识到城市是一个特殊的生态系统，因此城市生态学作为生态学的一个分支迅速发展起来。城市生态学是以城市空间范围内生命系统与环境之间联系为研究对象的一门新兴学科。由于人是城市中的主体、支配者，其他生物和环境都是按人的意愿进行设计、建设和改造的，由于对生态学的无知和功利主义，以往的城市变为钢筋混凝土的"森林公园"，连城市中的其他生物也由人类选择、决定，例如种植的树木花草、圈养的宠物等，这样的生态系统无疑是非常脆弱的，在系统内部物质和能量交换十分频繁和高效，但由于物种稀少、生物链太短，对外界依赖性极强，因此是一个不稳定的生态系统。为了改变这种状况，将生态学理念融入到城市建设中，建设生态城市便成为研究热点。

生态城市的概念最早是由联合国教科文组织发起的"人和生物圈计划"中提出的，关于生态城市的定义有以下几种：我国黄光宇教授（1989年）认为，生态城市是根据生态学原理，综合研究城市生态系统中人与"住所"的关系，并应用生态工程、环境工程、系统工程等现代科学与技术手段协调现代城市经济系统与生物的关系，保护与合理利用一切自然资源与能源，提高资源的再生和综合利用水平，提高人类对城市生态系统的自我调节、修复、维持和发展的能力，使人、自然、环境融为一体，互惠共生。前苏联生态学家杨诺斯基（1984年）认为，生态城市是一种理想模式，其中技术与自然充分融合，人的创造力和生产力得到最大限度的发挥，而居民的身心健康和环境质量得到最大限度的保护，物质、能量、信息高效利用，生态良性循环。美国生态学家里钦斯特（1987年）认为生态城市即生态健康城市，是一种紧凑、充满活力、节能并与自然和谐共存的聚居地。三种定义各有特点，其核心是人和自然融合的、高效的聚居地，但这是理想状态的、用持续改进来逐步逼近的。生态城市、生态工业、生态农业等结合实际是生态文明社会，从原始社会-农业社会-工业社会-生态文明社会，是历史发展的进程和必然，这种进化可用表7-3表示。

表7-3　人类不同发展时期特征比较

项目	原始社会	农业社会	工业社会	生态社会
居住形式	无定所	以农村为主	以城市为主	城乡融合
主要产业	畜牧	农业	工业	知识信息产业
资源开发	自然	自然	自然-智力	以智力为主
能源	薪材	薪柴、畜力	煤、石油	可再生能源为主
技术形式	狩猎技术	农耕技术	工业技术	知识信息技术
城乡关系	没有城乡	并存	分离	融合共生
人和自然的关系	以自然物为图腾	敬畏顺应	掠夺自然	与自然协调

7.3.4　生态城市的评定指标

如何来评定一个城市是否达到生态城市？显然这是人为的、相对的、可以改变和持续发展的。对于城市建设和方向从不同角度出发，提出了许多名词，如国际上提出的绿色城市、健康城市和普世城，国内提出的园林城市、环保模范城市、山水城市、可持续城市、信息化城市、卫生城市等。它们之间都有融合自然、改善人类生活环境的相同之处，但出发点不同重点也就不同。

绿色城市是在世界保护环境而发起的绿色运动中提出的，印度的麦由尔提出绿色城市的8项指标，除了绿化、美化之外，强调人类与自然协调、生态平衡、保护自然、注重人类健康和文化发展。

健康城市是世界卫生组织（WHO）面对21世纪国际城市化趋势给人类带来的挑战而提出的，1996年4月5日世界卫生日公布了健康城市的10项标准，从健康的人群、健康的环境和健康的社会三者相结合角度提出要求。

普世城是希腊学者道萨迪亚斯通过对人类聚居进化和发展的研究，认为21世纪末，地球上所有城市将连成一片——“普世城”，整个地球成为一个“日常生活系统”，呈条形的网状结构，大部分集中在沿海一带，普世城一定程度上将全世界组成一个联邦制国家，从文明社会走向世界大同，它带有强烈的理想色彩。

园林城市是中国建设部在城市综合环境整治（绿化达标、全国园林化先进城市）等基础上提出的，1992年颁布“园林城市试行标准”，2000年5月进一步制定“创建国家园林城市实施方案”和“国家园林城市标准”，从绿化、美化、生态建设、环境治理、市政建设等方面提出具体指标，这些指标仅是生态城市的基础，对同一城市用不同指标来衡量可能得到不同的结果，例如北京被我国建设部首批命名为园林城市，却在同一时期被列为世界十大污染城市之一。

环保模范城市是中国环保总局在《国家环境保护“九五”计划和2000年远景目标》中提出的城市环境保护“要建成若干个经济快速发展、环境清洁优美、生态良性循环的示范城市”，1997年制定了《国家环保模范城市考核指标（试行）》。国家环保模范城市考核条件和指标共有27项，其中基本条件3项，考核指标24项，从城市环境保护出发，包括社会经济、环境卫生、园林等方面。

生态城市尚无明确的定义，其主要内涵是人类文明和自然生态和谐融合同时经济高效。

中国黄光宇教授提出：生态城市是社会－经济－自然复合系统，它是由社会生态、经济生态和自然生态三个子系统所组成，并提出较详细的内容。社会生态的标准是文明社会，要求人口规模与资源平衡；人口结构优化；物质、精神、心理素质高；法律齐全、社会稳定等。经济生态的标准是高效，发展循环型经济，知识产业成为产业主体，尽量利用可再生能源，保证经济可持续发展。自然生态的标准是和谐，保护和合理利用自然生态环境、保护生物多样性、人文景观和自然环境相融合等，以上是定性的描述，在进行比较、考核时需要有指标体系。在经过详细研究后，他们提出了以下生态城市综合指标体系，见表7-4。

表7-4 生态城市的综合指标体系

总目标	分目标	准则	指标	单位	参考标准
人与自然和谐持续发展的人居环境	文明的社会生态	人类及其精神发展健康	1. 人口自然增长率	‰	＜0.7
			2. 人口平均预期寿命	岁	＞75
			3. 每万名职工科技人员数	人	＞4000
			4. 公共教育占GDP的比重	%	＞2.5
			5. 人均图书占有量	册	＞50
			6. 劳动力文化指数	年	＞15
			7. 文化支出占生活支出比重	%	＞40
			8. 人均每周休闲时间	h	17
			9. 群众性体育活动参加率	%	70
			10. 人的尊严与权利		得到法律保障
			11. 生态意识普及率	%	95
			12. 不同人群的社会关系		平等、公正、和谐
			13. 基尼指数[1]		＜25
		社会服务保障体系完善	14. 每万人商业服务网点数	个	＞700
			15. 每万人医生数	人	＞80
			16. 人人有适当住房实现率	%	＞95
			17. 社会保险普及率	%	＞90
			18. 就业率	%	＞95
			19. 特殊人群收益率	%	＞95
			20. 每10万人刑事案件数	件	＜100
			21. 每10万人交通死亡人数	人	＜10
		社会管理机制健全	22. 社会政治状况		开放稳定、民主廉洁
			23. 管理监督水平		机构健全、运作高效
			24. 公众参与水平		广泛
			25. 立法水平		完善、健全

续表

人与自然和谐持续发展的人居环境	高效的环境生态	经济发展效率高	26. 单位 GDP 能耗	吨标准煤/万元	0.5
			27. 清洁能源比重	%	＞70
			28. 污水处理达标率	%	100
			29. 固体废物处理利用率	%	100
			30. 知识产业比重	%	＞60
			31. 工业清洁生产实现率	%	＞90
			32. 农业生态化生产普及率	%	＞90
			33. 环保投资指数	%	＞2
		经济发展水平适度	34. 恩格尔系数	%	＜12
			35. 人均 GDP	万元	＞5
			36. 电话普及率	部/百人	95
			37. 人均电脑拥有率	%	30
			38. 自来水普及率	%	100
			39. 人均居住面积	m^2/人	＞20
			40. 交通设施水平		方便、安全、舒适
			41. 科技进步贡献率	%	＞70
			42. 高科技产业产值占 GDP 的比重	%	＞70
			43. 第三产业产值占 GDP 的比重	%	＞70
		经济持续发展能力强	44. 粮食安全系数	%	＞20
			45. 水资源供给水平		适应发展
			46. 能源供给水平		适应发展
			47. 土地供给水平		适应发展
			48. 蔬菜副食生产能力		保持平衡
	和谐的自然生态	自然环境良好	49. 大气环境质量		GB3095－93
			50. 水环境质量		GB3838－88
			51. 声环境质量		GB3096－93
			52. 建成区绿化覆盖率	%	＞50
			53. 人均公共绿地面积	m^2/人	＞20
			54. 自然保护区覆盖率	%	＞5
			55. 自然景观		优美、和谐
			56. 生物多样性		得到保护
		人工环境协调	57. 城乡空间形态与自然的结合		协调
			58. 城乡功能布局		合理
			59. 城乡风貌景观		地域特色独特
			60. 历史地段及其环境		得到有效保护
			61. 建筑空间组合		多样且统一协调
			62. 建筑的物理环境质量		良好
			63. 人工环境的防灾与安全性		良好
			64. 环境设施配置		完善、配套

① 基尼指数（Cini Index）是世界银行采用的指标，它是衡量社会财富（社会收入，或以消费能力表示）分配是否公平的指数，当基尼指数等于零，表明社会财富分配完全公平，当基尼指数等于100，则表明社会财富集中在一个人手中，分配完全不公平。基尼指数越小，表示该社会财富分配越公平。

从表 7-8 可见，体系涵盖社会、经济和自然生态三个子系统共 64 项指标，并提出具体的计算方法。

7.3.5 生态住宅及其评定指标

生态城市的建设规模较大，需要较长时间逐步实现，而城市（包括农村）居住环境将直接影响居民的生活质量，人将近有一半时间生活在居住区域，而我国目前发展居住小区，因此对居住区域进行规划，引导和鼓励将居住小区建设成与自然融合、和谐的住所有非常的现实意义。为此，中国建设部于 2001 年提出《绿色生态住宅小区建设要点与技术导则》，导则从绿化要求、生态环境、景观环境、工程建设、废弃物管理和处置等方面提出详细、具体的指标，供建设单位设计参考和住宅小区考评使用，但总体上还是定性的。

许多城市为定量评估，根据各自特点分别提出评估技术导则，例如上海市提出《上海市生态住宅小区技术实施细则（2001—2005）（试行）》，该实施细则提出小区环境规划设计、建筑节能、室内环境质量、小区水环境、材料与资源、废弃物管理与收集系统 6 个子系统，每一个子系统给出详细和具体的指标及评分标准，采用基本分和附加分形式，基本分采取一票否决，即必须达到，总共 500 分，建设单位可以自愿报名参加，建成后经过测评，达到 300 分以上方可验收通过。这一办法对促进生态住宅建设具有较好的推动作用。

7.4 从传统农业到生态农业

生态农业是生态学在农学中的应用与结合。它本质上体现了农业的生态学化发展方向。生态农业有很多叫法，例如自然农业、有机农业、生物农业、绿色农业等。它是以生态学、经济学理论为依据，运用现代科技成果和现代管理手段，在特定区域内所形成的经济效益、社会效益和生态效益相统一的农业。生态农业吸收了传统农业的精华，借鉴现代农业的生产经营方式，以可持续发展为基本指导思想，以保护和改善农业生态环境为核心，通过人的劳动和干预，不断调整和优化农业结构及其功能，实现农业经济系统、农村社会系统、自然生态系统的同步优化，促进生态保护和农业资源的可持续利用。

“生态农业”起源于 20 世纪 70 年代的美国和西欧发达国家，最初它只是在西方现代“石油农业”或“工业式农业”经历了约半个世纪迅速发展而产生破坏性生态环境问题的情况下，为寻求农业的出路提出的“替代农业”中的一种。从 80 年代初开始，作为各种“替代农业”代表的“西方生态农业”开始传入我国，在我国的实践中，出现了与“西方生态农业”有区别的“中国生态农业”概念。80 年代中期，国外又出现“可持续农业”的概念和事物，并很快成为农业发展的国际性议题。90 年代初，联合国粮农组织（FAO）提出了为各国普遍采纳的“可持续农业”概念。

7.4.1 传统农业

农业是人类有意识地利用植物、动物与微生物的生命活动来获取人类生活所需要的食物、纤维及其他工业原料的产业，是农林牧副渔五业所组成的复合生态经济系统。实现农业的持续、稳定发展是保证粮食（食品）安全的关键，所以说农作物光合作用积累能量这一初级生产过程决定了一个国家、一个民族以至全人类的生存和发展。

7.4.1.1 原始农业（掠夺式农业）

大概在 1 万 2 千年前，产生了原始农业。最初的农业是以牺牲大片森林为代价的“刀耕火种”农业。对树木“砍倒烧光”，实行砍种一年即行撂荒的生荒耕作制，人们为了选择茂密的森林进行砍种，所以居无定所，经常迁徙。这种耕种方式虽然在一万多年以前已经产生，但直至近代仍在一些边远山区特别是少数民族地区流行。

原始农业的产生具有划时代的意义，它使人类从单纯依赖自然的恩赐，发展为更自觉更主动地去创造人类生存和发展所需的物质财富，有了农业才有进一步的社会分工，有了农业才有人类的定居生活，才有后来的村落、圩镇和城市，才有现代文明的一切成就。但是原始农业又在一定程度上破坏了人类生活的环境，而且这种破坏随着人口的增加和工具的改进而日渐严重，到了历史上从“野蛮”发展到“文明”时代的过渡时期，这种破坏已十分明显，我国在农业较发达的黄河中下游部分地区尤为突出。原始农业不能适应环境保护和人类发展的需要，它必然要为较之先进的传统农业所取代。

7.4.1.2　传统农业（循环式农业）

传统农业的特点和优点就是通过施肥和精耕细作，使土地越种越肥，复种指数和单位面积产量不断提高，特别是通过施肥，使物质得到循环利用，从而达到持续发展的目的，所以也称之为“循环式农业”。土地耕作早在新石器时代已经产生，先有锄耕（耙耕），后来又有犁耕。耕作技术的采用，使土地可以轮流种植和休闲，于是便产生了休闲轮作制。休闲轮作制提高了土地利用率，缓解了对森林的砍伐，较之撂荒制无疑是一大进步。但是随着人口的增加，休闲耕作制仍不能适应人们对提高土地利用率和持续使用土地的要求，于是施肥的问题便被提到议事日程上来了。施肥技术的发明，不仅对传统农业的持续发展起了关键性的作用，而且还为环境保护作出了杰出的贡献。一方面，施肥使土地可以连续使用，从而促使农民把主要精力从“焚林启荒”转移到“精耕细作”上面，在相当程度上缓解了对森林的过度砍伐，这对资源保护和水土保持都具有重要作用；另一方面，它使人畜粪便、生活垃圾和其他有机废物，都作为肥料直接或间接地回到土地上参与物质循环，从而很好地解决了令人头痛的环境污染问题。

20世纪初期，在两次工业革命的推动下，社会经济出现了高速发展的局面。在这种情况下，社会对农产品的生产需求和消费需求急剧增加。物质循环式的传统农业，由于缺乏外部投入，加上费工、费时、劳动生产率低下，渐渐不能满足日益增长的社会需求。同时，工业部门也亟待开发广大的农业市场。在社会经济发展和科技力量的双重作用下，农业领域爆发了一场革命，诞生了一种新的生产方式——投入式农业，也称“石油农业”。“石油农业”取代传统农业，是社会经济发展的必然选择。

7.4.2　石油农业

“石油农业”的基本特征，是把机械工业和化学工业引入农业生产。传统农业是依靠太阳能的农业，保持着农业的自然生态系；而“石油农业”转化成依靠矿物能的农业，它使农业生产类似于采矿业。“石油农业”投入的项目为汽油、化肥、农药、种子等；产出的项目为小麦、玉米、棉花、水果等。由于“石油农业”实行了机械化大面积作物的连年单做，大量、密集地使用了人工辅助性资源，因此，极大地提高了农业劳动生产率，也使投资者获得了丰厚的利润。在社会经济发展的进程中，“石油农业”的作用具有划时代的历史意义。但是，随着时间的推移，这种农业生产方式的弊病也引起了社会的高度关注，主要是环境污染和能源消耗问题，它对社会经济的可持续发展与人类健康造成了严重的影响。“石油农业”是大规模集约化生产，过分依赖无机、化石能源，因而不仅造成了不可再生资源的过度消耗，还导致了土壤酸化和有机质减少，土壤的保水性、透气性下降，大量氮、磷等营养元素被地表径流带入地表水体和地下水体，使水体中的硝酸盐浓度不断上升，饮用水水质恶化，加速了地表水体的富营养化，危及到生态系统的平衡。

“石油农业”是西方发达国家首先推行的生产方式。目前，世界各国大都沿用这种生产方式，尽管发展水平存在很大差异。中国提出的农业现代化发展目标，实际上也是以“石油农业”生产方式作为农业发展模式。“石油农业”模式使我国农业发展速度加快，并且在20世纪末期，达到了农产品供需总量的基本平衡，这是一个了不起的成就。但是，它对国民经济健康发展的影响也同样是严重的，生态环境问题和能源问题已经成为社会关注的热点问题。

“石油农业”是典型的能源集约型农业。以美国为例，美国每人一年中消费的食物，是用1t石油生产的，照此推算，如果世界各国都使用这种能源集约的生产方式，那么，占目前全球消耗量50%的汽油都要用来生产食物，全球的石油储备在15年内就会枯竭。从我国的情况来看，虽然这种能源集约的生产方式还处于比较低的水平，但迫于人口和社会生产对农产品需求的巨大压力，能源的耗费却是惊人的。也可以说，我国农产品供需总量的基本平衡，是以过度的能源消耗为代价的。中国的耕地面积只占世界耕地面积的7%，但使用的化肥却占了世界化肥总量的40%以上。

“石油农业”不仅大量消耗不可再生能源，而且能源的利用率极低。据统计，在传统的农业生产方式下，用0.05～0.1cal的热量，可以生产1cal热量的食物，而在石油农业条件下则需要0.2～0.5cal的热量。中国加入世贸组织以后，农业领域面临的形势严峻，其中一个重要问题就是农产品在国际市场上缺乏竞争力。我国的农业生产还不具备西方发达国家的大规模集约经营的优势，因此劳动生产率相对比较低；但是，为了在现有的条件下提高单位面积产量，又不得不增加投入，靠加大能耗来发展生产，致使农产品的生产成本不断攀升。据有关部门统计，我国农产品价格已高于国际市场同类产品的价格水平。

从农业发展战略的角度来看，世界各国，尤其是发达国家已经开始审视这种农业现代化模式，关注环境问题和滥用资源行为。自20世纪70年代以来，各国的环境治理的力度进一步加强，并开始重视资源的循环利用。在农业实践中，为了减轻“石油农业”的负面影响，某些发达国家单位粮食的化肥施用量开始不断下降，并逐渐稳定在一个比较低的水平。这些措施虽然取得了相当大的成果，但毕竟是在“石油农业”框架内进行的调整，并没有改变能源集约型农业的本质，因此，不可能从根本上解决问题。要想从根本上解决“石油农业”带来的问题，只能依靠推行一种新的农业发展模式。

从传统农业过渡到“石油农业”，既是社会经济发展的客观要求，也是科技进步的结果。随着生物技术和信息技术的发展，以可再生资源替代人工辅助资源，以社会资源替代自然资源，达到既要提高农产品的产出又要降低能源消耗的目标，已经成为可能。

美国科学家提出，美国现代化农业大量消耗石化燃料，由于石油价格不断上涨，社会的环保意识不断加强，这种生产方式应该改变。为了解决“石油农业”带来的种种问题，各国都在进行研究和探索。并且提出了各种很有意义的设想和方案。美国科学家经过多年的研究，提出了低投入可持续农业发展模式。它的主要特点是逐渐恢复农业的自然生态系，以生物技术支持农业的发展。北欧诸国出于对环境和能源双重因素的考虑，已经开始用有机肥料和生物肥料取代化学肥料。我国基于同样的原因，也大力发展生态农业，制定和颁布了农产品的无公害质量标准、绿色食品质量标准。

特别在20世纪后半叶，农业发生了深刻变化，耕作业大量施用化肥、农药，不仅引起湖泊水、水库水的富营养化以及地下水污染，造成生态环境的破坏，而且使粮食、蔬菜、水果和其他农副产品中的有毒成分增多，影响食品安全，危害人体健康；畜牧业采用肉骨粉等非天然的饲料提供给牛食用，导致了疯牛病的发生等。另外，食品生产环节的增多，也会增加食品被污染的可能性，如 1999 年比利时的二噁英事件。转基因食品对消除全球饥饿贫穷做出了贡献，但对人体是否造成危害还有争论。近年来随着人们环保意识的不断加强，消费者更加重视农产品品质和安全性，这一需求变化迫切需要农业做出积极反应，一种既不产生农业污染又可生产安全食品的农业类型——“生态农业”应运而生。

7.4.3　生态农业

生态农业最早于 1924 年在欧洲兴起，20 世纪 30 年代～40 年代，在瑞士、英国、日本等国得到发展；20 世纪 60 年代欧洲的许多农场转向生态耕作，70 年代末东南亚地区开始研究生态农业；至 20 世纪 90 年代，世界各国生态农业有了较大发展，不仅生态农业用地面积具有一定规模，其产品产值也在不断增加。以欧洲为例，生态食品和饮料销售额从 1997 年的 52.55 亿美元增加到 2000 年的 95.5 亿美元。德国于 20 世纪 60 年代～70 年代开始倡导生态农业，30 多年来已成为当今世界上最大的有机食品生产国和消费国之一。据初步统计，近 10 年来德国从事生态农业的农用土地面积增加了 50%，目前共注册生态农场 8400 多家，面积 40 多万公顷，占农用土地的 2.5%；1999 年德国生态食品销售额为 20 亿美元，约占其食品销售总额的 1.2%，预计 2008 年比重将达 25%。目前，全球每年生态农业产品总产值达 250 亿美元，其中欧盟 100 亿美元，澳大利亚 35 亿美元，美国和加拿大 100 亿美元。英国、法国、荷兰、意大利、瑞士、丹麦等国对生态食品的需求也在逐年增多。表 7-5 是世界部分国家生态农业用地情况。

表 7-5　1999 年世界部分国家生态农业用地面积　　单位：万公顷

国家	澳大利亚	意大利	美国	土耳其	日本	以色列	中国
面积	529	95	90	1.8	0.5	0.4	0.4

生态农业是以保护生态环境为前提发展农业生产的一种生产方式，它的基本特征如下。

① 在保护生态环境的前提下发展农业生产，恢复农业的自然生态系。

② 把生物工程技术引入农业，运用基因工程、发酵工程、酶工程、微生物工程等生物技术，进行战略性资源替代。

③ 在保持生态农业基本特征的前提下，依据各国、各地区的自然条件、农业生产条件和农作物品种等特点，来构建农业发展框架，以资金、劳动、技术、生态的密集投入为手段，提高农产品单位面积产量和特色产品的生产效率。

“生态农业”生产方式既可以充分利用本国、本地区的资源优势，又可以充分利用最新的科研成果，实现战略性资源替代，逐步建立高效的农业自然生态系，使农业生产的高速发展与资源的有效利用和生态环境的保护有机地结合在一起，保证社会经济和农业生产的可持续发展。

7.4.4　生态农业的发展特点和发展趋势

7.4.4.1　发展特点

（1）以可持续发展思想为理念　当人类面对日益严峻的环境和资源问题时，世界各国已承诺共同走可持续发展道路，未来农业如何发展已引起各国政府的高度重视，人们越来越认识到生态农业在保护环境和资源、消除常规农业的负面影响、促进农业可持续发展方面的积极作用，以可持续发展思想为理念的生态农业将是世界农业发展的道路和方向。美国政府已认识到过度依赖石油农业对资源、环境、食品卫生、人体健康所造成的危害，现已重视绿色食品生产方式的研究和推广，范围由粮食作物拓展到经济作物；欧盟国家开始对化学农药使用进行更加严格的管理，以促进生态农业的发展；澳大利亚联邦政府于20世纪90年代中期提出了可持续发展的国家农、林、渔业战略，推出了“捷径食品计划”；日本农林水产省推出“环保型农业”发展计划，并开始制定绿色食品生产法；发展中国家如阿根廷、肯尼亚、斯里兰卡等国也开始生态农业的研究和探索。

（2）以强大的科技作后盾　“科学技术是第一生产力”，作为第一产业的农业和作为农业新形式的生态农业都离不开科技的支持，各国都非常重视农业科技的研制和推广。德国重视生态农业新技术的研究，注重科技成果的转化，重视发展生态农业产业的优良队伍，落实其专业人员的培训和资格认定。以色列在生态农业技术推广方面制定了一套切实可行的措施，即咨询服务-技术示范-技术培训-媒体推广。日本大分县从1992年开始致力于生态农业的实验研究开发与推广，初期的具体目标是削减化肥、农药的施用量，最终实现该县提出的所谓“3S”农业，即“对环境温和的农业”（Soft）、“有放心感的农业”（Safety）、“以培土为本的农业”（Soil）。

（3）以雄厚的资金作支撑　以色列发达的农业技术推广体系，除了专业人才外，就是靠雄厚的资金作支撑。政府每年用于推广和研制的经费充足，通过有效咨询服务而获得可观收入，从而保证生态农业推广活动的顺利进行。德国政府一方面实行“投资扶持补贴”，从2002年起由原来的30%提高到40%，提高5年扶持期的费用补贴；另一方面，建立“有机农业资助奖”，奖金为2.5万欧元，颁发给对生态农业的发展有突出贡献的实体和企业。

（4）以严格的认证作保障　绿色食品是按照特定的质量标准体系对食品进行生产、加工、包装、检测等，实行绿色产品认证制度可以提高生态食品的信任度和透明度，给消费者提供巨大的便利，也给经营者提供机遇。欧盟规定作为生态产品的生产必须符合“国际生态农业协会（FOAM）”的标准。德国“生态农业协会（AGOEL）”认证生产的产品，必须95%以上的附加料是生态的才称作生态产品。意大利目前有30个有机认证机构，担负着向农民提供生产技术和推广服务以及绿色产品认证的功能。加拿大现有46个非官方有机农业认证机构，主要对有机产品生产过程进行认证。

7.4.4.2 发展趋势

今后生态农业的发展趋势主要有以下几项。

（1）生态农业的规模加大，速度将不断加快随着可持续发展战略得到全球的共同响应，生态农业作为可持续农业发展的一种实践模式和一支重要力量，进入了一个崭新的发展时期，见表7-6，预计3～5年后其规模和速度将不断加强，并将成为农业发展的主流。

（2）生态农业的生产和贸易相互促进、协调发展　随着全球经济一体化和世界贸易自由化的发展，各国在降低关税的同时，与环境技术贸易相关的非关税壁垒日趋森严，食品的生产方式、技术标准、认证管理等延伸扩展性附加条件对农产品国际贸易将产生重要影响。这就要求生态农产品在进入国际市场前，必须经过权威机构按照通行的标准加以认证。目前，只有通过国际标准化委员会（ISO）制定的“ISO 9000”和“ISO 14000”环境国际标准的认可，才能进入国际市场，参与国际贸易。

表7-6　欧洲七国生态食品销售额、比量及预计3～5年后平均增长率　单位：亿美元

国家	生态食品销售额				预计3～5年后平均增长率/%
	1997年	占食品销售总额/%	2000年	占食品销售总额/%	
德国	18	—	20	1.2	25
法国	7.2	0.5	12.5	1	20
英国	4.5	—	9.0	—	25～30
荷兰	3.5	1	6.0	1.75	15～20
丹麦	3.0	2.5	6.0	4.5	30～40
瑞典	1.1	—	4.0	—	—
意大利	7.5	0.6	11.0	1.0	20

(3) 生态农业的发展对科学技术的依赖性越来越强　以“培育健康的土地，生产健康的动植物，为人类提供安全的食物”为理念的可持续农业发展将更加巩固；生态农业的生产技术水平，将在生产、加工、包装、运输和销售环节上得到进一步的提高；生物肥料、生物农药、天然食品及饲料添加剂、动植物生长调节剂等生产资料的研制、应用和推广等方面，将进一步加快。这一切都依赖于科技进步，只有重视科学技术的研究、应用和推广，生态农业才能得到进一步的发展。

随着世界生态农业产品需求的逐年增多和市场全球化的发展，我国应选择适当的地区大力发展生态农业，推动农业和农村经济的跨越式发展。

第8章　清洁生产审核及能源审计案例

8.1　某啤酒厂清洁生产审核案例

8.1.1　企业概况

该啤酒厂位于我国××，从建厂初期的手工作坊逐步建设发展成为了近亿元固定资产，啤酒产量7万吨/年、碳酸饮料产量5000t/年的啤酒生产厂。厂区占地面积4万平方米，现有职工××××人，厂内设有麦芽、酿造、包装、热力、动力等九个生产车间。生产过程中产生的主要污染物为废水、废气和废渣（酒糟、炉渣、废玻璃瓶渣等）。

8.1.2　生产工艺

啤酒的生产过程可分为制麦、糖化（即制麦汁）、发酵过滤及包装四个工序，工艺流程见图8-1。

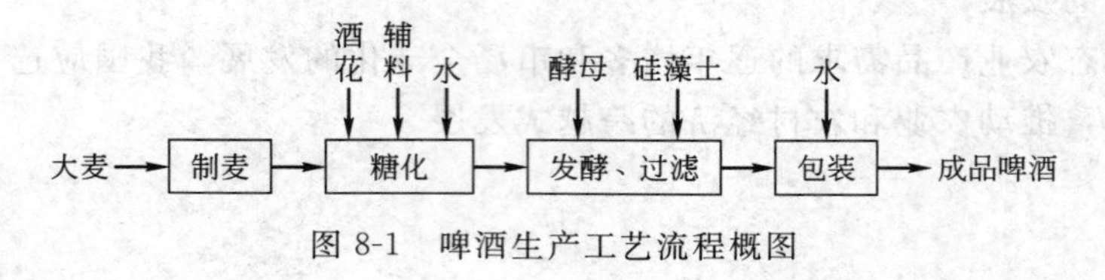

图8-1　啤酒生产工艺流程概图

8.1.3　清洁生产审核

8.1.3.1　筹划和组织

首先在该厂举办了清洁生产培训，使该厂环保工作人员对清洁生产有了一定程度的认识，并积极向该厂高层领导进行汇报和宣传，获得领导对清洁生产工作的支持和参与，以确保清洁生产得以顺利实施。培训后，该啤酒厂立即组建了以厂长为组长的清洁生产领导小组以及以生产副厂长、环保科长为副组长的审核小组，组员分别由酿造车间、环保科、供销科、设备科、财务科、生产科、企管科负责人组成。按照清洁生产的审核工作内容进行了职责分工，并编制了审核工作时间计划。

为了确保清洁生产审核工作的顺利，使广大职工对清洁生产有一定的认识和理解，厂方及时下发了有关文件，通过板报、广播、培训、会议等多种形式开展宣传，为全厂清洁生产审核和清洁生产工作的实施创造良好的内部环境。

8.1.3.2　预评估

（1）产污和排污现状分析

① 该厂属排污较严重企业。近年来，虽厂方比较重视环境保护，不断加大环保工作力度，但由于资金、场地等问题，在水污染治理上投资较小，仅沉淀池一项，随着产量的不断增加，沉淀池已处于超负荷状态，处理效果逐年降低。因此排放的污染物浓度无法达到国家规定的排放标准，每年必须缴纳超标排污费，影响了企业经济效益，同时亦增加了市政污水处理负荷，如采取源头削减的方式削减COD则既可减少污染，又可增加企业经济效益。

② 酿造发酵阶段产生的废酵母直接排入下水管道，是产生较高 COD 负荷的一个重要因素，如能将其加以回收利用，可削减 COD 负荷。

③ 对酒糟进行挤压及深加工，既可减少排污、削减 COD 负荷，又可增加经济效益。

④ 从用水情况看，该厂水耗指标较国内外先进水平有着较大差距（扣除麦芽生产等用水，每吨酒耗水量为 27.1t，国际先进水平为 7t/t 酒，国内先进水平为 10t/t 酒），水循环利用率低（仅 8.0%）。水耗高、水资源浪费严重，全厂每天有 2520t 可回收利用的冷却水以废水排放，如能加以回收，可降低耗水量约 30%以上。

⑤ 粉碎工序室内粉尘严重超标，既影响操作工人的身体健康和操作环境卫生，同时又造成原料的损失。通过改革工艺可实现粉尘的基本零排放，从而大幅度改善操作环境，保证了操作人员健康，原料利用率得到提高，同时获得社会、环境、经济三方面的效益。

(2) 确定审核重点　清洁生产审核小组调查了各个车间、科室，收集并整理了相关的资料、数据，如生产报表、财务报表、操作记录、原料购置与消耗表等，并制定了周密的现场调查方案，进行现场调研，对全厂各车间生产及排污情况有了详细的了解，并测试了各车间能耗、水耗、物耗、废物排放量等。以麦芽车间、酿造车间、包装一～四车间作为备选审核重点，并汇总了各备选审核重点废物量、能源消耗等有关情况，见表 8-1。

表 8-1　备选审核重点情况说明　　单位：t/t 酒

序号	备选审核重点	废物量		内部环境代价					外部环境排污费用/(万元/t 酒)	管理水平
		水	渣(糟)	能耗(标准煤)	水耗	原料消耗	废物回收费用/(万元/t 酒)	末端治理/(万元/t 酒)		
1	麦芽车间	23.7	0.008	0.0320	29.63			0.14	4.2	中等
2	酿造车间	39.9	0.199	0.3365	49.89	0.788	1	5	7.18	一般
3	包装一车间	3.05	0.013	0.1498	3.82				0.55	中上
4	包装二车间	3.4	0.014	0.1510	4.22				0.61	中上
5	包装三车间	44.0	0.023	0.1885	5.03				0.8	中上
6	包装四车间	11.9	0.001	0.0395	2.38				0.34	中上

审核小组通过对备选重点的详细情况分析，采用权重总和法确定了该厂本次清洁生产审核重点为酿造车间，用权重总和法确定审核重点，见表 8-2。

表 8-2　权重总和法确定审核重点

因　素	权重	方　案　得　分					
		麦芽车间	酿造车间	包装一车间	包装二车间	包装三车间	包装四车间
废物量	10	80	100	70	80	80	50
环境代价	9	63	90	36	45	54	27
清洁生产潜力	7	42	70	28	35	42	21
车间关心程度	3	24	27	27	27	27	27
总得分		209	287	161	187	203	125
排序		2	1	5	4	3	6

(3) 清洁生产目标　根据酿造车间及全厂生产实际情况，审核小组提出以下清洁生产目标，见表 8-3。

表 8-3 清洁生产目标

类别＼项目	单位产品 COD 负荷 /(kg/t 酒)	耗水量 /(t/t 酒)	粉碎工序粉尘 /(mg/m³)
现值	24.47	33	219.05
近期目标(1995.9～1996.6)	18.35(削减 25%)	29	
中期目标(1996.7～1998)	14.68(削减 40%)	14	0

8.1.3.3 评估

(1) 物料平衡 清洁生产审核小组对审核重点酿造车间进行了细致的调查，查明各工艺单元之间的相互关系，编制了各工序的工艺流程图和单元操作表，见图 8-2～图 8-4 和表 8-4。审核小组通过整理、汇总和分析调查、监测数据，确定了酿造车间的输入输出过程，绘制了输入、输出物流图，见图 8-5。

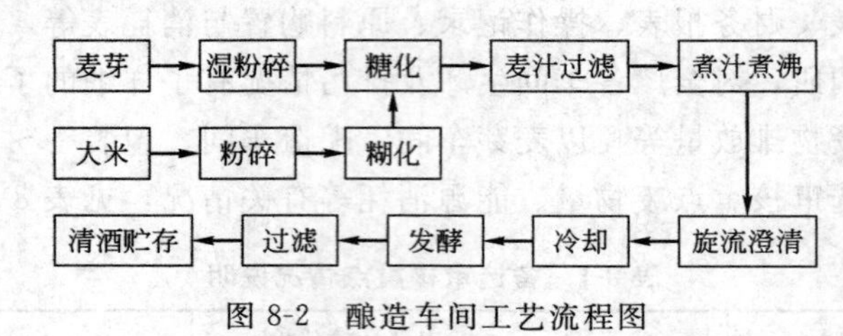

图 8-2 酿造车间工艺流程图

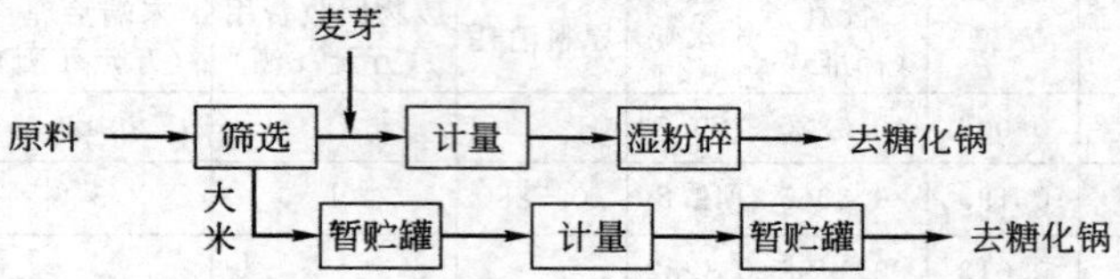

麦芽
原料
筛选
计量
湿粉碎
去糖化锅
大米
暂贮罐
计量
暂贮罐
去糖化锅

图 8-3 粉碎工序工艺流程图

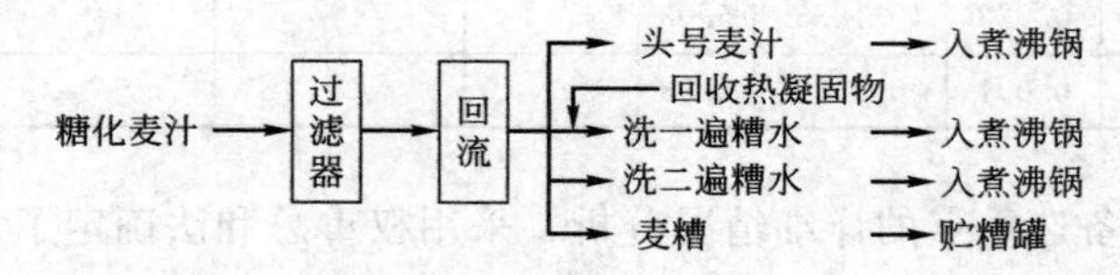

图 8-4 旋流澄清工序流程图

表 8-4 酿造单元操作功能简介表

单元操作名称	功 能 简 介
粉碎	将原辅料粉碎成粉、粒，以利于糖化过程物质分解
糖化	利用麦芽所含酶，将原料中高分子物质分解制成麦汁
麦汁过滤	将糖化料中原料溶出物质与麦糟分开，得到澄清麦汁
麦汁煮沸	灭菌、灭酶、蒸出多余水分，使麦汁浓缩至要求浓度
旋流澄清	使麦汁静置，分离出热凝固物
冷却	析出冷凝固体，使麦汁吸氧、降到发酵所需温度
麦汁发酵	添加酵母，酵母发酵麦汁成酒液
过滤	去除残存酵母及杂质，得到清亮透明的酒液

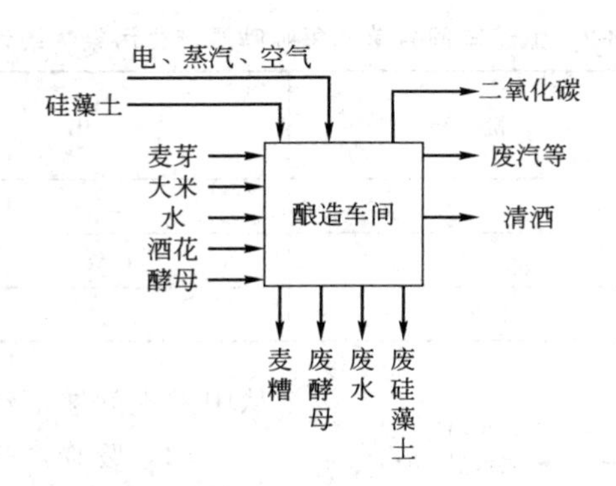

图 8-5　酿造车间生产输入输出示意图

对各单元操作输入输出物流进行了实测，结果见表 8-5 和表 8-6。

表 8-5　酿造各单元操作输入数据记录　　单位：kg/t 酒

序号	单元操作名称	物料	数量	物料	数量	水
1	粉碎	麦芽	100	大米	61.29	
2	糖化	粉碎原料	160			639
3	麦汁过滤	麦汁	799			524
4	麦汁煮沸	麦汁	1146	酒花	0.39	
5	旋流澄清	麦汁	1041			
6	麦汁冷却	麦汁	1028			
7	麦汁发酵	冷麦汁	1015	酵母	5.24	
8	啤酒过滤	啤酒	1006	硅藻土	3.02	5.24

表 8-6　输入物查定记录表　　单位：kg/t 酒

序号	单元操作名称	物料	数量	物流	数量	废水	废汽	可回用废物
1	粉碎	麦芽	99	大米	60.68			
2	糖化	麦汁	799					
3	麦汁过滤	麦汁	1146	麦糟	161.73	28.81		
4	麦汁煮沸	麦汁	1041				104.77	
5	旋流澄清	麦汁	1028					酒花泥热凝固物 10.48
6	麦汁冷却	麦汁	1015	损失	13.10			
7	麦汁发酵	啤酒	1006	废酵母	14.67			
8	啤酒过滤	清酒	1000	硅藻土	3.18	10.52		

清洁生产审核小组委托市环境监测站，对酿造车间的糖化间（原料糖化至旋流澄清阶段）、发酵间（麦汁冷却至清酒贮存阶段）排污口污染物浓度进行了 24h 连续检测，对粉碎过程中产生的粉尘浓度也进行了实测，见表 8-7。

从表 8-7 可看出，发酵过程 COD 负荷占全厂的 39.4%，粉尘浓度已大大超出标准要求（标准为 $10mg/m^3$），因而粉碎、发酵工序成为清洁生产审核重点中的关键单元。

根据单元操作输入输出物流的实测和计算结果，清洁生产审核小组绘制了酿造车间物料平衡图，见图 8-6，并结合企业生产耗水量高这一实际，绘制了全厂水平衡图，见图 8-7，以

表 8-7 酿造车间各单元每吨啤酒产生污染物统计表

项目 \ 单元	粉 碎	糖 化	发酵过滤
废水/(t/t 啤酒)		2.29	6.86
COD/(kg/t 啤酒)		1.48	9.64
室内粉尘浓度/(mg/m³)	219.05		

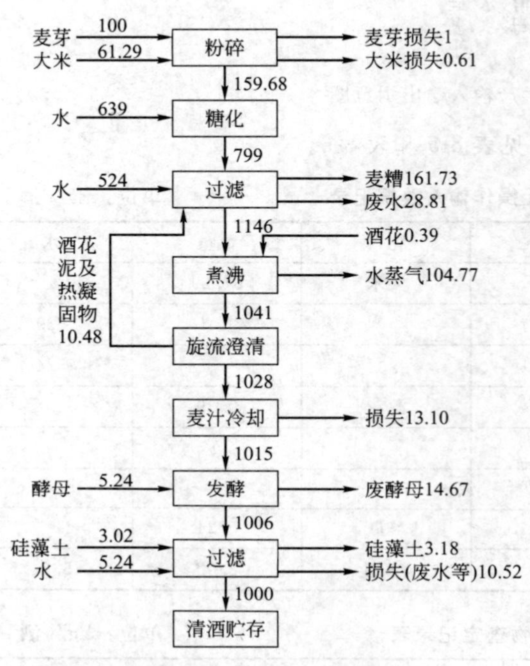

图 8-6 酿造车间物料平衡图（单位：kg）

从中发现问题症结。

（2）废物产生原因分析

① 对物料平衡的评估。通过物料衡算可知酿造工艺过程输入与输出之差小于5%，证明实测数据是准确可靠的，可以用物料平衡结果进行有关的评估与分析。

② 生产过程评估。原料：投入生产前均经质检、质管部门检验合格后方允许使用，原料质量达到标准要求。但在运输、储存、发放过程中存在洒、落、散包等现象，原料配比基本适当，投料前经过准确计量。

水与能源：工艺用水经准确计量后用于生产中，而其他冲洗等工序用水因缺乏计量而存在浪费问题（如用水过量、跑冒滴漏等），职工的节水意识需进一步加强；节电意识较强，但电机效率较低（平均为45%）、用电不尽合理，有待改进。

③ 技术工艺设备。主体设备为 20 世纪 80 年代新增，糖化采用三锅一槽（糊化锅、糖化锅、煮沸锅、过滤槽），发酵采用锥型发酵罐（一罐发酵法）。管线、设备布局合理，设备定期大修，及时进行中修、小修，运转良好。总体工艺流程合理，与目前国内同行业相比，整体工艺水平属中上水平。但粉尘工序因依然采用落后的传统干法粉碎工艺和设备，使原料损失率约达 1.0%，且操作环境不能达到标准要求（粉尘超标），工艺尚需进一步优化。

④ 过程控制。糖化过程工艺参数通过仪表监测，发酵过程由微机系统控制全过程，监测仪器控制准确，保证了生产顺利进行。生产过程分析手段较齐全、准确，工艺参数较为合理，但尚未达到最优化，需在生产实践中进一步探索。

⑤ 产品方面。高度的质量意识和严格的工艺操作管理使得该车间产品质量始终保持稳定，产品质量在国内同行业居中上水平，深得消费者青睐，企业拟扩大生产规模以满足市场需求。

⑥ 废物回收及循环利用。酿造车间废物特点为排放量较大、无毒性，主要废物为废水、酒糟、粉尘、酒花泥及热凝固物、废酵母、废硅藻土、二氧化碳、废汽等。

废物中的以下成分得到回收或循环利用。

a. 酒花泥及热凝固物。由收集罐收集起来重新回到过滤槽中经过滤，使其夹带的麦汁

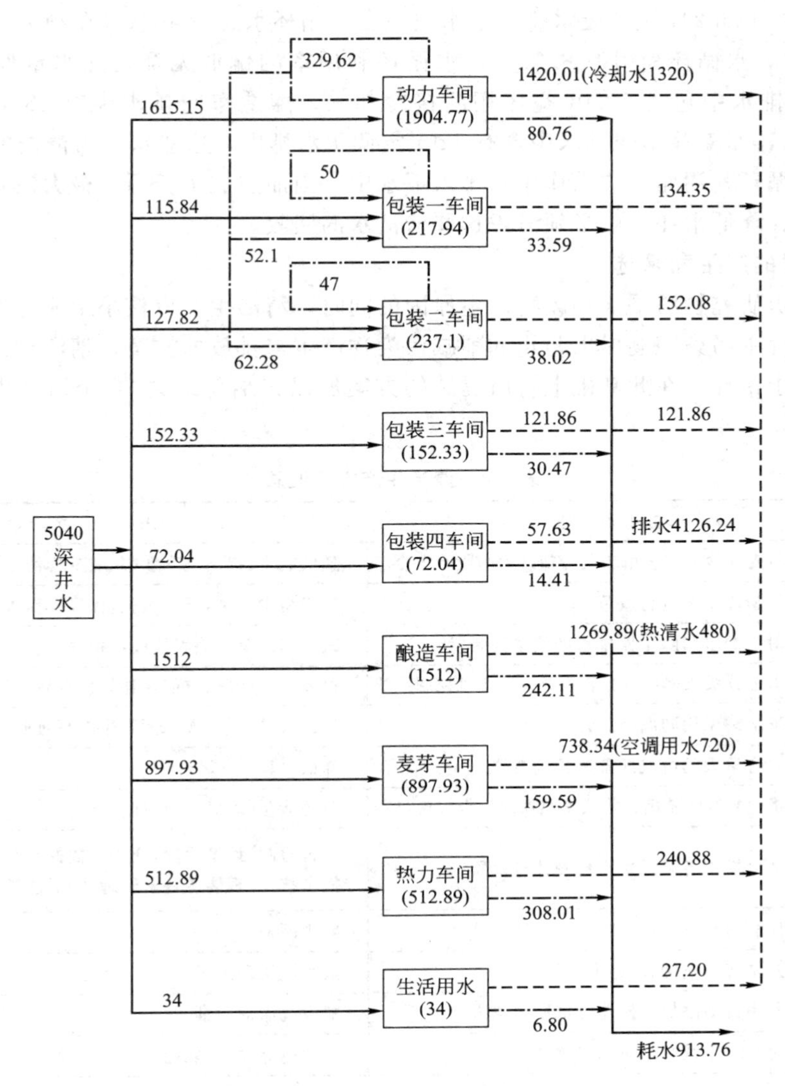

图 8-7　全厂水平衡图（单位：t/d）

得到回收，麦汁被回收后的酒花泥及热凝固物则流入麦槽中作为饲料出售。

b. 发酵中产生的二氧化碳。通过二氧化碳回收装置回收用于生产中（软饮料及高浓度稀释啤酒充碳等）。

c. 糖化过程生产废汽。针对糖化过程耗汽量大的问题，投资 42 万元在全国啤酒行业首次应用热泵新技术对糖化热力系统进行改造，使糖化过程低品位蒸汽重新转变成高品位蒸汽加以利用，实现了二次蒸汽和冷凝水的闭路循环。

除上述废物得到回收之外，其他废物都未经处理直接排放，如粉尘作为垃圾倒掉；洗槽后残糖水、发酵中的废酵母、废硅藻土等直接排入下水。粉尘的产生一方面造成操作环境的污染，另一方面造成原料的损失；而残糖水、废酵母、废硅藻土含有较多的有机物质而使水污染物浓度增大，这些废物的排放是酿造车间污染物浓度偏高的主要因素，如能将其加以回收或处理，则可大大削减 COD 负荷。

另外，从全厂水平衡可知，全厂每天深井供水量 5040t，生产中工艺用水及蒸发等总耗

913.76t，其余4126.24t生产废水排入下水中。全厂循环水总量404t（在动力、包装一、二车间之间循环），水循环利用率8.02%，水循环利用率的偏低无疑是耗水量偏高的主要因素。动力车间排水中包含1320t空压用间接冷却水，酿造车间排水中有480t麦汁冷却水（热清水）排出，而麦芽车间排水中含有720t空调用水排出。这些水均为清洁的可回收利用水，却未加以循环利用而是被当作废水排入下水中，因而造成水资源的极大浪费，若要提高水循环利用率、降低水耗，就必须考虑这些清洁水的回收。

8.1.3.4 方案的产生和筛选

在认真分析研究物料平衡和废物产生原因的同时，清洁生产审核小组充分发动全厂职工针对生产全过程中污染问题提出防止和削减污染物产生与排放的方案，请清洁生产专家及啤酒行业专家给予指导，在此基础上将所提选的方案加以归纳总结共28个清洁生产方案，见表8-8。

表8-8 清洁生产方案汇总

方案类型	序号	方案内容	作用及意义
技术工艺改造	F_1	将麦汁冷却工艺由二段冷却改为一段冷水冷却	降低成本，提高生产效率，减少排污
	F_2	对粉碎工艺进行改革	杜绝粉尘污染，减少粮耗，保证操作人员身体健康
	F_3	对锅炉水膜除尘器排水增设过滤装置	减少细灰及其他固体废物排放
	F_4	引进分层式锅炉给煤装置及锅炉微机控制系统	提高锅炉效率、节能降耗，实现锅炉现代化管理
	F_5	发酵罐采用防腐新工艺	延长涂层寿命，减少清洗用水，保证啤酒质量，减少排污
	F_6	对容量大的电机配备变频调节器	降低电耗
	F_7	将包装车间杀菌机管式换热器改为板式换热器	节约能源，缩短升温时间
设备维护和更新改造	F_8	增设操作各单元生产检测计量仪器	完善检测、计量手段，便于参数控制与各类能源消耗的定额考核，实现能源科学管理，降低能源消耗
	F_9	控制瓶装酒容量	减少酒损
	F_{10}	控制链道速度、改造上箱机	减少瓶损和酒损
	F_{11}	利用自动添加剂控器定量使用洗涤剂	减少洗涤剂用量
	F_{12}	对CIP系统热水罐采取绝热措施	节约能源、减少能耗
废物回收利用	F_{13}	对废油进行回收，用于灌酒机、输送链、上下箱机保养注油	废物回用，减少消耗和排污
	F_{14}	回收发酵罐CIP清洗最后一次刷罐水用于下一罐清洗	减少水耗、降低排污量
	F_{15}	安装稀麦汁罐回收麦汁残糖	减少排污，削减COD负荷、提高产率
	F_{16}	回收发酵过程中排放的废酵母	回收废酵母及废酵母中酒液，削减污染物排放，增加经济效益
	F_{17}	对废酵母进行综合利用	利用废酵母制造副产品，增加经济效益
	F_{18}	挤压酒糟，回收酒糟中残存麦汁	提高麦汁收得率，减少排污
	F_{19}	回收利用废硅藻土	降低硅藻土消耗，减少污染物排放
	F_{20}	对啤酒糟进行深加工，制颗粒饲料	减少污染，改善环境
	F_{21}	循环利用生产中的冷却水	节约深井水，延长深井及水泵使用寿命，减少排污
	F_{22}	将全厂采暖方式由蒸汽采暖改为温水采暖	节约能源，缓解采暖用汽紧张状况

续表

方案类型	序号	方案内容	作用及意义
加强管理	F_{23}	对职工进行系统的岗位技术培训	提高职工专业水平和岗位操作技能
	F_{24}	加强原料运输、贮存、保管等全过程管理	减少原料损耗
	F_{25}	对返厂瓶、箱进行严格检验，杜绝以次充好	减少瓶、箱损失
	F_{26}	严格用水、用电管理，杜绝长流水、长明灯	降低水、电消耗
	F_{27}	车间打扫卫生改以水冲地为清扫后拖地	杜绝水源浪费
	F_{28}	修订和完善操作规程、校正有关工艺参数	减少原料和能源消耗

审核小组根据所提方案的情况，对中、高费清洁生产方案采用了权重总和计分排序进行筛选，最终筛选出前五个方案 F_{21}、F_{16}、F_{2}、F_{1} 和 F_{4}。

8.1.3.5　可行性分析

该厂对所有中、高费方案进行了经济、技术和环境三方面的可行性分析，针对每一个方案提出三种子方案，如该厂为了减少水耗，F_{21} 为回收冷却水方案，针对该方案，该厂又提出了三个回收冷却水的子方案，即建造 500t 冷却水塔、建 1064t 地下水综合水库和改变制冷剂、增加制冷设备。

8.1.3.6　方案实施

按照边审边改的原则，清洁生产领导小组和审核小组及时在全厂范围内推行和实施了部分清洁生产无/低费方案及中/高费方案，在三个月时间里即取得了一定的环境效益和经济效益，年效益情况见表 8-9 和表 8-10。与此同时，这些方案的实施亦使全厂生产及环保等各项指标在审核前后发生变化，见表 8-11。

表 8-9　清洁生产无/低费方案实施效果统计

方案类别	序号	投资万元	实施措施	削减污染物量/(t/年)			节约和回收物料(含水和能源)的效益				减少末端处理费用/(万元/年)	实施日期
				水	渣	气	名称	数量/(t/年)	效率/(万元/年)	合计/(万元/年)		
无废方案	1		制定原材料入厂运输、贮存管理制度，严格检验，文明装卸，拒绝收破损包装，定期检查库存，及时修补漏包装				大麦 大米	6.125 2.625	1.23 0.55	1.78		1995 年 9 月
	2		建立返厂瓶箱验收制度，拒收已破损瓶、箱		18		空瓶 啤酒箱	36000 个 1500 箱	2.16 3.00	5.16		1995 年 9 月
	3		调节罐酒阀，保持罐酒压力稳定，防止冒酒	350			酒液	350	67.68	67.68	0.01225	1995 年 9 月
	4		制定用水、用电管理制度，对违反者予以经济处罚	15000			水 电	15000 100000 (kW·h)	0.45 5.7	6.15	0.525	1995 年 9 月
	5		纳入用水、用电管理制度中，除特殊工艺卫生要求部分外，打扫卫生均改为清扫后拖地，保持地面清洁无积水	10000			水	10000	0.3	0.3	0.35	1995 年 9 月

续表

方案类别	序号	投资万元	实施措施	削减污染物量/(t/年)			节约和回收物料(含水和能源)的效益				减少末端处理费用/(万元/年)	实施日期
				水	渣	气	名称	数量/(t/年)	效率/(万元/年)	合计/(万元/年)		
低费方案	6	2.46	停产检修,改造设备主件,提高设备运转完好率;对职工进行岗位培训	9.1	62.5		酒液 空瓶	9.153 125000个	1.77	7.5	0.00032	1995年10月
合计		2.46		253591	80.5		水 空瓶 酒液	25000 161000 359.153		90.34	0.8876	

表 8-10 清洁生产部分中/高费方案实施效果统计

序号	方案名称	投资/万元	削减污染物量/(t/年)				节约和回收物料(水和能源)的效益			实施日期
			水	渣	气		节约和回收物料名称	节约和回收物料量/(t/年)	效益/(万元/年)	
					排放量/$\times10^4m^3$	污染物量				
1	办公楼采暖(由蒸汽改温水)改造	45		344	1164	SO_2 29.6 NO11.10 CO2.04 烟尘 8.8	煤	1500	30	1995年9月12日～1995年10月12日
2	包装二车间(由蒸汽改温水)采暖改造	6		21	67	SO_2 20.55 NO0.78 CO0.12 烟尘 0.15	煤	86	1.72	1995年11月6日～1995年11月26日
3	包装三车间以板式换热器取代杀菌机列管式换热器	14		24	81	SO_2 20.67 NO0.94 CO0.14 烟尘 0.61	煤	208	4.16	1995年7月～1995年9月
合计		65		389	1312	SO_2 70.82 NO12.82 CO2.30 烟尘 9.56	煤	1794	35.88	

表 8-11 审核前后各项指标对比

类别	审核前值	审核后值	减少量
吨酒耗水/t	33	32.5	0.5
吨酒耗电/kW·h	111	109	2
吨酒耗标煤/kg	168	165	3
吨酒耗汽/t	1.34	1.32	0.02
吨酒排水量/t	27	26.49	0.51
吨酒排 COD/kg	24.27	23.53	0.74

清洁生产领导小组和审核小组又对推荐的 6 个可行方案进行了实施效果预测，见表 8-12。

表 8-12　可行方案实施效果预测

类别	名称	现值 /(t/t 酒)	实施后量 /(t/t 酒)	节约或回收量 /(t/t 酒)	年节约 /t	单位成本 /(元/t)	年节约或增加效益/万元
物料消耗	麦芽	0.112	0.1099	0.0013	91	3160	28.76
	大米	0.064	0.0644	0.0005	35	2100	7.35
	酒精			0.0005	35	8000	28.0
水及能源消耗	水	32.5	17.5	15	1050000	0.30	31.4
	电	109 (kW·h)	103 (kW·h)	6 (kW·h)	420000 (kW·h)	0.57	23.94
	标准煤	0.165	0.132	0.033	2310	330	76
污染物	废水	26.49	11.49	15	1050000	0.35	36.75
	COD	0.02353	0.0157	0.00783 (削减率 31.97%)	548.1		
	废酵母回收			0.0166(废酵母) 0.0166(残存酒液)	162	500	58.10
废物量	粉碎工序室内	219.05 (mg/m^3)	0				
	炉渣	861t					
	烟尘	22t					
	CO	5.1t					
	NO	34.14t					
	SO_2	24.06t					
	废气	2918 $\times 10^4 Nm^3$					

8.1.3.7　持续清洁生产

清洁生产没有最好，只有更好，因此清洁生产是一个持续的不间断的改进过程。在对该厂实施清洁生产审核和清洁生产有关方案的实践过程中，使该厂对清洁生产的重大意义有了愈加深刻的认识：在激烈的市场竞争和日趋严重的环境污染状态下，清洁生产不失为企业节能、降耗、增效、在竞争中立于不败之地、在生产中减少环境污染、达到国家及地方环保法规要求的最有效的途径和最佳选择。

（1）清洁生产管理制度　基于上述认识，在本次清洁生产审核结束之际，该厂决定以此为契机把清洁生产作为企业生产工作中的一项主要内容持续开展下去。根据清洁生产提倡大力实施无/低费方案的原则，现已制定《用水管理规定》、《用煤管理规定》、《原辅料管理规定》、《包装物管理规定》等一系列与实施清洁生产相关的规定，纳入到企业日常管理工作制度中，要求各部门严格贯彻执行。为推动清洁生产在全厂的进行，厂部尚拟设立清洁生产奖励基金，对清洁生产工艺开展得好、成绩突出的部门予以奖励，对不认真执行规定的部门予以经济处罚。结合企业财务状况和生产需要，厂部又将部分中/高费方案列入××××年度生产综合计划年内实施，并责成财务部门单独设立清洁生产方案实施账目以及时掌握实施效果。

（2）持续清洁生产计划　为巩固清洁生产成果，不断研究新技术、解决新问题，使清洁生产贯穿于企业生产始终，又特拟订了今后五年的持续清洁生产计划，见表8-13，以期通过清洁生产实现预防污染目标、满足社会需要，从而创造更大的社会效益、环境效益和经济效益。

表8-13　持续清洁生产计划

项目	时间	工作内容
清洁生产审核	××××～××××	组建清洁生产领导小组，审核小组保留原组织，根据需要增补新成员，每年开展一轮清洁生产审核
预防污染方案实施	××××～××××	完成酵母压榨机、安装稀麦汁罐等改造方案的实施，进行全厂所有车间（包装二车间除外）温水采暖改造，继续在酿造车间及相关部门推行清洁生产，实施无/低费方案
	××××～××××	完成地下综合水库、湿式粉碎、板式换热器方案的实施
	××××～××××	实施备选方案中F_2、F_5、F_6、F_7、F_8等方案，针对第二轮审核重点实施无/低费方案
	××××～××××	继续在原审核重点及相关部门实施清洁生产方案，实施废酵母综合利用项目及废硅藻土再生利用项目
清洁生产新技术研究与开发	××××～××××	组建清洁生产新技术研究与开发小组研究废硅藻土再生利用和废酵母综合利用
清洁生产培训	××××～××××	按年度对厂级干部、中层干部、工程技术人员、车间班组长进行清洁生产知识培训，对酿造车间、包装车间操作工人进行分批多次培训

8.2　某针织企业能源审计案例

摘要（略）。

8.2.1　审计目的和内容

8.2.1.1　审计目的

① 通过能源审计，了解企业能源利用、消耗、输送以及损耗等基本情况，为制定节能规划提供依据，为开展节能改造工作提供准确的方向。

② 在能源审计的基础上，制定相应合理的、科学可行的节能规划，并且要求全公司员工在日常工作中认真落实节能规划，以保证达到规定期间的能源削减量。

③ 通过能源审计，健全和完善能源管理和计量体系，健全和完善能源定额和奖励制度。

④ 通过能源审计，培养一批能源管理和计量的人才。

8.2.1.2　审计依据（略）

8.2.1.3　审计年度

审计年度为20××年。

8.2.1.4　审计说明

本次能源审计是企业第一次进行的较全面的能源情况调查。时间紧，工作的内容多，同时，公司部分现有计量仪表的安装未能满足或全部符合审计的要求。因此，审计报告有部分问题需要说明。

① 本次能源审计的范围只涉及公司直属的生产部门和辅助部门，与本公司合作的单位以及生活所用的能耗不在本次审计范围之内。

② 审计内容主要包括能源管理情况、用能情况及能源流程、能源计量及统计、能源消费结构、用能设备运行效率、产品综合能耗及实物能耗、能源成本、节能量、节能技改项目等。

③ 本次审计主要数据来源于日常生产统计表、能源购入表、部门能源消耗统计表等。对于不完整或缺少的数据，由各部门进行分析、核对，部分数据通过现场测试获得。

④ 在报告统计中，主要是使用当量值。在报告中涉及的换算系数见表 8-14。

表 8-14　能源基本换算表

序号	能源或工质	计量单位	能量换算系数	单位换算系数
1	重油	t	1.4286kgce/kg	
2	柴油	L	1.4571kgce/kg	1L=0.88kg
3	汽油	L	1.4714kgce/kg	1L=0.74kg
4	电力	kW·h	0.1229kgce/(kW·h)	
5	自来水	t	0.2571kgce/t	

8.2.2　企业基本情况

公司是由××上市公司控股的大型中外合资纺织企业。该公司成立于 20 世纪 80 年代。公司开展过清洁生产活动，并通过了省级清洁生产验收。公司占地×百亩。产品的种类有针织胚布、针织染色布和色纱三大类，以全棉产品为主，年产量在十万吨级，产品的合格率在 98%以上。公司主要的生产部门有染色厂、染纱厂、整理厂、织布厂等，主要的辅助生产部门有水处理站、热电站、锅炉房、动力部等。目前，公司安装了各种生产设备超过 1000 台(套)，有染纱、并纱、织布、染布、整理等针织品加工设备，还有热电联产、发电机组、水处理等辅助生产设备。部分生产设备达到国际先进水平，大多数生产设备达到国内先进水平，设备完好率在 95%以上。

公司生产部门多，公司实行分片分层管理模式，根据生产和工作的特点，先分成 6 个大块，由相应的助理总经理负责，生产和工作部门再分成 2～3 个层次进行管理。

8.2.3　主要生产工艺和能源系统

8.2.3.1　生产工艺

公司的生产是从棉纱作为基本原材料，经过各工序制成针织色布、针织胚布以及色纱等最终产品，工艺流程见图 8-8。

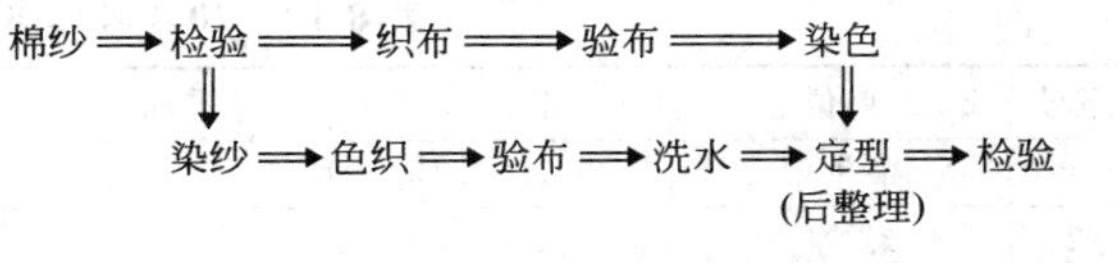

棉纱 ⟹ 检验 ⟹ 织布 ⟹ 验布 ⟹ 染色
检验 ⇓ 染纱；染色 ⇓ 定型
染纱 ⟹ 色织 ⟹ 验布 ⟹ 洗水 ⟹ 定型(后整理) ⟹ 检验

图 8-8　生产流程示意图

8.2.3.2　工艺能源消耗情况

20××年，生产过程中消耗的能源有重油、电、柴油、汽油和工质水。

① 重油是消耗量最大的燃料，用于热电站和热载体锅炉，全部外购。20××年重油消耗情况见表 8-15。

表 8-15　20××年重油的消耗情况　　单位：t

项目	热电站	热载体锅炉	损耗	合计
消耗量	68256.93	9664.25	115.27	78036.45

重油消耗比例见图 8-9。

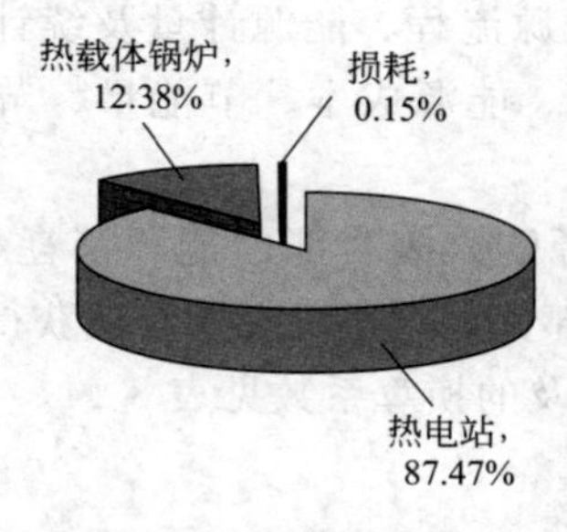

图 8-9　20××年重油消耗比例示意图

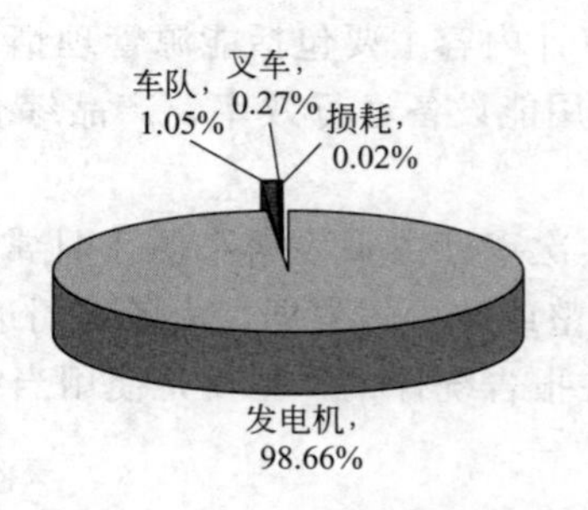

图 8-10　20××年柴油消耗比例示意图

② 柴油用于备用发电机、运输车队、厂内叉车等，全是外购，20××年消耗情况见表 8-16 和图 8-10。

表 8-16　20××年柴油消耗情况　　单位：万升

项目	发电机	车队	叉车	损耗	合计
消耗量	1460.509	15.576	3.955	0.226	1480.266

③ 汽油全是用于运输汽车外运的使用。同时，所耗的汽油是车辆在外加油站购买，公司本身不存有汽油。因此，在本审计报告中将不涉及汽油的讨论。

④ 电是来自于热电联产、柴油机发电以及市政管网供应，20××年电力消耗情况见表 8-17。

表 8-17　20××年电力消耗情况表　　单位：kW·h

项目	市政供电	柴油发电	电热联产发电	总计
消耗量	43394483	49332810	75045801	167773094

8.2.3.3　用能系统

（1）用能基本情况　在能源审计中，根据公司的特点，将按统计部门分成染色厂、染纱厂、整理厂、织布厂、动力厂、辅助部门、储运部门、办公部门以及合作单位。

主要用能系统有热电联产系统、电力系统、热力系统和供耗水系统。20××年各部门能源消耗情况见表 8-18，图 8-11 是整个公司能耗系统的示意图。

表 8-18　20××年各部门能源消耗情况

序号	单位	蒸汽/t	重油/t	柴油/L	电力/度	水①/万吨
1	染色厂	501983.45	—	—	35005287	637.19
2	染纱厂	184554.94	—	—	42927104	186.99
3	整理厂	62467.05	9779.52	—	30316786	119.61
4	织布厂	—	—	—	15900430	18.37
5	动力厂	—	68256.93	14606506	16778171	92.34
6	辅助部门	—	—	—	11968316	35.07
7	储运部门	—	—	196151	497794	5.85
8	办公部门	—	—	—	9816134	18.37
9	合作单位	—	—	—	1305909	71.81
10	合计	749005.44	78036.45	14802657	164515931	1185.60

① 包括自来水和自制水。

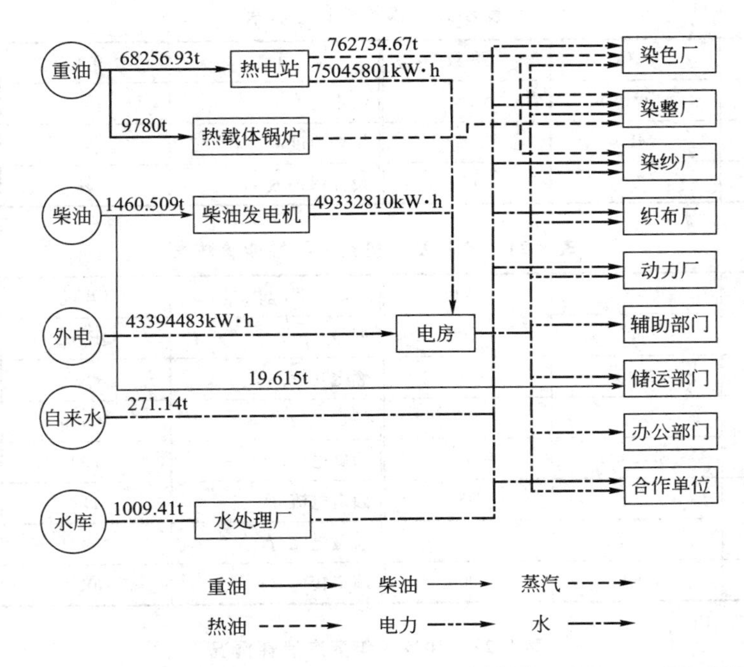

图 8-11　20××年企业能源系统图

注：在实际中，自来水供水管和水库自制水不是使用同一个供水系统，为了便于表示，图中表示为同一个系统。

（2）热电联产系统

① 蒸汽和电供应量。20××年，热电站的对外供应蒸汽和电量情况见表 8-19。

表 8-19　20××年蒸汽供应量和电力供应量

品种	蒸汽		电力	
	单位	数量	单位	数量
实际外供量	t	762734.67	kW·h	66216183
当量值	tce	18465.88	tce	9222.38

用当量值表示时，蒸汽和电量所占比例情况见图 8-12。

② 热电联产系统简介。该热电联产系统包括了燃料输送系统（重油经预热后喷入炉膛）、供水系统（水经过软化、省煤器预加热、除氧器除氧加入到锅炉）、锅炉蒸汽产生系统（水经加热成为过饱和蒸汽进入蒸汽母管）、烟风系统（锅炉烟气经省煤器、空气预热器和除尘脱硫后外排）以及蒸汽输送系统（过饱和蒸汽经减温减压输入车间或进入汽轮发电机组发电后供给车间）。

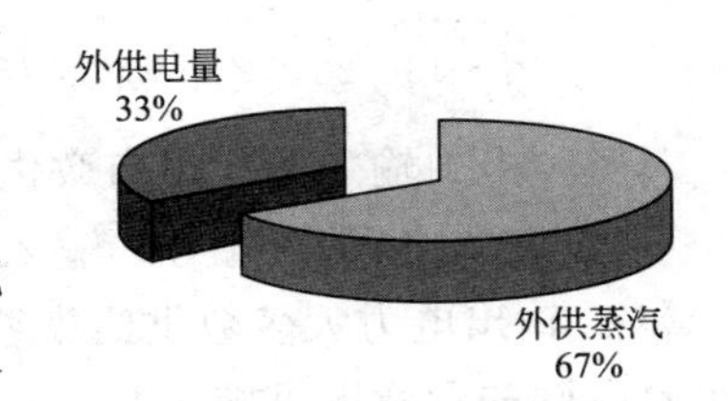

图 8-12　蒸汽和电量所占比例

③ 热电联产主要设备的技术指标。热电联产系统中，主要设备的技术指标见表 8-20、表 8-21。

④ 蒸汽消耗。20××年，各部门蒸汽消耗情况见表 8-22。

表 8-20 锅炉设计参数表

项目	单位	参数	项目	单位	参数
蒸发量	t/h	75	给水温度	℃	102～105
额定蒸汽压力	MPa	3.82	排烟温度	℃	600～700
额定蒸汽温度	℃	450	设计锅炉效率	%	92

表 8-21 汽轮发电机组主要性能参数表

汽轮机	1#机	2#机	发电机	1#机	2#机
额定功率/MW	6	7	型号	QF-6-2	QF-7-2
进汽压力/MPa	3.43	3.43	额定功率/kW	6000	7000
进汽温度/℃	435	435	额定电力/V	10500	10500
抽汽压力/MPa	0.785	0.785	励磁电压/V	109	124
抽汽量/(t/h)	—	35	额定电流/A	412	481
排汽压力/MPa	0.0072	0.0072	励磁电流/A	233.4	266
额定转速/(r/min)	3000	3000	额定转速/(r/min)	3000	3000

表 8-22 20××年蒸汽消耗情况

部门	染色厂	染纱厂	整理厂	损耗和误差	合计
蒸汽/t	501983.45	184554.94	62467.05	13729.24	762734.68
比例/%	65.81	24.20	8.19	1.80	100

蒸汽消耗比例见图 8-13。

(3) 电力系统　电力供应是由三部分组成：热电联产、柴油发电机以及外购电。20××年，三种来源的供电量和比例情况见图 8-14。

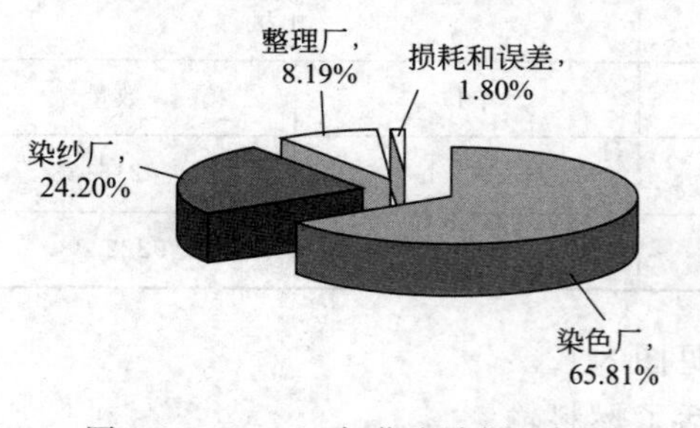

图 8-13　20××年蒸汽消耗比例图

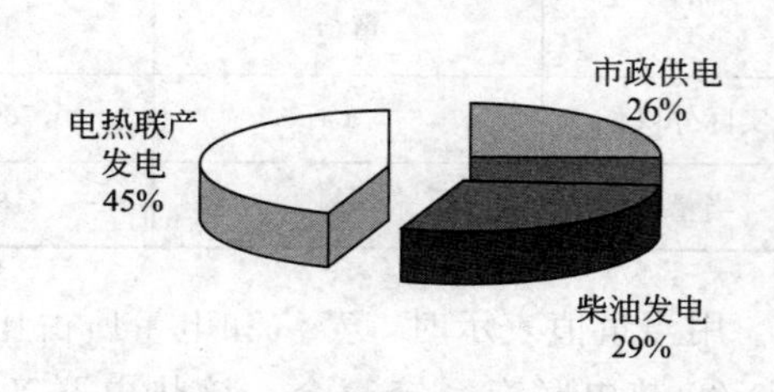

图 8-14　20××年供电比例

整个电力输送系统由市政供电网、热电供电网以及柴油机供电网等部分组成。

① 市政电网的电力。输入电压为 10000V，分别通过 6 个变压器变压，输出电压为 400V。输出电力大多数供给染纱厂和生活区使用，少部分输出给行政大楼和中心大楼使用。市政电网的示意图见图 8-15。

调研中，查看了 20××年全年市供电局发的有关资料，市政电网功率因数在 0.87～0.92 之间。

② 热电联产电网。热电联产电网以 10000V 输出。输出电力通过 9 个变压器变压后，输给生产等部门和热电站使用。变压器输出端电压为 400V，考虑到安全，热电站的电网与柴

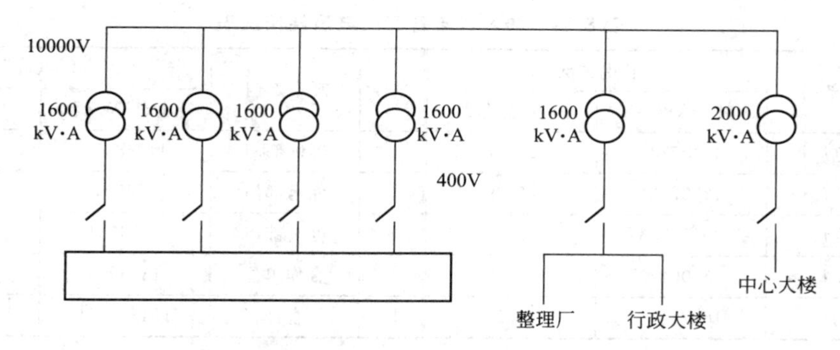

图 8-15　市政电网示意图

油机电网可以相互切换。热电联产电网的示意图见图 8-16。

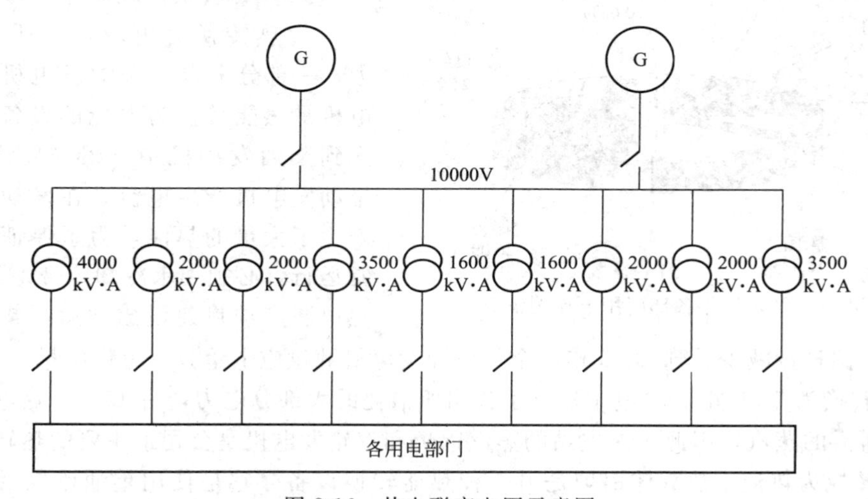

图 8-16　热电联产电网示意图

调研中，检查了 20××年热电站的记录，其中电网功率因数在 0.85～0.91 之间。

③ 柴油发电机电网。柴油发电机电网实际上是由四个柴油发电机组组成的。每个柴油机组有多台柴油机发电，并组成一个小电网。柴油发电机电网的电压为 400V。柴油四个柴油发电机组以及电网组成的情况见表 8-23。

表 8-23　柴油机组以及电网情况

机组编号	1 号电站	2 号电站	3 号电站	4 号电站
输出电压	400V	400V	400V	400V
输向地点	锅炉房、染色厂等	染纱厂、织布厂等	行政大楼、办公室等	染纱厂、水处理站、油库等

④ 电力消耗。全年各个部门电消耗情况见表 8-24，各部门用电见图 8-17。表中的数据包括了全公司电网损失的分摊以及各个部门内的损耗。

从表 8-24 和图 8-17 可见，染纱厂是电力消耗最大的部门。就全公司生产而言，染整生产（染色厂、染纱厂和整理厂）的耗电占了全公司总电耗的 65.79%，因此，染整产品是公司的主要电耗产品。同时，在调研中发现，水泵站和水处理站的电耗约占全公司总电耗的 7.27%，属于较高的比例。因此，对于公司来说，节水不仅对减少废水有意义，同时对减少能耗也有很大的意义。

表 8-24　20××年各部门电消耗情况表

序号	耗电部门	耗电情况		序号	耗电部门	耗电情况	
		耗电/(kW·h)	所占比例/%			耗电/(kW·h)	所占比例/%
1	染色厂	35005287	21.27	6	辅助部门	11968316	7.27
2	染纱厂	42927104	26.09	7	储运部门	497794	0.30
3	整理厂	30316786	18.43	8	办公部门	9816134	5.97
4	织布厂	15900430	9.66	9	合作单位	1305909	0.08
5	动力厂	16778171	10.20	10	合计	164515931	100

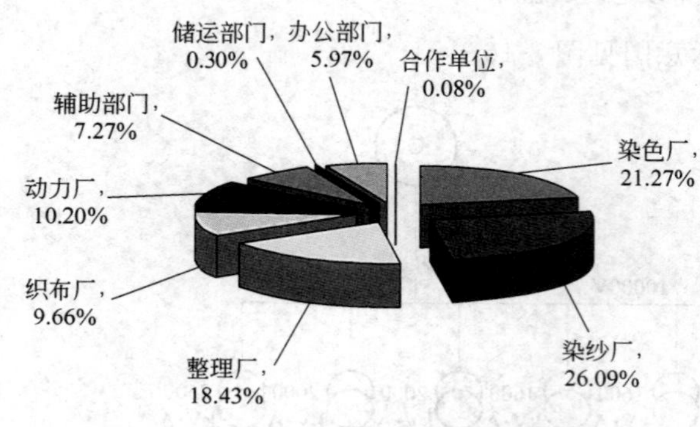

图 8-17　20××年各部门用电比例情况

(4) 热力转换系统

① 热力转换情况简介

a. 热转换为电。公司所使用的电力，一部分来自于柴油发电机。柴油发电机是热能转换为电能的设备。柴油输入到柴油发动机中，燃烧后产生动力，推动发电机产生电流。在发动机运行中产生了大量的热能，为了保证设备的正常运行，必须用水冷却，带走部分热量。热电联产项目建设成功后，柴油发电机发电所占比例日益减少。到 2005 年，全年柴油发电机的供应电量只占总供电量的 29%。

b. 热转换为蒸汽/电。热电站提供了公司所消耗的大部分电力，占 45%。热电站同时提供了生产所需的蒸汽，因此，热电站的蒸汽锅炉和汽轮发电机是公司最主要的热转换设备。

c. 热转换为热油。热载体锅炉是另一种热能转换设备，它是使用重油燃烧后产生的热能加热具有较低温度的导热油，导热油获得热能后产生较高的温度，然后输送到热定型机中，在热定型机中，导热油与空气进行间接的热交换，热空气用于织物的干燥和成型。

② 热力消耗情况简介。热能的使用有三种形式：即蒸汽间接加热、蒸汽直接加热和高温导热油间接加热。

a. 蒸汽间接加热。蒸汽间接加热是主要的加热方式。各种型号的染色机、染纱机、干布机等都是使用蒸汽间接加热方式，但加热的介质不同。在染色机和染纱机设备中配有热交换器。蒸汽在热交换器中与浴液发生热交换，蒸汽失去热量，冷凝成水；浴液接受热量，根据工艺的需要或者升高温度，或者保持着一定的温度。在干布机中，蒸汽在热交换箱中与空气发生热交换。蒸汽失去热量被冷凝，空气接受热量成为高温热空气，用于干燥织物。

b. 蒸汽直接加热。用于蒸汽直接加热的只是少数设备，如预缩机，蒸汽通过减压，经蒸汽喷嘴直接地喷射在织物表面，使织物在高温下湿润，纤维的应力降低，保持织物的成型。直接加热的另一个用途是在热定型机的机尾，为定型后的织物加湿，保持一定的湿度。从蒸汽消耗的总数来看，直接加热所耗蒸汽量不到 0.1%，可以忽略不计。

c. 导热油间接加热。从热载体锅炉出来的高温导热油，温度在 200～240℃。高温导热油经过导油管进入热定型机中加热室的散热管道，散热管道与加热室内的空气发生热交换，并在风机的作用下使加热室中的温度均匀。通过控制高温导热油的流量、风机的速度以及加热室的排风速度等，可以按工艺的要求升温、降温或者保温。经过热交换后的热油，温度降低到 200～220℃，经油泵的作用，回到热载体锅炉加热。

20××年，热力的种类和消耗的情况见表 8-25 和图 8-18。

表 8-25 20××年生产部门热能消耗情况

序号	热能种类	染色厂	染纱厂	整理厂
		tce	tce	tce
1	蒸汽	12153.49	4468.16	3382.15
2	高温热油	—	—	9779.52
3	小计	12153.49	4468.16	13161.67
4	总计	29783.32		

注：1. 表中的 tce 均为当量值。

2. 高温导热油的耗量是以热载体锅炉所耗重油量计算。

③ 企业热力系统。公司热力系统可以分成两个部分，一是蒸汽热力供应系统，二是高温导热油热力供应系统。

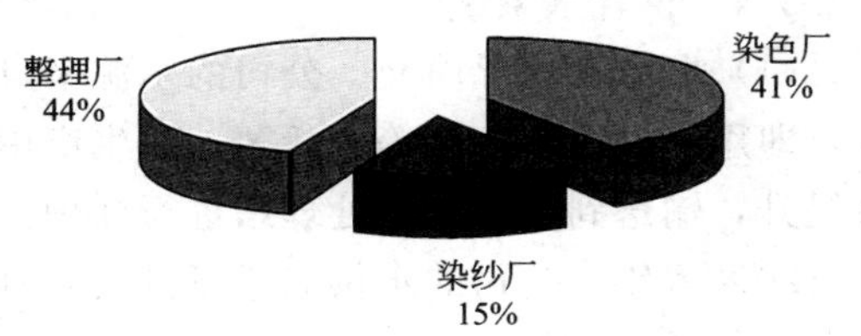

图 8-18 20××年主要生产车间热能消耗比例图

a. 蒸汽热力供应系统。经过做功或者减温减压后的蒸汽，温度在 170～180℃，压力为 0.7～0.8MPa。通过 4 条 DM450 的主蒸汽管进入两个分汽缸，分 8 条 DM300/300 支管进入各个生产车间的分汽缸。经过蒸汽的分配，到各个使用蒸汽的机台。另外，在主蒸汽管中，有一条 DM450 蒸汽管直接进入车间的分汽缸。整个蒸汽供热系统的压力均保持 0.7～0.8MPa。

20××年能源转化和输送见图 8-19。

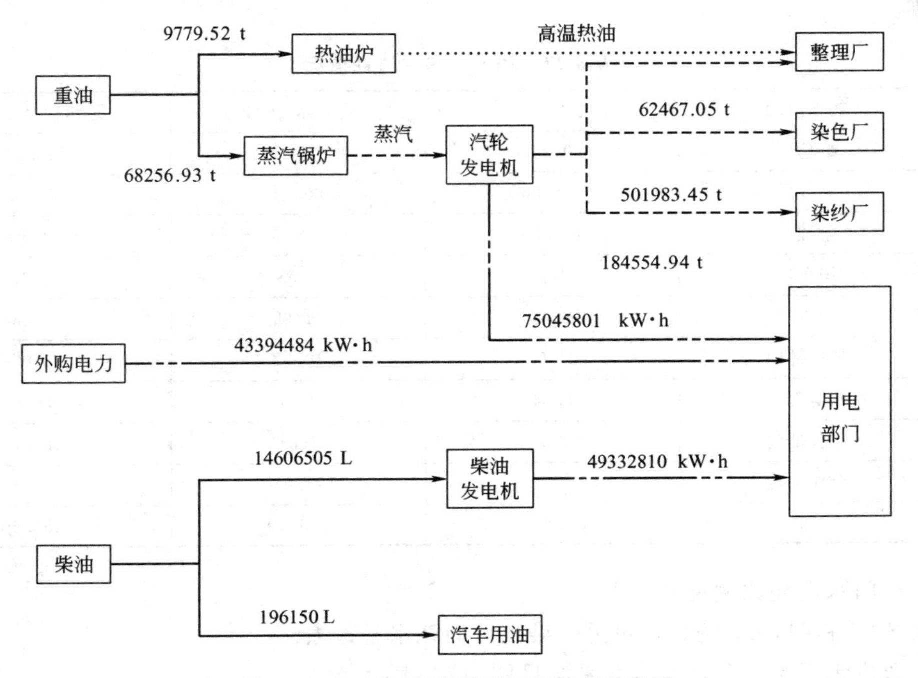

图 8-19 20××年能源转化和输送示意图

b. 高温导热油热力供应系统。高温导热油热力供应系统比较简单。每台热载体锅炉通过6″的管道将加热到高温的导热油输出，导油管接到消耗热能的定型机中，对空气进行加热。经过热交换后的较低温的导热油再回到热载体锅炉里加热，工作原理见图8-20。

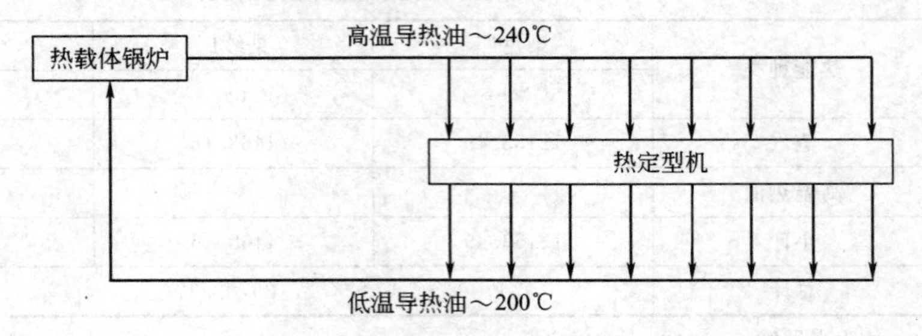

图8-20 导热油热力系统示意图

8.2.3.4 供耗水系统

（1）取供水情况简介 公司的水源来自两个方面，自来水和水库水。自来水用于生活用水，即用于厨房、宿舍等生活区。而生产用水主要是用于自制水，自制水取自水库，经过两级提升，输送到厂内的水处理站进行处理。

20××年，公司的水供应量可见表8-26，供水比例情况见图8-21。

表8-26 20××年水供应量

自制水		自来水		总量	
数量/万吨	比例/%	数量/万吨	比例/%	数量/万吨	比例/%
1009.41	78.83	271.14	21.17	1280.56	100

全年各个部门水消耗情况见表8-27，表中的数据包括了各部门内的损耗以及全公司损耗的分摊。

表8-27 20××年水消耗情况

序号	耗水部门	自制水/万吨	自来水/万吨	总消耗量/万吨
1	染色厂	602.12	35.07	637.19
2	染纱厂	166.95	20.04	186.99
3	整理厂	106.25	13.36	119.61
4	织布厂	11.69	6.68	18.37
5	动力厂	80.65	11.69	92.34
6	辅助部门	25.05	10.02	35.07
7	储运部门	3.34	2.51	5.85
8	办公部门	13.36	5.01	18.37
9	合作单位	—	71.81	71.81
10	合计	1009.41	176.19	1185.60

各个部门水消耗比例见图8-22。

从表8-27和图8-22的数据可见，染色厂的耗水量最大。

（2）取供水系统 公司取供水系统见图8-23。

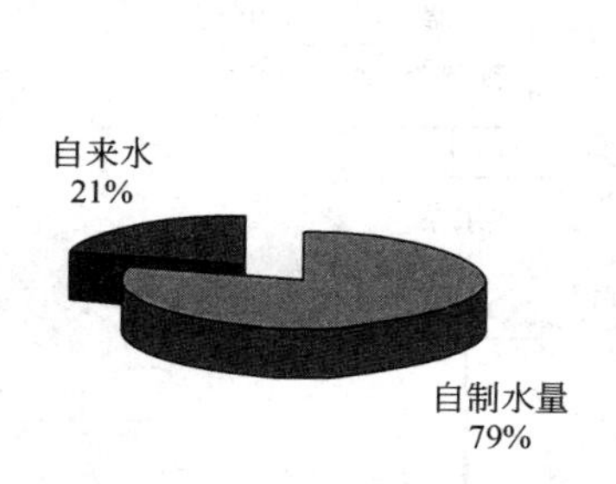

图 8-21　20××年水供应比例图

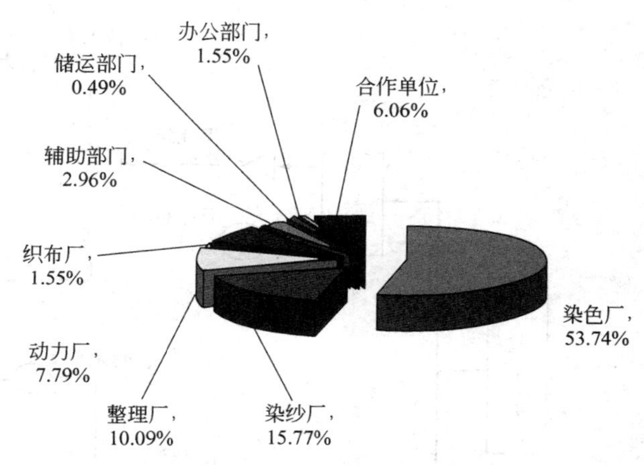

图 8-22　20××年各部门水耗比例图

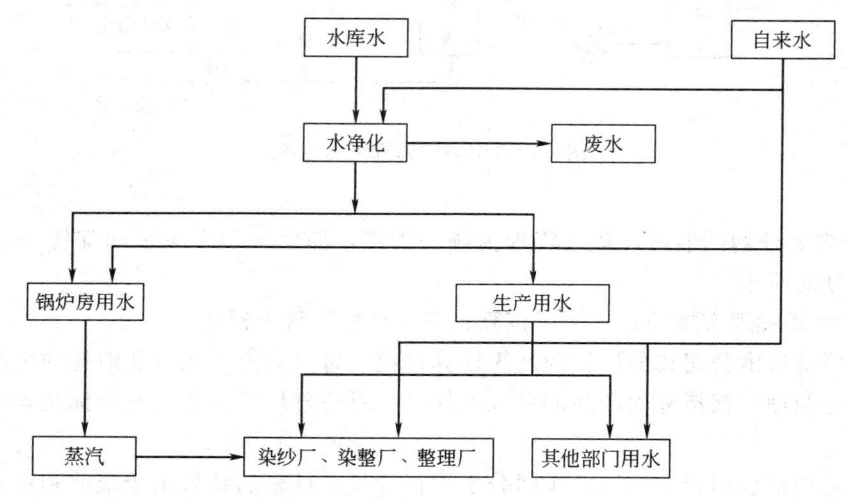

图 8-23　供水以及消耗系统图

8.2.3.5　**其他能源转换系统**

其他能源转换系统有空气压缩系统和空调制冷系统。

(1) 空气压缩系统　由于全公司使用压缩空气的车间和部位较多。因此，没有建立全公司统一的压缩空气中心和统一供气系统，而是在每个使用压缩空气较多的车间，自行建立压缩空气站，供本部门使用。主要使用压缩空气的车间有染色厂、染纱厂、整理厂和织布厂。

(2) 空调制冷系统　公司空调制冷由两部分组成——中央制冷系统和分体空调。

中央空调机组示意图见图 8-24。

分体空调分布在各个办公室和车间使用点。分体空调的种类有分体柜式、分体窗式以及窗式等。大于 10kW 的空调机已作为主要用能设备，列入主要用能设备表。

8.2.3.6　**主要用能设备**

经过调研和统计，将使用功率在 10kW 以上的设备定为主要耗能设备，设备表略。

8.2.4　能源管理系统

8.2.4.1　**能源管理分类**

能源管理分成能源购入管理和能源消耗管理两个部分，实行能源采购和能源消耗分系列

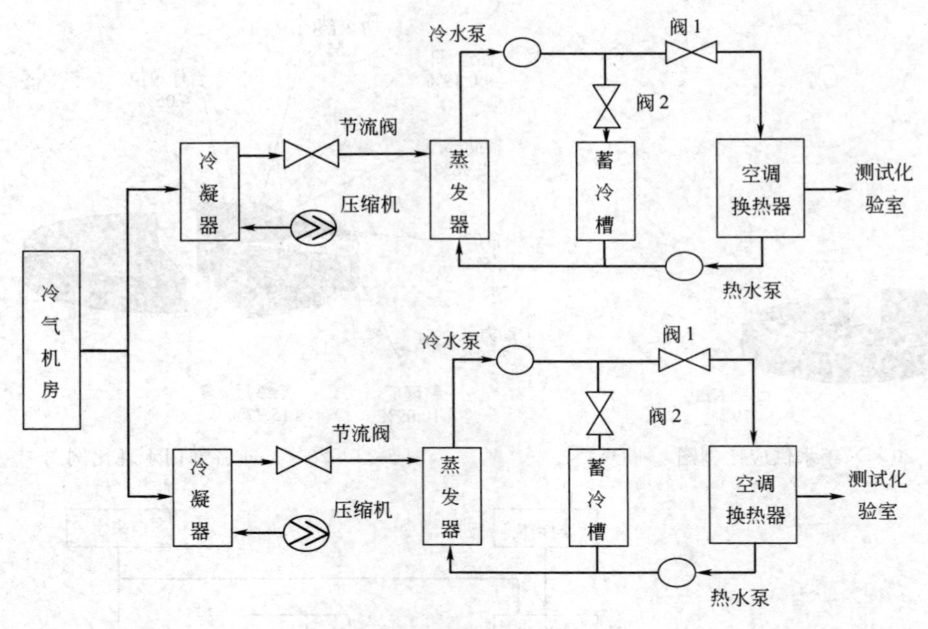

图 8-24 中央空调机组示意图

管理。

① 对于需要外购的能源，购入管理为统一管理，即由公司中央采购部统一计划、统一采购和统一分配使用。

② 能源消耗管理实施的是“两级核算、三级计量”管理模式。

两级核算是指由公司和分厂作为两级核算单位，每月对能源领取和消耗的情况统计和核算，对公司总经理考核指标为产品的单位消耗量。对各分厂厂长考核的指标是本厂单位产品的消耗量。

三级计量是指公司、分厂以及车间分别进行计量，计量的结果用于统计和考核。各个分厂都设置专职人员进行记录各个时期的消耗量、制成专门的统计报表，用于上一级统计和分析。

8.2.4.2 能源管理机构

公司建立能源管理机构和系统。整个能源管理机构组成见图 8-25。

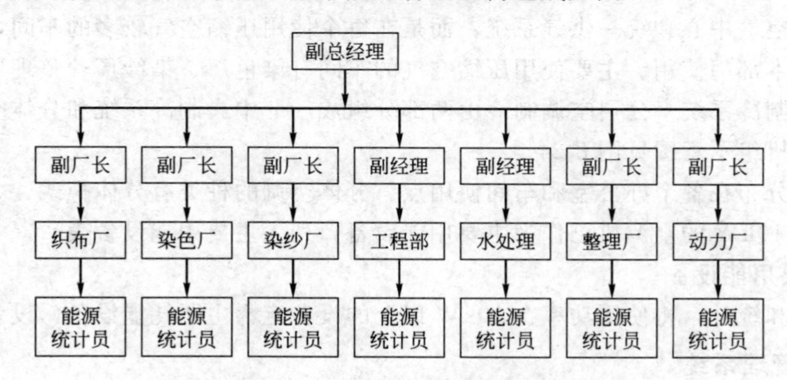

图 8-25 公司能源管理机构组成

能源管理小组的组成见表 8-28。

表 8-28 能源管理小组组成

职务	姓名	小组职务	职　责
总经理		组长	能源管理工作计划和统筹
助理总经理		副组长	能源管理工作具体实施和安排
染整厂厂长		组员	染整厂能源管理工作
染纱厂厂长		组员	染纱厂能源管理工作
水处理部		组员	环保、供水等方面能源管理工作
工程部主管		组员	动力设备的能源管理工作
工程部工程师		组员	设备、仪表等管理工作
财务部会计		组员	能源管理工作经济分析

从实际调研的情况发现，虽然公司在能源管理方面做了许多工作，但是，由于缺乏一个专职的、统一的由上至下进行规划和领导的机构，使能源管理工作可能存在缺陷和漏洞。

8.2.4.3 能源管理制度建设

公司的能源管理制度是在不断的建设过程中形成和完善的。目前，已建立的管理制度有如下部分。

(1) 能源采购制度　采购管理制度主要规定了如下内容。

① 选择能源供方。除考虑价格、运输等因素外，还有对所供能源的质量进行评价，确认供方的供应能力，选定符合要求和稳定的能源供方。

② 签订采购合同。合同应明确输入能源的数量和计量方法、输入能源的质量要求和检测方法、对数量和质量发生异议时的处理规则。

③ 贮存。标明各种能源的贮存注意事项，如温度、湿度、密封性等。

(2) 审批管理制度　该制度主要规定了如下内容。

① 相关部门根据本企业下个月度、季度或者年度的生产计划，为保证生产正常运行，对能源需求量所作出的购买计划、使用计划上报公司领导及得到决策回复的相关程序。

② 能源统计负责部门对整个企业及各用能部门、单位上月度、季度或者年度使用的能源总量进行统计后，上报公司领导的相关程序。

③ 能源消耗定额制定的审批程序。所制定的定额包括各用能单位、主要耗能设备和工序的能源消耗定额，及根据生产条件变化和完成情况，及时修订的能源消耗定额。

(3) 能源财务管理制度　能源财务管理主要是能源采购计划确定后，购买能源所需资金的划拨及核算。

能源财务管理主要包括以下内容。

① 能源购买资金的划拨。采购部门根据已经审批的能源采购计划所需的各种能源总量及能源供应商提供的报价，计算所需资金，进行款项申请及划拨的相关程序。

② 能源费用的核算。包括财务部门根据能源的购物申请单、进货单、发票对企业能源的费用进行总核算；根据各用能单位能源的使用量，对各用能单位能源的费用进行独立核算。

(4) 能源生产管理制度　企业对能源的分配和传输进行管理，目的是保障安全连续供给，确保生产正常及有效进行。还要通过优化工艺、耗能设备经济运行，合理有效地利用能源。

能源生产管理主要包括以下内容。

① 明确界定内部能源分配传输系统的范围及有关单位和人员的管理职责和权限，有关的管理工作原则和方法的规定。

② 对内部能源分配传输系统的合理布局设置、合理调度、优化分配作出的相关规定。

③ 明确内部输配电线路、供水、供气、供汽、供热、供油管道的管理细则，包括定期巡查；测定其损耗；根据运行状况制订计划，合理安排检修等。

④ 优化工艺的规定。包括合理安排工艺过程，充分利用余热、余压、回收放散可燃气体等的管理。

⑤ 耗能设备经济运行。包括根据设备特性和生产加工需要，合理安排生产计划和生产调度，使耗能设备在最佳状况运行的相关管理。

(5) 能源计量统计制度　能源计量统计制度的确立及实行，是企业进行能源计量、能源利用率统计、能源使用及调整的基础。

能源计量统计管理主要包括以下内容。

① 明确企业能源的范围。应包括一次能源、二次能源和耗能工质所消耗的能源。

② 企业能源供入量统计。应包括各类能源购入量、库存增减量、亏损量、外供量、供入量等。

③ 企业能源加工转换统计。应包括企业内生产的各种二次能源和耗能工质的数量，生产的各种二次能源和耗能工质所消耗的各种能源数量，生产二次能源低位发热量，耗能工质的工作参数，以及加工转换设备效率等。

④ 企业能源输送分配统计。能源输送分配分两大类：一类是管道输送的能源与耗能工质，如各种液体燃料、气体燃料和液体、气体的耗能工质；另一类是电能输配。

管道输送能源统计包括：输送能源或耗能工质数量，管道进口及出口端的压力、温度等参数，输送损失能量等。

以漏失量计算输送损失能量。

电能输配统计包括：变电站向各用电单元的供出电量、用电单元的接收电量、输配电损失电量等。

(6) 企业能源消费统计　企业能源消费统计分两部分：一部分是企业在生产中消耗的各种能源的耗能工质，另一部分是非生产单位、职工生活和外供的各种能源和耗能工质。

① 企业生产中消耗的各种能耗统计包括：主要生产系统、辅助生产系统、采暖（空调）、照明、运输和其他六个用能单元所使用各种能源和耗能工质的数量，企业总综合能耗，企业单位产值综合能耗，产品单位产量综合能耗。

② 非生产用能的统计包括：转供外销的各种能源数量，基建项目使用的各种能源数量，其他非生产使用各种能源数量等。

③ 回收利用能源的统计。从生产过程中回收利用各类已使用过的能源，应统计其数量、温度、压力，或可作为燃料使用的低位发热量。

(7) 企业能源统计报表　以表格形式科学、准确、简明地描述企业用能过程中能源购入、消费和贮存的数量关系。

(8) 能源计量器具管理制度　能源计量器具的合理配备计量和管理，保证其准确可靠，是进行能源计量统计的基础。能源计量器具管理主要包括以下内容：

① 能源计量器具的配备管理。包括计量检测点（根据企业水、电等能源分布情况确定

一、二、三级能源计量）；计量特性指标（主要是准确度、稳定度、量程、分辨率等，合理配置通用、专用的计量设备）；计量器具的配备数量（考虑不影响正常生产情况下因突然损坏、送检等原因所需合理的配用量）的相关规定。

② 能源计量器具的使用管理。包括计量器具的采购、运输、验收、贮存、发放、安装、维护、定期检定和校准、检定结果的处理、降级、报废的有关规定。

③ 对各计量器具的相关指标进行记录。包括计量器具的数量、型号、规格、准确度、稳定度、量程、分辨率等。

④ 计量器具使用记录。包括计量器具验收、维护、检定等相关情况的记录。

（9）能源消耗定额、考核和奖惩制度。企业应制定能源消耗定额，作为判断能耗状况是否正常的重要依据，并考核完成情况。能源消耗定额、考核和奖惩制度主要包括以下内容。

① 能源消耗定额管理。

a. 能源消耗定额的制定。根据企业设备、生产技术等情况，制定的定额包括：各用能单位、主要耗能设备和工序的能源消耗定额；根据生产条件变化和完成情况，及时修订能源消耗定额。

b. 能源消耗定额的下达和责任。能源消耗定额按规定的程序逐级下达，并明确规定完成各项定额的责任部门、单位和责任人。

② 能源消耗考核

a. 各二级计量部门，根据自身情况，确定每年能源消耗考核的周期、次数。

b. 实际用能量的计量和核算。落实有关人员的职责，按规定的方法，对各用能单位、主要耗能设备和工序的实际用能量进行计量、统计和核算，在规定时间内报告。

c. 各部门对本部门的总综合能耗，单位产值综合能耗，单位产品产量综合能耗进行统计和核算。

d. 各部门能源主管人员定期对本部门能源消耗状况及其费用进行分析，根据本部门的特点，运用数理统计方法对能耗有关数据进行处理，设计和绘制各种图表，用以对能耗状况进行经常性分析。

根据各部门的特点，选定适当的方法对定额完成情况进行考核和奖惩。

8.2.4.4 能源计量管理

公司需要进行能源计量的有重油、电力、蒸汽、自来水、柴油五大块，各有对应的计量系统。

（1）计量级别的划分　在审计过程中，根据国家标准结合公司的具体情况，划分计量系统的级别，见表 8-29。

表 8-29　能源计量级别的划分

能源	一级计量	二级计量	三级计量
重油	公司总消耗	热电站消耗、整理厂消耗	每台蒸汽锅炉和热载体锅炉消耗
电	市政电网 热电站总表	各分厂、各部门消耗	主要班组、生产线消耗
蒸汽	蒸汽锅炉出口	发电机组、分厂和部门消耗	染色班组、染纱班组等消耗
水	市政水网总表 自制水总表	分厂或部门	生产班组

（2）能源计量器具情况　根据以上分类，通过统计计算，企业能源计量器具的配备率和完好率分别为 87.6 %和 100%，见表 8-30。

表 8-30　能源计量器具汇总表

能源计量类别	Ⅰ级				Ⅱ级				Ⅲ级				综合	
	应装数	安装数	配备率	完好率	应装数	安装数	配备率	完好率	应装数	安装数	配备率	完好率	配备率	完好率
	台	台	%	%	台	台	%	%	台	台	%	%	%	%
电	12	12	100	100	26	26	100	100	50	50	100	100	100	100
蒸汽	5	5	100	100	3	0	0	—	12	0	0	—	25	100
水	7	7	100	100	32	21	65.6	100	65	62	95	100	86.5	100
重油	2	2	100	100	3	2	66.7	100	26	26	100	100	97	100

（3）各种能源的计量系统

① 电力计量系统。电力的供应渠道有自产和外购两部分，自产中又分热电站发电和柴油机发电。使用电力的部门最多，所有部门都使用电力。电力的计量范围大，需要安装的计量仪表最多。在每个电柜输出端都有计量表。

② 重油计量系统。重油的计量分成两个部分——热电站计量和热载体锅炉计量。热电站计量系统比较完整。表 8-31 是热电站重油计量仪表情况。

表 8-31　热电站重油计量仪表情况

计量地点	储油罐	输油主管道	锅炉油管
计量仪表类型	液平面标尺	流量表	流量表
数量/个	3	1	3

热电站重油计量系统的示意见图 8-26。

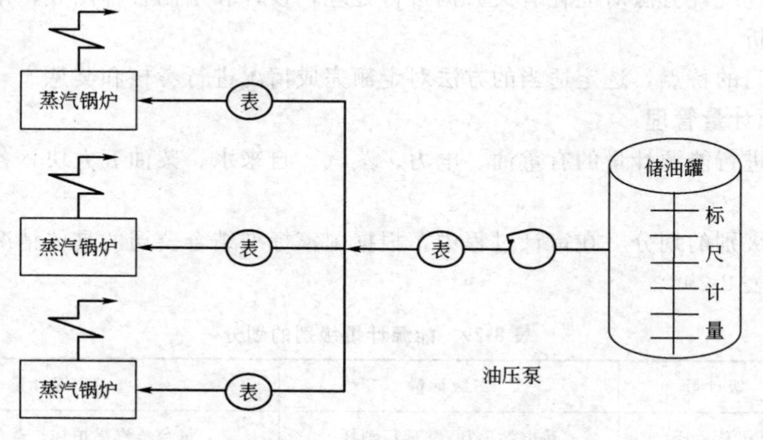

图 8-26　热电站重油计量示意图

热载体锅炉数量较多，每台热载体锅炉有一个储油箱，储油箱有计量表。

③ 蒸汽计量系统。蒸汽计量系统分成两个部分，一是热电站内的蒸汽计量，二是热电站外的蒸汽计量。热电站内的蒸汽计量比较完整，从锅炉蒸汽出汽到热电站，最后对外供汽，几个重要的部位都有蒸汽计量表。热电站内蒸汽计量系统见图 8-27。

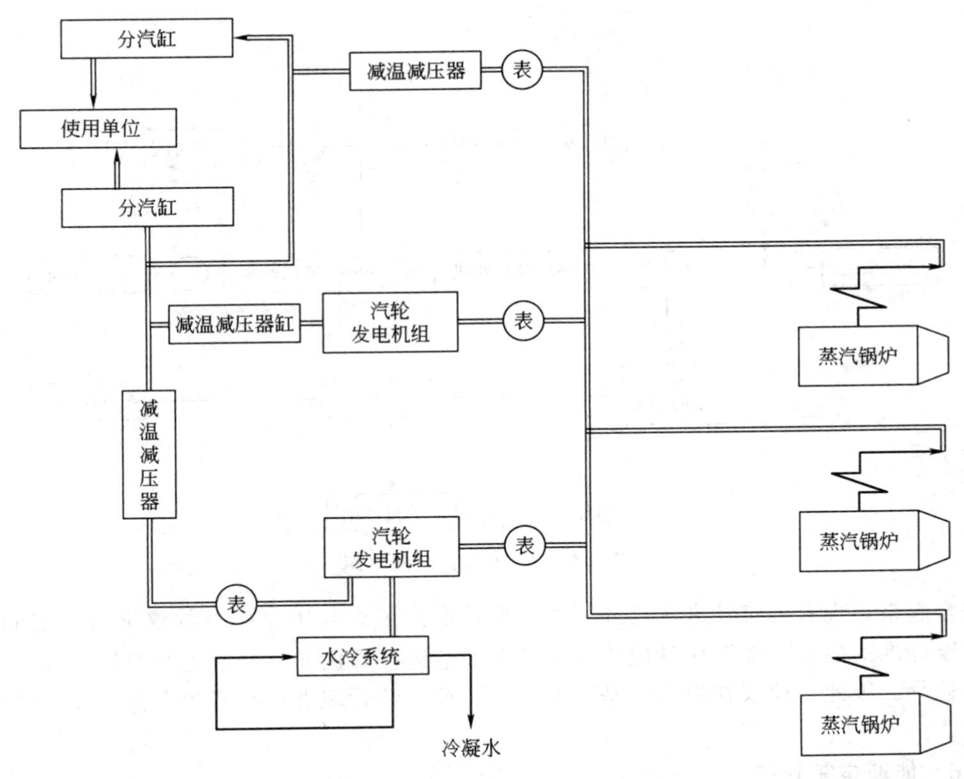

图 8-27 热电站蒸汽计量系统图

热电站外蒸汽计量系统不完整。其原因是公司的建设是分步进行的，逐步建厂，逐步增加，同时，各个部门所占区域也在不断变化。虽然使用蒸汽的部门不多，但是使用的点很多，部分是考虑到施工的方便，部分是考虑到使用和分配的比例。因此，会出现同一条蒸汽管输给不同的生产车间，也出现同一个生产部门有多条蒸汽管道供汽，按部门或生产车间安装蒸汽计量表有一定的困难，这是公司在能源计量方面存在的最大问题。目前，各个生产部门耗汽量是以标准品消耗量计算。

④ 水计量系统。水的用量最大，水的来源又分成水库水、自制水、自来水以及自制软水等，用水部门较多，全公司的一级水计量网络见图 8-28。各个部门内的水计量网络比较复杂，没有一一列出。

8.2.4.5 能源统计管理

能源统计管理是能源管理的重要组成部门，是分析能源消耗和利用情况的依据。能源统计的合理性、及时性以及准确性都影响到对能源管理的决策、能源利用效率的分析以及节能措施的成效评价。

公司的能源统计管理具有以下三个特点。

① 各二级计量统计差异较大。电耗有完整的详细的消耗统计，而蒸汽的统计不完整。

② 在已建立的统计系统中，各个部门统计是及时、详尽的，统计的时间也是统一的。例如，电的统计。

③ 部分先进设备具有独立的统计仪表和装置，即当一个生产批次完成后，生产设备马上可以显示该生产批次在生产过程中消耗的水电和蒸汽数量。

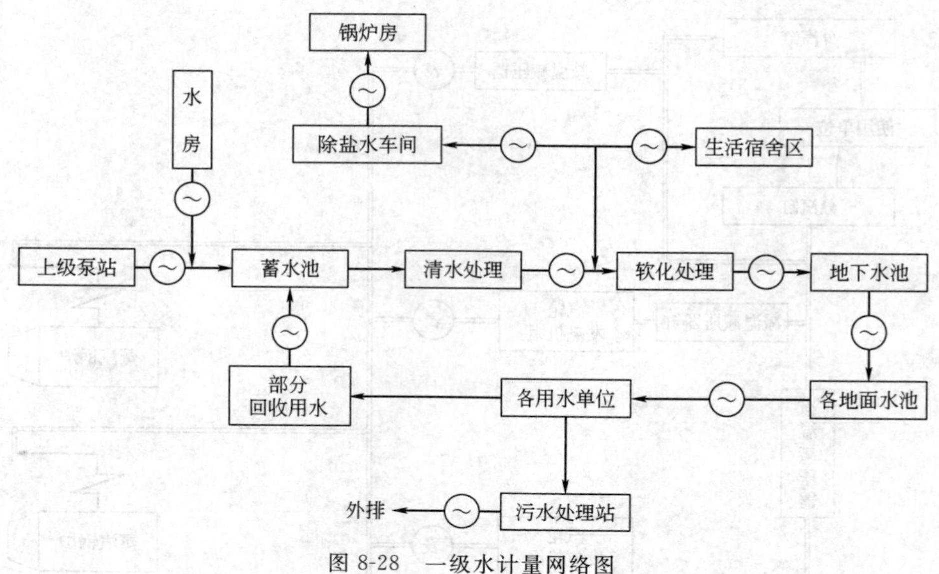

图 8-28 一级水计量网络图

综合起来，现有的统计方法已经不适应形势的发展，与国家标准的要求有一定的差距。根据国家标准的要求，能源统计应该分成几个环节进行，例如，分成生产消耗、辅助生产消耗、损耗等。因此，建议在原有的基础上，对能源统计管理进行改革和完善，以适应新的规范要求。

8.2.4.6 能源定额管理

能源定额管理是公司生产管理的一个重要组成部分，是对所有管理者和管理层进行考核的重要指标之一。从调研的情况来看，能源定额管理仍有待于改进的地方。能源定额管理需要改进的地方如下。

① 目前，能源定额管理制度中，指标比较粗，应该将有关指标落实到每个部门、车间、班组和员工，以提高管理的成效。

② 对于不同的部门和车间，有不同的能源定额指标，需要制定一些统计方法，增加不同部门定额的可比性，以提高所有部门员工的积极性。

③ 有关的定额指标更新太慢，不适应生产和形势的发展。因此，需要不断地细化定额指标，不断地更新定额指标，以保证达到节能的目的。

8.2.4.7 节能技改管理

节能技术改造是公司技术改造项目的一个重要组成部分。公司不仅进行生产设备节能的技术改造，而且还进行了能源综合利用的技术改造。例如，不断地引进小浴比的染色机、引进高热效率的干布设备、引进低能耗的工艺，同时还进行热电联产项目。

公司的节能技术管理由公司总经理负责，由中央工艺部、工程部、动力厂以及有关部门负责提出和实施。根据所进行的不同项目，由负责部门进行考核和检验。例如，涉及染色生产节能技术改造项目，由中央工艺部负责组织考核和检验；涉及能源转换节能技术改造项目，由动力厂负责考核和检验。

从近几年来实际运行情况来看，节能技改管理仍有需要改进的地方如下。

① 节能技改管理缺少详细的工作计划。公司应该根据社会发展、市场变化以及行业进步等情况，制定3～5年的中长期计划，以提高节能技改的经济效益。

② 进行节能技改项目应该综合性考虑，包括新设备引进与旧设备改造相结合、各种余热的综合利用、生产现场管理改进等，以提高节能技改的综合效益。

③ 有必要建立节能技改管理的机构。该机构负责提出计划，开展节能技改的前期研究和探讨，进行市场调研，收集市场信息。该机构应该由多学科多部门组成，还应该利用社会的力量。

8.2.5　能源利用状况分析

8.2.5.1　能源消费状况

审核年度能源费用结果见表 8-32。

表 8-32　20××年度能源消耗费用表

能源类型	购入量		单价		净费用/万元
	单位	数量	单位	数量	
重油	t	78036	元/t	2506.7	19561.28
外购电	kW·h	43394483	元/(kW·h)	0.77	3361.38
柴油	L	15385662	元/L	3.35	5154.2
汽油	L	85885.60	元/L	3.50	30.06
自来水	m^3	2711412	元/m^3	1.35	366.04

能源消耗结构情况见表 8-33。

表 8-33　20××年企业能源消费结构表

能源种类	单位	实物量	当量值	
			tce	%
重油	t	78036.45	111436.05	81.17
外购电	kW·h	43394483	5333.18	3.88
柴油	L	15385662	19728.24	14.37
汽油	L	85886	93.51	0.07
自来水	m^3	2711412	697.11	0.51
合计			137288.09	100

各种能源消费的比例见图 8-29。

20××年，各部门能源消耗情况见表 8-34。各部门消耗量中，已包含了本部门的能源损耗和系统分摊损耗。

表 8-34　20××年各部门综合能源消耗情况

序号	单位	综合能耗(当量值)		备注
		耗量/tce	比例/%	
1	染色厂	16545.53	8.95	
2	染纱厂	9795.40	5.30	
3	整理厂	19243.64	10.41	
4	织布厂	1971.33	1.07	
5	动力厂	133713.16	72.35	包括能源转换的消耗

续表

序号	单位	综合能耗(当量值)		备注
		耗量/tce	比例/%	
6	辅助部门	1496.65	0.81	
7	储运部门	472.76	0.26	包括了外运消耗
8	办公部门	1219.28	0.66	
9	合作单位	345.05	0.19	
10	合计	184802.80	100	

从上表可见，综合能耗最大的部门为动力部。但是，动力部是能源转化的部门，实际中生产部门中整理厂所消耗的能源综合最大，20××年各部门综合能耗的比例见图 8-30。

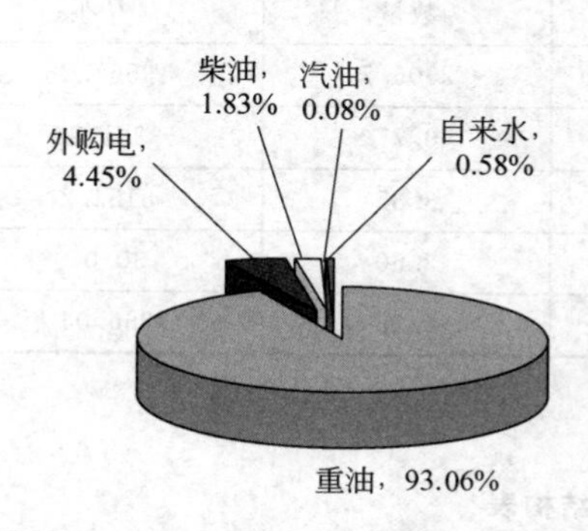

图 8-29 20××年能源消费结构比例图

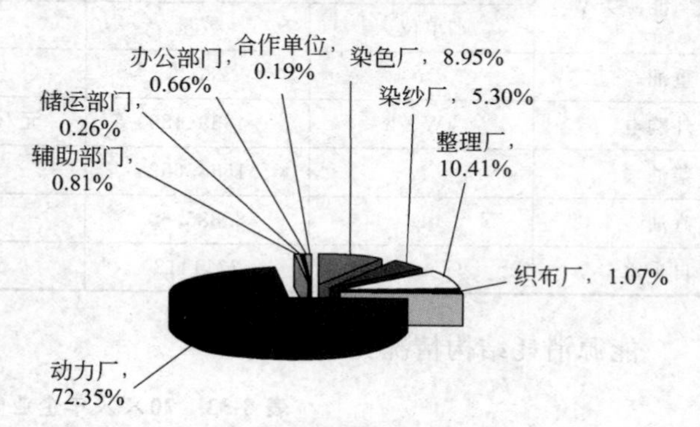

图 8-30 20×× 年各部门综合能耗的比例

8.2.5.2 能源消费流向

① 能源和水平衡见表 8-35～表 8-39。

表 8-35 重油平衡表 单位：t

初存	收入		支出		末存	误差量	误差率
	购入	77999.21	热电站用油	68256.93			
			热载体锅炉用油	9664.25			
507.01	收入合计	77999.21	支出合计	77921.18	469.77	115.27	0.15%

表 8-36 电力平衡表 单位：kW·h

收入		支出		误差数	误差率
热电厂发电量	75045801	生产用电合计	153143635		
柴油机发电	49332810	生活电耗	3257165		
从市政电网购入	43394483	合作单位	1305909		
收入合计	167773094	支出合计	157706709	10066385	6%

表 8-37 蒸汽平衡表 单位：t

收入		支出		误差量	误差率
热电站供汽量	762734.67	公司内耗用汽合计	749005.44		
收入合计	762734.67	支出合计	749005.44	13729.24	1.8%

表 8-38　柴油平衡表　　单位：L

初存	收入		支出		末存
	购入	15392854	辅助生产耗用油	14802657	
			生活区耗用油	583005	
419957	收入合计	15392854	支出合计	15385662	427149

表 8-39　水平衡表　　单位：万吨

收　入		支　出		误差量	误差率
自来水	271.14	公司内耗用水合计	1246.86		
自制水	1009.41	合作单位耗用	48.62		
		生活耗水	0.11		
收入合计	1280.55	支出合计	1295.59	15.03	1.1%

综合上述各平衡表，汇总 20××年企业能源消费流向见表 8-40。

表 8-40　20××年能源消费流向表

项目	名称	主要生产系统	辅助生产系统	加工转换系统	其他
重油/t	实物量	9780	0	68256.93	0
	折标量	13971.02	0	97511.88	0
电力/kW·h	实物量	124149606	12466110	16778171	14379209
	折标量	15257.99	1532.08	2062.04	1767.20
柴油/L	实物量	0	196151	14606506	583005
	折标量	0	251.51	18729.17	747.56
汽油/L	实物量	0	85886	0	0
	折标量	0	93.51	0	0
蒸汽/t	实物量	749005.44	0	136056	0
	折标量	18133.75	0	15380.06	0
水/m^3	实物量	751500	125250	116900	1717762
	折标量	193.14	32.19	30.04	441.46
折标合计		47555.90	1909.29	133713.19	2956.22

注：按当量值折标。

② 能源流向比例见图 8-31。

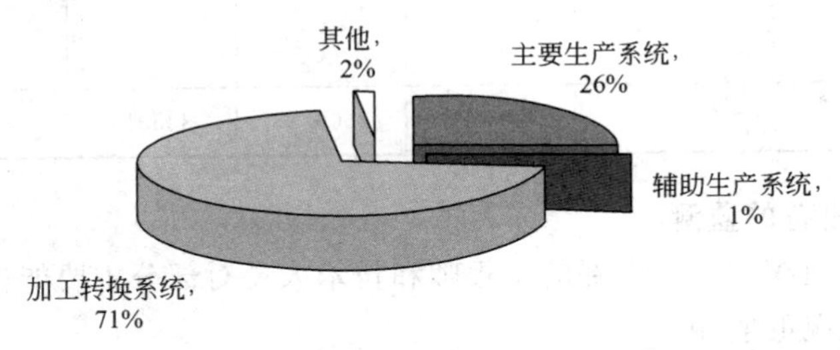

图 8-31　20××年能源消费流向表

全公司能源直接消费量汇总见表 8-41。

表 8-41 20××年企业能源直接消费量汇总表

能源		重油	电	柴油	汽油	蒸汽	水
单位		t	kW·h	L	L	t	m^3
基本动力		—	117590860	—	—	762734.67	9621622
辅助生产	照明	—	1082160	—	—	—	—
	空调	—	7329941	—	—	—	—
	其他	—	18400842	196151	85886	—	592850
	小计	—	26812943	196151	—	0	592850
加工转换设备	热载体锅炉	9780	2028048	—	—	—	—
	热电站、发电机房	68256.93	16778171	14606506	—	136056	923426.5
	小计	78036.93	18806219	—	—	136056	923426.5
生活及其他小计		—	4563075	583005	—	—	1834662
合计		78036.93	167773097	15385662	85886	898790.67	12972560.5

8.2.5.3 产品能源成本

公司的产品种类为色纱、针织胚布和针织色布。对于产品能源成本的计算，有如下说明。

① 公司生产的针织品是以全棉为主，全棉产品占生产总量的95%以上。因此，在能源审计中，将全公司的产品分成色纱、全棉针织胚布和全棉针织色布三个品种，分别计算各产品的各种能耗。

② 针织色布需要染色和整理两个厂的生产才能完成。

③ 由于财务计算和统计是以全公司为单位，难以计算出每种产品能源消耗占成本的比例。但是，可以计算每个产品的能源消耗费用，表 8-42 列出 20××年各产品经营情况。

表 8-42 20××年生产经营情况汇总表

部门	产品	产量	销售收入/万元	利润/万元	总成本/万元	能源费用/万元	能源占总成本比例/%
织布厂	胚布	27728t					
染纱厂	色纱	18297t					
染色厂 整理厂	针织色布	47434t					
	合计		345942.71	2609.38	335319	28084	8.00

8.2.5.4 重点耗能设备的监测

在审计中，公司组织了公司内部的工程师和技术人员对部分主要能耗设备和能源转化设备进行了能源利用状况的监测。

① 部分耗电设备节能监测结果见表 8-43。

② 主要耗热设备节能监测结果见表 8-44。

表 8-43 部分耗电设备节能监测结果

设备名称：空气压缩机

项 目	符号	单位	1号机	2号机
输入电流	I	A	101.7	101.7
输入电压	U	V	233.1	233.8
功率因数	$\cos\phi$	—	0.856	0.854
输入功率	$P_{电}$	kW	60.8	60.78
空气气体常数	R	kJ/kg·K	0.287676	0.287676
入口空气体积流量	V	m^3/h	743.4	744.2
空气质量流量	m	kg/h	872.5	873.4
千克空气有效能	W_y	kJ/kg	216.8	215.3
有效能	W	kJ/h	189142	188057
空气压缩机效率	η	%	86.41	85.95

设备名称：循环水泵

项 目	符号	单位	数 据	数据来源
输入电压	U	V	239.84	实测
输入电流	I	A	274	实测
功率因数	$\cos\phi$	—	0.8069	实测
视在功率	S	kV·A	197.09	实测
输入功率	P	kW	159.03	实测
水泵全压	H	MPa	0.55	H_2-H_1
流量	Q	m^3/h	518	实测
有效功率	P_y	kW	79.139	$HQ/3.6$
水泵效率	η	%	49.76	$100P_y/P$

表 8-44 主要耗热设备节能监测结果

设备名称：热定型机

项 目	数值/(MJ/h)	比例/%	项 目	数值/(MJ/h)	比例/%
导热油带入的热量	3140.7	100.00	水蒸发热	986.7	31.4
			布含水分升温热	15.6	0.5
			布升温热	38.6	1.2
			排风带走热	1895.4	60.4
			表面散失热	78.5	2.5
			其他	125.6	4.00
合计	3140.4	100.00	合计	3140.4	100.00
蒸汽流量/(t/h)	78.00		导热油进口温度/℃	256	
导热油进口温度/℃	241		水蒸发热/%	31.4	
布含水分升温热/%	0.5		布升温热/%	1.2	

定型机有效热量为水蒸发热、布含水分升温热、布升温热之和，即烘干机热量有效利用率为33.1%

续表

设备:常温常压染色机					
项　目	数值/(MJ/h)	比例/%	项　目	数值/(MJ/h)	比例/%
蒸汽带入热量	1846.7	100.00	水升温热	828	44.9
			布升温热	73.9	4.0
			排热水带走热量	615.5	33.3
			表面散失热	384.7	20.8
			其他	−55.4	−3.00
合计	1846.7	100.00	合计	1846.7	100.00
染色机有效热量为水蒸发热、水升温热、布升温热之和,染色机热量有效利用率为48.9%					

③ 主要能源转换设备的监测。对重油蒸汽锅炉节能监测结果见表8-45。

表8-45　重油锅炉节能检测结果

设备名称:重油蒸汽锅炉					
项　目	数值/(kJ/h)	比例/%	项　目	数值/(kJ/h)	比例/%
重油燃烧热量	173209627	100.00	蒸汽有效热量	139183562.6	80.36
			排烟带出热量	14531484.45	8.39
			气体不完全燃烧热损失	12741860.06	7.36
			表面散失热	1212400.371	0.70
			其他	5540319.514	3.20
合计	173209627	100.00	合计	173209627	100.00
锅炉正平衡效率		80.36%	锅炉反平衡效率		83.56%
锅炉平均效率		81.96%			

热载体锅炉节能监测结果见表8-46。

表8-46　热载体锅炉节能监测结果

设备名称:全自动燃油有机热载体炉					
项　目	数值/(kJ/h)	比例/%	项　目	数值/(kJ/h)	比例/%
油化学热量	43030.0	99.69	排烟带出热量	8611.4	19.95
油物理热量	134.9	0.31	气体未完全燃烧损失	17.9	0.04
			表面散失热	1061.9	2.46
			剩余	33473.7	77.55
合计	43164.9	100.00	合计	43164.9	100.00
正平衡效率/%	—		反平衡效率	77.55%	

④ 淘汰设备情况。对照国家发改委公布的《淘汰落后生产能力、工艺和产品的目录》,公司主要生产设备中没有属于淘汰落后生产设备。但是,结合到具体的实际情况,建议尽早淘汰各种绳式染色机。

8.2.5.5 产品能耗指标的核算

(1) 产品产量的核定　20××年各种产品的产量见表8-47。

表 8-47　20××年产量核算表

序号	部门	产品名称	单位	产量
1	染色厂	针织色布	t	47434
2	整理厂			
3	染纱厂	色纱	t	18297
4	织布厂	针织胚布	t	27728
5	污水处理站	污水量	万吨	702

（2）能源消耗量的核定　20××年能源成本情况见表 8-48。

表 8-48　20××年能源成本核算表

序号	统计指标	单 位	审计结果
1	总能源费用	万元	28084
	其中：重油实际消耗费	万元	19562
	电实际消耗费	万元	3362
	柴油实际消耗费	万元	5160
2	固定费用	万元	291869
	其中：材料	万元	226106
	工资	万元	11593
	折旧	万元	6247
	修理费用	万元	1111
3	其他费用	万元	15367
4	合　　计	万元	335320
5	主导产品产量	t	93459
6	单位产品能源成本	万元/t	0.3005
7	能源成本比率	%	8.38

同时，审计人员也对各部门能源消耗量进行核对，见表 8-49。

（3）工业总产值及工业增加值的核定　20××年工业总产值等数据核定见表 8-50。

（4）单位工业增加值综合能耗　20××年，万元产值综合能耗为 0.4584t 标准煤/万元，单位工业增加值综合能耗为 4.56t 标准煤/万元，单位工业增加值电耗为 5295.32kW·h/万元。

（5）重点工艺和主要产品单位能耗分析

① 织布和针织胚布单位能耗计算。织布工艺的能耗为电耗。20××年织布厂总电耗为 15900430kW·h，胚布产量为 27728t。织布工艺单位成品的电耗为 573.45kW·h/t。结合消耗自来水 6.68 万吨的情况，织布工艺单位成品综合能耗为 71.10kgce/t。

考虑到辅助生产部门的能源消耗分摊，20××年，针织胚布单位产品的电耗为 855.19kW·h/t，单位产品的综合能耗为 136.03kgce/t。

② 染纱工艺和色纱产品单位产量能耗计算。染纱工艺的能耗包括了电耗、蒸汽等消耗。2005 年，染纱工艺单位产量电耗为 2346kW·h/t，单位产量标准煤耗量为 603.79kgce/t，单位产量综合能耗为 894.93kgce/t。

表 8-49 20××年各部门能源消耗统计表

部门	物质	单位	消耗数据	部门	物质	单位	消耗数据
染色厂	水	m^3	6371885	染色厂	水	m^3	1869899
	电	kW·h	35005287		电	kW·h	42927104
	蒸汽	t	501983		蒸汽	t	184555
整理厂	水	m^3	1196138	织布厂	水	m^3	183700
	电	kW·h	30316786		电	kW·h	15900430
	蒸汽	t	62467	动力厂	水	m^3	923427
	重油	t	9780		电	kW·h	16778171
辅助部门	水	m^3	350700		蒸汽	t	136056
	电	kW·h	11968316		重油	t	68257
储运部门	水	m^3	58450		柴油	t	14606506.37
	电	kW·h	497794	办公部门	水	m^3	183700
	柴油	t	196151		电	kW·h	9816134
	汽油	L	85886	合作单位	水	m^3	718100
					电	kW·h	1305909

表 8-50 企业经济指标情况

项目＼名称	工业增加值/万元	工业总产值/万元	本年应交增值税/万元	工业中间投入/万元
2005 年度	29782	296334	6000	272552.3

注：工业增加值＝工业总产值－工业中间投入＋本期应交增值税（生产法）。

色纱产品单位能耗包括了辅助部门的能耗。色纱单位产量电耗为 2986.51kW·h/t，单位产量标准煤耗量为 1538.94kgce/t，单位产量综合能耗为 1915.92kgce/t。

③ 染整工艺和针织色布产品单位产量能耗计算。20××年，染色工艺单位产量电耗为 737.98kW·h/t，单位产量标准煤消耗为 633.54kgce/t，单位产量综合能耗为 724.24kgce/t。

20××年，整理工艺单位产量电耗为 639.14kW·h/t，单位产量标准煤消耗为 373.38kgce/t，单位产量综合能耗为 451.93kgce/t。

针织色布单位产量的电耗为 1788.86kW·h/t，单位产量标准煤消耗为 1777.29kgce/t，单位产量综合能耗为 2011.01kgce/t。

在各主要产品中，色纱和针织色布与国家清洁生产技术标准进行比较，其结果见表 8-51。

表 8-51 20××年主要产品单耗指标的比较

项目	2005 年状况	国家清洁生产技术标准		
		一级标准	二级标准	三级标准
色纱单位产量电耗/(kW·h/t)	2986.51	≤800	≤1000	≤1200
色纱单位产量标煤量/(kgce/t)	1538.94	≤1000	≤1500	≤1800
针织色布单位产量电耗/(kW·h/t)	1788.86	≤800	≤1000	≤1200
针织色布单位产量标煤量(kgce/t)	1777.29	≤1000	≤1500	≤1800

从表中可见，色纱和针织色布的单位产品电耗比国家三级水平分别高1786.51kW·h和588.86kW·h，而单位产品的标煤消耗比国家清洁生产三级水平分别低261.06kgce和22.71kgce。

色纱和针织色布的单位电耗大于国家三级清洁生产标准的原因之一是设备的电耗较高。公司的染色和染纱设备的自动化水平较高，相应的电耗也高。同时，非生产的消耗是电耗大的重要原因之一。

(6) 水处理能耗计算 水库水的制备和废水处理是在水处理站统一计算电耗，自制水的输送可以进行单独计算。自制水的输送电耗为0.24kW·h/t，吨水处理的电耗为1.356kW·h/t。2005年，自制水的输送和水处理所耗电占全公司总电耗的7.11%。

8.2.6 节能潜力分析和建议

8.2.6.1 节能潜力分析

(1) 电能利用

① 供配电系统。公司经过多年的建设和扩产，不断增加生产设备和电力输送设备。部分电网线路不合理，需要对电路进行细致的分析。其中最主要的是低压电输送线路过长，引起线路损耗过大。同时，还需要对各变压器的运行模式、各电网负荷的配置、高压网路进行改造。例如，延长高压电的输送距离，缩短低压电的输送，可以减少电网的损耗。通过电网的改造，可以使电网的损耗从2005年的6%降低到2.5%，每年可以节约700万度电。

② 生产系统。审计数据表明，主要产品单位产量的电耗较高，其中生产系统中的高电耗是主要原因。在生产系统中，节能的潜力在于以下几个方面。

a. 减少“大马拉小车”的现象。在一些主要生产设备中，设备更新的速度较快，大马拉小车的现象较少。但是，一些辅助的设备使用年限较长，出现“大马拉小车”的可能性增大。

b. 生产批次与生产容量。公司在生产排单方面进行过一定改革，一般排缸的满缸率在83%左右。但是，应该注意到，生产规模的调整对满缸率会有一定的影响。因此，需要进行重新计划，提高能源的利用率。

c. 非生产性能源消耗。审计的资料表明，非生产性的能源消耗所占比例和消耗的绝对量都较高。例如，电耗中，非生产性的消耗占比例为5%（输出合作单位不计）；水耗中，生活水耗占8%，这表明非生产性消耗量过大。如果是降低非生产电量0.5%，每年将减少100万度电的消耗。如果生活用水减少0.5%，则每年可减少水耗近10万吨。因此，减少非生产性的消耗是减少能源消耗的有效途径之一。

(2) 热能利用系统 通过对用热设备耗能情况的审核、对部分重点耗热设备的现场调查以及节能监测，我们发现，其在热能利用方面存在着较大的节能潜力。

① 冷凝水。在整个生产过程中，每年有90多万吨蒸汽的冷凝水，冷凝水的温度在60～80℃。潜在的热焓值为37.71×10^4GJ，折合1.28万吨标准煤。目前，只有一部分冷凝水作为回用水。在回用中，还没有考虑到余热的回用。因此，可以根据实际场地、设备等情况，研究冷凝水的余热回用。

② 生产废水和冷却水余热。在漂染生产中，部分废水和冷却水的温度在60～70℃之间，属于中温热量废水。但是，余热量是十分大的。估计每吨染色产品，废水和冷却水的余热量为80kg标准煤，一年的余热量为几千吨标准煤。但是，生产废水和冷却水的余热属于低品位余热，它们的回收和利用需要技术和管理的配合，可以利用板式热交换器进行热回收。

③ 烟气余热。烟气余热包括蒸汽锅炉烟气、热载体锅炉烟气以及热定型机的废气。

蒸汽锅炉烟气在排放之前，其余热得到部分利用，排放温度在160℃。蒸汽锅炉烟气的排放量很大，每年的余热量约为3600t标准煤，具有很大的利用价值。再计划建设新的锅炉项目，应该考虑锅炉烟气的余热利用。

目前，热载体锅炉烟气是直接排放，排气温度在300℃左右，每年的余热量约为4000t标准煤，是最有利用价值的余热之一。公司可结合新燃料的选择，取消原有热载体锅炉，减少烟气余热排放。

定型机废气的温度较低，一般在110℃左右。每台机平均排放量2000～3000m³/h。可将该部分废气与余热制冷结合起来，充分利用这部分余热。

(3) 热电联产系统

① 调整好汽电比。汽电比关系到蒸汽的有效利用。目前，生产规模在调整，会引起汽电比不平衡，导致不间断地向外排汽，造成浪费，也是导致综合能耗增大的原因之一。

② 平衡供电和供汽。虽然，现用的锅炉自动化程度比较高，可以及时自行调整蒸汽的产生量。但是，蒸汽的需求量变化过快，不仅不利于稳定热平衡，也会造成热效率的降低。

③ 热电站中余热的利用。热电站是能源消耗最多的部门。在热电站中，产生的余热量很大，主要的余热源有排污水和外排蒸汽，应该对外排的蒸汽进行综合利用，提高热能利用率。每年外排蒸汽量达到几千吨。

(4) 水资源利用　水的耗能包括了水的制备、水的输送、水的加热以及水的处理。综合起来，仅电耗每吨水约为1.1度。因此，节水对节能起到十分重要的作用。

目前情况看来，节约水资源首要的是强化管理，要将水耗定额细化，分配到各班组。其次，对水回用进行综合性研究，提高水的回用率。例如，用达标排放水冲洗厕所、绿化等，考虑将部分达标水与水库水混合后重新处理再用等。最后是研究节水工艺和引进节水设备。

(5) 生产工艺　公司已经引进了许多节水节能工艺，例如，湿开幅工艺、箱式干布机的使用等。但是，从目前的加工工艺来看，应该考虑更深层次的节水节能工艺。例如，圆筒式连续煮漂生产、冷堆法煮漂、冷堆法染色等。

8.2.6.2　节能技术改造方案和建议

部分节能管理、技术改造方案汇总（略）。

(1) 主要节能项目分析与建议

① 电网的节电改造。改造原有电网，延长高压输电线路，缩短低压输电线路，减少电网线路的损耗。预计投入700万元，可以将电网损耗从原来的6%下降到2.5%，可节约700万度电。

② 绿色照明。选用耗能低的照明灯具和减少不必要的照明。公司计划减少1000多个不必要的照明灯，更换了3000个整流器，估计每年节约电力28万度。

③ 冷凝水回收。利用条件较好的染纱厂作为试点，进行冷凝水回收的实验，每年可回收冷凝水15万吨水。

(2) 节能措施节能量计算　已完成了5个节能措施，计划在今后5年规划期间，再实施3个较大的节能措施。所有节能措施实施后，节能量的预算见表8-52。

(3) 环境效益分析　根据上述节能项目的预测，对环境的影响表现在减少二氧化碳的排放量，见表8-53。

表 8-52　节能措施的节能量预算

序号	节能措施	节能实物量	节约标准煤量/tce
1	电网的节电改造	700 万千瓦时电	860.3
2	绿色照明	13 万千瓦时电	15.977
3	冷凝水回收	15 万吨水	583.43
4	湿开幅湿定型工艺	3150t 蒸汽	225
5	箱式干布机	2.5 万吨蒸汽	1700
6	热电站改造工程	1.143 万吨重油	16320
7	更换旧小设备	12.06 万吨蒸汽	10856
8	回收水工程	240 万吨水，50 万千瓦时	1224
9	合　计		31784.71

表 8-53　CO_2 排放系数简便计算表

能　源	节约能源		减排量	
	万千瓦时	tce	tC	tCO_2
节约电力	763	937.72	2075.36	937.72
节约其他能源折标煤量		30846.99	20969.15	77092.48
合　计		31784.71	23044.51	78030.2

从上表可见，能源消耗的削减不仅可以降低生产成本，产生良好的经济效益，还可以产生良好的环境效益。

8.2.7　审计结论

8.2.7.1　基本结论

通过公司能源审计小组的审核，对本次能源审计提出如下结论。

① 公司及时更新设备和技术，积极开拓国际市场，在 20××年里获得了较好的成效，生产针织胚布 27728t、色纱 18297t 以及针织色布 47434t。全年实现生产总产值为 29782.28 万元，增值税收 6000 万元。

② 20××年，全年综合能源消耗为 137332.68t 标准煤，其中生活用能为 1155t 标准煤，外输为 345.05t 标准煤，生产用能为 135832.65t 标准煤。万元产值综合能耗为 0.4584t 标准煤/万元，万元工业增加值的综合能耗为 4.56t 标准煤/万元，万元工业增加值的电耗为 4421.59kW·h。

③ 单位产量的电耗和综合能耗都高于国家清洁生产技术标准的三级水平。从现场和部分设备的资料分析，认为生产设备先进性会引起电耗的增加。

④ 应该注意到非生产性电耗所占比例过大的情况。空调和照明的电耗分别占总电耗的 8%和 5%，比例过大，由于目前缺乏足够的资料，未能对此进行深入的分析。

⑤ 公司在能源管理方面做了许多工作，也有一些行之有效的制度和方法，在生产过程中起到控制成本、控制能耗的作用。但是，部分能量管理制度过于简单，统计方法和系统与国家标准不相符，需要不断地改进。

8.2.7.2　存在主要问题

审计小组对存在的问题提出如下意见。

① 蒸汽和水的计量仪表配置没有达到国家标准的要求。因此，对许多工序、部位的能量消耗和损失的情况不清楚。计量仪表不完整，使得许多统计数据不准确，或无法得到，无法对能源消耗进行全面系统的管理。

② 能源管理体系需要进行完善和调整。

③ 能源定额管理需要完善，指标需要细化，缩短考核时间，扩大考核范围。

④ 从审计的结果可见，电耗不论在绝对量或是相对量都是处于一个较高的消耗水平。因此，必须注重节约电力，仍然要大力削减非生产电耗。例如，利用余热制冷，可以大大地减少制冷时的能源消耗。

⑤ 必须重视余热的综合，不实行余热的回收利用则不可能大幅度地降低能源消耗。

⑥ 必须重视节约用水，削减水的用量，可以降低水处理和水制备过程中的电耗。

⑦ 重视新能源的研究，从能源种类入手，降低综合能耗的消耗，减少对环境的不良影响。同时，在进行新能源研究和运用过程中，将各种能源综合利用技术结合起来，提高能源利用率。

附　　录

附录 1　各国（组织）环境标志图

中国环境十环标志

中国Ⅰ型环境标志

中国Ⅱ型环境标志

中国Ⅲ型环境标志

无公害农产品标志

中国绿色食品标志的四种形式

中国国环有机食品标志

中国 COFCC 有机食品标志

绿色选择标志

有机产品标志

中国节能产品标志

中国环保产品认证

绿色建材认证标志

绿色饮品标志

绿色之星标志

无毒害室内装饰专修材料认证

中国节水标志

我国香港地区环境标志

我国台湾省环境标志

台湾省水标章

能效标识

中国节能产品标志

爱护动物基金会

中国强制认证标志

中国认证认可

中国环境标志Ⅲ型

中国环境保护产品认证标志

中国低碳产品认证

中国质量环保产品认证

全球环保标志网组织

回收标志

全球环保标章

森林认证

CITES 标志

纺织品环境友好标签

纺织品生态标签

能源之星

世界自然基金会

欧共体环境标志（欧洲之花）

北欧环境标志（北欧天鹅）

德国环境标志（蓝色天使）

克罗地亚环境标志

捷克环境标志

西班牙环境标志

匈牙利环境标志

法国环境标志

瑞典自然保护协会的环境标志

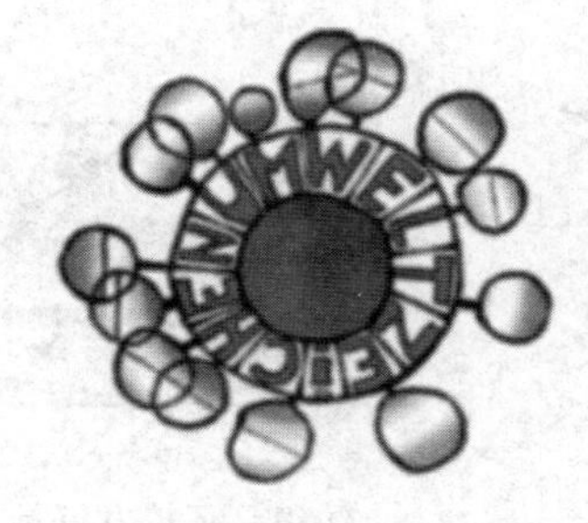

奥地利环境标志

TCODevelopment

瑞典劳工联盟环境标志（针对显示器类产品）

以色列环境标志

绿点标记

荷兰环境标志

瑞典 TCO 01 04 环境标志

瑞典 TCO 95 99 环境标志

荷兰环境标志

菲律宾环境标志

日本环境标志（生态标章）

韩国环境标志

韩国环境生态标志

新加坡环境标志

泰国环境标志

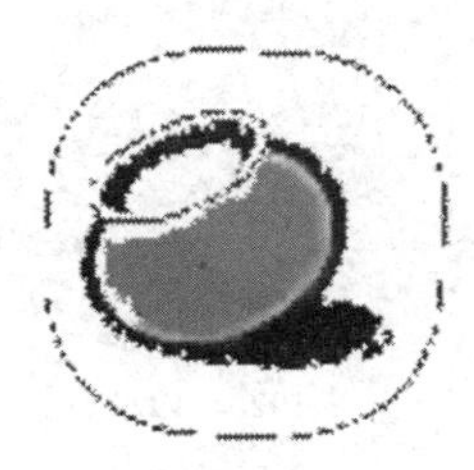

印度环境标志

美国环境标志

加拿大环境标志

新西兰环境标志

津布巴韦环境标志

澳大利亚环境标志

巴西环境标志

美国 SCS 环保标识

附录 2 地球气候及冰川变化图

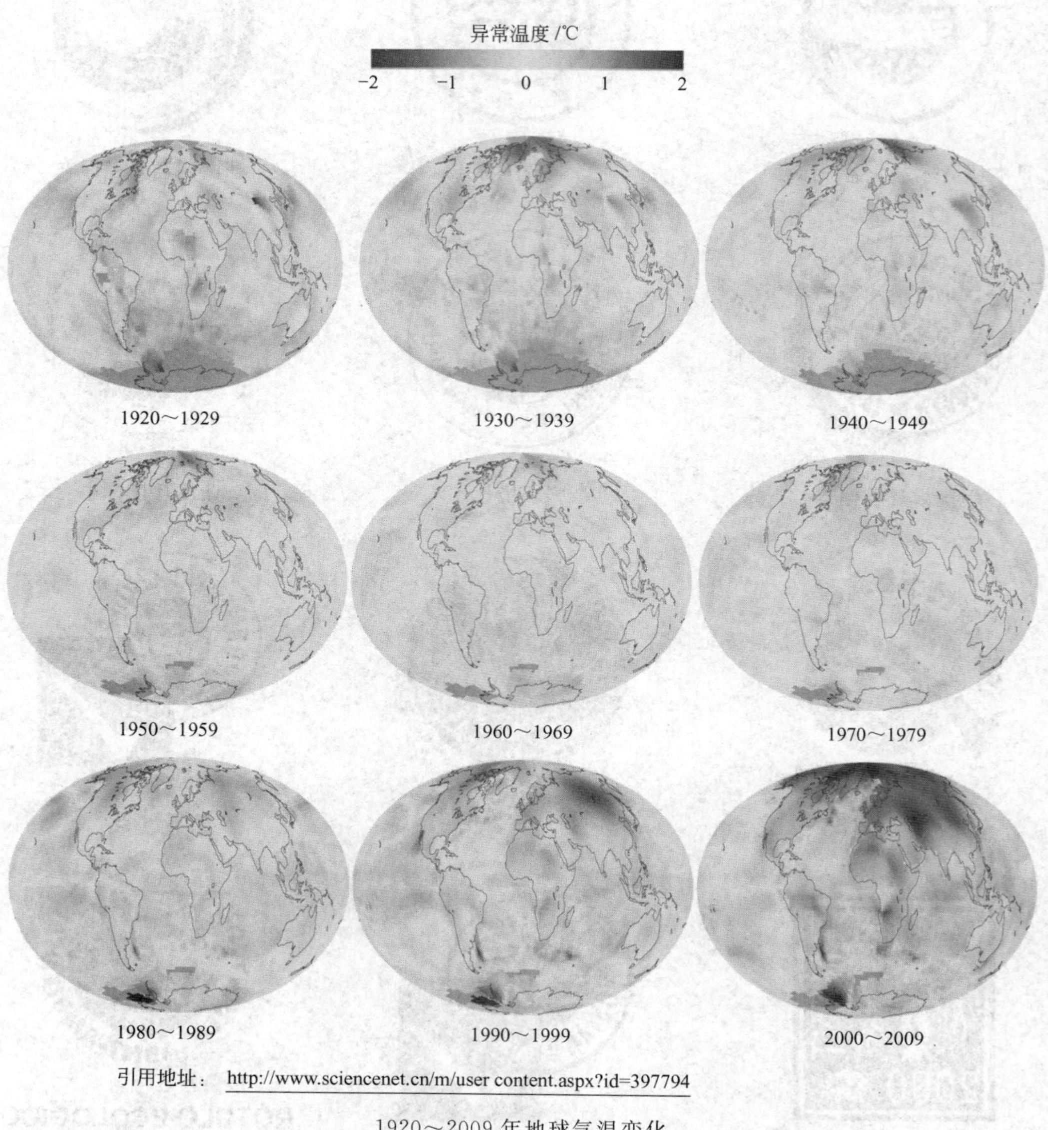

引用地址： http://www.sciencenet.cn/m/user content.aspx?id=397794

1920～2009 年地球气温变化

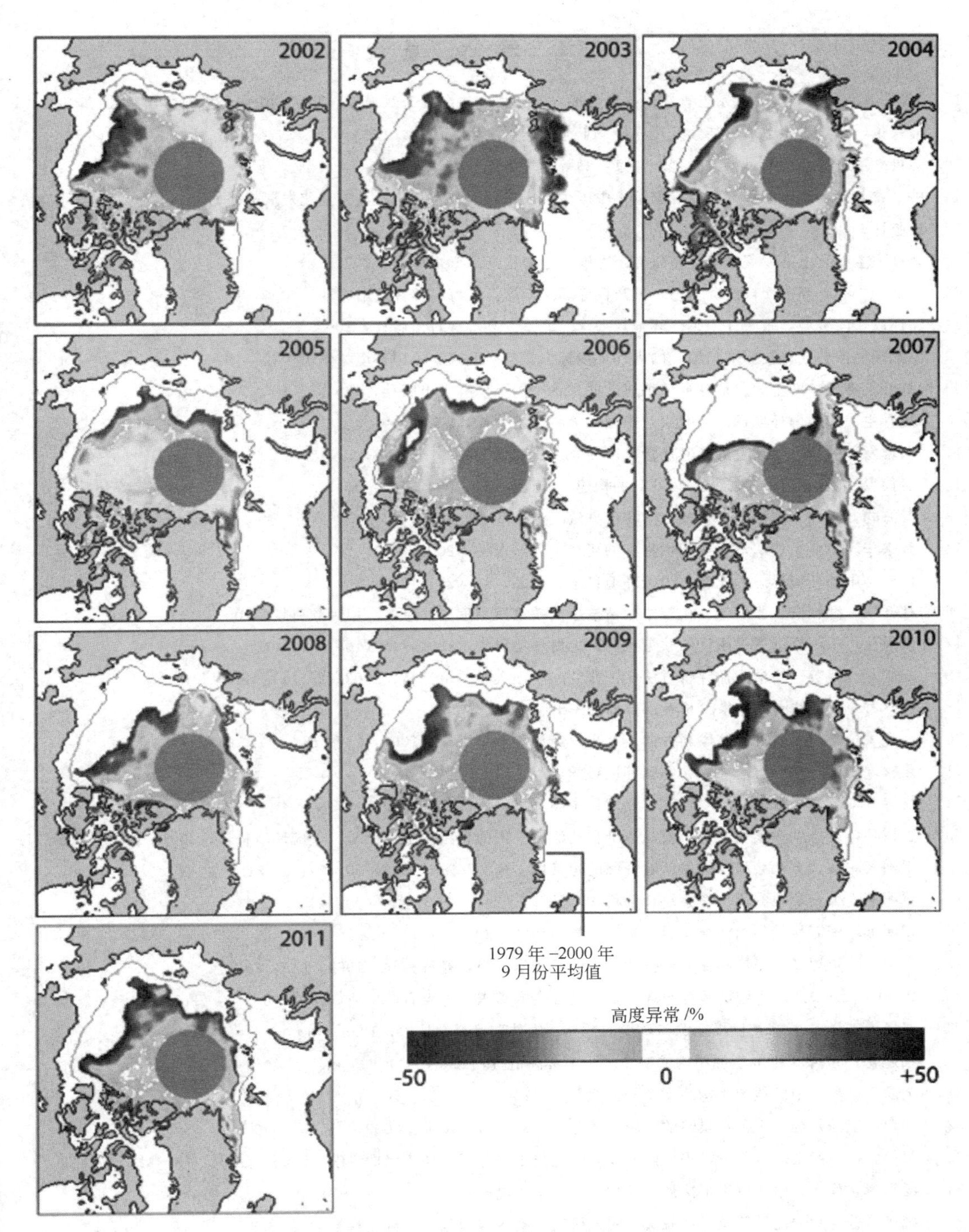

2002 年～2011 年 9 北冰洋冰川异常变化图

引用地址：http://nsidc.org/cryosphere/sotc/sea _ ice.html

参 考 文 献

[1] [埃] 莫斯塔法.卡.托尔巴著.论持续发展——约束和机会.朱跃强译.北京:中国环境科学出版社,1990.

[2] 吴家正,尤建新主编.可持续发展导论.上海:同济大学出版社,1998.

[3] 奚旦立主编.环境与可持续发展.北京:高等教育出版社,1999.

[4] 中国农业部,美国能源部项目专家组.中国生物质能转换技术评价及其市场化发展战略研究.北京:中国环境科学出版社,1998.

[5] 李良园主编.上海发展循环经济研究.上海:上海交通大学出版社,2000.

[6] Paul Hawken 等著.自然资本论.王乃粒等译.上海:上海科学普及出版社,2000.

[7] 郭怀成,尚金城,张天柱主编.环境规划学.北京:高等教育出版社,2001.

[8] 国家环境保护局科技标准司编.国内外环境标志文集.北京:中国环境科学出版社,1994.

[9] [日] 不破敬一郎主编.地球环境手册.北京:中国环境科学出版社,1995.

[10] 夏青主编.中国环境标志.北京:中国环境科学出版社,2000.

[11] 黄德发.关于可持续发展及其衡量尺度.学术研究,2003,(8):13-15.

[12] 黄德发.略论可持续发展与 G-GDP 的构建.统计研究,2003,(9):46-49.

[13] 彭海昫,李励.清洁生产模糊数学评价方法.山东环境,1999,(4):37-38.

[14] 魏宗华.工业企业清洁生产评估指标的研究.环境保护,2000,(5):22-24.

[15] 任欣.中外环境标志的比较.中国环境科学,1999,19 (2):189-192.

[16] 杜祥瑛,郝福安,张红等.构筑中国清洁生产政策体系框架的思考.中国软科学,2001,(2):33-36.

[17] 张天柱.中国推动清洁生产的政策机制.上海环境科学,1999,18 (10):431-432.

[18] 刘舸,许冠英.清洁生产评价方法实证研究.中山大学学报论丛,2003,23 (1):110-113.

[19] WECD.我们共同的未来.长春:吉林人民出版社,1997.

[20] 马克·伦达尔.发展经济学新方向.北京:经济科学出版社,2001:217-218.

[21] 夏青.中国环境标志.北京:中国环境科学出版社,2000:32-58.

[22] 夏青,刘尊文,汪瑜.环境标志.北京:中国环境科学出版社,1996.6-25.

[23] 王树功,麦志勤,李明光等.我国造纸行业清洁生产的思路及案例分析.重庆环境科学,2001,23 (4):67-71.

[24] 祖莉莉.从人类社会科技的发展看资源的定义域.资源科学,1998,20 (2):17-21.

[25] 覃明兴.大资源观的历史考察.社会科学,2002,(2):20-23.

[26] 霍明远.资源科学的内涵与发展.资源科学,1998,20 (2):11-16.

[27] 周德群.资源概念拓展和面向可持续发展的经济学.当代经济科学,1999,(1):29-32.

[28] Randy Gossen.新世纪的能源与环境要满足社会的需求.世界石油工业,2001,8 (3):7-10.

[29] 曹凤中编译.2010 年世界能源与环境的预测.国外环境科学技术,1995,(1):1-4.

[30] 张迎新.30 年来世界能源结构的变化.国土资源情报,2003,(1):35-44.

[31] 金晶.世界及中国能源结构.能源研究及信息,2003,19 (1):20-26.

[32] 刘珊,王秀月等.中国水煤浆的市场前景分析.煤炭科学技术,2003,31 (3):53-54.

[33] 王德荣,林彦奇.电厂燃煤锅炉同时脱硫脱氮技术与分析.环境保护科学,2002,(28):6-8.

[34] 汤宗慧,徐光.电子束半干法烟气净化技术.华东电力,2003,(8):9-10.

[35] 魏培平等.脉冲电晕等离子体脱硫、脱氮研究.哈尔滨师范大学自然科学学报,2001,17 (6):68-72.

[36] 王银生等.脉冲电晕等离子体脱硫脱氮与除尘技术.上海环境科学,2000,19 (1):17-19.

[37] Ю. Й. Корчагина.21 世纪的世界石油资源.海洋地质动态,2000,16 (7):6-8.

[38] N. Alazrd 等著.王宏编译.21 世纪世界石油资源展望.国外石油地质,1995,(3):1-9.

[39] 翟光明.21 世纪中国油气资源远景展望.中国矿业,2002,11 (1):10-14.

[40] 梁刚.2002 年和 2001 年世界石油储量和产量.国际石油经济,2003,11 (1):54-55.

[41] 夏丽洪等.2002 年中国石油工业综述.国际石油经济,2003,11 (4):27-31.

[42] 孙孝仁等．2020年世界能源前景．科技情报开发与经济，2000，10（2）：15-16.
[43] 陈祖庇．利用石油替代资源生产清洁燃料．石油炼制与化工，2003，34（2）：1-6.
[44] 付庆云，张迎新．欧盟地区能源现状与未来．国土资源情报，2003，（7）：10-19.
[45] 蔡安定．全球能源政策的新趋势．能源技术，2000，（1）：3-7.
[46] 鲁德宏．石油天然气利用的新途径——燃料电池．石油与天然气化工，2003，32（1）：10-13.
[47] 何文渊．未来20年中国原油供需预测与对策分析．中国能源，2003，25（8）：24-27.
[48] 中国可持续发展油气资源战略研究课题组．中国可持续发展油气资源战略研究．国土资源通讯，2003，（2）：37-41.
[49] 王家诚．中国能源发展的战略重点．能源政策研究，2003，（1）：28-34.
[50] 吴家正等．二十一世纪中国能源矛盾和可持续发展．同济大学学报（社会科学版），1999，10（3）：45-50.
[51] 王传英等．关于核电发展的几点思考——由美国提出的“第4代核电”引起的问题．核科学与工程，2001，21（3）：193-199.
[52] 徐季光．核聚变——未来动力．北京电子，2000，（11）：44-45.
[53] 孔宪文等．核裂变与核聚变发电综述．东方电力技术，2002，（5）：29-34.
[54] 张巧珍等．新能源的开发与利用．化工装备技术，2003，24（3）：58-60.
[55] 孙孝仁．21世纪世界能源发展前景．中国能源，2001，（2）：19-20.
[56] 戴宏民．德国DSD系统和循环经济．中国包装，2002，（6）：53.
[57] 王军，刘金华．日本循环型社会发展动向．山东环境，2002，（4）：16-17.
[58] 冯久田．鲁北生态工业园区案例研究．中国·人口资源与环境，2003，13（4）：98-102.
[59] 王江峰，马蔚均，胡山鹰等．长沙黄兴生态工业园区规划．计算机与应用化学，2004，21（1）：48-50.
[60] 王瑞贤，罗宏，彭应登．国家生态工业示范园区建设的新进展．环境保护，2003，（3）：35-38.
[61] 房鑫，李有润，沈静珠等．两种不确定条件下工业园区的优化组合．化工学报，2002，53（9）：937-941.
[62] 鲁成秀，尚金城．论生态工业园区建设的理论基础．农业与技术，2003，23（17）：17-22.
[63] 徐斌．美国制定9个FSC地区标准．世界林业动态，2004，（2）：4.
[64] 薛东峰，罗宏，周哲．南海生态工业园区的生态规划．环境科学学报，2003，23（2）：285-288.
[65] 万君康，梅小安．生态工业园的内涵、模式与建设思路．武汉理工大学学报·信息与管理工程版，2004，26（1）：92-95.
[66] 元炯亮．生态工业园区评价指标体系研究．环境保护，2003，（3）：38-40.
[67] 王兆华，武春友，王国红．生态工业园中两种工业共生模式比较研究．软科学，2002，16（2）：11-15.
[68] 罗宏，孟伟，冉圣宏编著．生态工业园区——理论与实证．北京：化学工业出版社，2004.
[69] 国家环境保护总局科技标准司编．循环经济和生态工业规划汇编．北京：化学工业出版社，2004.
[70] 奚旦立主编，陈季华副主编．纺织工业节能减排与清洁生产审核．北京：中国纺织工业出版社，2008.
[71] 中国科学院可持续发展战略研究组．2006中国可持续发展战略研究报告．北京：科学出版社．2006..
[72] 齐建国，尤完．发展循环经济：背景与对策．新视野．2005，（6）.
[73] Deppe M，et al. A Planner' s overview of eco-industrial development. Proc Annu. Con. A Planning Assoc. April 16，2000. http：//www. cfe. c ornell. Edu /wei /papers /APA. htm..
[74] Matton T. Transformation process towards sustainable industrial estates. Proc International conference on Industrial Ecology and Sustainability. Troyes，France，September 22-25，1999.
[75] Crabtree EW and EI-Halwagi MM. Synthesis of environmentally acceptable reactions pollution prevention via process and product modifications. AICHE Symposium，1994：117-127.
[76] Dantas MM and High KA. Economic evaluation for the retrofit of chemical processes through waste minimization and process integration. Ind Eng Chem Res，1996，35：4566-4578.
[77] Jouni Korhonen. Four ecosystem principles for an industrial ecosystem. Journal of Cleaner Production，2001，（9）：253-259.

[78] Catherine H, Thomas EG. 2002. Industrial ecosystems as food webs. J. Indust. Ecol. 6 (1): 29-38.

[79] Charles J K. Ecology. Beijing: Science Press, 2003: 73-99.

[80] Eco-industrial Park Handbook. http: //www. indigodev. com/Handbook. html.

[81] Morikawa, Mari. Eco-industrial Developments in Japan. Indigo Development Working Papre # 11, RPP International, Indigo Development Center, CA, 2000.

[82] Luda D F, Jane W J. The Effectiveness of Provisions and quality of Practices Concerning Public Participation in EIA in Italy. Environmental Impact Assessment Review, 2000, 20 (4): 457-479.